UNIVERSALE
ECONOMICA
FELTRINELLI / SAGGI

STEPHEN JAY GOULD

La vita meravigliosa

I fossili di Burgess e la natura della storia

Traduzione di Libero Sosio

Titolo dell'opera originale
WONDERFUL LIFE
THE BURGESS SHALE AND THE NATURE OF HISTORY
(W.W. Norton & Company, New York-London)

Traduzione dall'inglese di
LIBERO SOSIO

Prima edizione nei "Saggi" ottobre 1990
Prima edizione nell'"Universale Economica" settembre 1995
Prima edizione nell'"Universale Economica" – SAGGI marzo 2007
Quarta edizione gennaio 2018

Stampa Nuovo Istituto Italiano d'Arti Grafiche - BG

ISBN 978-88-07-88596-9

a Norman D. Newell

che fu ed è,
nella parola più nobile del linguaggio umano,
il mio maestro

Prefazione e ringraziamenti

Questo libro, per citare qualche metafora dal mio sport meno preferito, tenta di aggredire uno dei problemi più vasti che la scienza possa affrontare – la natura della storia stessa – non per mezzo di un attacco centrale diretto ma per mezzo di un *end run*, un aggiramento, attraverso i dettagli dello studio di un caso veramente mirabile. Così facendo, seguo la strategia che mi ha ispirato in tutti i miei scritti. I dettagli di per sé non possono spingersi oltre; nella migliore delle ipotesi, presentati con una poesia che non è alla mia portata, possono emergere come un mirabile "scritto della natura". Ma gli attacchi frontali a nozioni di carattere generale cadono inevitabilmente nella noia o nella tendenziosità. La bellezza della natura risiede nei particolari; quella del messaggio nella generalità. Un giudizio ottimale richiede entrambe le cose, e io non conosco una tattica migliore che l'illustrazione di princìpi di grande interesse attraverso particolari ben scelti.

L'argomento specifico di cui mi occupo in questo libro è il più importante e prezioso di tutti i giacimenti fossiliferi: quello di Burgess, nella British Columbia (Canada). La storia umana della scoperta e dell'interpretazione dei fossili contenuti negli argilloscisti di Burgess – una storia che si estende su quasi ottant'anni – è meravigliosa, nel senso letterale forte di questa parola troppo usata. Questa fauna antichissima di organismi dal corpo molle eccezionalmente ben conservati fu scoperta nel 1909 da Charles Doolittle Walcott, il paleontologo più autorevole e uno fra gli amministratori più potenti nella scienza americana. La sua ottica fortemente tradizionalistica gli impedì però virtualmente di andare oltre un'interpretazione convenzionale che non offriva alcun punto di vista nuovo sulla storia della vita, sottraendo perciò questi organismi unici all'attenzione del pubblico (anche se essi sono di gran lunga più importanti dei dinosauri per la luce che possono gettare sulla storia della vita). Ma vent'anni di meticolosa descrizione anatomica a opera di tre paleontologi britannici, due inglesi e un irlandese, che cominciarono il loro lavoro senza avere alcun sentore del potenziale rivoluzionario di questa scoperta, hanno ora non solo rovesciato l'interpretazione di questi fossili data da Walcott, bensì hanno anche messo a confronto la nostra visione tradizionale del progresso e della predicibilità nella storia della vita con la sfida della contingenza, familiare allo storico: ne è scaturita l'immagine dell'evoluzione come una serie estremamente improbabile di eventi, a posteriori abbastanza ragionevole e spiegabile in modo rigoroso ma del tutto imprevedibile e irripetibile. Se potessimo riavvolgere il film della vita riportandolo sino al tempo lontano degli organismi di Burgess, la probabilità che dal *replay* venisse fuori qualcosa di simile all'intelligenza umana è trascurabilmente piccola.

Ma ancora più mirabili di qualsiasi sforzo umano o di qualsiasi nuova interpretazione sono gli organismi stessi conservatici negli argilloscisti di Burgess, grazie soprattutto alle nuove ricostruzioni che ce li hanno restituiti in tutta la loro trascendente stranezza: l'*Opabinia*, con i suoi cinque occhi e l'organo di prensione frontale; l'*Anomalocaris*, l'animale più grosso del suo tempo, un terribile predatore con una mascella circolare; l'*Hallucigenia*, con un'anatomia che giustifica pienamente il suo nome.

Il titolo di questo libro esprime la duplicità della nostra meraviglia, per la bellezza degli organismi stessi e per la nuova visione della vita che hanno ispirato. *Opabinia* e soci costituirono la vita strana e mirabile di un passato lontano; ai nostri occhi hanno anche il merito di avere imposto il grande tema della contingenza storica a una scienza che non si trova a suo agio con tali concetti. Questo tema ha una funzione centrale nella scena più memorabile del film più amato d'America: quella dell'angelo custode di James Stewart che, per dissuaderlo dal suicidio, gli fa vedere che cosa sarebbe accaduto se lui non fosse esistito, dimostrandogli il grandissimo potere che anche cose insignificanti possono acquistare nella storia. La scienza si è occupata assai poco del concetto di contingenza, ma cinema e letteratura l'hanno sempre trovato affascinante. Il film *La vita è meravigliosa* è al tempo stesso un simbolo e l'esemplificazione più bella che conosco per il tema centrale di questo libro, e io ho deciso di rendere onore a Clarence Odbody, a George Bailey e a Frank Capra nel titolo di questo libro.

La storia della reinterpretazione dei fossili di Burgess e delle nuove idee emerse da questa ricerca è complessa, implicando gli sforzi collettivi di un grande cast. La scena centrale è dominata però da tre paleontologi, che hanno compiuto la massima parte del lavoro tecnico di descrizione anatomica e attribuzione tassonomica: Harry Whittington dell'Università di Cambridge, il massimo esperto mondiale sui trilobiti, e i due uomini che, dopo avere cominciato a lavorare come suoi allievi, si costruirono una brillante carriera proprio lavorando sui fossili di Burgess: Derek Briggs e Simon Conway Morris.

Per molti mesi mi affaticai sul difficile rompicapo di quale fosse la formula migliore per presentare queste ricerche, ma infine giunsi alla conclusione che una sola poteva fornire un quadro unitario e completo.

Se la storia ha un'influenza così forte nello stabilire l'ordine della vita attuale, dovevo rispettarne il potere nell'ambito pur minore di questo libro. Anche le ricerche di Whittington e colleghi formano una storia e il criterio primario di ordine nel campo della contingenza è, e dev'essere, la cronologia. La reinterpretazione dei fossili di Burgess è una storia, una storia grande e meravigliosa del massimo merito intellettuale: la storia di una lotta senza morti o feriti o neppure contusi, ma nella quale fu rivelato un nuovo mondo. Che cos'altro potrei fare se non raccontare questa storia nel giusto ordine cronologico? Come in *Rashomon*, due osservatori o partecipanti non racconteranno mai una storia così complessa nello stesso modo, ma si può almeno tentare di fare un lavoro preparatorio sulla cronologia. Io sono giunto a vedere in questa sequenza temporale un intenso dramma, e mi sono persino permesso la bizzarria di presentarlo come un dramma in cinque atti nel capitolo 3 di questo libro.

Nel capitolo 1 espongo, facendo ricorso al mezzo insolito dell'iconografia, gli atteggiamenti tradizionali (o speranze culturali solo debolmente velate) che i fossili di Burgess sono venuti a sfidare. Nel capitolo 2 presento i materiali di sfondo necessari sugli inizi della storia della vita, sulla natura della documentazione fossile e sulla scena particolare del giacimento di Burgess. Nel capitolo 3 documento poi, nella forma di un dramma e in ordine cronologico, questa grande revisione dei nostri concetti sugli inizi della vita. Nella sezione finale tento infine di situare questa storia nel contesto generale di una teoria evoluzionistica in parte messa in discussione e corretta dalla storia stessa. Nel capitolo 4 esamino il tempo e la personalità di Charles Doolittle Walcott, nel tentativo di capire perché egli abbia frainteso in modo così radicale la natura e il significato della sua massima scoperta. In esso presento poi una visione diversa e antitetica della storia come contingenza. Nel capitolo 5 sviluppo infine questa concezione della storia, sia per mezzo di argomentazioni di carattere generale sia attraverso una cronologia di episodi chiave che, con minuscole modificazioni iniziali, avrebbero potuto avviare l'evoluzione lungo canali diversi ma egualmente intelligibili: vie non meno ragionevoli di quella reale, le quali non avrebbero fornito alcuna specie capace di produrre una cronaca o di decifrare lo spettacolo del suo passato. L'epilogo è una sorpresa finale di Burgess: una *vox clamantis in deserto*, ma una voce felice che non rettificherà ciò che è tortuoso né renderà liscio ciò che è scabro, in quanto si diletta proprio della tortuosità delle vie reali destinate solo a sfociare in esiti interessanti.

Io mi trovo in una posizione intermedia fra i due poli di un'esposizione convenzionale. Non sono un giornalista o un divulgatore scientifico che intervista, fingendo una passiva imparzialità, persone che lavorano in altri campi. Sono un paleontologo di professione, stretto collega e amico personale di tutti gli attori principali di questo dramma. Non ho però compiuto personalmente nessuna delle ricerche primarie, né avrei potuto farlo, non avendo quel tipo speciale di genio spaziale che questo lavoro richiede. Ciò nonostante, il mondo di Whittington, Briggs e

Conway Morris è il mio stesso mondo. Ne conosco le speranze e i punti deboli, il gergo e le tecniche, ma vivo anche delle sue illusioni. Se questo libro funziona, vuol dire che ho combinato lo stato d'animo e le conoscenze di uno scienziato di professione col distacco necessario per il giudizio, e il mio sogno di scrivere un libro di divulgazione dall'interno può dirsi riuscito. Se non funziona, sarò stato semplicemente l'ultima di un gran numero di vittime, e si applicheranno anche a me tutti gli stereotipi su carne e pesce e simili. (La mia difficoltà nel vivere in questo mondo e al tempo stesso riferire su di esso emerge per lo più in relazione a un semplice problema che ho trovato insolubile. I miei eroi si chiamano Whittington, Briggs e Conway Morris, o sono Harry, Derek e Simon? Infine rinunciai all'uniformità e decisi che entrambe le designazioni sono appropriate, anche se in circostanze diverse, e mi limitai perciò a seguire il mio istinto e il mio modo di sentire. Dovetti adottare un'altra convenzione: nel presentare cronologicamente il dramma di Burgess, seguii le date di pubblicazione per ordinare le ricerche sui vari fossili di Burgess. Come sanno però tutti i ricercatori, il tempo che intercorre fra la composizione del manoscritto e la stampa varia in modo capriccioso e casuale, e la sequenza delle date di pubblicazione può avere ben poco rapporto con l'ordine cronologico del lavoro reale. Perciò controllai la mia sequenza con tutti i principali attori di questa vicenda e trovai, con piacere e sollievo, che in questo caso la cronologia della pubblicazione corrispondeva abbastanza bene all'ordine delle ricerche.)

In tutti i miei scritti cosiddetti "divulgativi" ho osservato con grande impegno una regola personale. (Benché la divulgazione sia una cosa mirabile, la parola è stata spesso svilita a significare un modo di scrivere semplificato, per rendere più facile la lettura.) Io credo – come Galileo quando scrisse le sue due massime opere nella forma di dialoghi in volgare anziché nella forma di trattati eruditi in latino, come Thomas Henry Huxley quando compose la sua prosa magistrale astenendosi da qualsiasi gergo specialistico, come Darwin quando pubblicò tutti i suoi libri per un pubblico allargato – che si possa avere ancor oggi un genere di libri scientifici adatti e accessibili a un tempo a specialisti e a profani interessati. I concetti della scienza, in tutta la loro ricchezza e ambiguità, possono essere presentati senza alcun compromesso, senza alcuna semplificazione deformante, in un linguaggio accessibile a tutte le persone intelligenti. Si devono, ovviamente, cambiare le parole, se non altro per eliminare quel gergo e quella terminologia specialistica che escluderebbero tutti i non addetti ai lavori, ma non dev'esserci alcuna differenza di profondità concettuale fra pubblicazioni professionali ed esposizioni per il pubblico generico. Io spero che questo libro possa essere letto con profitto sia in seminari per studenti universitari sia – se il film fa schifo e si sono dimenticate le pillole per dormire – su un aereo di linea.

Ovviamente queste alte speranze e questa considerazione per il lettore richiedono in cambio anche un po' di impegno. La bellezza della storia di Burgess sta nei suoi particolari, e i particolari sono anatomici.

Certo, si può saltare l'anatomia e cogliere ancora il messaggio generale (Dio sa quante volte l'ho ripetuto, nel mio entusiasmo) ma per favore non fatelo, poiché in tal modo non si capirà mai la selvaggia bellezza o l'intensa esaltazione del dramma di Burgess. Io ho fatto tutto ciò che ho potuto per rendere i due argomenti tecnici – l'anatomia e la tassonomia – il più possibile coerenti e il meno possibile invadenti. Ho introdotto "finestre" per fornire nozioni introduttive su questi argomenti, e ho mantenuto la terminologia specialistica a un minimo assoluto (per fortuna possiamo aggirare quasi tutto il gergo macchinoso della terminologia professionale, e afferrare il punto chiave sugli artropodi semplicemente comprendendo alcuni fatti sull'ordine e la disposizione delle loro appendici). Inoltre tutte le descrizioni date nel testo sono accompagnate da illustrazioni.

Ho considerato per breve tempo (ma penso che fosse solo un suggerimento del Diavolo) l'opportunità di eliminare tutta questa documentazione, limitandomi a qualche accenno, a qualche bella illustrazione e a un appello all'autorità. Ma non ho potuto prendere questa decisione, e non solo per le ragioni di politica generale menzionate sopra. Non ho potuto farlo perché l'eliminazione di argomentazioni anatomiche – che avrebbe fatto di questo libro un lavoro su fonti secondarie anziché su monografie primarie – sarebbe stata una mancanza di rispetto verso qualcosa di veramente bello: verso alcune delle ricerche tecniche più eleganti che siano mai state compiute nella mia professione, e verso la squisita bellezza degli animali di Burgess. Le perorazioni non sono viste tanto di buon occhio, ma permettetemi una sola raccomandazione: abbiate pazienza con i particolari; essi sono accessibili e sono la porta d'ingresso a un nuovo mondo.

Un'opera come la presente diventa, di necessità, una sorta di impresa collettiva: ed è inevitabile ringraziare molte persone per la pazienza, la generosità, l'intelligenza e la benevolenza di cui mi sono state prodighe. Harry Whittington, Simon Conway Morris e Derek Briggs sopportarono di buon animo ore e ore di interviste, domande dettagliate e lettura di manoscritti. Steven Suddes, dello Yoho National Park, organizzò gentilmente un'escursione a piedi al luogo consacrato della cava di Walcott, poiché non potevo scrivere questo libro senza aver compiuto tale pellegrinaggio. Laszlo Meszoly preparò grafici e diagrammi con un'abilità che ho molto ammirato e dalla quale dipendo da quasi due decenni. Libby Glenn mi aiutò ad orientarmi nei voluminosi archivi di Walcott a Washington.

Non avevo mai pubblicato prima d'ora un libro così dipendente da illustrazioni. Ma così dev'essere: noi primati siamo animali innanzitutto visivi, e le ricerche anatomiche, in particolare, sono non meno figurate che verbali. Io decisi fin dal principio che la maggior parte delle illustrazioni di questo libro dovevano essere quelle originali usate nelle pubblicazioni fondamentali di Whittington e colleghi: non solo per la loro eccellenza all'interno del genere, ma primariamente perché non conosco un modo migliore per esprimere il mio immenso rispetto per il loro lavoro. In questo senso, sto solo svolgendo la funzione di un fedele cronista su fonti primarie che diventeranno cruciali nella storia della mia professione. Col solito semplicismo dell'ignorante, davo per scontato che la riproduzione di illustrazioni già pubblicate si riducesse al procedimento semplice e automatico di fotografarle e stamparle. Appresi però molte cose sull'eccellenza professionale in settori diversi dal mio osservando Al Coleman e David Backus, il mio fotografo e il mio assistente di ricerca, lavorare tre mesi per conseguire risoluzioni superiori a quelle delle pubblicazioni di partenza. Esprimo qui la mia grandissima riconoscenza per la loro dedizione e il loro sapere.

Queste illustrazioni – un centinaio in tutto – sono primariamente di due tipi: disegni di esemplari reali, e ricostruzioni schematiche di interi organismi. Avrei potuto tralasciare le scritte, spesso fittissime, dai disegni di esemplari, poiché ben poche di esse hanno attinenza con le argomentazioni che compaiono nel testo, e quelle che hanno attinenza sono spiegate in modo esauriente nelle didascalie. Volevo però che i lettori leggessero queste illustrazioni esattamente come sono apparse nelle fonti originali. Vorrei far notare ai lettori, per inciso, che le ricostruzioni, secondo una convenzione vigente nell'illustrazione scientifica, raramente presentano un organismo come un osservatore avrebbe potuto vederlo sul fondo di un mare cambriano. Alcune parti vengono disegnate di solito come se fossero trasparenti, per permettere di vedere una parte maggiore dell'anatomia, mentre altre parti (di solito quelle che si ripetono simmetricamente sull'altra parte del corpo) sono omesse per la stessa ragione.

Poiché le illustrazioni tecniche non mostrano un organismo così come apparirebbe l'animale vivo, decisi anche di commissionare una serie di ricostruzioni complete a un illustratore scientifico. Non ero soddisfatto da nessuna delle illustrazioni pubblicate, le quali o sono imprecise o mancano di attrattiva estetica. Per fortuna Derek Briggs mi mostrò il disegno della *Sanctacaris* (figura 3.55) eseguito da Marianne Collins: vidi allora finalmente un organismo di Burgess disegnato con un'attenzione scrupolosa ai particolari anatomici, combinata con un gusto estetico che mi fece tornare in mente l'iscrizione sul busto di Henry Fairfield Osborn all'American Museum of Natural History: "Per lui le ossa aride tornarono in vita, e forme gigantesche di epoche passate si riunirono allo spettacolo dei viventi." Mi fa molto piacere che Marianne Collins, del Royal Ontario Museum di Toronto, abbia potuto realizzare una ventina di disegni di animali di Burgess esclusivamente per questo libro.

Quest'impresa collettiva lega insieme varie generazioni. Ho avuto occasione di parlare diffusamente con Bill Schevill, che eseguì scavi con Percy Raymond negli anni trenta, e con G. Evelyn Hutchinson, che pubblicò le sue prime notevoli intuizioni sui fossili di Burgess subito dopo la morte di Walcott. Dopo essermi avvicinato il più possibile alle ricerche dello stesso Walcott, mi documentai su tutte le ricerche fino al presente, intervistando tutti i ricercatori in attività. Sono particolarmente grato a Desmond Collins, del Royal Ontario Museum di Toronto, che nell'estate del 1988, mentre stavo scrivendo questo libro, era accampato nel luogo degli scavi di Walcott e stava facendo nuove scoperte in un sito mai sfruttato prima, sopra il sito degli scavi di Raymond. Le sue ricerche espanderanno e correggeranno varie sezioni del mio libro; l'obsolescenza è una cosa che si deve desiderare, se non si vuole che la scienza ristagni e muoia.

Io sono stato ossessionato dalla fauna di Burgess per più di un anno e non mi sono mai stancato di parlare dei problemi relativi con colleghi e studenti. Molti loro suggerimenti, così come i loro dubbi e i loro inviti alla prudenza, hanno assai migliorato questo libro. Di questi tempi si parla molto di frodi scientifiche e di un'aspra competitività e ostilità fra ricercatori. Io temo che i profani possano farsi un'opinione sbagliata di questo fenomeno, per quanto grave. Le denunce di questi fenomeni negativi hanno un tale rilievo che si sarebbe tentati di credere che per ogni comportamento rispettabile e onorato ci sia un atto di disonestà. Le cose non stanno affatto in questi termini. La tragedia non consiste nella frequenza di tali atti disonesti, bensì nell'asimmetria devastante che permette a qualsiasi evento, per quanto raro, di disonestà o di scortesia di vanificare o far dimenticare migliaia di gesti di generosità fra colleghi, i quali non vengono mai registrati semplicemente perché li si dà per scontati. La paleontologia è una professione contraddistinta dalla cordialità. Non dico che andiamo tutti d'amore e d'accordo; certamente ci accade molto spesso di dissentire, ma tendiamo ad aiutarci fra noi e a evitare la meschinità. Questa grande tradizione ha facilitato la realizzazione di questo libro attraverso migliaia di gesti di cortesia che non ho neppure nominato perché sono il modo di comportarsi normale di persone come si deve, ossia della maggior parte di noi nella maggior parte del tempo. Io sono lieto di far parte di questo gruppo di persone e di condividere il loro amore per la conoscenza della storia della nostra vita meravigliosa.

1. L'iconografia di una speranza

PROLOGO PER IMMAGINI

> Metterò su voi de' muscoli, farò nascere su voi della carne, vi coprirò di pelle, metterò in voi lo spirito, e rivivrete.
>
> EZECHIELE, 37:6

Da quando il Signore stesso mostrò questo prodigio a Ezechiele nella valle delle ossa secche, nessuno manifestò mai una tale grazia e abilità nella ricostruzione di animali da scheletri disarticolati. Charles R. Knight, l'artista più celebrato nella restituzione della vita ai fossili, dipinse tutte le figure canoniche di dinosauri che suscitarono i nostri timori e che continuano ad accendere ancor oggi la nostra immaginazione. Nel febbraio del 1942 Knight progettò per il "National Geographic" una serie cronologica di vedute panoramiche, nelle quali raffigurò vari momenti della storia della vita dall'avvento degli animali pluricellulari sino al trionfo dell'*Homo sapiens*. (Il numero del febbraio 1942, contenente il primo di tali "panorami storici", è quello che tutti conservano e che perciò manca sempre quando si trova una raccolta "completa" della rivista in vendita sulle bancarelle per un quarto di dollaro a numero.) Knight fondò il suo primo dipinto della serie – riprodotto qui accanto – sulla fauna rivelataci dai fossili degli argilloscisti di Burgess (la Burgess Shale).

Senza alcuna esitazione o ambiguità, pur avendo perfettamente presenti miracoli della paleontologia come i grandi dinosauri e gli ominidi africani, io dico che gli invertebrati degli argilloscisti di Burgess, trovati sulle Montagne Rocciose canadesi nello Yoho National Park, sul confine orientale della British Columbia, sono i fossili animali più importanti del mondo. I moderni animali pluricellulari fanno la loro prima apparizione incontestata nella documentazione fossile circa 570 milioni di anni fa, e con una vera e propria esplosione, non con un crescendo graduale protratto nel tempo. Questa "esplosione cambriana" segna l'avvento (almeno nei reperti diretti) di virtualmente tutti i gruppi principali di animali moderni, e tutti all'interno dell'esiguo intervallo di tempo, geologicamente parlando, di qualche milione di anni. Ma il giacimento fossilifero di Burgess rappresenta un periodo immediatamente successivo a questa esplosione, un tempo in cui i nostri mari furono popolati dall'intera varietà dei suoi prodotti. Questi fossili canadesi sono preziosi perché conservano l'anatomia molle di organismi con una meravigliosa minuziosità di particolari, fino all'ultimo filamento delle branchie di un trilobite, o fino ai componenti dell'ultimo pasto nell'intestino di un verme. La documentazione fossile è quasi esclusivamente la storia di parti dure. Ma la maggior parte degli animali non hanno parti dure, e quelli che ne hanno rivelano spesso ben poco della loro anatomia nel loro rivestimento esterno (che cosa si potrebbe inferire su un bivalve dalla sola osservazione della sua conchiglia?). Perciò le rare faune dal corpo molle i cui resti ci sono stati conservati nei fossili sono preziose finestre sulla vera varietà e diversità degli antichi organismi. Gli argilloscisti di Burgess sono la nostra unica ricca fonte di informazione sull'evento più cruciale nella storia della vita animale, la prima fioritura dell'esplosione del Cambriano.

La storia della fauna di Burgess è affascinante anche in termini umani. Questa fauna fu scoperta nel 1909 dal massimo paleontologo e amministratore scientifico americano, Charles Doolittle Walcott, segretario (ossia in realtà capo) della Smithsonian Institution. Walcott fraintese questi fossili in un modo generale e del tutto coerente, che derivò per intero dalla sua concezione convenzionale della vita: in breve, incasellò a forza ogni animale di Burgess in un gruppo moderno, considerando la fauna di Burgess nel suo complesso come un insieme di versioni primitive o ancestrali di forme posteriori, più evolute. L'opera di Walcott non fu contestata decisamente per più di cinquant'anni. Solo nel 1971 il professor Harry Whittington, dell'Università di Cambridge, pubblicò la prima monografia nel quadro di un riesame generale che, prendendo l'avvio dagli assunti di Walcott, sarebbe sfociato in una interpretazione rivoluzionaria non solo della fauna di Burgess ma anche (per implicazione) dell'intera storia della vita, compresa la nostra evoluzione.

Questo libro si propone tre obiettivi principali. Il primo e più importante è una cronaca dell'intenso dramma intellettuale che si cela dietro la serenità esteriore di questa reinterpretazione. Il secondo, in conseguenza di un'inevitabile implicazione, è una tesi sulla natura della storia e sull'impressionante improbabilità dell'evoluzione umana. Come terzo tema, affronto l'enigma del perché un programma di ricerca tanto fondamentale abbia potuto passare così inosservato all'occhio del pubblico.

Perché il nome dell'*Opabinia*, l'animale-chiave in una nuova concezione della vita, non è diventato familiare presso tutti coloro che si pongono domande sugli enigmi dell'esistenza?

In breve, Harry Whittington e i suoi colleghi hanno mostrato che la maggior parte degli organismi di Burgess non appartengono a gruppi a noi familiari, e che gli animali di cui questo singolo giacimento nella British Columbia ci ha svelato l'esistenza superano probabilmente, per varietà anatomica, l'intero spettro degli invertebrati che vivono oggi negli oceani. Da quindici a venti delle specie di Burgess non possono essere associate ad alcun gruppo oggi noto, e dovrebbero essere classificate probabilmente come phyla a sé. Se ingrandiamo qualcuno di questi organismi oltre i pochi centimetri delle sue dimensioni reali, abbiamo l'impressione di trovarci in un film di fantascienza; un organismo particolarmente singolare è stato chiamato *Hallucigenia*. Nel caso delle specie classificabili all'interno di phyla noti, l'anatomia di Burgess supera di gran lunga la varietà che si trova in organismi moderni. Gli argilloscisti di Burgess comprendono, per esempio, antichi rappresentanti di tutt'e quattro i gruppi principali di artropodi, gli animali dominanti oggi sulla Terra: i trilobiti (oggi estinti), i crostacei (comprendenti aragoste, granchi e gamberi), i chelicerati (comprendenti ragni e scorpioni) e gli unirami (comprendenti gli insetti). Ma il giacimento di Burgess contiene anche da venti a trenta specie di artropodi che non possono essere situate in alcun gruppo moderno. Si consideri l'entità di questa differenza: i tassonomisti hanno descritto quasi un milione di specie di artropodi, e tutte rientrano in quattro gruppi principali; un giacimento di fossili nella British Columbia, che rappresenta la prima esplosione della vita pluricellulare, rivela più di venti altri piani anatomici di artropodi! La storia della vita è una storia di eliminazioni di massa seguite da differenziazione all'interno dei pochi ceppi superstiti, e non il racconto convenzionale di un progresso costante verso una sempre maggiore eccellenza, complessità e diversità.

Per farsi in breve un'idea di questa nuova interpretazione, è utile confrontare la ricostruzione della fauna di Burgess a opera di Charles R. Knight (figura 1.1), fondata per intero sulla classificazione di Walcott, con l'immagine che accompagnava un articolo del 1985, di Briggs e Whittington, in cui si difendeva la concezione opposta (figura 1.2).

1) In posizione centrale, nella ricostruzione di Knight, c'è un animale chiamato *Sidneya*, il più grande degli artropodi di Burgess noti a Walcott, che vide in esso un progenitore dei moderni chelicerati. Nella versione moderna la *Sidneya* è relegata a destra in basso, e il suo posto è occupato dall'*Anomalocaris*, un terrore dei mari del Cambriano lungo sessanta centimetri che è fra le forme "inclassificabili" di Burgess.

2) Knight ricostruisce ogni animale come membro di un gruppo ben noto che godette in seguito di un successo considerevole. La *Marrella* è ricostruita come un trilobite, la *Waptia* come un protogambero (vedi figura 1.1), mentre entrambi sono situati oggi fra gli artropodi non classifi-

cabili. La versione moderna presenta i phyla rappresentati dalla gigantesca *Anomalocaris*, dall'*Opabinia*, con i suoi cinque occhi e con l'organo di prensione frontale, e dalla *Wiwaxia* con la sua copertura di squame e le sue due file di spine dorsali.

3) Gli organismi raffigurati da Knight obbediscono alla convenzione del "regno pacifico". Essi sono affollati in un piccolo spazio in un'apparente armonia fatta di reciproca tolleranza e non interagiscono fra loro. La versione moderna conserva questo affollamento irrealistico (una tradizione necessaria per ragioni di economia), ma presenta le relazioni ecologiche scoperte da ricerche recenti: vermi priapulidi e policheti scavano nel fango; la misteriosa *Aysheaia* si ciba di spugne; l'*Anomalocaris* afferra fra le mandibole un trilobite.

4) L'*Anomalocaris* può essere considerata un prototipo per la revisione di Whittington. Knight include nel suo dipinto due animali omessi

1.1. *Ricostruzione della fauna di Burgess eseguita da Charles R. Knight nel 1940; questo fu probabilmente il modello per la ricostruzione del 1942. Tutti gli animali sono raffigurati come membri di gruppi moderni. Sopra la* Sidneyia, *l'animale più grande della scena, la* Waptia *è ricostruita come un gambero. Due parti che appartengono in realtà a un unico organismo, l'*Anomalocaris, *sono rappresentate rispettivamente come una comune medusa (in alto, a sinistra del centro) e come la parte posteriore di un artropodo bivalve (il grande animale, al centro in alto, che nuota sopra i due trilobiti).*

1.2. *Questa ricostruzione moderna della fauna di Burgess illustra un articolo di Briggs e Whittington sul genere* Anomalocaris. *Questo disegno, diversamente da quello di Knight, presenta organismi strani. La* Sidneyia *è stata spostata in margine, a destra in basso, e la scena è dominata da due esemplari della gigantesca* Anomalocaris *(il primo a sinistra in primo piano, il secondo in alto dal centro verso destra). Tre individui di* Aysheaia *si nutrono di spugne lungo il margine inferiore, a sinistra della* Sidneyia. *Un'*Opabinia *cammina sul fondo subito a sinistra degli esemplari di* Aysheaia. *Due esemplari di* Wiwaxia *pascolano sul fondo sotto l'*Anomalocaris.

nella ricostruzione moderna: due meduse e un curioso artropodo che assomiglia alla parte posteriore di un gambero coperto nella parte anteriore da una conchiglia bivalve. Entrambi rappresentano errori commessi nel tentativo troppo zelante di far rientrare gli animali di Burgess in gruppi moderni. La "medusa" di Walcott è risultata essere il cerchio di placche che circondano la bocca dell'*Anomalocaris*; mentre la parte posteriore del suo "gambero" è in realtà un'appendice boccale dello stesso animale. I prototipi di Walcott per due gruppi di animali moderni sono stati riconosciuti come parti dell'organismo più stravagante di Burgess, chiamato opportunamente *Anomalocaris.*

Un mutamento complesso nelle idee ha dunque trovato riscontro in mutamenti nelle immagini. L'iconografia è una chiave piuttosto trascurata per la comprensione del mutare delle opinioni, per la storia e il significato della vita in generale, e per la fauna fossile di Burgess in taluni particolari forti.

LA SCALA E IL CONO: ICONOGRAFIE DEL PROGRESSO

La familiarità ha sempre avuto un grande rilievo nelle nostre massime, ed è stata considerata causa di qualsiasi cosa, dal disprezzo (secondo Esopo) alla nascita di bambini (come osservò Mark Twain). Polonio, in mezzo ai suoi loquaci deliri, esortava Laerte a cercare amici che fossero sperimentati e leali: "Sii tu familiare, ma per nessun conto volgare; quegli amici che tu hai, e di cui hai provato l'adozione, agganciali alla tua anima con uncini d'acciaio."[1]

Eppure, come affermò il futuro uccisore di Polonio nel più famoso monologo di tutti i tempi, "questo è il problema". Quegli uncini d'acciaio non si staccano tanto facilmente, e ciò che può essere confortevolmente familiare finisce col diventare una prigione per il pensiero.

Le parole sono il nostro mezzo preferito per procurarci l'assenso; nulla ispira l'ortodossia e una concorde unanimità d'azione così bene come una massima ben costruita. Ma la nostra recente invenzione del linguaggio non può seppellire totalmente un'eredità anteriore. I primati sono animali visivi per eccellenza, e l'iconografia della persuasione tocca nel nostro essere corde ancora più profonde che le parole. Ogni demagogo, ogni umorista, ogni dirigente pubblicitario, ha conosciuto e sfruttato il potere evocativo di un'illustrazione ben scelta.

Gli scienziati hanno perso per strada questa consapevolezza. Certo, noi usiamo illustrazioni più della maggior parte degli altri studiosi, eccezion fatta per gli storici dell'arte. La frase "La prossima diapositiva, prego" risuona nei discorsi professionali in convegni scientifici addirittura più spesso di "Mi sembra che". Ma noi vediamo nelle immagini solo illustrazioni, in funzione subordinata, di ciò che sosteniamo con parole. Ben pochi scienziati vedrebbero un'immagine in sé come intrinsecamente ideologica nel suo contenuto. Le immagini, come specchi esatti della natura, tendono a essere considerate altrettanto oggettive dei fatti.

Io posso capire un tale atteggiamento verso fotografie di oggetti, benché le opportunità di sottili manipolazioni siano senza fine anche in tal caso. Ma molte delle nostre immagini sono incarnazioni di concetti mascherate come descrizioni neutre della natura. Queste sono le fonti più efficaci di conformismo, poiché le idee che ci vengono trasmesse sotto forma di descrizioni ci conducono a mettere sullo stesso piano il provvisorio con ciò che è inequivocabilmente fattuale. Suggerimenti per l'organizzazione del pensiero vengono trasformati in regolarità stabilite in natura. Congetture e supposizioni diventano cose.

Le iconografie familiari dell'evoluzione tendono tutte – a volte rozzamente, altre volte in modo più sottile – a rafforzare un'immagine confortevole dell'inevitabilità e superiorità umana. La versione più forte – quel-

[1] Trad. it. di R. Piccoli, *Amleto*, atto I, scena 3, in W. Shakespeare, *Tutte le opere*, a cura di M. Praz, Sansoni, Firenze 1964, p. 687. La citazione nel paragrafo seguente è dalla scena 1 dell'atto III, p. 699. (*N.d.T.*)

la della catena dell'essere o della scala del progresso lineare – ha una storia antica, preevoluzionistica (si veda in proposito il classico libro di A. O. Lovejoy, *La Grande Catena dell'Essere* [1936], Feltrinelli 1966). Consideriamo, per esempio, l'*Essay on Man* di Alexander Pope, scritto all'inizio del Settecento:

Far as creation's ample range extends,
The scale of sensual, mental powers ascends:
Mark how it mounts, to man's imperial race,
From the green myriads in the peopled grass.

(Quanto della creazione l'ampio arco s'estende,
Tanto la scala dei sensi e della mente ascende:
Guarda come dell'uomo alla razza imperiale
Dalle verdi miriadi che popolan l'erbe sale.)

E si noti una immagine famosa della fine di quel secolo (figura 1.3). In *An Account of the Regular Gradation in Man*, il fisico britannico Charles White inserì tutta la diversità ramificata della vita dei vertebrati in una singola sequenza variegata che prende l'avvio dagli uccelli, passando per i coccodrilli, i cani e le scimmie, per arrivare sino alla conven-

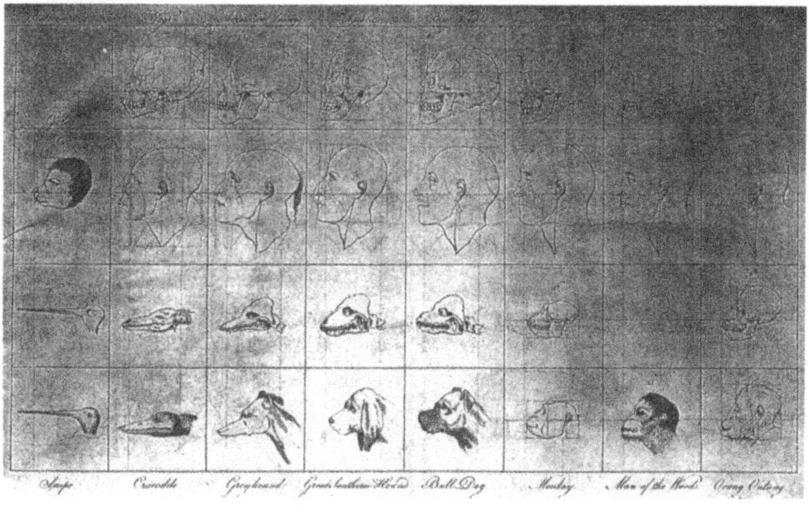

1.3. *Le gradazioni lineari della catena dell'essere secondo Charles White (1799). Una sequenza continua va da uccelli a coccodrilli a cani e scimmie cinomorfe (le due righe inferiori), passando poi alla convenzionale scala razzista dei gruppi umani (le due righe superiori).*

zionale scala razzista dei gruppi umani, con la razza caucasica considerata come il gruppo umano più alto, il tutto descritto con le fioriture rococò della fine del secolo:

> Dove troveremo, tranne che negli europei, quella testa nobilmente arcuata, contenente una tale quantità di cervello...? Dove il volto perpendicolare, il naso prominente e il mento sporgente arrotondato? Dove la varietà di caratteri e la compiutezza dell'espressione..., quelle guance rosee e quelle labbra coralline? (White, 1799)

Questa tradizione non venne mai meno, neppure nella nostra epoca più illuminata. Nel 1915 Henry Fairfield Osborn celebrò l'aumento lineare della cognizione in un'illustrazione piena di errori illuminanti (figura 1.4). Gli scimpanzé non sono nostri antenati bensì nostri cugini moderni, altrettanto lontani in termini evolutivi dal progenitore ignoto delle grandi scimmie antropomorfe africane quanto dall'uomo. Il pitecantropo (in termini moderni l'*Homo erectus*) è un nostro potenziale progenitore, e l'unico membro legittimo della sequenza. L'inclusione in essa dell'uomo di Piltdown è particolarmente rivelatrice. Oggi sappiamo che l'uomo di Piltdown fu una frode composta da un cranio umano moderno e da una mandibola di scimmia antropomorfa. Essendo il cranio di un individuo contemporaneo, aveva contenuto un cervello di dimensioni moder-

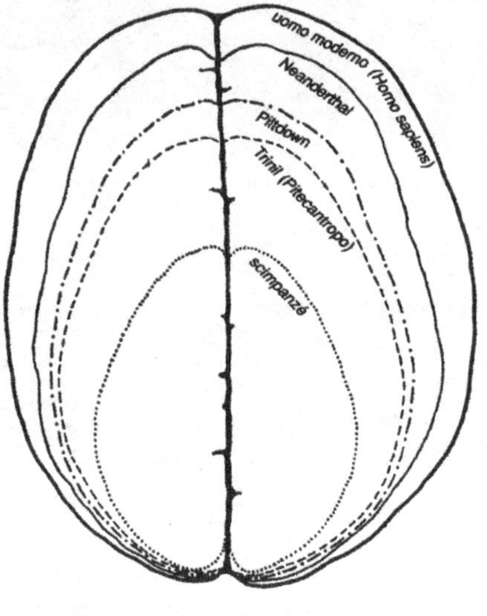

1.4. *Il progresso nell'evoluzione del cervello umano come fu illustrato da Henry Fairfield Osborn nel 1915.*

ne; Osborn e colleghi erano però così convinti che i fossili umani dovessero mostrare valori intermedi su una scala del progresso, che ricostruirono il cervello di Piltdown secondo le loro attese. Quanto all'uomo di Neanderthal, fu probabilmente un cugino stretto appartenente a una specie a sé, non un progenitore. In ogni caso, nonostante la scala di Osborn, aveva un cervello grande quanto il nostro.

Non abbiamo abbandonato questa iconografia neppure nella nostra generazione. Consideriamo la figura 1.5, da una traduzione olandese di un mio libro! La marcia del progresso, su una fila singola, non potrebbe essere più eloquente. Per non dare l'impressione che questa idea sia promossa dalla sola cultura occidentale, presento un esempio della sua diffusione fuori di questa cultura (figura 1.6): una rivista comprata nel 1985 nel bazar di Agra.

La marcia del progresso è *la* rappresentazione canonica dell'evoluzione: l'unica immagine che venga afferrata immediatamente e compresa visceralmente da tutti. Possiamo trovarne una conferma inequivocabile nel rilievo che essa ha nell'umorismo e nella pubblicità. Questi settori professionali forniscono la verifica più attendibile delle percezioni della collettività. Battute di spirito e annunzi pubblicitari devono farsi padroni della nostra attenzione nel fuggevole istante che essa concede loro.

1.5. *Un'illustrazione personalmente imbarazzante della nostra fedeltà all'iconografia della marcia del progresso. I miei libri sono dedicati a distruggere quest'immagine dell'evoluzione, ma io non ho il controllo sulle copertine delle loro traduzioni. La "marcia del progresso umano" è stata usata come illustrazione di copertina per ben quattro edizioni straniere di miei libri. Questa è tratta dalla traduzione olandese di* Ever Since Darwin.

1.6. *Ho comprato questa rivista scientifica per ragazzi nel bazar di Agra, in India. La falsa iconografia della marcia del progresso è oggi diffusa in tutte le culture.*

Consideriamo la figura 1.7, una vignetta disegnata da Larry Johnson per il "Boston Globe"prima di una partita di football americano fra Patriots e Raiders. Oppure la figura 1.8, del vignettista Szep, sul posto che spetta al terrorismo nella marcia del progresso. O la figura 1.9, di Bill Day, sul "creazionismo scientifico". O la figura 1.10, del mio amico Mike Peters, sulle possibilità sociali tradizionalmente aperte a uomini e donne. Per quanto concerne la pubblicità, consideriamo l'evoluzione della birra Guinness (figura 1.11) e del noleggio di televisori (figura 1.12).[2]

[2] Invocando un altro aspetto della stessa immagine – l'equazione di vecchio ed estinto con inadeguato – Granada ci esorta a noleggiare anziché a comprare, perché "gli ultimi modelli attuali possono essere superati prima che riusciate a dire brontosauro".

1.7. *"L'evoluzione dell'uomo." Un disegnatore satirico può fare buon uso dell'iconografia della marcia del progresso. Questo esempio, di Larry Johnson, apparve nel "Boston Globe" prima di una partita fra Patriots e Raiders.*

1.8. *"Un posto nella storia." Il terrorismo mondiale si paracaduta nel posto che gli compete nella marcia del progresso. Di Szep, nel "Boston Globe".*

1.9. *"Scienziati premi Nobel scoprono l'anello mancante." Un "creazionista scientifico" al suo posto nella marcia del progresso. Il cartello dice: "La Terra ha solo 10 000 anni!" Di Bill Day, nella "Detroit Free Press".*

1.10. *"Evoluzione dell'uomo... e della donna." Un'ulteriore estensione dell'iconografia della marcia del progresso. Di Mike Peters, nel "Dayton Daily News". (Riprodotto per concessione dell'UFS, Inc.)*

1.11. *Il massimo stadio del progresso umano qual è raffigurato in una pubblicità inglese.*

1.12. *"La teoria dell'evoluzione della Granada TV Rental." La marcia del progresso quale è raffigurata nella pubblicità di una società di noleggio di televisori.*

La camicia di forza del progresso lineare va oltre l'iconografia, investendo la definizione stessa di evoluzione: la parola diventa un sinonimo di *progresso*. I produttori delle sigarette Doral presentarono una volta una sequenza lineare di prodotti "migliorati" nel corso degli anni sotto il titolo "la teoria dell'evoluzione di Doral".[3] (Può darsi che oggi la direzione della società sia un po' in imbarazzo per aver fatto un'affermazione del genere, come sembra suggerire il fatto che mi è stato rifiutato il permesso di riprodurre tale pubblicità.) Oppure consideriamo un episodio tratto dalle strisce di Andy Capp (figura 1.13). Flo non ha alcuna difficoltà ad accettare l'evoluzione, ma la definisce un progresso e vede nella locomozione quadrupede di Andy Capp che torna a casa sbronzo l'inverso dell'evoluzione.

1.13. *L'equazione comune dell'evoluzione col progresso. La deambulazione quadrupede di Andy è interpretata come un'evoluzione a rovescio. (Per concessione della © M.G.N. 1989, Syndication International/North America Syndicate, Inc.)*

La vita è un cespuglio che si ramifica copiosamente, continuamente sfrondato dalla sinistra mietitrice dell'estinzione, non una scala di progresso prevedibile. La maggior parte delle persone lo sanno forse a parole, ma non hanno quest'idea radicata profondamente nel loro intelletto. Noi facciamo perciò di continuo errori ispirati dalla nostra adesione inconscia alla scala del progresso, anche quando neghiamo esplicitamente una tale antiquata concezione della vita. Consideriamo per esem-

[3] Per una mirabile ironia, la sequenza mostrava, fondamentalmente, una successione di filtri più efficaci. L'evoluzione, per gli scienziati, è adattamento al mutare dell'ambiente, non progresso. Poiché i filtri erano risposte a nuove condizioni – la conoscenza pubblica di pericoli alla salute – la Doral usò in modo appropriato la parola *evoluzione*. Senza dubbio, però, la società intendeva suggerire l'idea che le sigarette fossero migliorate in assoluto e non solo modificate in vista del mantenimento dei profitti: una tesi piuttosto sinistra se si pensa ai vari milioni di decessi attribuibili al fumo di sigarette.

pio due errori, il secondo dei quali fornisce una chiave al fraintendimento convenzionale della fauna di Burgess.

Innanzitutto, in un errore che io chiamo "il piccolo scherzo della vita" (Gould, 1987a), noi siamo virtualmente costretti all'errore sorprendente di citare come classici "casi da manuale" dell'"evoluzione" linee genealogiche che non hanno avuto in realtà molto successo. Questo errore è una conseguenza del nostro desiderio di estrarre una singola linea di progresso dalla topologia reale di una ricca ramificazione. In questo sforzo male ispirato siamo attratti verso cespugli così vicini alla soglia della totale annichilazione da conservare un solo ramoscello superstite, in cui tendiamo a vedere il culmine di una linea ascendente invece che il probabile ultimo sussulto di un gruppo molto più ricco ridotto ora sull'orlo dell'estinzione.

Consideriamo ora il grande cavallo di battaglia della tradizione: la scala evolutiva degli equidi (figura 1.14). È vero che una connessione evolutiva ininterrotta collega l'*Hyracotherium* (già chiamato *Eohippus*) all'*Equus* moderno. Ed è vero anche che i cavalli moderni sono più grandi, con meno dita e con denti dalla corona più alta. Ma quella dall'*Hyracotherium* all'*Equus* non è una scala, e neppure una linea genealogica centrale. Questa sequenza è solo un percorso labirintico fra migliaia su un cespuglio complesso. Questo percorso particolare ha acquisito preminenza solo per una ragione curiosa: perché tutti gli altri rami si sono estinti. L'*Equus* è l'unico ramo rimasto, e perciò il punto più alto di una scala nella nostra falsa iconografia. Gli equidi sono diventati l'esempio classico di un'evoluzione progressiva perché il loro cespuglio ha avuto ben poco successo. Noi non valutiamo mai nel loro giusto valore i veri trionfi dell'evoluzione dei mammiferi. Quando mai si sente parlare dell'evoluzione dei pipistrelli, delle antilopi o dei roditori, che sono i campioni attuali della vita mammaliana? Noi non raccontiamo mai queste storie perché non riusciamo a rappresentare in modo lineare il successo di questi organismi nella nostra immagine favorita della scala. Essi ci presentano infatti migliaia di ramoscelli su un cespuglio vigoroso.

È il caso che io ricordi che almeno un'altra linea genealogica di mammiferi, particolarmente cara al nostro cuore per ragioni campanilistiche, condivide con i cavalli sia la topologia di un cespuglio con un solo ramoscello sopravvissuto, sia la falsa iconografia di una marcia verso il progresso?

In un secondo grande errore, può accadere che noi abbandoniamo la scala e riconosciamo il carattere ramificato delle linee evolutive, continuando però a rappresentare l'albero della vita in un modo convenzionale, scelto per convalidare le nostre speranze di un progresso prevedibile.

L'albero della vita è limitato nella sua crescita da alcune costrizioni cruciali sulla sua forma. Innanzitutto, poiché ogni gruppo tassonomico ben definito può ricondurre la sua origine a un singolo progenitore co-

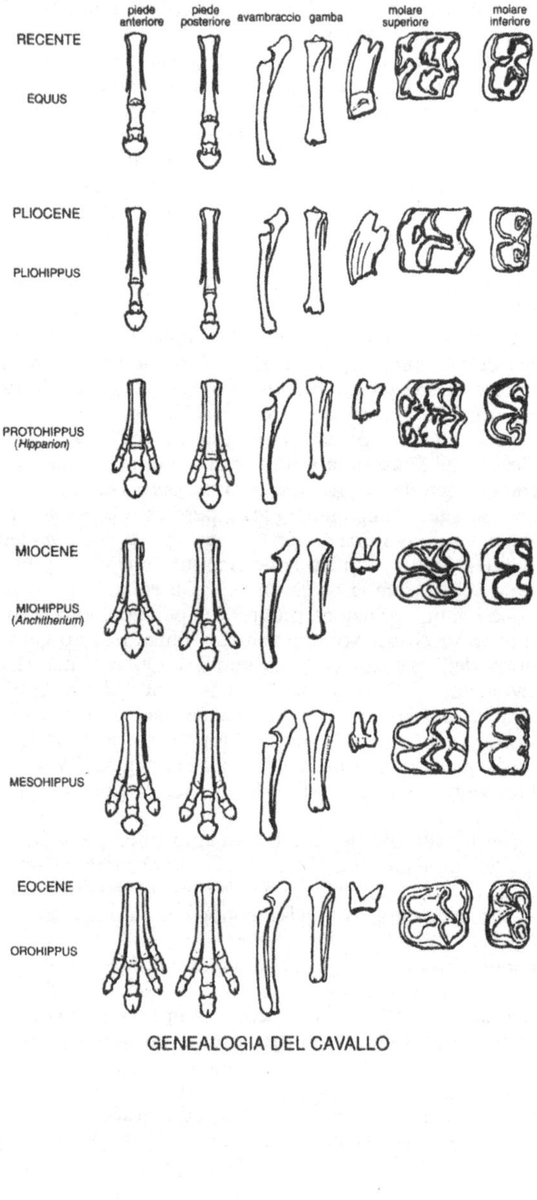

GENEALOGIA DEL CAVALLO

mune, un albero evolutivo deve avere alla base un unico tronco.[4] In secondo luogo, tutti i rami dell'albero o muoiono o si ramificano ulteriormente. La separazione è irrevocabile; rami separati non possono tornare a unirsi.[5]

Eppure, all'interno di queste costrizioni della *monofilia* e della *divergenza*, le possibilità geometriche degli alberi evolutivi sono quasi infinite. Un cespuglio può espandersi rapidamente sino a raggiungere la massima larghezza e crescere poi di continuo in altezza, come un albero di Natale. Oppure può diversificarsi rapidamente, mantenendo poi appieno la sua larghezza grazie a un equilibrio continuo di innovazione e

[4] Un gruppo opportunamente definito, con un singolo progenitore comune, si dice monofiletico. I tassonomisti insistono sulla monofilia nella classificazione formale. Molti nomi del linguaggio comune non corrispondono invece a gruppi evolutivi ben costituiti perché comprendono animali con progenitori diversi: sono cioè, in linguaggio tecnico, dei gruppi "polifiletici". Per esempio, le "classificazioni" popolari che includono i pipistrelli fra gli uccelli, o le balene fra i pesci, sono polifiletiche. Probabilmente il termine stesso *animale* del linguaggio comune denota un gruppo polifiletico, poiché le spugne (quasi sicuramente) e probabilmente anche i coralli e loro affini derivarono separatamente da progenitori unicellulari, mentre tutti gli altri animali delle nostre comuni definizioni appartengono a un terzo gruppo distinto. Il giacimento di Burgess contiene numerose spugne e probabilmente anche qualche membro del phylum dei coralli, ma in questo libro ci occuperemo solo del terzo grande gruppo: quello dei celomati o animali con una cavità corporea. I celomati comprendono tutti i vertebrati e tutti i comuni invertebrati eccezion fatta per spugne, coralli e affini. Poiché i celomati sono chiaramente monofiletici (Hanson, 1977), gli animali che formano l'oggetto di questo libro costituiscono un gruppo evolutivo appropriato.

[5] Questo principio fondamentale, pur essendo vero per gli animali pluricellulari complessi trattati in questo libro, non si applica a tutti i viventi. L'ibridazione fra linee lontane avviene spesso nelle piante, producendo un albero genealogico della vita che spesso sembra più una rete che un albero convenzionale. (Io trovo divertente che la metafora classica dell'albero della vita, usata come un'immagine dell'evoluzione dal tempo di Darwin in poi, e così bella e precisa per gli animali, possa non applicarsi altrettanto bene alle piante, che pure sono la fonte di quest'immagine.) Sappiamo inoltre che è possibile un trasferimento laterale di geni, attraverso i confini di specie, di solito per opera di virus. Questo processo potrebbe essere importante nell'evoluzione di qualche organismo unicellulare, ma probabilmente svolge solo un ruolo di scarsa importanza nella filogenesi di animali complessi, se non altro per il fatto che due sistemi embriologici fondati su modelli di sviluppo molto diversi non possono combinarsi, nonostante quanto vorrebbero farci credere i film su mosche e esseri umani.

1.14. *La versione originaria della scala del progresso per i cavalli, disegnata dal paleontologo americano O. C. Marsh per Thomas Henry Huxley, dopo che lo stesso Marsh aveva mostrato a Huxley, nella sua unica visita negli Stati Uniti, la sua recente collezione di fossili americani. Marsh convinse Huxley della validità di questa sequenza, costringendo così il "mastino di Darwin" ad aggiornare la sua lezione sull'evoluzione dei cavalli tenuta a New York nel 1876. Si noti la costante diminuzione del numero delle dita e il costante aumento dell'altezza dei denti. Poiché Marsh disegnò tutti i suoi esemplari nella stessa grandezza, non vediamo l'altra tendenza classica dell'aumento della statura.*

morte. Oppure, come le erbe mobili che si staccano dalle radici e vengono fatte rotolare dal vento, può ramificarsi disordinatamente in un groviglio confuso di forme e grandezze.

Ignorando tutte queste molteplici possibilità, l'iconografia convenzionale si è fissata su un modello primario, il "cono della diversità crescente", un albero di Natale capovolto. La vita comincia dalla limitazione e dalla semplicità e procede sempre più verso l'alto e, per implicazione, migliora continuamente. La figura 1.15, sull'evoluzione dei celomati (animali dotati di una cavità corporea, che sono l'argomento di questo libro), mostra l'origine ordinata degli animali più svariati a partire da un semplice verme piatto. L'albero si suddivide in alcuni rami fondamentali, nessuno dei quali si estingue; e ognuno di tali rami si diversifica ulteriormente, in un numero continuamente crescente di sottogruppi.

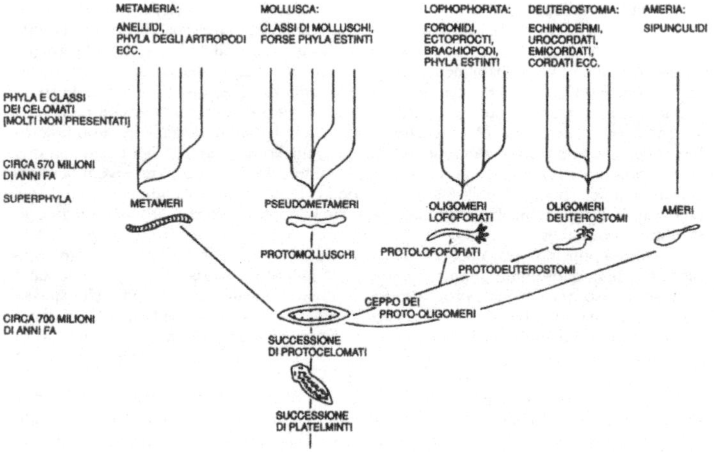

1.15. *Un'immagine recente dell'evoluzione degli animali celomati, disegnata secondo l'iconografia convenzionale del cono della diversità crescente (Valentine, 1977).*

La figura 1.16 presenta una varietà di coni tratti da vari libri di testo moderni: tre esempi astratti e tre esempi reali per gruppi che hanno un'importanza cruciale per l'argomento trattato in questo libro. (Nel capitolo 4 ci occuperemo dell'origine di questo modello negli alberi genealogici originali di Haeckel, e dell'influenza di questi alberi sul grande errore di Walcott nella ricostruzione della fauna di Burgess.) Tutti questi alberi mostrano lo stesso modello: i rami crescono sempre verso l'alto e verso l'esterno, di tanto in tanto sdoppiandosi. Se qualcuna delle prime linee genealogiche si estingue, la formazione di altre linee compensa ben presto queste perdite. Le prime estinzioni possono eliminare solo piccoli rami in prossimità del tronco centrale. L'evoluzione si sviluppa come se l'albero stesse crescendo dentro un imbuto, riempiendo il cono in continua espansione delle possibilità.

Nella sua interpretazione convenzionale, il cono della diversità trasmette un'interessante combinazione di significati. La dimensione orizzontale manifesta la diversità: pesci più insetti più lumache più stelle di mare in alto occupano lateralmente molto più spazio dei soli platelminti alla base. Ma che cosa rappresenta la dimensione verticale? A una lettura letterale le posizioni sull'asse verticale rappresentano solo il prima e il poi, il più recente e il più antico, nel tempo geologico: gli organismi che si trovano in prossimità del cannello dell'imbuto sono antichi; quelli situati in prossimità del bordo superiore sono recenti. Noi leggiamo però il movimento verso l'alto anche come un passaggio dal semplice al complesso, o dal primitivo all'evoluto. *La posizione nel tempo si combina con un giudizio di valore.*

I nostri discorsi comuni sugli animali seguono questa iconografia. Il tema della natura è la diversità. Noi viviamo circondati da ramoscelli coevi dell'albero della vita. Nel mondo di Darwin tutti gli animali (in quanto sopravvissuti a una competizione spietata) hanno diritto a essere considerati di eguale status. Perché, dunque, noi costruiamo di solito una gerarchia alla quale sono associati giudizi di valore (legati per esempio alla complessità, o alla vicinanza relativa all'uomo)? Nella recensione di un libro sul corteggiamento nel regno animale, Jonathan Weiner ("New York Times Book Review", 27 marzo 1988) descrive lo schema di organizzazione dell'autore: "Procedendo in un ordine vagamente evoluzionistico, il signor Walters comincia con gli xifosuri, che da 200 milioni di anni si riuniscono e si accoppiano su spiagge buie, in sincronismo con le maree e con la luna." In capitoli successivi si compie "il lungo salto evoluzionistico alle bizzarrie dello scimpanzé pigmeo". Perché questa sequenza viene chiamata "ordine evoluzionistico"? Gli xifosuri, anatomicamente complessi, non sono affatto progenitori dei vertebrati; i due phyla, degli artropodi e dei cordati, sono stati separati sin dalla più antica documentazione fossile della vita pluricellulare.

Un altro esempio recente, a dimostrazione del fatto che questo errore infetta non solo i discorsi dei profani ma anche i discorsi tecnici, ci è fornito da un articolo di fondo in "Science", la principale rivista scientifica d'America, in cui si costruisce un ordine altrettanto insensato della "gradazione regolare" di White (vedi figura 1.3). Facendo un commento sulle specie usate comunemente per ricerche di laboratorio, l'autore dell'articolo discute le posizioni gerarchiche fra gli animali unicellulari e fa congetture su quali siano le forme più evolute. "Più in alto sulla scala dell'evoluzione," prosegue, "i nematodi, i ditteri e le rane hanno il vantaggio di aver conseguito una complessità al di là della singola cellula,

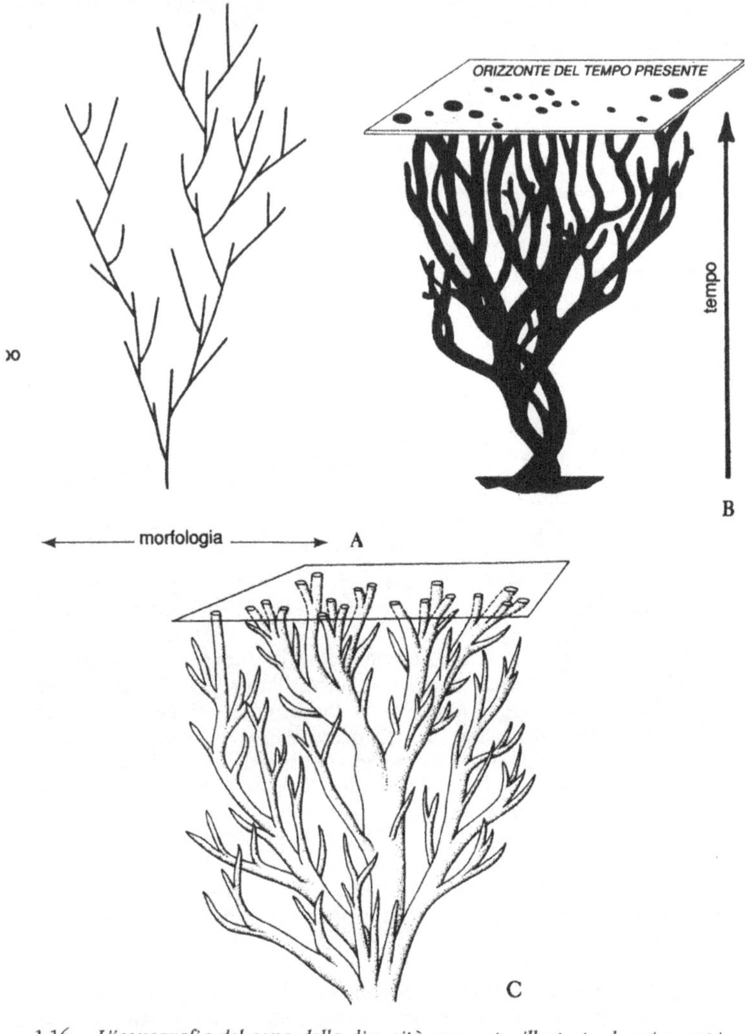

1.16. *L'iconografia del cono della diversità crescente, illustrata da sei esempi tratti da libri. Tutti questi diagrammi sono presentati come semplici raffigurazioni obiettive dell'evoluzione; nessuno è una rappresentazione esplicita della diversificazione in contrapposizione a qualche altro processo evolutivo. Tre esempi astratti (A-C) sono seguiti da concezioni convenzionali di tre filogenesi specifiche: dei vertebrati (D), degli artropodi (E) e dei mammiferi (F, a p. 38). I dati forniti dai fossili di Burgess confutano questa concezione centrale dell'evoluzione degli artropodi come processo continuo di crescente diversificazione.*

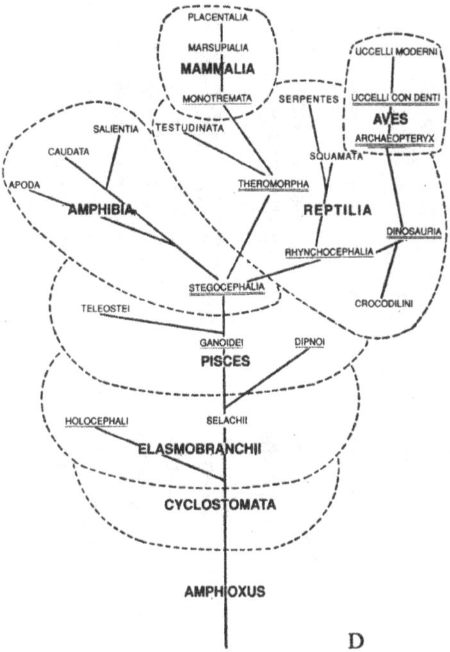
PLACENTALIA
MARSUPIALIA
MAMMALIA
MONOTREMATA
UCCELLI MODERNI
UCCELLI CON DENTI
AVES
ARCHAEOPTERYX
SERPENTES
SALIENTIA
TESTUDINATA
CAUDATA
SQUAMATA
APODA
THEROMORPHA
AMPHIBIA
REPTILIA
DINOSAURIA
RHYNCHOCEPHALIA
STEGOCEPHALIA
CROCODILINI
TELEOSTEI
GANOIDEI
DIPNOI
PISCES
HOLOCEPHALI
SELACHII
ELASMOBRANCHII
CYCLOSTOMATA
AMPHIOXUS

D

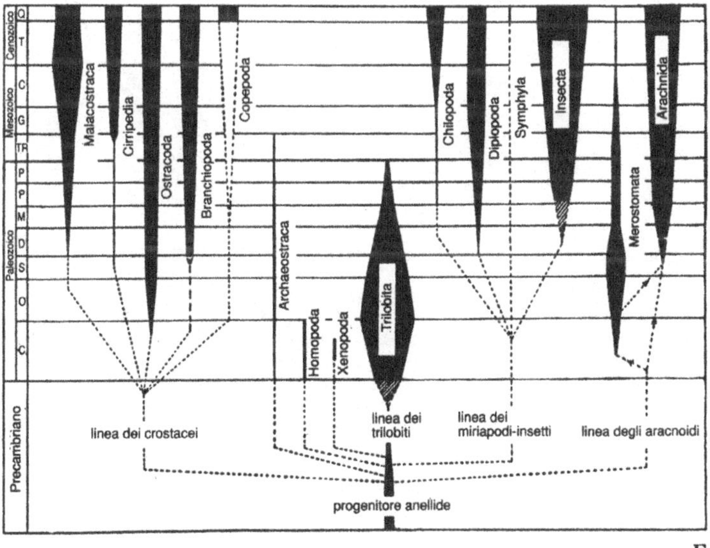
Cenozoico
Mesozoico
Paleozoico
Precambriano
Q
T
C
G
TR
P
P
M
D
S
O
C
Malacostraca
Cirripedia
Ostracoda
Branchiopoda
Copepoda
Archaeostraca
Homopoda
Xenopoda
Trilobita
Chilopoda
Diplopoda
Symphyla
Insecta
Merostomata
Arachnida
linea dei crostacei
linea dei trilobiti
linea dei miriapodi-insetti
linea degli aracnoidi
progenitore anellide

E

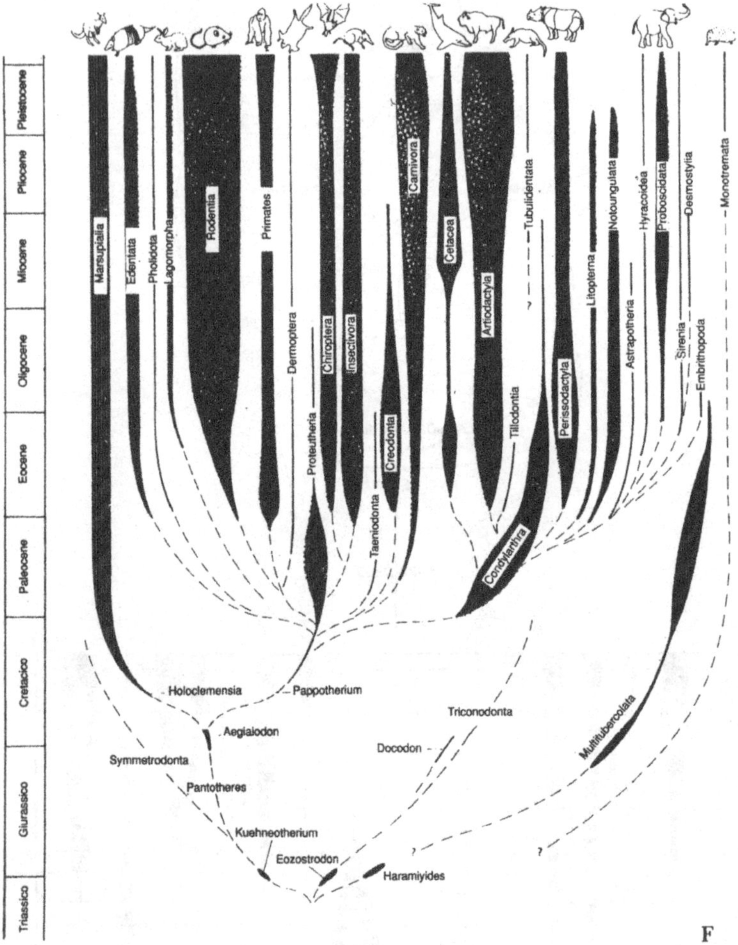

F

1.16 (prosecuzione). *Una visione convenzionale della filogenesi dei mammiferi.*

ma rappresentano specie molto più semplici dei mammiferi" (10 giugno 1988).

L'idea infondata dell'esistenza di un singolo ordine nella molteplice diversità della vita moderna deriva dalle nostre iconografie convenzionali e dai pregiudizi che le alimentano: la scala della vita e il cono della crescente diversità. Quando si usa l'immagine della scala, gli xifosuri vengono giudicati semplici; quando si usa il cono, appaiono antichi.[6] E nella grande combinazione di nozioni discussa sopra l'una cosa implica l'altra: scendendo lungo la scala si va in direzione di una crescente antichità, mentre scendendo lungo il cono si retrocede verso una sempre maggiore semplicità.

Non penso che alla base della nostra accettazione di queste false iconografie della scala e del cono ci sia un qualche particolare segreto o mistero o un qualche motivo particolarmente sottile. Queste immagini sono adottate perché nutrono le nostre speranze di un universo dotato di un significato intrinseco definito nei nostri termini. Noi semplicemente non riusciamo a tollerare le implicazioni della sincerità di Omar Khayyam:

> Venni in questo universo, il perché non sapendo,
> Né il donde, com'acqua che scorre volente o nolente,
> E da esso uscirò, come vento nel deserto
> Che soffia volente o nolente, non so verso dove.

Una quartina posteriore delle *Rubayyat* propone una strategia contraria, ma riconosce che si tratta solo di una vana speranza:

> Se la mia mano giungesse fino al Quaderno del Fato,
> Tutto lo riscriverei secondo il mio desiderio;
> E toglierei al mondo d'un subito tutto il Dolore,
> E lieto il capo ergerei fino a vette di cielo.[7]

La maggior parte dei miti e delle spiegazioni scientifiche antiche della cultura occidentale rende omaggio a questo desiderio. Consideriamo il racconto primario della *Genesi*, che presenta un mondo vecchio solo

[6] Un'altra ironia della realtà: nonostante l'usuale caratterizzazione degli xifosuri come "fossili viventi", il *Limulus polyphemus* (la specie che vive sulla costa atlantica del Nordamerica) non ha alcuna documentazione fossile. Il genere *Limulus* esiste solo da 20 milioni di anni circa, non da 200. Noi consideriamo erroneamente gli xifosuri come "fossili viventi" perché il gruppo non ha mai prodotto molte specie, e perciò non ha sviluppato un grande potenziale evolutivo di diversificazione; di conseguenza le specie moderne sono morfologicamente simili a forme antiche, ma le specie stesse non sono notevolmente vecchie.

[7] È la quartina 247 nel volume Omar Khayyam, *Quartine* (*Robâ'yyât*), a cura di Alessandro Bausani, Einaudi, Torino 1973, p. 84. Non sono invece riuscito a identificare la quartina precedente né nell'edizione di Bausani né in quella a cura di Francesco Gabrieli, Newton Compton, Roma 1973; sono stato perciò costretto a tradurla dall'inglese. (*N.d.T.*)

di qualche migliaio di anni, abitato da esseri umani per tutta la sua storia con la sola eccezione dei primi cinque giorni, e popolato da creature create a nostro beneficio e surbordinate ai nostri bisogni. Un tale sfondo geologico poté ispirare la fiducia di Alexander Pope, in *Essay on Man*, sul significato più profondo delle apparenze immediate:

All Nature is but art, unknown to thee;
All chance, direction, which thou canst not see;
All discord, harmony not understood;
All partial evil, universal good.

(La natura è sol arte, ignota a te;
Il caso, direzione che non vedi;
Ogni discordia è armonia non compresa;
E il mal parziale è bene universale.)

Ma, come osservò Freud, il nostro rapporto con la scienza dev'essere paradossale perché, per ogni guadagno importante nella conoscenza e nel potere, siamo costretti a pagare un prezzo quasi intollerabile: il costo psicologico della nostra progressiva rimozione dal centro delle cose e della nostra crescente emarginazione in un universo che non si cura di noi. Così, fisica e astronomia hanno relegato il nostro mondo in un cantuccio dell'universo, e la biologia ha ridimensionato il nostro rango da immagine di Dio a scimmia nuda.

La mia professione ha contribuito a questa ridefinizione apportandovi il suo proprio choc: il fatto più spaventoso della geologia, potremmo dire. Alla fine del secolo scorso, era ormai acquisita la nozione che la Terra esisteva da milioni di anni, e che l'esistenza dell'uomo occupava solo l'ultimo millimicrosecondo di questa storia: l'ultimo centimetro del chilometro cosmico, o l'ultimo secondo dell'anno geologico, nelle nostre metafore pedagogiche standard.

Noi non possiamo sopportare l'implicazione centrale di questo *brave new world*. Se l'umanità è sorta solo ieri su un ramoscello secondario di un albero rigoglioso, la vita non può, in alcun senso genuino, esistere per noi o a causa nostra. Forse noi siamo solo un ripensamento, una sorta di accidente cosmico, una decorazione appesa all'albero di Natale dell'evoluzione.

Quali scelte ci rimangono di fronte al fatto più spaventoso della geologia? Solo due, in realtà. Possiamo, come si sostiene in questo libro, accettare le implicazioni e imparare a cercare il significato della vita umana, compresa l'origine della moralità, in altri ambiti, più appropriati: o stoicamente, con un senso di perdita, o con gioia per la sfida se abbiamo un temperamento ottimistico. Oppure possiamo continuare a cercare un conforto cosmico nella natura leggendo la storia della vita in una luce distorta.

Se scegliamo la seconda strategia, le nostre manovre sono gravemente limitate dalla nostra storia geologica. Quando noi infestavamo tutta la creazione con l'eccezione dei soli primi cinque giorni, la storia della vita poteva essere intesa facilmente in funzione dell'uomo. Ma se vogliamo affermare la nostra centralità in un mondo che ha funzionato fino all'ultimo istante senza di noi, dobbiamo in qualche modo comprendere tutto ciò che venne prima come una preparazione grandiosa, un preannuncio della nostra origine in cui culmina l'evoluzione.

La vecchia catena dell'essere ci fornirebbe quindi il massimo conforto, ma ora sappiamo che la grande maggioranza di creature "più semplici" non sono progenitori o anche solo prototipi dell'uomo, bensì nient'altro che rami collaterali sull'albero della vita. Il cono di crescente progresso e diversità diventa perciò la nostra inevitabile scelta iconografica. Il cono implica uno sviluppo prevedibile dal semplice al complesso, dal meno al più. L'*Homo sapiens* può formare solo un ramoscello, ma se la vita si muove, anche in modo discontinuo, verso una maggiore complessità e verso capacità mentali superiori, allora l'origine finale di un'intelligenza cosciente di sé può essere implicita in tutto ciò che venne prima. In breve, non riesco a capire la nostra persistente adesione alle iconografie manifestamente false della scala e del cono se non come un tentativo disperato per giustificare la nostra speranza e arroganza a livello cosmico.

Lascio l'ultima parola sull'argomento a Mark Twain, il quale comprese perfettamente, quando la Torre Eiffel era l'edificio più alto del mondo, le implicazioni del fatto più spaventoso della geologia:

> L'uomo esiste da 32 000 anni. Che siano occorsi cento milioni di anni a preparare il mondo per lui [8] è una prova che il mondo esiste per l'uomo. Io suppongo che sia così. Non lo so di sicuro. Se la Torre Eiffel rappresentasse l'età del mondo, lo spessore della vernice sul pinnacolo al suo vertice rappresenterebbe la durata relativa dell'esistenza dell'uomo; e chiunque percepirebbe che quel sottile strato di vernice fu ciò per cui fu costruita la torre. Suppongo che lo percepirebbe, non lo so di sicuro.

[8] Twain usò per l'età della Terra la stima, allora corrente, di Lord Kelvin. Le età stimate si sono allungate notevolmente da allora, ma le proporzioni di Twain rimangono grosso modo corrette. Egli suppose che il periodo di esistenza dell'uomo equivalesse a 1/30 000 circa dell'età della Terra. Accettando le stime correnti che datano l'origine della nostra specie, *Homo sapiens*, a 250 000 anni fa, se l'esistenza dell'uomo equivalesse a 1/30 000 dell'età della Terra, questa avrebbe un'età di 7, 5 miliardi di anni. Secondo le migliori stime attuali la Terra ha un'età di 4,5 miliardi di anni.

LA RIPETIZIONE DEL FILM DELLA VITA: L'ESPERIMENTO CRUCIALE

L'iconografia del cono rese inevitabile l'interpretazione originaria della fauna di Burgess data da Walcott. Animali così vicini nel tempo all'origine della vita pluricellulare dovrebbero trovarsi nello stretto cannello dell'imbuto. Perciò gli animali di Burgess non potevano discostarsi da una varietà rigorosamente limitata e da una semplicità anatomica basilare. In breve, dovevano essere classificati o come forme primitive all'interno di gruppi moderni o come animali ancestrali che potevano, al crescere della complessità, progredire sino a qualche forma familiare nei moderni organismi marini. Non sorprende, quindi, che Walcott abbia interpretato ogni organismo della fauna di Burgess come un membro primitivo di un qualche ramo importante del posteriore albero della vita.

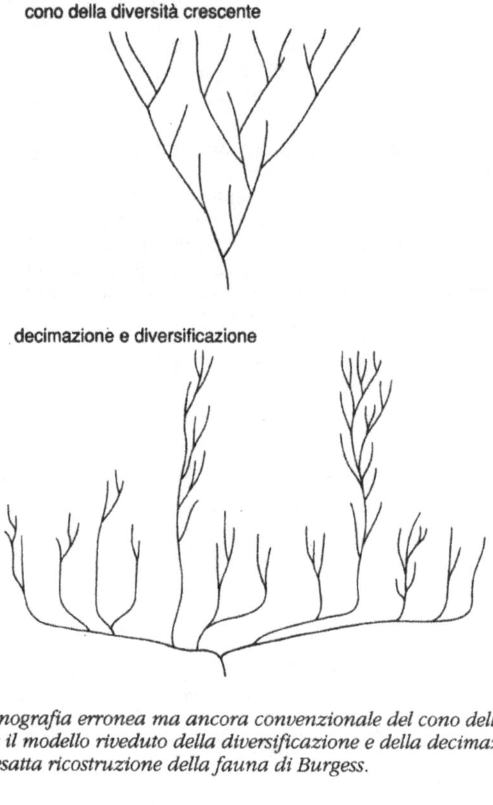

1.17. *L'iconografia erronea ma ancora convenzionale del cono della diversità crescente, e il modello riveduto della diversificazione e della decimazione, suggerito dall'esatta ricostruzione della fauna di Burgess.*

Io non conosco alcuna sfida maggiore all'iconografia del cono – e quindi alcun argomento più importante a favore di una visione fondamentalmente riveduta della vita – delle ricostruzioni rivoluzionarie dell'anatomia di Burgess presentate da Whittington e dai suoi colleghi. Essi hanno seguito letteralmente la nostra metafora più venerabile per la rivoluzione, capovolgendo l'interpretazione tradizionale. Riconoscendo nel giacimento di Burgess un così gran numero di piani anatomici unici, e mostrando che gruppi a noi familiari sperimentarono allora anatomie molto diverse da quelle moderne, hanno rovesciato il cono. L'impetuosa avanzata della varietà anatomica raggiunse un massimo subito dopo la diversificazione iniziale degli animali pluricellulari. La posteriore storia della vita procedette per eliminazione, non per espansione. La Terra attuale può contenere più specie di quante non ne abbia mai contenute in precedenza, ma nella maggior parte dei casi si tratta di variazioni sulla base di pochi piani anatomici fondamentali. (I tassonomisti hanno descritto più di mezzo milione di specie di coleotteri, ma sono quasi tutte copie con differenze minime di un singolo piano fondamentale.) In realtà il probabile aumento del numero delle specie nel tempo non fa altro che sottolineare il rompicapo e il paradosso. Rispetto ai mari di Burgess, gli oceani attuali contengono molte più specie, fondate però su un numero molto minore di piani anatomici.

La figura 1.17 presenta un'iconografia riveduta, la quale riflette le lezioni della fauna di Burgess. La varietà massima di possibilità anatomiche è associata alla prima spinta della diversificazione. La storia posteriore è un racconto di restrizioni, giacché la maggior parte di questi primi esperimenti si esaurisce e la vita si adatta a generare infinite variazioni su pochi modelli sopravvissuti.[9]

[9] Mi sono arrabattato a lungo nel tentativo di trovare un nome appropriato per questo fenomeno di eliminazione massiccia da un insieme iniziale di forme, con concentrazione di tutta la storia futura in un numero limitato di linee genealogiche superstiti. Per molti anni ho pensato a questo modello come a una "vagliatura", ma ora devo rifiutare questa metafora perché tutti i significati della vagliatura si riferiscono alla separazione del buono dal cattivo (del grano dalla pula nell'originale), mentre io credo che la conservazione di un numero limitato delle possibilità di Burgess abbia funzionato piuttosto come una lotteria.

Infine ho deciso di descrivere questo modello come una "decimazione" perché nel senso letterale e nel senso usuale di questa parola ritrovo i due aspetti fondamentali della grande estinzione della fauna di Burgess: il carattere in gran parte casuale della sopravvivenza o della morte, e la grande probabilità complessiva dell'estinzione stessa.

Casualità. "Decimare" è una parola che deriva dal latino e significa in origine "prendere uno su dieci". La parola si riferisce a una classica punizione che veniva applicata nell'esercito romano a gruppi di soldati colpevoli di ammutinamento, di codardia o di qualche altro crimine. Un soldato su dieci veniva estratto a sorte e ucciso. Io non potrei chiedere una metafora migliore per un'estinzione guidata dal caso.

Grandezza. Ma il significato letterale potrebbe suggerire l'implicazione erronea che le probabilità di morte, anche se applicate egualmente a tutti, siano piuttosto basse: solo del 10 per cento. Il modello di Burgess indica invece tutto l'opposto. I più muoiono, e pochi sono gli eletti: per le principali linee genealogiche di Burgess sarebbe una buona stima una probabilità di morte del 90 per cento. Nell'inglese moderno corrente il verbo *to deci-*

Quest'iconografia rovesciata, per quanto interessante e rivoluzionaria in sé, non implica necessariamente una visione riveduta della prevedibilità e della direzione dell'evoluzione. Noi possiamo abbandonare il cono e accettare l'iconografia rovesciata, e nondimeno mantenere la nostra piena adesione alla tradizione, se adottiamo la seguente interpretazione: tutte le possibilità di Burgess tranne una piccola percentuale soccombettero, ma i perdenti erano pula, e prevedibilmente condannati. I sopravvissuti vinsero grazie al possesso di vantaggi determinanti in complessità anatomica e in abilità competitiva.

Ma il modello dell'eliminazione di Burgess suggerisce anche un'alternativa veramente radicale, che è preclusa dall'iconografia del cono. Supponiamo che i vincitori non siano prevalsi grazie a una superiorità nel senso usuale. Forse la macabra mietitrice dei piani anatomici è solo la Signora Fortuna mascherata. O forse le ragioni reali di sopravvivenza non sono conformi alle idee convenzionali secondo cui sopravviverebbero gli organismi più complessi, migliori o in qualche modo indirizzati verso l'uomo. Forse la macabra mietitrice lavora durante brevi episodi di estinzione di massa, provocati da catastrofi ambientali imprevedibili (per esempio innescate dall'impatto di corpi extraterrestri). Certi gruppi possono prevalere o estinguersi per ragioni che non hanno alcun rapporto con la base darwiniana del successo in epoche normali. Anche se i pesci migliorano gradualmente il loro adattamento fino a raggiungere culmini di grande perfezione in acqua, moriranno se lo stagno in cui vivono si prosciuga. Ma può accadere che quel vecchio fenomeno del Dipnoo, il sudicio e sgraziato pesce polmonato che era lo zimbello di tutti, riesca a sopravvivere, e non perché un'infiammazione su una pinna di suo nonno informò i suoi genitori dell'imminente arrivo di una cometa. Il Dipnoo e i suoi discendenti sopravvissero perché un carattere evolutosi molto tempo prima per un uso diverso gli permise fortuitamente di sopravvivere durante un mutamento improvviso e imprevedibile delle regole. E se noi siamo discendenti del Dipnoo, e il risultato di un migliaio di altri casi similmente fortunati, come possiamo considerare la nostra intelligenza inevitabile, o anche solo probabile?

Noi viviamo, come sostengono gli umoristi, in un mondo di buone notizie e di cattive notizie. Una buona notizia è che possiamo progettare un esperimento per decidere fra l'interpretazione convenzionale e l'interpretazione rivoluzionaria delle estinzioni, risolvendo in tal modo il

mate è venuto a significare "distruggere una maggioranza schiacciante", piuttosto che la piccola percentuale dell'antica pratica romana. L'*Oxford English Dictionary* segnala che quest'uso riveduto del termine non è un errore o un'inversione di significato ma ha una propria legittimità, poiché la parola "decimazione" è stata usata anche nel significato di prendere nove su dieci.

In ogni caso, io desidero unire il significato di casualità esplicito nella definizione romana originaria con l'implicazione moderna che i più muoiono e solo pochi sopravvivono. In questo senso combinato la decimazione è la giusta metafora per la sorte della fauna di Burgess: eliminazione casuale della maggior parte delle linee genealogiche.

A questo punto ritengo doveroso introdurre una distinzione importante che dovrebbe attenuare un motivo classico di confusione. I biologi usano il termine del linguaggio comune diversità *in vari significati tecnici differenti. Essi parlano di "diversità" con riferimento al numero delle specie distinte in un gruppo: fra i mammiferi, i roditori hanno una diversità elevata, più di 1500 specie diverse, mentre gli equidi hanno una diversità molto modesta, poiché le zebre, gli asini e i cavalli formano in tutto meno di dieci specie. Ma i biologi parlano di "diversità" anche come differenza nei piani corporei. Tre topi ciechi di specie differenti non compongono una fauna "diversa", mentre la compongono un elefante, un corvo e una formica, anche se ciascuna delle due comunità contiene solo tre specie.*

La revisione della fauna di Burgess si fonda sulla sua diversità in questo secondo senso di differenza *nei piani anatomici. Misurata come numero di specie, la diversità di Burgess non è elevata. Questo fatto incarna un paradosso centrale dei primordi della vita – come poté evolversi una differenza tanto grande nei piani corporei nell'apparente assenza di diversità sostanziale nel numero delle specie? – giacché le due cose sono correlate più o meno strettamente nell'immagine del cono (vedi 1.16).*

Quando parlo di decimazione, mi riferisco alla riduzione nel numero di piani anatomici per la vita, non al numero delle specie. La maggior parte dei paleontologi concordano sul fatto che il numero delle specie è aumentato nel corso del tempo (Sepkoski et al., 1981), e questo aumento di specie dev'essere occorso perciò all'interno *di un numero ridotto di piani corporei.*

La maggior parte delle persone non si rendono conto appieno del carattere stereotipato della vita attuale. Nelle scuole superiori noi apprendiamo elenchi di phyla bizzarri fino a familiarizzarci con nomi come chinorinchi, priapulidi, gnatostomulidi e pogonofori (salvo dimenticarcene subito una volta superato l'esame). Concentrando la nostra attenzione su qualche organismo bizzarro, dimentichiamo quanto possa essere squilibrata la vita. Quasi l'80 per cento di tutte le specie di animali descritte sono artropodi (per lo più insetti). Sul fondo del mare, una volta enumerati i policheti, i ricci di mare, i granchi e le chiocciole di mare, non rimangono altrettanti invertebrati celomati. La stereotipia, ossia la riduzione della maggior parte delle specie a pochi piani anatomici, è un carattere fondamentale della vita moderna, ed è la sua massima differenza dal mondo del tempo di Burgess.

Vari miei colleghi (Janusson, 1981; Runnegar, 1987) hanno suggerito di eliminare la confusione sulla diversità limitandone l'uso al primo senso – il numero delle specie –, introducendo invece come termine tecnico per indicare la differenza nei piani corporei la parola disparità. Usando questa terminologia possiamo riconoscere un fatto centrale e sorprendente della storia della vita: una spiccata diminuzione della disparità seguita da un grande aumento della diversità entro i pochi piani corporei superstiti.

---

problema più difficile che possiamo formulare sulla storia della vita. Una cattiva notizia è che non possiamo eseguire l'esperimento.

Io chiamo questo esperimento la "ripetizione del film della vita". Riavvolgiamo la videocassetta e, accertandoci di avere cancellato tutto ciò che è accaduto, riportiamoci a un certo tempo e luogo nel passato: diciamo, ai mari in cui vissero gli organismi i cui resti si sono conservati nel giacimento di Burgess. Poi giriamo di nuovo il film e vediamo se la ripetizione è uguale all'originale. Se ogni ripetizione è molto simile al percorso reale della vita, dobbiamo concludere che ciò che è accaduto doveva accadere. Ma supponiamo che le versioni sperimentali fornissero tutte risultati ragionevoli sorprendentemente diversi dalla storia reale della vita. Che cosa potremmo dire allora sulla prevedibilità dell'intelligenza cosciente di sé? o dei mammiferi? o dei vertebrati? o della vita sulle terre emerse? o semplicemente della persistenza di animali pluricellulari per 600 milioni di difficili anni?

Ora possiamo apprezzare l'importanza centrale della revisione di Burgess e della sua iconografia della decimazione. Con la scala o col cono, il problema del film della vita non si pone. La scala ha solo un primo gradino e solo una direzione. Quand'anche si ripetesse il film infinite volte, l'*Eohippus* galopperà sempre sostenendo il suo corpo sempre più grande su un numero sempre minore di dita. Similmente, il cono ha un collo stretto e una gamma ristretta di movimenti verso l'alto. Se riavvolgiamo il nastro sino al cannello dell'imbuto, otterremo sempre gli stessi prototipi, costretti a muoversi nella stessa direzione generale.

Se però il modello della vita posteriore, compresa la probabilità della nostra origine, è stato deciso da una decimazione radicale di una gamma molto maggiore di possibilità iniziali, si avranno delle possibilità alternative. Supponiamo che sopravvivano e si diversifichino dieci piani corporei su un centinaio. Se i dieci sopravvissuti sono prevedibili per la superiorità della loro anatomia (interpretazione 1), essi vinceranno sempre, e le eliminazioni di Burgess non metteranno in pericolo la nostra visione confortante della vita. Se invece i dieci sopravvissuti sono protetti della Signora Fortuna o fortunati beneficiari di improbabili contingenze storiche (interpretazione 2), allora ogni ripetizione del film fornirà una serie diversa di sopravvissuti e una storia radicalmente diversa. E se il lettore ricorda – dall'algebra imparata alle scuole superiori – come calcolare permutazioni e combinazioni, si renderà conto che il numero totale di combinazioni per 10 elementi tratti da un totale di 100 dà più di 17 bilioni di esiti potenziali. Io sono disposto a concedere che alcuni gruppi possano avere goduto di vantaggi (anche se non abbiamo idea di come identificarli o definirli), ma sospetto che la seconda interpretazione contenga una verità centrale sull'evoluzione. Gli argilloscisti di Burgess, rendendo questa seconda interpretazione intelligibile per mezzo dell'esperimento ipotetico della ripetizione del film, promuovono una visione radicale dei percorsi evoluzionistici e della prevedibilità dell'evoluzione.

Il rifiuto della scala e del cono non ci getta nelle braccia del suo presunto opposto: il puro caso nel senso di lanciare una moneta o di Dio che gioca a dadi con l'universo. Come la scala e il cono sono iconografie limitanti per la storia della vita, così l'idea stessa di dicotomia restringe dolorosamente il nostro pensiero. La dicotomia ha la sua sfortunata iconografia: una singola linea che abbraccia tutte le possibili opinioni, con i due estremi che rappresentano due opposti polari, nella fattispecie il determinismo e il caso.

Un'antica tradizione, risalente almeno sino ad Aristotele, consiglia alla persona prudente di puntare su una posizione confortevolmente lontana dagli estremi: l'*aurea mediocritas* o giusto mezzo. In questo caso però la posizione di mezzo non è così felice e il gioco della dicotomia ha seriamente impacciato il nostro pensiero sulla storia della vita. Noi ci rendiamo conto che il vecchio determinismo del progresso prevedibile non può essere applicato in modo rigoroso, ma pensiamo che la nostra unica alternativa si trovi nella disperazione del puro caso. Siamo perciò risospinti verso la vecchia concezione e finiamo, sconfortati, per ritrovarci in una posizione intermedia confusa e mal definita.

Io rifiuto decisamente qualsiasi schema concettuale che situi le nostre scelte su una linea e che sostenga che l'unica alternativa a due posizioni estreme si trovi in una posizione intermedia. Punti di vista più fecondi richiedono spesso che, per sottrarci alla dicotomia, usciamo decisamente dalla linea.

Scrivo questo libro per suggerire una terza possibilità, fuori della linea. Io credo che la fauna di Burgess ricostruita, interpretata alla luce del tema della ripetizione del film della vita, offra un forte sostegno alla seguente concezione diversa della vita: ogni ripetizione del film condurrebbe l'evoluzione su una via radicalmente diversa da quella intrapresa in realtà. Ma le differenze conseguenti nell'esito non significano che l'evoluzione sia priva di significato, e priva di un ordine significante; la via divergente della ripetizione sarebbe altrettanto interpretabile, altrettanto spiegabile, *a posteriori*, quanto la via reale. La diversità dei possibili itinerari dimostra però che i risultati finali non possono essere predetti fin dal principio. Ogni passo procede sulla base di precise ragioni, ma non si può specificare un finale sin dal principio, e nessun finale si verificherebbe mai una seconda volta nello stesso modo, poiché ogni via procede passando per migliaia di fasi improbabili. Se cambia un evento remoto, anche di pochissimo e in un modo privo di alcuna apparente importanza, l'evoluzione imboccherà un canale radicalmente diverso.

Questa terza possibilità rappresenta né più né meno che l'essenza della storia. Il suo nome è contingenza, e la contingenza è una cosa a sé, non un'attenuazione del determinismo per opera del caso. La scienza è stata lenta ad ammettere nel suo campo il diverso mondo esplicativo della storia, e le nostre interpretazioni sono state impoverite da questa omissione. La scienza – quando è stata costretta a un confronto – ha presentato anche la tendenza a denigrare la storia, considerando ogni invocazione della contingenza meno elegante o meno significante di spiegazioni fondate direttamente su immutabili "leggi di natura".

Questo è un libro sulla natura della storia e sulla grandissima improbabilità dell'evoluzione umana alla luce dei temi della contingenza e della metafora della ripetizione del film della vita. Esso si concentra sulla nuova interpretazione della fauna di Burgess considerata come la nostra più bella illustrazione di ciò che implica la contingenza nella nostra ricerca per comprendere l'evoluzione della vita.

Mi concentrerò sui particolari della fauna di Burgess perché non credo che si debbano discutere concetti importanti usando tendenziosamente la forma astratta (come ho fatto, disobbedendo alla regola, in questo capitolo di apertura). L'uomo, essendo un primate curioso, ha una passione per i particolari. Dio si trova nei particolari, non nel regno della pura generalità. Noi dobbiamo affrontare e comprendere i temi più vasti e comprensivi del nostro universo, ma possiamo farlo nel modo migliore attraverso piccole curiosità che attraggono la nostra attenzione: tutti quei bellissimi ciottoli sulla linea di spiaggia della conoscenza. L'oceano della verità lava infatti i ciottoli a ogni onda, facendoli rotolare e traendone il suono più mirabile.

Noi possiamo discutere all'infinito su idee astratte. Possiamo assumere pose e fingere. Possiamo essere stimati dalla nostra generazione ed essere oggetto di ridicolo per un secolo successivo (o, peggio ancora, essere totalmente dimenticati). O potrebbe anche accaderci di legittimare un'idea associandola permanentemente a un oggetto naturale, partecipando così a pieno titolo a una grande avventura umana chiamata "progresso del pensiero scientifico".

Ma gli animali della fauna di Burgess sono in qualche modo ancor più soddisfacenti nella loro adamantina fattualità. Noi potremo discutere per sempre sul significato della vita, ma la *Opabinia* aveva o non aveva cinque occhi, e noi possiamo saperlo con certezza. Gli animali di Burgess sono anche i fossili più importanti del mondo, in parte perché hanno corretto la nostra visione della vita, ma anche perché sono oggetti di squisita bellezza. La loro attrattiva per noi risiede sia nella vastità delle idee che incarnano sia nella grandezza dello sforzo che abbiamo dovuto fare per interpretare la loro anatomia, sia ancora nell'eleganza delle loro forme e nel loro ottimo stato di conservazione.

Gli animali di Burgess sono oggetti sacri, nel senso non convenzionale che questa parola ha in alcune culture. Noi non li collochiamo su un piedistallo né li veneriamo da lontano, ma scaliamo montagne e spacchiamo con la dinamite fianchi di colline per trovarli. Li estraiamo dalla roccia, li stacchiamo, li incidiamo con ogni cura, li disegniamo e li sezioniamo, sforzandoci di svelare i loro segreti. Li disprezziamo e malediciamo per la loro dannata intransigenza. Sono volgari piccole creature vissute sul fondo del mare 530 milioni di anni fa, ma noi le salutiamo con venerazione perché cercano di dirci qualcosa dalla notte dei tempi.

2. Uno sfondo per la fauna di Burgess

LA VITA PRIMA DI BURGESS: L'ESPLOSIONE DEL CAMBRIANO E L'ORIGINE DEGLI ANIMALI

Inaspriti, forse, dal ricordo della tavola pitagorica, gli studenti universitari odiano il rito annuale di imparare a memoria la scala temporale delle ere geologiche nei corsi introduttivi sulla storia della vita. Noi professori insistiamo, sostenendo che questa venerabile sequenza è come il nostro alfabeto. Le voci sono macchinose – Cambriano, Ordoviciano, Siluriano – e si riferiscono a cose arcane come i nomi latini del Galles e delle triplici divisioni di strati in Germania. Noi usiamo piccoli trucchi e allettamenti per invogliarli. Per anni ho organizzato una gara fra gli studenti per chi trovasse la migliore formula mnemonica per sostituire la scipita frase tradizionale "Campbell's ordinary soup does make Peter pale..." [La minestra ordinaria Campbell rende pallido Peter] o le versioni piccanti che io arrossirei a ricordare, persino qui. Durante le turbolenze politiche all'inizio degli anni settanta, la frase mnemonica prescelta da me come vincitrice (per le epoche del Terziario vedi la figura 2.1) suonava: "Proletarian efforts off many pig police. Right on!" [Gli sforzi proletari fanno allontanare molti porci poliziotti. Giusto così!]. Il campione di tutti i tempi costruì una quartina fondata su un film porno, intitolato *Cheap Meat*, con rime e scansione perfette e un solo neologismo necessario, peraltro facilmente interpretabile, alla fine del terzo verso. Questa strofa procede in ordine non convenzionale, dalle epoche più recenti a quelle più antiche, ed elenca prima tutte le ere e poi tutti i periodi:

Cheap Meat performs passably,
Quenching the celibate's jejune thirst,
Portraiture, presented massably,
Drowning sorrow, oneness cursed.

(*Cheap Meat* funziona passabilmente,
Calmando la sete giovanile del celibe;
Descrizione, presentata massabilmente,
Che affoga i dispiaceri, depreca la solitudine.)

Il vincitore fornì anche un epilogo, per le epoche del Cenozoico:

Rare pornography, purchased meekly
O Erogeny, Paleobscene.[1]

(Rara pornografia, acquistata mitemente,
O Erogenesi, Paleosceno.)

Quando tali blandizie falliscono, io dico sempre di tentare un onesto ragionamento intellettuale: se questi nomi fossero divisioni arbitrarie in un continuo uniforme di eventi, avrei qualche simpatia per il procedimento opposto: in tal caso potremmo prendere la storia della moderna vita pluricellulare, circa 600 milioni di anni, e dividere questo tempo in unità uniformi e arbitrarie ricordabili facilmente come 1-12 o A-L, di 50 milioni di anni per unità.

Ma la Terra non si cura delle nostre semplificazioni, e diventa molto più interessante proprio nella sua derisione. La storia della vita non è uno sviluppo continuo, bensì una storia punteggiata da brevi episodi, a volte geologicamente istantanei, di estinzioni di massa e di successiva diversificazione. La scala di tempo geologica fissa le divisioni di questa storia, poiché sono i fossili a fornirci il criterio chiave nel determinare

[1] In questo verso ci sono due giochi di parole: *orogeny* (orogenesi) è il termine geologico per l'origine delle montagne; *Paleobscene* è molto vicino al nome reale dell'epoca: Paleocene. [Riflettendo sull'esigenza di trovare qualche facile espediente mnemonico che consenta di ricordare i nomi dei periodi e delle epoche al lettore italiano, ho trovato i seguenti, che suggerisco *faute de mieux*. Sono sicuro che i lettori, se desiderano cimentarsi in questo compito, sapranno trovare di meglio. Per il Paleozoico (Cambriano-Ordoviciano-Siluriano-Devoniano-Carbonifero-Permiano) ho trovato la frase: CAMBiare ORa SI DEVe CARrozza PER MIlANO). Per il Mesozoico (Triassico Giurassico Cretacico), l'aggettivo TRaGICo contiene tutte le iniziali dei periodi; e se tragico non dovesse sembrare particolarmente evocativo, in quanto la C suggerisce un inizio molto vago, si potrebbe precisare la tragicità con la frase TRIppa GIUnonica CREsce, una prospettiva abbastanza tragica per chi debba lottare con problemi di peso, di linea e/o di dieta. Passando al Cenozoico, per il Terziario (Paleocene, Eocene, Oligocene, Miocene, Pliocene) non ho trovato di meglio che mettere in fila gli inizi delle varie epoche: PAL-EO-OLI-MI-PLI (Paleolì mi plì), che, devo dire come giustificazione, riesco a ricordare senza difficoltà grazie all'associazione, arbitraria quanto si vuole, col Paleolitico, che peraltro non c'entra nulla (come del resto il brodo Campbell col Paleozoico). Per il Quaternario (Pleistocene-Olocene [Recente]) ho trovato una frase in inglese, Play All Records, che sembra entrarci ancora meno: qui il trucco è quello di usare come espediente mnemonico non la grafia bensì il suono: PLEI OL REC(ords). Caro lettore, sono stato incerto fino all'ultimo istante se includere o no queste mie farneticazioni: alla fine ho deciso per il sì, se non altro per il fatto che, grazie ad esse, ora ricordo i nomi di tutti i periodi e di tutte le epoche. Se non trovi soddisfacenti queste costruzioni mnemoniche, cerca di formartene delle altre; l'importante è riuscire a ricordare il prospetto delle ere geologiche. (*N.d.T.*)

l'ordine temporale delle rocce. Le divisioni della scala geocronologica sono fissate in corrispondenza di queste principali puntuazioni, poiché le estinzioni e le rapide diversificazioni lasciano scansioni molto nette nella documentazione fossile. La scala geocronologica non è perciò uno strumento di tortura per tormentare gli studenti, bensì una cronaca dei momenti chiave della storia della vita. Memorizzando quei nomi diabolici, si imparano gli episodi principali della storia della Terra. Non ho motivo di insistere particolarmente sull'importanza centrale di tale conoscenza.

La scala geocronologica (figura 2.1) è divisa gerarchicamente in ere, periodi ed epoche. I confini fra le divisioni maggiori – le ere – sono contrassegnati dagli eventi più grandiosi. Dei tre confini fra le ere, due corrispondono alle estinzioni di massa più famose. L'estinzione di massa del tardo Cretacico, avvenuta circa 65 milioni di anni fa, fissa il confine fra Mesozoico e Cenozoico. Pur non essendo la massima fra le "grandi estinzioni", questo evento è il più famoso di tutti, poiché in conseguenza di esso perirono i dinosauri, cosa che rese possibile l'evoluzione di mammiferi di grande taglia (compreso, molto tempo dopo, l'uomo). Il secondo confine, fra il Paleozoico e il Mesozoico (225 milioni di anni fa), registra la prima grande estinzione: l'evento del tardo Permiano che fissò irrevocabilmente il modello di tutta la storia posteriore, estirpando sino al 96 per cento delle specie marine.

Il terzo confine, quello più antico, fra il Precambriano e il Paleozoico (circa 570 milioni di anni fa), segna un tipo di eventi diverso e più enigmatico. In coincidenza o in vicinanza di questo confine potrebbe essersi verificata un'estinzione di massa, ma l'inizio del Paleozoico denota un episodio concentrato di diversificazione: l'"esplosione del Cambriano", o la prima apparizione nella documentazione fossile di animali pluricellulari con parti dure. L'importanza dei fossili trovati negli argilloscisti di Burgess risiede in parte sul loro rapporto con questo momento cardine nella storia della vita. La fauna di Burgess non coincide col momento di questa esplosione, ma è di poco posteriore, risalendo a circa 530 milioni di anni fa, prima che il motore istancabile dell'estinzione avesse fatto molto lavoro, e quando l'intera varietà dei risultati era ben visibile. Essendo l'unica fauna importante formata da animali dal corpo molle di questo periodo, la fauna di Burgess ci fornisce l'unica finestra sull'inizio della vita moderna in tutta la sua pienezza.

L'esplosione del Cambriano è un evento abbastanza antico, ma la Terra ha 4,5 miliardi di anni, cosicché gli organismi pluricellulari di tipo moderno occupano poco più del 10 per cento del tempo della Terra. Questa cronologia pone due rompicapo classici dell'esplosione del Cambriano: enigmi che ossessionarono Darwin (1859, pp. 306-310) e che rimangono centrali nella storia della vita: 1) Perché la vita pluricellulare apparve così tardi? 2) E perché questi organismi anatomica-

ERE GEOLOGICHE			
Era	*Periodo*	*Epoca*	*Numero approssimativo di anni (in milioni di anni)*
Cenozoico	Quaternario	Olocene (Recente) Pleistocene	
	Terziario	Pliocene Miocene Oligocene Eocene Paleocene	65
Mesozoico	Cretacico Giurassico Triassico		225
Paleozoico	Permiano Carbonifero (Pennsylvaniano e Mississippiano) Devoniano Siluriano Ordoviciano Cambriano		570
Precambriano			

2.1. *La scala geocronologica.*

mente complessi non hanno precursori diretti, più semplici, nella documentazione fossile del Precambriano?

È piuttosto difficile rispondere a queste domande oggi, nel contesto di una ricca documentazione fossile della vita del Cambriano, venuta in luce dopo gli anni cinquanta del nostro secolo. Ma quando Charles Doolittle Walcott scoprì il giacimento fossilifero di Burgess nel 1909, una risposta era assolutamente impossibile. Non era stato trovato neppure un singolo fossile ben documentato di alcun periodo anteriore al Cambriano, e i resti fossili più antichi di animali pluricellulari coincidevano con la documentazione più antica di forme di vita in generale! Di tanto in tanto qualcuno ha affermato (e più di una volta lo stesso Walcott) di avere trovato resti di animali del Precambriano, ma nessuno di tali resti ha resistito a ulteriori esami. Questi organismi immaginari erano stati un parto della speranza, e risultarono essere in seguito segni di ondulazioni superficiali lasciati da liquidi, precipitati inorganici o fossili genuini di epoche posteriori interpretati erroneamente come primordiali.

Quest'apparente assenza della vita durante la maggior parte della storia della Terra, e la sua successiva apparizione in tutta la sua complessità, non ponevano alcun problema agli antievoluzionisti. Roderick Impey Murchison, il grande geologo che sviluppò per primo la documentazione sulle forme di vita più antiche, considerava l'esplosione del Cambriano come il momento della creazione divina, e interpretò la complessità dei primi animali come un segno che Dio aveva affrontato col debito impegno la creazione dei suoi modelli iniziali. Murchison, scrivendo cinque anni prima della pubblicazione dell'*Origine delle specie* di Darwin, vide esplicitamente nell'esplosione del Cambriano una confutazione dell'evoluzione ("trasmutazione" nella sua terminologia), esaltando l'occhio composto dei trilobiti come una meraviglia di perfetta progettazione:

> I primissimi segni di organismi viventi, annunciando come fanno un'alta complessità di organizzazione, escludono per intero l'ipotesi di una trasmutazione da gradi dell'essere inferiori a gradi superiori. Il primo fiat della Creazione assicurò senza dubbio il perfetto adattamento di animali all'ambiente circostante; e così, benché il geologo riconosca un inizio, può vedere nelle innumerevoli sfaccettature dell'occhio dei primi crostacei le stesse prove di onniscienza che nel completamento della forma dei vertebrati. (1854, p. 459)

Darwin, onesto come sempre nell'esposizione delle difficoltà della sua teoria, collocò al primo posto l'esplosione del Cambriano, e dedicò all'argomento un'intera sezione dell'*Origine delle specie.* Darwin prende atto dell'interpretazione antievoluzionistica data da molti importanti geologi: "Vari eminenti geologi, e primo tra di essi Sir Roderick Murchison, erano convinti fino a poco tempo fa, che le prime tracce di vita si trovassero nei resti organici del Silurico[2] inferiore" (1859, p. 307; trad. it., p. 396). Darwin riconobbe che questa teoria richiedeva che nel

[2] Il "Silurico inferiore" si riferisce a rocce ora attribuite al Cambriano, periodo che nel 1859 non era ancora codificato e accettato da tutti. In questo passo Darwin sta discutendo l'esplosione del Cambriano.

Precambriano fossero esistiti un gran numero di precursori dei primi animali complessi:

> Se la teoria è vera, è indiscutibile che prima del deposito degli strati inferiori del Cambriano siano passati lunghi periodi, della durata corrispondente o anche molto superiore all'intero intervallo fra il Cambriano e l'epoca presente; e che durante questi lunghi periodi il mondo formicolasse di esseri viventi. (1859, p. 307; trad. it., p. 396)

Per risolvere questo problema imbarazzante, Darwin fece ricorso al suo ragionamento di fondo: la documentazione fossile è così imperfetta che noi non abbiamo dati d'osservazione per la maggior parte degli eventi della storia della vita. Ma persino Darwin riconobbe che la sua manovra preferita appariva in questo caso un po' troppo debole. Il suo ragionamento avrebbe potuto facilmente spiegare l'assenza di un anello in una linea di discendenza, ma gli agenti dell'imperfezione avrebbero potuto veramente cancellare tutte le prove di un così gran numero di forme intermedie durante la maggior parte della storia della vita? Darwin ammise: "Il problema è attualmente insolubile; e può essere un valido argomento contro le opinioni qui esposte" (1859, p. 308; trad. it., pp. 397-398).

Le ragioni di Darwin sono state confortate da una ricca documentazione fossile del Precambriano, scoperta tutta negli ultimi trent'anni. Eppure il carattere peculiare di questa documentazione non ha corrisposto alla predizione darwiniana di un aumento continuo della complessità verso la vita del Cambriano, e il problema dell'esplosione del Cambriano è rimasto ostinatamente senza risposta; la situazione, se possibile, è forse peggiorata, dal momento che la nostra confusione poggia ora sulla conoscenza, anziché sull'ignoranza, della natura della vita del Precambriano.

La nostra documentazione sul Precambriano si estende ora a ritroso sino alle rocce più antiche che potevano contenere forme di vita. La Terra ha 4,5 miliardi di anni, ma il calore prodotto dall'impatto di corpi celesti (nel periodo di formazione dei pianeti) e dal decadimento radioattivo di isotopi di breve vita media fece ben presto fondere e differenziare il nostro pianeta. Le rocce sedimentarie più antiche – la serie di Isua della Groenlandia occidentale, risalente a 3,75 miliardi di anni fa – registrano il successivo raffreddamento e stabilizzazione della crosta terrestre. Questi strati sono troppo metamorfosati (alterati dal calore e dalla pressione) per conservare i resti morfologici di creature viventi, ma Schidlowski (1988) ha sostenuto recentemente che queste rocce, che sono la più antica fonte potenziale di informazione, conservano tracce chimiche di attività organica. Dei due isotopi comuni del carbonio, ^{12}C e ^{13}C, la fotosintesi usa differenzialmente il più leggero ^{12}C, e perciò fa aumentare il rapporto fra isotopi $^{12}C/^{13}C$ al di sopra dei valori che verrebbero misurati se tutto il carbonio sedimentario avesse un'origine inorganica. Le rocce di Isua mostrano i valori accresciuti di carbonio-12 conseguenti a un'attività organica.[3]

Come le prove chimiche della vita possono apparire nelle prime rocce capaci di fornirle, così anche i resti morfologici sono tanto antichi quanto possono esserlo. Nei sedimenti non metamorfosati più antichi della Terra, risalenti a 3,5-3,6 miliardi di anni fa in Africa e in Australia, sono stati trovati sia stromatoliti ("tappeti" di sedimento intrappolati e legati da batteri e alghe azzurre) sia vere cellule (Knoll e Barghoorn, 1977; Walter, 1983).

Un inizio così semplice sarebbe piaciuto a Darwin, ma lo storico posteriore della vita nel Precambriano si oppone decisamente al suo assunto di un lungo e graduale aumento nella complessità verso i prodotti dell'esplosione del Cambriano. Per 2,4 miliardi di anni dopo la deposizione dei sedimenti di Isua, ossia per quasi due terzi dell'intera storia della vita sulla Terra, tutti gli organismi furono creature unicellulari del tipo più semplice, o procariotico. (Le cellule procariotiche non hanno organelli: né un nucleo, né cromosomi appaiati, né mitocondri, né cloroplasti. Le cellule eucariotiche, molto più grandi di altri organismi unicellulari e di tutti gli organismi pluricellulari, sono molto più complesse e potrebbero essersi evolute da colonie di procarioti; almeno i mitocondri e i cloroplasti hanno un aspetto notevolmente simile a interi organismi procariotici e conservano un proprio DNA, forse come vestigio di un'anteriore indipendenza. Batteri e alghe azzurre, o cianofiti, sono procarioti. Tutti gli altri comuni organismi unicellulari – compresi l'*Amoeba* e il *Paramecium* dei laboratori delle scuole superiori – sono eucarioti.)

L'avvento di cellule eucariotiche nella documentazione fossile, circa 1,4 miliardi di anni fa, segna un importante aumento nella complessità della vita, ma nella loro scia non seguirono trionfalmente gli animali pluricellulari. Il tempo intercorso fra l'apparizione della prima cellula eucariotica e il primo animale pluricellulare è più lungo dell'intero periodo del successo degli animali pluricellulari dopo l'esplosione del Cambriano.

La documentazione fossile del Precambriano contiene una fauna di animali pluricellulari che precedette l'esplosione del Cambriano: la fauna di Ediacara, così chiamata da una località in Australia ma ora nota da rocce di tutto il mondo. Ma questa fauna non può offrire conforto alle attese di Darwin per due ragioni. Innanzitutto la fauna di Ediacara appartiene al Precambriano di stretta misura. Questi animali si trovano infatti esclusivamente in rocce appena anteriori all'esplosione, e risal-

3 Benché il rapporto fra ^{12}C e ^{13}C nelle rocce di Isua sia indicativo di un frazionamento organico, l'eccesso del carbonio-12 non è così alto come in sedimenti posteriori. Schidlowski sostiene che il successivo metamorfismo delle rocce di Isua abbassò il rapporto (lasciandolo peraltro nell'ambito dei valori organici), e che il rapporto originario dovette probabilmente corrispondere a quello di sedimenti posteriori.

gono probabilmente a non più di 700 milioni di anni fa, e forse anche meno. In secondo luogo, gli animali di Ediacara possono rappresentare un esperimento indipendente fallito nella vita pluricellulare, non un insieme di progenitori più semplici di organismi posteriori con parti dure. (Ci occuperemo della natura e dello status della fauna di Ediacara nel capitolo 5.)

In un certo senso, la fauna di Ediacara pone più problemi di quanti non ne risolva per la risoluzione darwiniana dell'esplosione del Cambriano. La versione più promettente della "teoria dell'imperfezione" dice che l'esplosione del Cambriano segna solo l'apparizione di parti dure nella documentazione fossile. La vita pluricellulare potrebbe avere avuto una lunga storia di ascesa graduale verso la complessità senza lasciare alcuna traccia nelle rocce, poiché non abbiamo trovato alcuna fauna di Burgess, o fauna dal corpo molle, per il Precambriano. Io non vorrei contestare il contributo di questo argomento ragionevolissimo per la risoluzione dell'enigma del Cambriano, ma esso non può fornire una spiegazione completa se gli animali di Ediacara non sono progenitori degli organismi apparsi nell'esplosione del Cambriano. Gli organismi di Ediacara, infatti, *hanno* il corpo molle e non sono limitati a qualche strana enclave isolata in un qualche particolare ambiente australiano; essi rappresentano una fauna diffusa su scala mondiale. Quindi, se i veri progenitori degli organismi del Cambriano non avevano parti dure, perché non li abbiamo trovati negli abbondanti depositi che contengono gli animali dal corpo molle della fauna di Ediacara?

I rompicapo si accumulano quanti più particolari consideriamo del sorprendente periodo di 100 milioni di anni compreso fra la fauna di Ediacara e il consolidamento delle anatomie moderne negli argilloscisti di Burgess. L'inizio del Cambriano non è contrassegnato dall'apparizione dei trilobiti e dalla completa varietà di anatomie moderne identificate come l'esplosione del Cambriano. La prima fauna con parti dure, designata come tommotiana da una località in Russia (ma anch'essa diffusa su scala mondiale), contiene qualche organismo dal piano moderno identificabile, ma la maggior parte dei suoi membri sono minuscole lame, capsule e coppette di incerta affinità: la "piccola fauna con parti dure", come la chiamiamo noi paleontologi, con onorevole sincerità e indubbio imbarazzo. Forse non si era ancora evoluta una calcificazione efficiente, e gli organismi tommotiani sono progenitori che non avevano ancora sviluppato uno scheletro vero e proprio, ma solo pezzi di materia mineralizzata disposti in parti piccole e separate su tutto il loro corpo. Ma forse la fauna tommotiana è un altro esperimento fallito, in seguito soppiantato dai trilobiti e dalla loro coorte nell'ultimo episodio dell'esplosione del Cambriano.

Così, invece che alla graduale ascesa verso una complessità crescente supposta da Darwin, i 100 milioni di anni che separano Burgess da Ediacara potrebbero avere assistito all'esistenza di tre faune radicalmente diverse: i grandi organismi in forma di frittella, dal corpo molle, di

Ediacara; le minuscole coppette e capsule del Tommotiano, e infine la fauna moderna, culminata nella massima varietà anatomica di Burgess. Quasi 2,5 miliardi di anni di cellule procariotiche e nient'altro: due terzi della storia della vita sulla Terra in stasi al minimo livello di complessità documentata. Altri 700 milioni di anni di esistenza delle cellule eucariotiche, più grandi e più complesse, ma senza nessuna aggregazione a formare la vita animale pluricellulare. Poi, in 100 milioni di anni – nel battito di ciglio di un occhio geologico – appaiono tre faune straordinariamente diverse, da Ediacara al Tommotiano a Burgess. Da allora ci sono stati più di 500 milioni di anni di storie mirabili, trionfi e tragedie, ma non un singolo nuovo phylum, o piano anatomico fondamentale, si è aggiunto alla serie di Burgess.

Se si procede a ritroso, ignorando i particolari, può essere forte la tentazione di leggere questa sequenza come un racconto di un progresso prevedibile: prima i procarioti, poi gli eucarioti, poi la vita pluricellulare. Ma se si esaminano attentamente i particolari, questa storia confortevole crolla. Perché la vita rimase nella fase 1 per due terzi della sua storia, se la complessità offre tanti benefìci? Perché l'origine della vita pluricellulare procedette, in un breve periodo, passando per tre faune radicalmente diverse, piuttosto che per un lento e continuo aumento della complessità? La storia della vita è sempre affascinante e curiosa, ma raramente corrisponde ai nostri pensieri e alle nostre speranze.

LA VITA DOPO BURGESS: FAUNE DAL CORPO MOLLE COME FINESTRE SUL PASSATO

Una vecchia battuta diffusa fra i paleontologi sostiene che l'evoluzione dei mammiferi è una storia narrata da denti che si accoppiano per produrre denti discendenti leggermente modificati. Poiché lo smalto è molto più durevole dell'osso comune, i denti possono sopravvivere quando ogni resto ha ceduto all'usura del tempo geologico. La maggior parte dei mammiferi fossili ci sono noti solo attraverso i loro denti.

Darwin scrisse che la nostra imperfetta documentazione fossile è come un libro di cui si siano conservate solo poche pagine, e di queste pagine poche righe, delle righe poche parole, e di quelle parole poche lettere. Darwin usò questa metafora per descrivere le probabilità di conservazione di parti comuni dure, e persino per i denti, che hanno la massima durata. Quale speranza possiamo avere di trovare carne e sangue in mezzo alle "frombole e i dardi dell'oltraggiosa Fortuna" [*Amleto*, III, 1] ? Parti molli possono conservarsi, grazie a circostanze eccezionalmente favorevoli, solo in contesti geologici insoliti: è il caso di insetti nell'ambra, o degli escrementi di bradipo in caverne asciutte. In situazioni non così propizie esse cedono alle migliaia di agenti naturali che lavorano alla distruzione della carne: morte, putrefazione e decomposizione, per citarne solo tre.

Eppure, in assenza di una documentazione sull'anatomia molle non possiamo sperare di comprendere né la costruzione né la vera diversità degli animali antichi, per due ragioni ovvie. Innanzitutto, la maggior parte degli animali non hanno parti dure. Nel 1978 Schopf analizzò il potenziale di fossilizzazione di una fauna marina moderna media della zona intertidale, concludendo che solo il 40 per cento dei generi avrebbe potuto apparire nella documentazione fossile. Inoltre, la rappresentazione potenziale delle varie unità tassonomiche è fortemente distorta dall'habitat. Potrebbero conservarsi due terzi degli organismi sessili (privi di movimento) che vivono sul fondo del mare, di contro a solo un quarto dei detritivori scavatori e dei carnivori mobili. In secondo luogo, mentre le parti dure di alcuni organismi – per esempio vertebrati e artropodi – sono ricche di informazioni e permettono una buona ricostruzione delle funzioni fondamentali e dell'anatomia dell'intero animale, il semplice rivestimento duro di altri organismi non ci dice quasi nulla sulla loro organizzazione interna. Un tubo nel caso di un verme o una conchiglia nel caso di una chiocciola ci dicono ben poco sull'organismo vissuto al loro interno e, in assenza di parti molli, spesso i biologi scambiano un animale con un altro. Non abbiamo risolto lo status della prima fauna pluricellulare terrestre con parti dure, il problema del Tommotiano (di cui ci occuperemo nel capitolo 5), perché queste minuscole capsule e involucri forniscono ben poca informazione sulle creature sottostanti.

I paleontologi non si sono perciò risparmiati alcuno sforzo per portare in luce i resti di faune dal corpo molle sin dalle origini della loro professione. Non c'è nulla di più apprezzato di questi resti nella documentazione fossile. Rendendo onore alle ricerche pionieristiche dei nostri colleghi tedeschi, designiamo queste faune di straordinaria completezza e ricchezza come *Lagerstätten* ("giacimenti"). Le *Lagerstätten* sono rare, ma il contributo che danno alla nostra conoscenza della storia della vita è di vari ordini di grandezza maggiore della loro frequenza. Quando il mio collega ed ex allievo Jack Sepkoski cominciò a catalogare la storia di tutte le linee genealogiche, trovò che il 20 per cento dei gruppi principali sono noti esclusivamente attraverso la loro presenza nelle tre massime *Lagerstätten* del Paleozoico: la Burgess Shale, lo Hunsrückschiefer del Devoniano in Germania e il Mazon Creek del Carbonifero nei pressi di Chicago. (Nella parte restante di questo libro, userò i nomi standard della scala geocronologica senza ulteriore spiegazione. Se tu, caro lettore, hai preferito ignorare la mia esortazione a imparare a memoria questo alfabeto, tieni sott'occhio per favore la tabella alla figura 2.1. Raccomando anche le tecniche mnemoniche ricordate all'inizio di questo capitolo.)

Sulla formazione e sull'interpretazione delle *Lagerstätten* si è sviluppata un'immensa letteratura (vedi Whittington e Conway Morris, 1985). Non tutti i problemi sono stati risolti, e i particolari rimangono affascinanti, ma tre fattori (che solo di rado si trovano congiuntamente) spiccano su tutti gli altri come condizioni preliminari per la conservazione di faune a corpo molle: il rapido seppellimento di fossili in un sedimento non disturbato; la deposizione in un ambiente libero dagli agenti usuali di distruzione immediata – primariamente l'ossigeno e altre cause di putrefazione, e l'intera varietà di organismi, dai batteri agli "spazzini" di mole maggiore, che cancellano rapidamente la maggior parte delle carcasse in quasi tutti gli ambienti terrestri –; e solo un minimo di disturbo, in epoca posteriore, da parte di altri agenti distruttivi, come calore, pressione, fratturazione ed erosione.

Come esempio dell'impossibilità intrinseca che rende così rara la produzione di *Lagerstätten*, consideriamo il ruolo dell'ossigeno (vedi Allison, 1988, per un'opinione dissenziente sull'importanza degli ambienti anossici). Gli ambienti privi di ossigeno sono eccellenti per la conservazione di parti molli: niente ossidazione né decomposizione per opera di batteri aerobici. Condizioni come queste sono abbastanza comuni sulla Terra, particolarmente in bacini stagnanti. Ma le condizioni stesse che favoriscono la conservazione fanno sì che ben pochi organismi, se ce ne sono, scelgano questi luoghi come loro habitat naturale. Gli ambienti migliori, perciò, non contengono niente da conservare! Il "trucco" nella produzione delle *Lagerstätten* – compreso, come vedremo, il giacimento di Burgess – consiste in un insieme di circostanze peculiari che possono talvolta portare una fauna in un luogo tanto inospitale. Le *Lagerstätten* sono perciò inevitabilmente rare.

Se il giacimento di Burgess non esistesse non potremmo inventarlo, ma potremmo struggerci di desiderio al pensiero di scoprire qualcosa del genere. Il Buon Dio della Realtà Terrena ben di rado risponde alle nostre preghiere, ma ha fatto un'eccezione per Burgess. Se, prima della scoperta degli argilloscisti di Burgess, fosse apparso a un qualsiasi paleontologo il genio della lampada di Aladino e gli avesse offerto di realizzare un solo suo desiderio, il nostro fortunato beneficiario avrebbe sicuramente risposto senza esitazione: "Dammi una fauna dal corpo molle subito dopo l'esplosione del Cambriano; vorrei vedere che cosa produsse veramente quel grande episodio." Il giacimento di Burgess, dono del nostro genio, ci racconta una storia meravigliosa, la quale non è però sufficiente di per sé a giustificare un libro. Questa fauna diventa una chiave per comprendere la storia della vita attraverso il confronto con i tipi di disparità sorprendentemente diversi riscontrati in altre *Lagerstätten*.

La rarità ha solo un aspetto positivo: dato un tempo sufficientemente lungo si converte in una frequenza ragionevole. La scoperta e lo studio di *Lagerstätten* si sono molto accelerati negli ultimi dieci anni, ispirati in parte da nozioni acquisite dallo studio di Burgess. Il numero totale di

Lagerstätten è oggi abbastanza grande da fornire una buona comprensione dei modelli fondamentali della disparità anatomica nel corso del tempo. Se le *Lagerstätten* non fossero ragionevolmente ben distribuite, non sapremmo quasi nulla sulla vita del Precambriano, poiché tutto ciò che è compreso fra le prime cellule procariotiche e la fauna di Ediacara è una storia di organismi dal corpo molle.

Un primo affascinante insegnamento che ci viene dal giacimento di Burgess è quello di una differenza sorprendente fra la vita del passato e quella del presente: pur contando un numero di specie molto minore, il giacimento di Burgess – che è una cava, non più lunga di un isolato urbano, nella Columbia Britannica – contiene una disparità di piani anatomici che supera di gran lunga la varietà moderna in tutto il mondo!

Burgess potrebbe rappresentare una regola per il passato, e non un carattere speciale della vita subito dopo l'esplosione del Cambriano? Forse tutte le faune in uno stato di conservazione altrettanto buono dovrebbero presentare una tale varietà di piani anatomici? Noi possiamo tentare di rispondere a questi interrogativi solo studiando modelli temporali di disparità quali ci vengono rivelati da altre *Lagerstätten*.

La risposta di fondo è inequivocabile: l'ampia disparità anatomica di Burgess è un carattere esclusivo della prima esplosione della vita pluricellulare. Nessuna *Lagerstätte* posteriore si avvicina a Burgess per la varietà di piani anatomici. Anzi, procedendo da Burgess in avanti, possiamo constatare una rapida stabilizzazione dei sopravvissuti decimati. Gli artropodi del Cambriano Superiore svedese, splendidamente conservati in tre dimensioni (Müller, 1983; Müller e Walossek, 1984), potrebbero essere tutti membri della linea dei crostacei. (In conseguenza di bizzarrie casuali nella conservazione, sono stati recuperati di questa fauna solo minuscoli artropodi, lunghi meno di due millimetri, cosicché in realtà non possiamo confrontare la varietà presente in questi depositi con la storia di forme di dimensioni maggiori venute in luce negli argilloscisti di Burgess.) La fauna del Siluriano Inferiore di Brandon Bridge (Wisconsin), descritta da Mikulic, Briggs e Kluessendorf (1985a e 1985b), contiene (come quella di Burgess) tutt'e quattro i gruppi principali di artropodi. Essa comprende anche alcuni organismi anomali: alcuni artropodi inclassificabili (fra cui una creatura con bizzarre appendici simili ad ali) e quattro animali simili a vermi, ma nessuno così peculiare come i grandi enigmi di Burgess: l'*Opabinia*, la *Anomalocaris* o la *Wiwaxia*.

Il famoso Hunsrückschiefer del Devoniano, così ben conservato che in fotografie ai raggi X di rocce ne emergono particolari fini (Stürmer e Bergström, 1976 e 1978), contiene uno o due artropodi inclassificabili, fra cui il *Mimetaster*, un probabile parente della *Marrella*, l'animale più comune nel giacimento di Burgess. Ma a quel punto la vita si era già stabilizzata. La prolifica fauna di Mazon Creek, contenuta in concrezioni che nel corso degli ultimi decenni legioni di collezionisti hanno suddiviso in milioni di pezzi, comprende un bizzarro animale simile a un verme noto come il Mostro di Tully (ufficialmente onorato in latino col nome di *Tullimonstrum*). Ma allora la creatività inventiva di Burgess si era esaurita e quasi tutti i bei fossili di Mazon Creek rientrano senza forzature in phyla moderni.

Quando, superata l'estinzione del Permiano-Triassico, perveniamo alla più famosa di tutte le *Lagerstätten* – il calcare del Giurassico di Solnhofen, in Germania – troviamo prove sufficienti per affermare con fiducia che il gioco di Burgess è veramente terminato. Nessuna fauna sulla Terra è stata studiata meglio. Scavatori e collezionisti dilettanti hanno rotto questi blocchi di calcare, alla ricerca di fossili, da più di un secolo. (Queste pietre uniformi, di grana fine, sono la principale risorsa della litografia e da quando fu inventata la stampa litografica, alla fine del Settecento, sono state usate quasi esclusivamente per stampe fini.) Molti fra i fossili più famosi del mondo sono stati trovati in questo giacimento, compresi tutti i sei esemplari di *Archaeopteryx*, il primo uccello, conservato con le piume intatte fino all'ultima barbula. Ma il giacimento di Solnhofen non ha fornito nulla, non un solo animale, che non sia compreso in gruppi tassonomici ben noti e ben documentati.

È chiaro che la sorprendente disparità nei piani anatomici propria di Burgess non è caratteristica delle faune fossili ben conservate in generale. Piuttosto, la buona conservazione ci ha permesso di identificare un aspetto particolare ed estremamente sconcertante dell'esplosione del Cambriano e delle sue conseguenze immediate. In un momento geologico prossimo alla fine del Cambriano, fecero la loro prima apparizione quasi tutti i phyla moderni, assieme a una serie ancora maggiore di esperimenti anatomici che non sopravvissero a lungo. Nei successivi 500 milioni di anni non emerse alcun nuovo phylum, ma solo variazioni su piani già ben affermati, anche se alcune di tali variazioni, come quella della coscienza umana, avrebbero in seguito esercitato un impatto sorprendente sul mondo. Che cosa mise in moto l'esplosione di Burgess? E che cosa la disattivò così rapidamente? Che cosa, se qualcosa ci fu, favorì l'insieme limitato di progetti sopravvissuti rispetto ad altre possibilità fiorite nella fauna di Burgess? Questo schema di decimazione e di stabilizzazione, che cosa cerca di dirci sulla storia e sull'evoluzione?

L'AMBIENTE DEL GIACIMENTO DI BURGESS

Dove

L'11 luglio 1911 la moglie di C. D. Walcott, Helena, morì in un incidente ferroviario a Bridgeport, nel Connecticut. Seguendo un'usanza del suo tempo e della sua classe sociale, Charles tenne i suoi figli chiusi in casa, ma mandò sua figlia Helen, straziata dal dolore, a fare un *grand tour* in Europa, assieme a un'accompagnatrice dal nome improbabile di Anna Horsey, per darle modo di lenire quel grande dolore e di riacquistare la padronanza di sé. Helen, con l'entusiasmo di un'adolescente, si emozionò davanti ai monumenti della storia occidentale, ma non vide nulla di paragonabile alla bellezza di un altro Occidente: l'ambiente del giacimento di Burgess, dove aveva accompagnato il padre sia durante la scoperta del 1909 sia durante la prima stagione di raccolta di esemplari nel 1910. Dall'Europa, Helen scrisse al fratello Stuart nel marzo 1912:

> Hanno i castelli e le fortezze più affascinanti, appollaiati sulle cime. Puoi vedere i nemici che salgono faticosamente lungo i pendii, per venire infine sorpresi da una valanga di pietre e di frecce che si abbattono su di loro. Abbiamo visto, ovviamente, la famosa Via Appia, e i resti degli antichi acquedotti romani: immagina che quegli archi in rovina furono costruiti quasi 2000 anni fa! L'America, al confronto, sembra un po' lucida e nuova, ma io preferirei il Burgess Pass a tutto ciò che ho già visto qui.

Le leggende che circondano le ricerche sul campo ambientano tutti i siti importanti nella profondità di foreste inaccessibili abitate da belve e da indigeni pericolosi, e circondate da miasmi di materiali organici putrescenti e da sciami di mosche tse-tse. (Fra i modelli alternativi ci sono la centesima duna, dove si arriva quando ormai tutti i cammelli sono morti, o il millesimo crepaccio, che viene raggiunto dopo la morte di tutti i cani da slitta.) In realtà, però, molte delle scoperte più belle, come vedremo ben presto, si fanno nei cassetti di musei. Alcuni fra i siti naturali più importanti non richiedono più di una piacevole passeggiata o di un comodo viaggio in macchina; si può quasi arrivare a piedi a Mazon Creek dal centro commerciale di Chicago.

Il giacimento di Burgess si trova in uno degli ambienti più maestosi che io abbia mai visitato: in alto sulle Montagne Rocciose al confine orientale della British Columbia. Il sito degli scavi di Walcott si trova su un'altura di quasi 2500 m, sul versante occidentale della cresta che unisce Mount Field e Mount Wapta. Prima di recarmici, nell'agosto del 1987, avevo visto molte fotografie della cava di Walcott; io ne scattai altre nell'orientamento convenzionale (alla lettera, verso est, guardando verso la cava, figura 2.2). Non mi ero però reso conto della forza e della bellezza di un semplice dietro-front. Se ci si volta verso ovest, ci si trova di fronte a una delle visioni più belle sul continente americano: l'Emerald Lake di sotto e, al di là di esso, la catena President, coperta di neve (figura 2.3), illuminata, nel tardo pomeriggio, dal sole che si avvia al tramonto. Walcott trovò sulla cresta di Burgess alcuni fossili meravigliosi, ma ora capisco anche a livello viscerale perché, ultrasettantenne, continuava ogni anno a prendere treni transcontinentali per trascorrere lunghe estati in tenda spostandosi a dorso di cavallo. Comprendo anche l'attrattiva del principale svago di

2.2. *Tre fotografie delle cave di Burgess scattate durante la mia visita nell'agosto 1987. A) L'estremità nord della cava di Walcott, col monte Wapta nello sfondo. Si notino la parete della cava con fori scavati per introdurvi cariche di dinamite, e i detriti delle esplosioni sul fondo della cava. B) Una fotografia simile della cava aperta nel 1930 da Percy Raymond, col Vostro devotissimo e tre avidi geologi. Questa cava, molto più piccola, si trova sopra il sito originario di Walcott. C) Mio figlio Ethan seduto sul fondo della cava di Walcott nella sua estremità sud.*

2.3. *La vista dalla cava di Walcott. Un geologo cerca fossili nella scarpata di detriti in primo piano. In centro si vede il lago Emerald.*

2.4. *Questa versione ridotta di una delle famose fotografie panoramiche di Walcott dà una buona idea della tecnica, ma manca della grandiosità dell'originale, che misura più di un metro in larghezza. Walcott scattò questa fotografia nel 1913. A destra si vede la cava di Burgess, col monte Wapta a sinistra. Si notino, nella cava, alcuni raccoglitori di fossili e alcuni utensili.*

Walcott: la fotografia di paesaggio, comprese ricerche pionieristiche sulla tecnologia delle fotografie panoramiche a grand'angolo (figura 2.4).

Ma la Burgess Shale non è nascosta in un luogo deserto e inaccessibile. Si trova nello Yoho National Park, nei pressi dei centri turistici di Banff e Lake Louise. Grazie alla Canadian Pacific Railway, i cui treni merci lunghissimi continuano a sferragliare quasi di continuo attraverso le montagne, la Burgess Shale si trova al confine con la civiltà. La cittadina ferroviaria di Field (con un popolazione di 3000 abitanti, probabilmente più piccola oggi che al tempo di Walcott, specialmente dopo l'incendio del Railway Hotel) si trova a soli pochi chilometri dal sito, e ancor oggi si può prendere il grande treno transcontinentale dalla sua minuscola stazione.

Oggi ci si può recare in macchina al luogo del campeggio di Takakkaw Falls, nei pressi del Whiskey Jack Hostel (così chiamato dal nome di un uccello e non, come si potrebbe credere, da un eroe ebbro del vecchio West), dopo di che ci si arrampica per un migliaio di metri sino alla cresta di Burgess lungo una pista di sei chilometri lungo il fianco nordoccidentale di Mount Wapta. L'ascesa è in qualche punto alquanto ripida, ma la si può definire poco più di una piacevole passeggiata, persino per chi, come me, è un po' sovrappeso, fuori forma e abituato a vivere al livello del mare. Ricerche sul campo più serie possono ora usare elicotteri per il trasporto di provviste e materiali (come fecero le spedizioni della Geological Survey of Canada degli anni sessanta e le comitive del Royal Ontario Museum degli anni settanta e ottanta). Walcott dovette fare affidamento su animali da soma, ma nessuno potrebbe definire il suo sforzo di ricerca sul campo vigoroso o logisticamente impegnativo. Lo stesso Walcott (1912) fornì una simpatica descrizione dei metodi da lui usati durante la prima stagione di ricerche sul campo del 1910: un'istantanea verbale che intreccia nel suo racconto una tecnologia e una struttura sociale di un tempo che ci sembra molto lontano, con i suoi figli che corrono instancabili su e giù per il pendio e una moglie sollecita che ripulisce gli esemplari portati al campo:

> Accompagnato dai miei due figli Sidney e Stuart... localizzammo finalmente lo strato fossilifero. Dopo di che, per vari giorni scavammo negli argilloscisti, facendo scivolare i blocchi di roccia lungo il fianco della montagna sino a una pista e trasportandoli poi al campo a dorso di cavallo, dove, con l'aiuto della signora Walcott, i blocchi di argilloscisto venivano sezionati, ripuliti e imballati e poi portati alla stazione ferroviaria a Field, un migliaio di metri più in basso.

L'anno prima della scoperta del giacimento di Burgess, Walcott (1908) descrisse una tecnologia semplice, altrettanto attraente, per la raccolta di esemplari dal famoso strato a trilobiti *Ogyopsis* di Mount

Stephen, una località simile per età agli argilloscisti di Burgess, e da essi separata da una breve distanza:

> Il modo migliore per raccogliere esemplari dallo "strato fossilifero" è quello di salire lungo la pista su un pony, sino a circa 600 metri sopra la ferrovia, raccogliere esemplari, avvolgerli in carta, metterli in un sacco, legare il sacco alla sella e guidare il pony giù per la montagna. In un'escursione di una giornata, dalle sei di mattina alle sei del pomeriggio, si può mettere assieme un bel po' di esemplari.

La storia leggendaria di Burgess ha avuto almeno un effetto permanente su ogni futuro studio dei suoi fossili: quello di fissarne i nomi peculiari. I nomi ufficiali greci e latini di organismi possono talvolta essere molto ricercati, come quello che è il mio nome preferito, per una chiocciola fossile: *Pharkidonotus percarinatus* (dillo alcune volte per assimilarne il suono). La maggior parte dei nomi sono però aridi e letterali: il ratto comune è, *ad abundantiam*, *Rattus rattus rattus*, il rinoceronte bicorno è *Diceros*; e similmente si chiama *Littorina littorea* un gasteropodo che vive in acque litorali, fra le zone di alta e bassa marea.

I nomi di Burgess, di contro, suonano molto strani. Decisamente non latini nelle loro radici, hanno talvolta un suono melodioso, come nel caso dell'*Opabinia*, mentre altre volte sono quasi impronunciabili per il gran numero di vocali, come *Aysheaia*, *Odaraia* e *Naraoia*, o per le consonanti insolite, come *Wiwaxia*, *Takakkawia* e *Amiskwia*. Walcott, che amava le Montagne Rocciose canadesi e che trascorse per un quarto di secolo le estati accampato in queste zone, diede ai suoi fossili i nomi di picchi e laghi locali,[4] derivati a loro volta da parole indiane per designare le condizioni del tempo e la topografia. *Odaray* significa "in forma di cono": *opabin* significa "roccioso" e *wiwaxy* "ventoso".

Perché: i mezzi di conservazione

Walcott trovò quasi tutti i suoi esemplari di buona qualità in una lente di argilloscisto, dello spessore di soli due metri-due metri e mezzo, che chiamò lo "strato a fillopodi". ("Fillopodo" – dal piede a foglia – è una parola tratta dal latino e dal greco per designare un gruppo di crostacei marini che hanno su una sezione delle loro zampe serie di branchie simili a foglie. Walcott scelse questo nome per onorare la *Marrella*, il più comune fra gli organismi di Burgess. Riferendosi alle numerose serie di branchie delicate di quest'organismo, nei suoi appunti originali sul campo lo chiamò *lace crab* (il "granchio dai merletti").

[4] Burgess fu un governatore generale del Canada nell'Ottocento; Walcott derivò il nome del giacimento non dal personaggio storico Burgess, bensì dal Burgess Pass, che permetteva di accedere alla cava dalla cittadina di Field.

Secondo studi posteriori, la *Marrella* non è né un granchio né un fillopodo, bensì uno degli artropodi tassonomicamente unici del giacimento di Burgess.

A questo livello, i fossili si trovano lungo meno di 60 m di affioramento sulla fronte moderna della cava. Dopo la scoperta di Walcott, altri fossili di animali dal corpo molle sono stati raccolti in altri livelli stratigrafici e in altre località in quest'area. In nessun altro luogo, però, si trova nulla che si avvicini anche lontanamente alla diversità dello strato a fillopodi, e lo strato originario di Walcott ha fornito la grande maggioranza delle specie di Burgess. Uno strato poco più alto di un uomo e meno lungo di un isolato urbano! Quando dico che una cava nella British Columbia contiene più disparità anatomica che tutti i mari del mondo oggi, sto parlando di una *piccola* cava. Come poté accumularsi una tale ricchezza in uno spazio così piccolo?

Ricerche recenti hanno chiarito la geologia di quest'area complessa, e hanno fornito uno scenario plausibile per la deposizione della fauna di Burgess (Aitken e McIlreath, 1984; e la discussione più generale in Whittington, 1985b). Gli animali degli argilloscisti di Burgess vissero probabilmente su banchi di fango alla base di una grande parete quasi verticale chiamata Cathedral Escarpment: una scogliera costruita primariamente da alghe calcaree (non si erano ancora evoluti i coralli costruttori di scogliere). Tali habitat, in acque moderatamente basse, sufficientemente illuminate e ben aerate, ospitano in generale tipiche faune marine di grande diversità. Gli argilloscisti di Burgess contengono una fauna ordinaria vissuta in habitat ben rappresentati nella documentazione fossile. Noi non possiamo attribuire la loro straordinaria disparità di piani anatomici ad alcuna stranezza ecologica.

A questo punto entra in scena l'impossibilità intrinseca. La tipicità stessa dell'ambiente di Burgess avrebbe dovuto impedire la conservazione di una fauna dal corpo molle. La buona illuminazione e aerazione avrebbero potuto sì incoraggiare una grande diversità, ma anche garantire una rapida distruzione dei resti da parte di animali saprofagi e una rapida decomposizione. Per potersi conservare come fossili, questi animali dal corpo molle avrebbero dovuto essere trasportati altrove. Forse i banchi di fango accumulati contro la scarpata divennero spessi e instabili. Piccoli movimenti di terra potrebbero aver dato origine a "correnti di torbidità" spingendo nubi di fango (contenenti gli organismi di Burgess) giù per il pendio in bacini adiacenti più bassi, stagnanti e privi di ossigeno. Se le frane di fango contenenti organismi di Burgess vennero a fermarsi in questi bacini anossici, tutti i fattori per superare l'impossibilità intrinseca poterono cominciare a operare: così si spiega infatti il trasferimento di una fauna da un ambiente in cui l'anatomia molle non avrebbe potuto conservarsi a una regione in cui poteva aver luogo un rapido seppellimento in un ambiente privo di ossigeno. (Vedi Ludvigsen, 1986, per un'opinione alternativa, la quale conserva l'idea centrale del seppellimento in un bacino anossico in acqua relativamente profonda, ma sostituisce la frana di sedimenti lungo una scarpata con la deposizione alla base di una rampa dal pendio abbastanza dolce.)

La precisa distribuzione dei fossili di Burgess corrobora l'idea che questi fossili debbano la loro conservazione a una frana di fango locale. Altri caratteri dei fossili conducono alla stessa conclusione: pochissimi esemplari presentano tracce di decomposizione, cosa che implica un rapido seppellimento; negli strati di Burgess non sono stati trovati tracce, piste o altri segni di attività organica, indicando in questo modo che gli animali morirono e furono ricoperti dal fango non appena raggiunsero il loro punto d'arrivo finale. Poiché di solito la natura non tiene in grande considerazione le nostre speranze, dobbiamo esserle grati per questa concatenazione rara di circostanze, che ci ha permesso di strappare un grande segreto a una documentazione fossile di solito poco disposta alla cooperazione.

Chi, quando: la storia della scoperta

Poiché questo libro è la cronaca di una grande ricerca che rovesciò l'interpretazione convenzionale di Walcott dei fossili di Burgess, io trovo che sia non solo appropriato in astratto ma opportunamente simmetrico ai fini del racconto che anche la narrazione tradizionale della sua scoperta sia una leggenda venerabile che abbisogna di essere riveduta.

Noi siamo animali narratori di storie, e non possiamo tollerare di riconoscere il carattere ordinario della nostra vita quotidiana (e neppure della maggior parte degli eventi che, retrospettivamente, sembrano cruciali per le nostre fortune e per la nostra storia). Noi riraccontiamo perciò i fatti reali come storie con messaggi morali, comprendenti alcuni temi che i narratori nel corso dei tempi hanno coltivato per la loro capacità di interessare e di istruire.

La storia canonica della scoperta di Burgess ha un'attrattiva particolare perché passa elegantemente dalla tensione alla risoluzione, e racchiude nella sua struttura fondamentalmente semplice due dei massimi temi della narrazione convenzionale: la scoperta fortunata e l'operosità che trova infine la sua giusta ricompensa.[5] Ogni paleontologo conosce questa storia come un racconto che si fa sempre attornò al falò di un campeggio e come aneddoto usato per alleggerire le lezioni nei corsi introduttivi. La versione tradizionale è stata narrata nel modo migliore in un necrologio di Walcott scritto dal suo vecchio amico ed ex assistente di ricerca Charles Schuchert, professore di paleontologia a Yale:

[5] Molto materiale da me usato in questa sezione deriva dal mio saggio precedente sulla scoperta di Walcott (Gould, 1988).

Una delle scoperte faunistiche più sorprendenti di Walcott fu fatta alla fine della stagione di ricerche sul campo del 1909, quando il cavallo della signora Walcott scivolò scendendo lungo la pista e rovesciò una lastra che subito attrasse l'attenzione del marito. C'era un grande tesoro – stranissimi crostacei del Cambriano medio – ma dov'era, sulla montagna, la roccia madre da cui era venuta la lastra? Stava già scendendo la neve, e la soluzione di quell'enigma fu rimandata a un'altra stagione; l'anno seguente Walcott tornò sul Mount Wapta e infine la lastra fu assegnata a uno strato di argilloscisti – chiamati in seguito argilloscisti di Burgess – un migliaio di metri al di sopra della cittadina di Field. (1928, pp. 283-284)

Consideriamo il carattere primario di questo racconto: il ritrovamento fortunato del blocco di roccia con fossili provocato dallo scivolone del cavallo (figura 2.5) – la massima scoperta, compiuta all'ultimissimo minuto, di una stagione di ricerche sul campo (con la neve che scendeva e il buio che accentuava il carattere drammatico del risultato finale) –, l'ansiosa attesa per tutto un inverno pieno di impazienza, il ritorno trionfale e le ricerche metodiche e accurate per identificare lo strato d'origine del blocco di argilloscisto. Schuchert non precisa quando si verificò questo ultimo atto di paziente scoperta, ma la maggior parte delle versioni sostengono che Walcott spese una settimana o più nel tentativo di localizzare l'origine del blocco di argilloscisto. Il figlio Sidney, ricordando quei giorni a sessant'anni di distanza, scrisse (1971, p. 28): "Ci arrampicammo su cercando di trovare lo strato di roccia da cui era caduto il nostro blocco originario. Una

2.5. *Walcott, ultrasettantenne, durante una delle sue ultime stagioni di ricerche sul campo. Questa fotografia che ce lo presenta accanto ai suoi cavalli ci ricorda la leggenda della scoperta del giacimento fossilifero di Burgess.*

settimana dopo e circa 230 m più in alto concludemmo di avere trovato il sito."

È una storia simpatica, ma non è vera. Walcott, che era un amministratore molto preciso (vedi capitolo 4), lasciò un dono prezioso agli storici, con la sua abitudine meticolosa di tenere nota di tutto. Egli non tralasciò mai neppure per un giorno di descrivere la sua giornata sul suo diario, e noi abbiamo perciò la possibilità di ricostruire con buona precisione gli eventi del 1909. Walcott trovò i primi fossili di animali dal corpo molle sulla cresta di Burgess il giorno 30 o 31 agosto. In data 30 agosto leggiamo nel suo diario:

> Stato fuori per tutto il giorno a raccogliere fossili sulla formazione Stephen [l'unità più grande comprendente quella che Walcott chiamò in seguito la Burgess Shale]. Trovati molti fossili interessanti sul versante occidentale della cresta fra Mount Field e Mount Wapta [località della Burgess Shale]. Helena, Helen, Arthur e Stuart [sua moglie, sua figlia, il suo assistente e suo figlio] vennero su col resto dell'attrezzatura alle quattro del pomeriggio.

Il giorno seguente essi avevano chiaramente scoperto un ricco deposito di fossili di organismi dal corpo molle. I rapidi schizzi di Walcott (figura 2.6) sono così chiari che io identifico i tre generi raffigurati: *Marella* (in alto a sinistra), uno degli artropodi non classificabili; *Waptia* (in alto a destra); e il trilobite peculiare *Naraoia* (a sinistra in basso). Walcott scrisse: "Andato con Helena e Stuart a raccogliere fossili della formazione Stephen. Trovammo un gruppo notevole di crostacei fillopodi. Portammo al campo un gran numero di begli esemplari."

Che cosa si può dire dello scivolone del cavallo e della nevicata? Se questo episodio si verificò veramente, fu il 30 agosto, quando la famiglia di Walcott gli andò incontro su per il pendio nel tardo pomeriggio. L'episodio della lastra rovesciata potrebbe essere occorso mentre scendevano per la notte, e la mattina seguente sarebbero tornati, trovando gli esemplari disegnati da Walcott alla data 31 agosto. Questa ricostruzione trova un certo sostegno in una lettera scritta nell'ottobre 1909 da Walcott a Marr (in onore del quale egli battezzò in seguito il "granchio dai merletti" in *Marrella*):

> Mentre stavamo raccogliendo fossili del Cambriano Medio, una lastra isolata portata in basso da una valanga di neve mostrò su un bordo rotto un bell'esemplare di crostaceo fillopodo. La signora W. e io lavorammo su quel blocco di pietra dalle 8 del mattino alle 6 del pomeriggio e ne ricavammo la più bella collezione di crostacei fillopodi che io abbia mai visto.

La trasformazione può essere sottile. Una valanga precedente diventa una tormenta in atto, e la notte prima di una giornata felice di ricerca di esemplari diventa una conclusione forzata e frettolosa di un'intera stagione. Ma, fatto molto più importante, la stagione di ricerche sul campo di Walcott non terminò con le scoperte del 30 e 31 agosto. La

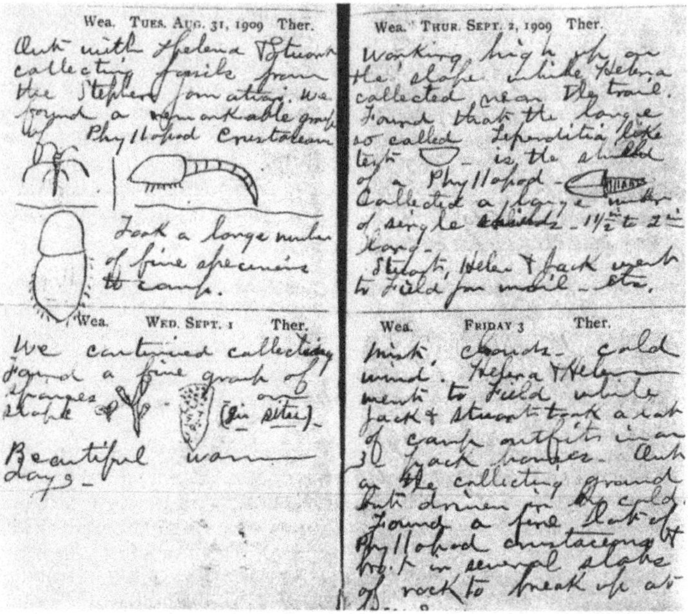
Wea. Tues. Aug. 31, 1909 Ther.
Out with Helena & Stuart collecting fossils from the Stephen formation. We found a remarkable group of Phyllopod Crustaceans
Took a large number of fine specimens to camp.

Wea. Wed. Sept. 1 Ther.
We continued collecting found a fine group of sponges on slope (in situ).
Beautiful warm days –

Wea. Thur. Sept. 2, 1909 Ther.
Working high up on the slope while Helena collected near the trail. Found that the large so called Leperditia like test is the shield of a Phyllopod – Collected a large number of single shields – 1½ to 2 in long – Stuart, Helen & Jack went to Field for mail – etc.

Wea. Friday 3 Ther.
Mist, clouds – cold wind. Helena & Helen went to Field while Jack & Stuart took a lot of camp outfit in on 3 pack horses. Out at the collecting ground but driven in by the cold. Found a fine lot of Phyllopod crustaceans & brought in several slabs of rock to break up at

2.6. *Ecco il documento che smonta la storia canonica della scoperta del giacimento di Burgess. Walcott disegnò tre generi di Burgess il 31 agosto e poi continuò a raccogliere fossili con grande successo per un'altra settimana.*

comitiva rimase sulla cresta di Burgess fino al 7 settembre. Walcott era elettrizzato dalla sua scoperta e per tutti quei giorni raccolse con avidità altri esemplari. Inoltre, benché egli riferisse assiduamente tutti i giorni sulle condizioni del tempo, nel diario non si trova una sola parola sulla neve. La sua settimana fortunata non gli suggerì altro che elogi per Madre Natura. Il 1° settembre egli scrisse: "Belle giornate calde."

Infine, ho il forte sospetto che Walcott abbia localizzato già nell'ultima settimana del 1909 l'origine del suo blocco di argilloscisto: almeno l'area generale dell'affioramento di roccia, se non lo strato stesso dei fillopodi. Il 1° settembre, il giorno dopo avere disegnato i tre artropodi, Walcott scrisse: "Continuammo la raccolta. Trovammo un bel gruppo di spugne sul pendio (*in situ*) [ossia, indisturbate e nella loro posizione originaria]." Le spugne, contenendo alcune parti dure, si estendono oltre gli strati più ricchi che conservano fossili di organismi dal corpo molle in questo sito, ma gli esemplari migliori provengono dallo strato a fillopodi. In ognuno dei giorni successivi, Walcott trovò numerosi fossili di animali dal corpo molle, e le sue descrizioni non sembrano affatto quelle di un uomo che si imbatte per fortuna in qualche pezzo di roccia isolato qua e là. Il 2 settembre egli scoprì che la presunta conchiglia di un ostracode aveva contenuto in realtà il corpo di un fillopodo: "Ho lavorato in alto sul pendio mentre Helena raccoglieva esemplari vicino al sentiero. Trovato che la grande conchiglia simile a quella della cosiddetta *Leperditia* è il guscio di un fillopodo." La cava di Burgess è "in alto sul pendio", mentre i blocchi isolati si trovavano più in basso, in prossimità del sentiero dove erano scivolati.

Il 3 settembre Walcott ebbe ancor più successo: "Trovato un bel gruppo di crostacei fillopodi e portati vari blocchi di roccia da rompere al campo." In ogni caso, continuò a raccogliere, e trascorse un'intera giornata al lavoro per il suo ultimo urrah, il 7 settembre: "Con Stuart e col signor Rutter salimmo agli strati dei fossili. Fuori dalle 7 di mattina alle 6,30 del pomeriggio. Nostra ultima giornata al campo per il 1909."

Se ho ragione sulla sua scoperta dello strato principale nel 1909, anche la seconda parte della tabella canonica – la ricostruzione paziente, durata una settimana, dell'origine del blocco isolato nel 1910 – dev'essere falsa. Il diario di Walcott per il 1910 conforta la mia interpretazione. Il 10 luglio, mordendo il freno, egli salì a piedi sino al sito del campo al Burgess Pass, ma trovò l'area coperta da un manto nevoso troppo spesso per poter compiere qualsiasi scavo. Infine, il 29 luglio, Walcott riferisce che la sua comitiva si insediò "al Burgess Pass nel sito dell'accampamento del 1909". Il 30 luglio salirono in prossimità di Mount Field e raccolsero fossili. Walcott indica che il 1° agosto fecero il primo tentativo di disegnare una carta degli strati di Burgess: "Tutti fuori a raccogliere esemplari alla formazione di Burgess sino alle 4 del pomeriggio, quando vento freddo e pioggia ci costrinsero a tornare all'accampamento. Misurata una sezione della formazione di Burgess, alta 130 m. Sidney venne con me. Stuart con sua madre e con Helen a gironzolare attorno al campo." "Misurare una sezione" è un'espressione del gergo geologico e significa definire la sequenza verticale degli strati annotando i tipi di roccia e i fossili. Se si desidera trovare il sito d'origine di un blocco isolato che si è staccato dalla roccia madre ed è ruzzolato giù, si deve misurare la sezione sovrastante, tentando di associare il blocco allo strato più probabile.

Io penso che Charles e Sidney Walcott abbiano localizzato lo strato a fillopodi il primissimo giorno, poiché Walcott scrisse, in data 2 agosto: "Fuori a raccogliere fossili con Helena, Stuart e Sidney. Trovata una grande quantità di 'granchi dai merletti' e varie cose strane di ogni genere." "Granchio dai merletti" era il nome provvisorio usato da Walcott per designare la *Marrella*, l'organismo più frequente nello strato a fillopodi. Se vogliamo concedere al racconto canonico tutti i benefici del dubbio, e sostenere che questi "granchi con merletti" del 2 agosto provenivano da blocchi staccatisi dalla roccia madre, non possiamo ciò nonostante concedere una settimana di strenui sforzi per localizzare la roccia originaria, poiché Walcott scrisse solo due giorni dopo, il 4 agosto: "Helena ricavò una quantità di crostacei fillopodi dallo strato dei 'granchi con merletti'."

Il racconto canonico è più romantico e suggestivo, ma la concreta fattualità del diario sembra più convincente. Il sentiero si trova a solo poche centinaia di metri sotto gli strati principali di Burgess. La scarpata è semplice e ripida, con strati ben esposti. La determinazione del luogo d'origine di un blocco caduto non doveva essere difficile, tanto più che Walcott era qualcosa di più di un buon geologo: era un grande geologo. È presumibile che egli abbia identificato gli strati principali subito, nel 1909, nella settimana successiva alla scoperta dei primi fossili di animali dal corpo molle. Non ebbe un'opportunità di eseguire scavi nel 1909 – l'unica volta in cui fu condizionato da limiti di tempo – ma trovò molti bei fossili, e probabilmente identificò gli strati principali stessi. Nel 1910 sapeva esattamente dove andare, e appena la neve si sciolse cominciò a guardarsi attorno nel posto giusto.

Walcott decise di scavare nello strato a fillopodi della Burgess Shale e ogni anno, dal 1910 al 1913 compreso, vi lavorò per un mese o più con martelli, scalpelli, lunghe sbarre di ferro e piccole cariche esplosive. Nel 1917, all'età di sessantasette anni, tornò a Burgess per un'ultima stagione di cinquanta giorni di raccolta di esemplari. In tutto, portò circa ottomila esemplari a Washington, D.C., dove sono conservati tutt'ora e dove costituiscono il meglio della massima collezione di fossili americana, nel National Museum of Natural History alla Smithsonian Institution.

Walcott raccolse i suoi fossili con zelo e sistematicità. Amava il West e considerava i suoi viaggi annuali una fuga, necessaria per la salute, dalle pressioni della vita amministrativa a Washington. Al ritorno al timone del suo vasto impero amministrativo, non trovò però mai il tempo di esaminare con calma i suoi fossili, di ponderare su di essi, rimuginare, tornare a osservarli fino a esserne ossessionato, di riconsiderarli e infine di pubblicare le sue conclusioni: sono questi gli ingredienti essenziali (e incompressibili) di uno studio appropriato di questi fossili complessi e preziosi. (Il significato di questa omissione emergerà come un tema importante nel capitolo 4.)

Walcott pubblicò vari articoli con descrizioni, da lui definite "preliminari", dei fossili di Burgess, in gran parte per esercitare il diritto tradizionale dello scopritore di assegnare alle sue scoperte nomi tassonomici formali. Nel 1911 e 1912 apparvero quattro suoi articoli (vedi Bibliografia): il primo su artropodi da lui considerati (erroneamente) affini agli xifosuri, il secondo su echinodermi e meduse (probabilmente attribuiti tutti a phyla sbagliati), il terzo su vermi, e il quarto e più lungo su artropodi. Walcott non pubblicò mai una ricerca importante su metazoi di Burgess. (Un articolo del 1918 sulle appendici dei trilobiti si fonda in gran parte su materiali di Burgess. La sua ricerca del 1919 sulle alghe di Burgess, e la sua monografia del 1920 sulle spugne di Burgess, si occupano di vari gruppi tassonomici, e non affrontano il problema centrale della disparità nel piano anatomico degli animali celomati. Le spugne non sono connesse ad altri animali, e probabilmente ebbero origine in modo indipendente da progenitori unicellulari. Il compendio di altre descrizioni uscito nel 1931 col nome di Walcott fu compilato dopo la sua morte dal suo collaboratore Charles E. Resser, sulla base di appunti che Walcott non trovò mai il tempo di rielaborare e di pubblicare.)

Nel 1930 il professore di paleontologia a Harvard Percy Raymond andò con tre studenti al sito di Burgess e riaprì la vecchia cava di Walcott. Egli sviluppò anche una cava molto più piccola in un nuovo sito una ventina di metri sopra la cava originaria di Walcott. Raymond trovò solo alcune specie nuove ma mise insieme una bella collezione, anche se modesta.

Questi esemplari – primariamente quelli di Walcott, col piccolo contributo di forme nuove da parte di Raymond – formarono la sola base per lo studio della fauna di Burgess prima che Whittington e colleghi cominciassero la loro revisione verso la fine degli anni sessanta. Data la suprema importanza di questi fossili, la quantità di ricerche fatte dev'essere giudicata relativamente modesta, e nessun articolo neppure accennò alla possibilità di un'interpretazione fondamentalmente diversa dalla concezione di Walcott che gli organismi di Burgess potessero essere sistemati tutti all'interno dei confini tassonomici di phyla moderni sopravvissuti.

Ricordo bene la prima volta che vidi gli argilloscisti di Burgess; ero studente alla Columbia University, alla metà degli anni sessanta. Mi resi conto della superficialità con cui Walcott aveva descritto questi preziosi fossili, e seppi che la maggior parte non erano mai stati ristudiati. Sognai, prima di rendermi conto della mia totale mancanza di doti organizzative, di convocare un comitato internazionale formato dai principali tassonomisti esperti su tutti i phyla rappresentati a Burgess. Avrei assegnato l'*Amiskwia* all'esperto mondiale dei chetognati, l'*Aysheaia* al decano degli specialisti sugli onicofori, la *Eldonia* al signor Cetriolo di Mare. Nessuna di queste attribuzioni tassonomiche ha resistito alla prova della successiva revisione, ma il mio sogno rifletteva certamente la concezione tradizionale propagandata da Walcott e mai contestata: che tutti gli strani organismi di Burgess potessero trovare posto in gruppi moderni.

Poiché non si può organizzare deliberatamente la ricerca dell'inatteso, la ricerca che promosse la nostra revisione radicale ha radici modeste. Alla metà degli anni sessanta la Geological Survey of Canada, nel corso di un importante programma di ricerche cartografiche, stava lavorando nella parte meridionale delle Montagne Rocciose dell'Alberta e della British Columbia. Questa impresa di carattere generale suggerì quasi inevitabilmente un riesame della Burgess Shale, il sito più famoso nella regione, anche se nessuno prevedeva che ci sarebbero state novità importanti. Harry Whittington fu nominato paleontologo in capo dell'impresa perché era uno fra i principali esperti mondiali sugli artropodi fossili, e tutti pensavano che la maggior parte degli organismi strani di Burgess facessero parte di questo grande phylum.

Il mio amico Digby McLaren, allora capo della Geological Survey e principale promotore del nuovo studio su Burgess, mi disse nel febbraio 1988 di avere spinto il progetto primariamente per ragioni campanilistiche (del resto più che giustificate) e non per una chiara percerzione dei potenziali guadagni intellettuali. L'americano Walcott aveva trovato i fossili più famosi del Canada e aveva trasportato l'intero bottino a Washington. Molti musei canadesi non possedevano un singolo esemplare del loro patrimonio geologico. McLaren, proclamando questa situazione una "vergogna nazionale", disse (per usare le sue parole solo in parte scherzose) che si doveva "rimpatriare la Burgess Shale".

Per sei settimane, nelle estati del 1966 e del 1967, un gruppo di dieci-quindici scienziati, diretti da Harry Whittington e dal geologo J. D. Aitken, lavorarono nelle cave di Walcott e di Raymond. Essi prolungarono gli scavi nella cava di Walcott per una quindicina di metri verso nord, e staccarono circa 700 metri cubi di roccia dalla cava di Walcott e 17 da quella di Raymond. A parte la sostituzione dei cavalli con elicotteri e l'uso di cariche esplosive più piccole (per evitare di confondere l'informazione stratigrafica, proiettando dei blocchi fossiliferi troppo lontano dal loro punto di origine per poterlo poi identificare con sicurezza), queste spedizioni moderne lavorarono in modo molto simile a quella di Walcott. La massima invenzione dopo Walcott, come osserva Whittington (1985b, p. 20), è l'invenzione del feltrello: un vero dono di Dio, che permette di etichettare ogni roccia nel momento stesso in cui viene raccolta.

Nel 1975 Des (Desmond) Collins, del Royal Ontario Museum, organizzò una spedizione per la raccolta di fossili dalle scarpate detritiche in entrambe le cave e attorno ad esse. Non gli fu permesso di far esplodere cariche o di scavare nelle cave stesse, ma la sua comitiva trovò nondimeno molto materiale importante. (Gli argilloscisti di Burgess sono così ricchi che si poterono ancora trovare novità degne di nota persino nei cumuli di detriti di rifiuto lasciati da Walcott.) Nel 1981 e nel 1982 Collins esplorò le aree circostanti e trovò più di una dozzina di nuovi siti con fossili di organismi dal corpo molle in rocce di età grosso modo equivalente. Nessuno è paragonabile per ricchezza a Burgess, ma Collins ha scoperto qualche organismo notevole, fra cui la *Sanctacaris*, il primo artropodo chelicerato. Se lo strato a fillopodi di Walcott si formò quando una corrente di torbidità mise in moto una frana di fango, molte altre frane simili devono essersi verificate press'a poco nello stesso tempo, e dovrebbero esistere numerose altre *Lagerstätten*. Mentre io sto scrivendo questo libro, nell'estate del 1988,

Des Collins è impegnato nella ricerca di altri siti sulle Montagne Rocciose canadesi.

La paleontologia è una piccola professione, un po' incestuosa. Gli argilloscisti di Burgess si sono sempre stagliati sul mio mondo come un colosso. Bill Schevill, l'ultimo sopravvissuto della spedizione di Raymond del 1930, che divenne successivamente un grande esperto sui cetacei, si ferma ogni tanto nel mio ufficio per scambiare quattro chiacchiere. G. Evelyn Hutchinson, che descrisse nel 1931 la strana *Aysheaia* e l'altrettanto enigmatica *Opabinia* (cogliendo nel segno in un caso e sbagliando completamente nell'altro), e che in seguito divenne il massimo ecologo del mondo e il mio guru intellettuale, mi ha raccontato di quella sua scorreria, fatta quando era un giovane zoologo, nel mondo peculiare dei fossili. La collezione di Percy Raymond è custodita in due grandi armadi subito fuori del mio ufficio. Io fui chiamato molto giovane a Harvard a sostituire Harry Whittington, che aveva appena avuto la cattedra di geologia a Cambridge (dove studiò Burgess per i successivi vent'anni, facendo di continuo la spola fra l'Europa e l'America). Io non sono un esperto di rocce antiche o dell'anatomia degli artropodi, ma non posso sottrarmi alla Burgess Shale. Essa è un'icona e un simbolo della mia professione, e io scrivo questo libro come atto di omaggio, e anche per pagare un debito intellettuale per l'emozione che creature come queste possono ispirare nella mia professione: una professione che potrebbe reinterpretare il lamento del gobbo di Notre-Dame – Ah, perché non fui fatto di pietre come queste! – come un desiderio ottimistico di fratellanza.

3. La ricostruzione della fauna di Burgess: verso una nuova visione della vita

UNA TRANQUILLA RIVOLUZIONE

Ci sono trasformazioni dichiarate ed eroiche e altre tranquille e prive di eventi clamorosi nel loro svolgersi, ma non meno significative nei loro esiti. Karl Marx, in una formulazione famosa, paragonò la sua rivoluzione sociale a una vecchia talpa che scava attivamente nel suolo, invisibile per lunghi periodi, minando però così radicalmente l'ordine tradizionale che quando, in seguito, emerge alla luce, provoca un improvviso sconvolgimento. Ma spesso le trasformazioni intellettuali rimangono sotto la superficie. Esse filtrano e si diffondono lentamente nella coscienza scientifica, e le persone possono passare lentamente da un campo all'altro senza essersi mai sentite chiamare alle armi. La nuova interpretazione della fauna di Burgess appartiene, per due ragioni, alle trasformazioni più invisibili, ma il suo potere di modificare la nostra concezione della vita non ha eguali in alcun'altra scoperta paleontologica.

Innanzitutto, la revisione di Burgess è un dramma intensamente intellettuale, non il racconto squillante di una scoperta sul campo o di una lotta personale all'ultimo sangue (metaforico) combattuta da bellicosi scienziati per l'oro del Nobel. La nuova concezione si è fatta strada lentamente, dapprima in forma incerta e poi con sempre maggiore convinzione, in una serie di lunghe monografie tassonomiche e anatomiche altamente tecniche, pubblicate principalmente nelle "Philosophical Transactions of the Royal Society" di Londra, il più antico periodico scientifico in lingua inglese (risalente al 1665), che però non si trova certamente sugli scaffali del supermercato, e neppure nelle biblioteche locali, e che non appartiene al tipo di pubblicazioni scientifiche esaminate dai giornalisti incaricati di scegliere quella piccola parte dell'attività scientifica di cui si deve dare notizia al pubblico generico.

In secondo luogo, la revisione del significato dei fossili di Burgess violò tutte le immagini tradizionali della scoperta scientifica. Tutte le leggende romantiche sulle ricerche sul campo, tutti i miti tecnocratici sulle novità di procedimenti fondati sulle macchine furono infranti o semplicemente aggirati.

Il mito della ricerca sul campo, per esempio, proclama che grandi mutamenti nelle idee derivano da nuove scoperte. Al termine del sentiero, dopo settimane di sangue, sudore, fatiche e lacrime, l'intrepido scienziato stacca un pezzo di roccia dal punto più inaccessibile e grida: Eureka! osservando il fossile che scuoterà il mondo. Poiché la revisione di Burgess fu preceduta da due stagioni di ricerche sul campo, nel 1966 e 1967, sembrerebbe lecito supporre che la reinterpretazione sia stata suggerita dalle scoperte di questa spedizione. Whittington e i suoi collaboratori trovarono effettivamente alcuni esemplari mirabili e alcune specie nuove, ma il vecchio Walcott, che era un collezionista maniacale, era stato a Burgess per primo e vi aveva lavorato per ben cinque stagioni, trovando quindi la maggior parte delle cose migliori. Le spedizioni del 1966 e del 1967 spronarono Whittington a darsi da fare, ma le massime scoperte furono fatte in cassetti di museo a Washington, ristudiando esemplari ben curati di Walcott. La massima parte del "lavoro sul campo", come vedremo, si verificò a Washington nella primavera del 1973, quando il brillante ed eclettico allievo di Whittington, Simon Conway Morris, fece una ricerca sistematica in *tutti* i cassetti contenenti esemplari di Walcott, alla ricerca consapevole di forme strane, avendo avuto una prima intuizione germinale della chiave della disparità di Burgess.

Il mito del laboratorio implica lo stesso fraintendimento, trasferito dall'esterno all'interno: che nuove idee debbano derivare da nuove scoperte. Secondo questa "mentalità della frontiera", si può progredire solo "vedendo ciò che non era stato visto prima": sviluppando un qualche metodo nuovo per discernere ciò che, in linea di principio, non avrebbe potuto essere percepito prima. Il progresso richiede perciò l'estensione dell'uso di macchine complesse e costose. Le novità vengono a essere connesse inestricabilmente a chilometri di strumenti di vetro, banchi di computer, numeri a cascata, centrifughe rotanti e squadre grandi e costose di ricercatori. Anche se molta strada si è fatta dai mirabili scenari Art Déco dei vecchi film dell'orrore, dove il barone Frankenstein imbrigliava l'energia del fulmine per dare vita ai suoi mostri, le luci lampeggianti, le file di pulsanti e i quadranti di controllo di quell'impresa espressero molto bene un mito che da allora non ha fatto altro che crescere.

La revisione di Burgess richiese un insieme ben definito di metodi altamente specializzati, ma gli strumenti di quella particolare tecnologia non andarono oltre semplici microscopi ottici, macchine fotografiche e trapani da dentista. Walcott si lasciò sfuggire alcune osservazioni cruciali perché non usò questi metodi, ma avrebbe potuto usare tutte le tecniche di Whittington se solo avesse trovato il tempo di riflettere e di riconoscerne l'importanza. Tutto ciò che Whittington fece per vedere più lontano e meglio si sarebbe potuto fare già al tempo di Walcott.

La vera storia di Burgess può riflettere la scienza come viene praticata, ma questa adesione alla realtà dei fatti non rende affatto più facile il mio compito. La mitologia ha infatti la sua utilità come potente ausilio al racconto. Dopo avere considerato molti modi possibili di esposizione, decisi nondimeno che potevo presentare queste informazioni in un solo modo. La revisione degli argilloscisti di Burgess è un dramma, per quanto privo di pompa esterna e di spettacolarità, e i drammi sono storie che si raccontano nel modo migliore rispettando l'ordine cronologico. Questo capitolo, che è la parte centrale del mio libro, procederà perciò come una narrazione nel giusto ordine cronologico (preceduta da un'introduzione sui metodi di studio e seguita da una discussione sulle implicazioni più vaste).

Ma come stabilire la cronologia? Il metodo ovvio di chiedere semplicemente ai principali attori di raccontarmi i fatti non può bastare. Certo io feci il mio dovere sotto questo aspetto. Mi recai da loro, con taccuino e matita in mano. Questo esercizio mi fece sentire un po' stupido, poiché conoscevo bene questi uomini, e avevo discusso con loro sulla fauna di Burgess per quasi due decenni mentre si beveva assieme una birra o un caffè.

Inoltre, la peggiore fonte possibile su ciò che Harry Whittington pensava nel 1971, quando pubblicò la sua prima monografia sulla *Marrella*, è Harry Whittington nel 1988. Com'è possibile rimuovere un intero edificio di pensiero posteriore per recuperare uno stato mentale embrionale, non alterato dalle lotte intellettuali quotidiane di quasi vent'anni successivi? La successione cronologica degli eventi, considerati retrospettivamente, si fa confusa, poiché noi organizziamo i nostri pensieri in un ordine logico o psicologico che ha un senso per noi, e non in una sequenza cronologica.[1]

Io designo questo fenomeno con l'espressione comune: "caspita, come sei cresciuto!" Nessun commento di parenti è detestato più universalmente dai bambini. Ma i parenti hanno ragione, specialmente se non vedono da molto tempo il bambino e ricordano perfettamente com'era la volta precedente, mentre un bambino, dopo essere passato per tutte le fasi intermedie, ricorda solo confusamente com'era prima. Freud notò una volta [in *Il disagio della civiltà*, capitolo 1] che la mente umana è come una sorta di Roma psichica nella quale viene violata la legge fisica secondo cui due oggetti non possono occupare lo stesso spazio nello stesso tempo. Nella mente nessun edificio viene demolito e strutture del tempo di Romolo e Remo si uniscono alla Cappella Sistina

[1] Lo so bene per esperienza personale. Spesso mi viene chiesto che cosa pensassi quando Niles Eldredge e io sviluppammo per la prima volta la teoria degli equilibri punteggiati all'inizio degli anni settanta. Io consiglio di andarsi a leggere l'articolo originale, perché non ricordo (o almeno non riesco a trovare quei ricordi in mezzo al guazzabuglio della mia vita successiva).

restaurata in un confuso guazzabuglio in cui la trattoria locale si sovrappone alle terme romane. Il recupero dell'ordine cronologico richiede il ricorso a documenti contemporanei.

Per questo motivo io ho lavorato primariamente sui testi pubblicati. Il mio modo di procedere fu la semplicità stessa. Lessi le monografie tecniche in ordine rigorosamente cronologico, concentrandomi quasi per intero sulle opere primarie della descrizione anatomica, non sui pochi articoli di interpretazione secondaria. Può darsi che come cronista io non valga molto, ma almeno posso procedere in un modo in cui non avrebbe lavorato, o potuto lavorare, alcun giornalista o divulgatore. Gli uomini che corressero l'interpretazione tradizionale della fauna di Burgess sono miei colleghi, non un oggetto di studio a me estraneo; i loro scritti sono la mia letteratura specialistica, non documenti remoti di un mondo diverso. Ho letto più di un migliaio di pagine di descrizioni anatomiche, con un sentimento di amore verso ogni parola – o almeno verso la maggior parte – e sapendo esattamente, per pratica personale, com'era stato fatto il lavoro. Cominciai leggendo la prima monografia di Whittington sulla *Marrella* (1971) e mi fermai solo quando ebbi terminato di leggere le monografie sull'*Anomalocaris* (Whittington e Briggs, 1985), sulla *Wiwaxia* (Conway Morris, 1985) e sulla *Sanctacaris* (Briggs e Collins, 1988). Non ricordo di essermi divertito di più, o di avere sperimentato un apprezzamento maggiore per un lavoro fatto in modo eccellente, che durante i due mesi dedicati a questa attività.

Un siffatto modo di procedere distorce o limita la descrizione della scienza? Ovviamente sì. Ogni scienziato sa che la maggior parte delle attività, e in particolare gli errori e le false partenze, non entrano negli articoli pubblicati e che le convenzioni della prosa scientifica danno un'idea sbagliata della scienza quale si fa realmente, almeno se siamo così sciocchi da leggere gli articoli tecnici come cronache dell'attività pratica dello scienziato. Avendo in mente questa verità ovvia, mi riferirò nel corso della mia esposizione a una varietà di fonti. Preferisco però concentrarmi soprattutto sulle monografie tecniche, per una ragione particolare e in gran parte personale.

La psicologia della scoperta è sempre affascinante, e io non la ignorerò, ma la logica dell'argomentazione, quale si esprime nelle ricerche pubblicate, ha una sua legittima attrattiva interna. Si può scomporre un ragionamento nelle sue fonti sociali, psicologiche ed empiriche, ma lo si può anche apprezzare nella sua integrità come un'opera d'arte coerente. Io ho un grande rispetto per la prima strategia, che è un caposaldo della ricerca erudita, ma amo anche praticare la seconda (come ho fatto nel libro *La freccia del tempo, il ciclo del tempo*, un'analisi della logica fondamentale usata in tre testi cruciali per la scoperta del tempo in geologia). Le modificazioni che si verificano nel corso del tempo in una successione di ragionamenti, ognuno coerente nel suo momento, formano una documentazione primaria dello sviluppo intellettuale.

La revisione della fauna di Burgess coinvolse centinaia di persone, dai piloti di elicotteri che portarono rifornimenti e materiali al campo base e dal campo base, ai disegnatori e artisti che prepararono i disegni per la pubblicazione, a un gruppo internazionale di paleontologi che offrirono aiuto, consigli e critiche. Ma il programma di ricerche della revisione monografica fu incentrato su un *team* coerente. Tre persone svolsero il ruolo centrale in questi sforzi: Harry Whittington, professore di geologia all'Università di Cambridge, che elaborò il progetto e ne fu il principale animatore, e due uomini che, all'inizio degli anni settanta, erano suoi allievi all'università e in seguito si costruirono una brillante carriera proprio sulle loro ricerche nel giacimento di Burgess: Simon Conway Morris (ora anche lui a Cambridge) e Derek Briggs (ora all'Università di Bristol). Whittington collaborò anche – specialmente prima dell'arrivo dei suoi allievi – con due colleghi subalterni: Chris Hughes e David Bruton.

Gli ingredienti del dramma convenzionale si trovano in questi personaggi, specialmente nell'interazione fra Whittington e Conway Morris, ma non è questo il tipo di storia che mi propongo di raccontare. Whittington è una persona meticolosa e prudente, un uomo che segue la retta via paleontologica evitando la speculazione e rimanendo aderente alle informazioni fornite dalle rocce: esattamente l'opposto dell'immagine convenzionale dell'agente di una trasformazione intellettuale. Conway Morris, prima dell'inevitabile ammorbidimento connesso all'ontogenesi, era un focoso Giovane Turco, un radicale sociale degli anni settanta. Egli è, per temperamento, un uomo di idee, ma felicemente dotato della pazienza e del *Sitzfleisch* necessari per stare a osservare per ore delle macchie sulle rocce. Nella leggenda, la reinterpretazione di Burgess sarebbe emersa come una sinergia carica di tensioni fra questi uomini: Harry, che dava istruzioni, invitava alla prudenza e raccomandava di prestare la massima attenzione alle rocce; e Simon, che esortava, faceva il diavolo a quattro a favore della libertà intellettuale, e spingeva il riluttante vecchio maestro verso una nuova luce. Si possono immaginare le discussioni, a volte concitate, le minacce, i dissensi, la rottura, il ritorno del figliuol prodigo, la riconciliazione.

Io penso però che non sia accaduto nulla del genere, almeno non apertamente. E chi conosce il sistema universitario britannico capirà subito perché. Gli studenti britannici che, come Conway Morris e Derek Briggs, si preparano per il dottorato di ricerca, godono di un'indipendenza quasi completa. Essi non seguono corsi ma lavorano solo alla loro tesi. Una volta concordato un argomento col loro relatore, cominciano la loro ricerca. Se sono fortunati possono vederlo un volta al mese; è però più probabile che lo vedano solo una volta in un anno. Harry Whittington, uomo tranquillo, conservatore e straordinariamente impegnato nel suo lavoro, non era certo propenso a modificare questa peculiare tradizione. Simon mi disse che "Harry non voleva essere disturbato" poiché "vedeva di mal occhio tutto ciò che portava via del tempo alle sue ricerche". Ma, sostiene Simon, "non si poteva avere di meglio come relatore, poiché ci lasciava lavorare tranquilli e ci dava il suo sostegno".

Ho rivolto più volte domande a Harry, Simon e Derek, cercando di spingermi oltre la mia iniziale incredulità. Essi sostengono tutti che non si considerarono mai un gruppo di ricercatori con un obiettivo unitario o un atteggiamento generale. Non si sforzarono di sviluppare insieme un'interpretazione centrale, né si incontrarono mai regolarmente; di fatto, affermano che non fecero mai riunioni di gruppo. Non si incontravano neppure in certe occasioni d'incontro quotidiane nelle università britanniche – il rituale quasi immancabile del caffè della mattina – poiché Simon, il radicale sociale, aveva formato un gruppo a sé nel suo ufficio, e non venne mai, mentre Harry, che riusciva sempre a vedere l'essenza attraverso l'esteriorità (fu questa, dopo tutto, la chiave per la decifrazione degli organismi di Burgess), non insistette mai nel voler imporre un qualsiasi conformismo. Senza dubbio essi si impegnarono tutti in una complessa fecondazione incrociata, ma più, a quanto sospetto, leggendo ciascuno gli scritti degli altri, che non conducendo discussioni programmatiche o regolari. Il massimo che io abbia potuto strappare a qualcuno del trio fu il riconoscimento da parte di Derek Briggs che essi svilupparono "una sorta di percezione collettiva, anche se non attraverso rapporti quotidiani".

Il dramma che mi accingo a raccontare è intenso e intellettuale. Esso trascende questi temi effimeri della personalità dei personaggi e delle scenografie di repertorio. La posta in palio è più grande e molto più astratta di qualsiasi ricompensa materiale: è una nuova interpretazione della storia della vita. Quest'obiettivo, una volta conseguito, non apporta alcun particolare beneficio terreno. La paleontologia non ha premi Nobel, anche se io ne assegnerei senza esitazione il primo congiuntamente a Whittington, Briggs e Conway Morris. Come dice un vecchio motto, con la tua nuova visione della vita non puoi friggerci un uovo, e neppure viaggiarci sulla metropolitana, a meno che tu non riceva anche qualche riconoscimento tangibile. (E nemmeno penso che, diversamente da quasi qualsiasi altra cosa, serva a farti viaggiare di più gratis in aereo.) Tutto quel che si ottiene è la gratitudine dei colleghi paleontologi, la quale certamente non arreca alcun danno alle prospettive di lavoro. Ma la ricompensa principale rimane la soddisfazione: il privilegio di lavorare su qualcosa di emozionante, l'appagamento interiore di avere conseguito un risultato importante, il piacere raro di sapere che la tua vita ha fatto una differenza. Che cosa si può desiderare di più che sentirsi dare, da una persona che si stima come dotata di un'autorità assoluta e permanente, la definitiva conferma che la propria vita è stata utile: "Bravo, sei stato un servitore devoto e fedele"?

È comune l'errore di credere che i fossili di organismi dal corpo molle si conservino di solito sotto forma di sottili pellicole di carbonio sulla superficie di rocce. Gli organismi di Burgess sono, com'è ovvio, fortemente compressi: noi non possiamo attenderci la conservazione di molte strutture tridimensionali quando il peso dell'acqua e di sedimenti si accumula su un corpo sepolto privo di parti dure. Ma i fossili di Burgess non sono sempre completamente appiattiti, e questa scoperta fornì a Whittington la base di un metodo per rivelarne la struttura. (Le parti molli degli animali di Burgess, per inciso, non si conservano sotto forma di carbonio. Attraverso un processo chimico non ancora compreso, il carbonio originario fu sostituito da silicati di allumina e di calcio, che formano uno strato scuro riflettente. Questa sostituzione non compromise l'esatta conservazione dei particolari anatomici.)

Walcott non riconobbe mai, o si rese conto solo oscuramente, che si era conservata parte dell'architettura tridimensionale degli organismi. Egli trattò i fossili di Burgess alla stregua di fogli piani, e perciò ricercò fra i suoi esemplari quelli conservati nell'orientamento più rivelatore (o meno sviante): di solito, nel caso di animali con simmetria bilaterale, quelli distesi in una posizione rettilinea e piana (come nella figura 3.1, che è un'illustrazione tipica dell'orientamento di Walcott). Egli ignorò esemplari dall'orientamento obliquo o frontale, perché pensava che le diverse pareti e superfici osservate in questo orientamento fossero spiaccicate assieme in una singola pellicola non interpretabile sul piano dello strato; una visione dall'alto, di contro, offriva una risoluzione massima di parti separate.

Walcott illustrò i suoi esemplari per mezzo di fotografie, spesso egregiamente ritoccate. Anche il gruppo di Whittington usò estesamente la fotografia, ma per lo più solo ai fini della pubblicazione, più che come strumento di ricerca primario. Gli esemplari di Burgess non rendono bene in fotografia (la figura 3.2 è una splendida eccezione), e si può guadagnare ben poco dal lavoro su stampe, per quanto ingrandite o filtrate, piuttosto che su esemplari reali. Le superfici degli alluminosilicati riflettono la luce in modi diversi a diversi angoli di illuminazione, e si è ottenuto qualche guadagno nella risoluzione confrontando le immagini opache ottenute ad alti angoli di illuminazione con i riflessi brillanti ottenuti con un'illuminazione a bassi angoli.

Whittington usò perciò come suo modo di illustrazione primario il metodo più antico: quello di un disegno paziente e dettagliato degli esemplari. L'apparecchiatura fondamentale usata, la camera chiara, non è oggi diversa dal modello usato da Walcott, e non è molto migliorata rispetto a quando fu inventata dal mineralogista W. H. Wollaston nel 1807. Una camera chiara è, fondamentalmente, un insieme di specchi in grado di focalizzare l'immagine di un oggetto su una superficie piana. Si

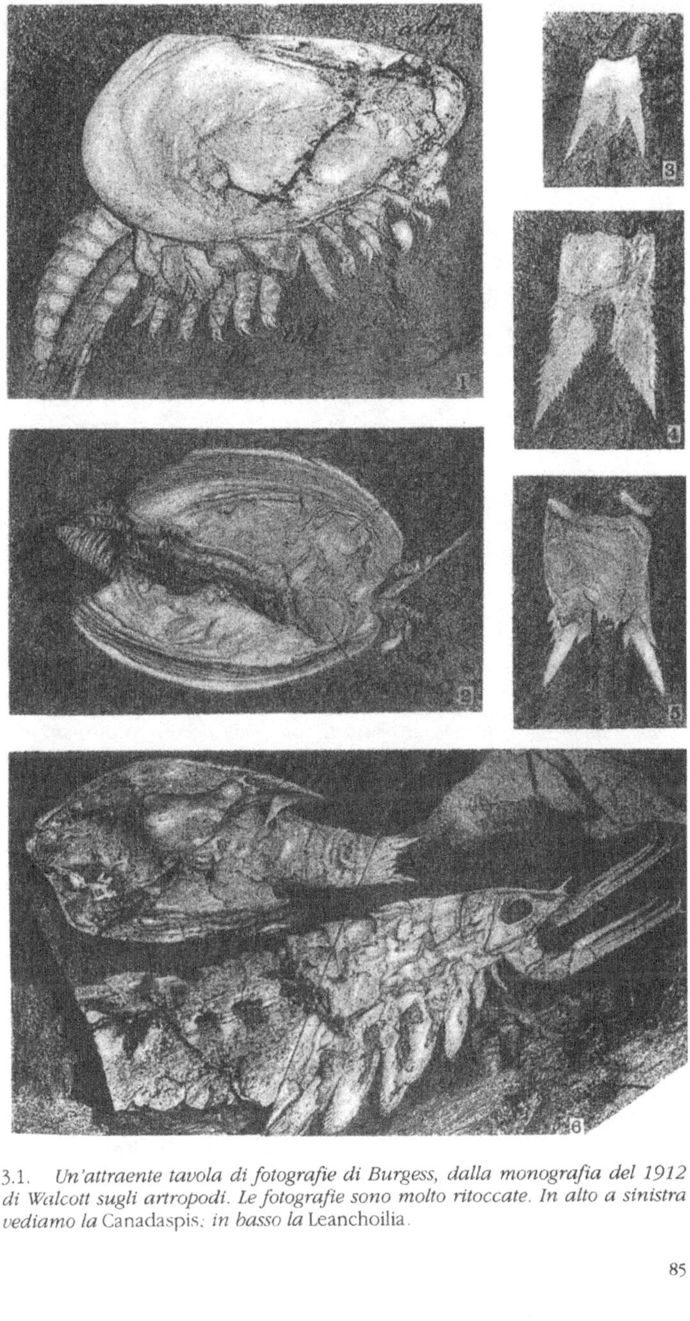

3.1. *Un'attraente tavola di fotografie di Burgess, dalla monografia del 1912 di Walcott sugli artropodi. Le fotografie sono molto ritoccate. In alto a sinistra vediamo la* Canadaspis*; in basso la* Leanchoilia.

3.2. *La migliore fotografia non ritoccata che sia mai stata eseguita di un organismo di Burgess. Desmond Collins scattò questa fotografia di un esemplare di* Naraoia, *conservato in posizione laterale. Questo esemplare non proviene dalla cava di Walcott bensì da uno della decina di altri siti che conservano fossili di organismi dal corpo molle trovati recentemente da Collins nella stessa area. Gli esemplari provenienti dalla cava di Walcott non sono fotografati così bene.*

può fissare una camera chiara a un microscopio e proiettare l'immagine su un pezzo di carta. Vedendo simultaneamente l'esemplare e il suo riflesso su carta, si può disegnare l'animale senza spostare l'occhio dall'oculare. Whittington e il suo gruppo adottarono il procedimento di disegnare ogni esemplare, su scala molto grande, per ogni specie studiata. Si possono studiare assieme un certo numero di disegni, mentre non si possono osservare simultaneamente numerosi minuscoli esemplari che abbiano tutti bisogno di essere ingranditi.

Whittington applicò la sua camera chiara e la sua abilità nel disegno a un insieme di metodi, tutti connessi al suo riconoscimento centrale che i fossili di Burgess conservavano qualcosa della loro struttura tridimensionale e non erano solo fogli appiattiti sul piano degli strati. Illustrerò l'efficacia di questi semplici procedimenti mostrandone l'utilità nello studio del più grosso artropodo di Burgess, la specie chiamata da

Walcott *Sidneyia inexpectans* in onore di suo figlio, che ne aveva trovato il primo esemplare. (Ho scelto la *Sidneyia* perché la monografia di David Bruton su questo genere, edita nel 1981, è a mio giudizio la pubblicazione tecnicamente più elegante e attraente dell'intera serie di studi di Whittington e collaboratori.) Consideriamo le tre operazioni principali:

1) *Scavo e dissezione.* Se Walcott aveva ragione, tutta l'anatomia doveva essere compressa in una singola pellicola, e il compito di ricostruirla doveva essere affine a quello di richiamare in vita un personaggio dei cartoni animati spianato da un rullo compressore. Ma quel che funziona per il gatto Silvestro in un mondo di fantasia non è utilizzabile per un blocco di argilloscisto.

Per fortuna i fossili di Burgess non giacciono di solito su un singolo piano. Racchiusi nel fango che li seppellì, gli animali sono disposti nella roccia secondo vari orientamenti. Spesso il fango, infiltrandosi, ne divise le parti in diversi microstrati, separati da sottili veli di sedimento – il carapace sopra le branchie, le branchie sopra gli arti – conservando in questo modo una certa struttura tridimensionale anche quando i vari livelli di fango vennero in seguito compressi dall'accumulo, sopra di essi, di altri sedimenti.

Usando piccoli scalpelli o un finissimo trapano vibrante, non molto diverso da quello di un dentista, è possibile rimuovere le parti superiori per rivelare le parti interne sottostanti. (Poiché questi strati hanno spesso solo lo spessore di micrometri, questo delicato lavoro può essere fatto anche a mano e con aghi, granello per granello o falda dopo falda.)

Alcuni artropodi sono abbastanza piatti, ma la *Sidneyia*, come mostra la ricostruzione (figura 3.3), possedeva un rilievo considerevole; il suo carapace, o scudo cefalotoracico, formava un semicilindro arcuato sopra le parti molli sottostanti.[2] In alcuni esemplari le branchie e gli arti sottostanti sono visibili attraverso un carapace rotto, poiché la compressione e fratturazione degli esemplari sono normalmente molto estese. Bruton trovò però che, per poter rivelare una totalità anatomica, si doveva scavare nella roccia che conteneva l'esemplare. Le appendici di molti artropodi marini contengono due rami (vedi pp. 105-106, nella finestra sull'anatomia degli artropodi): un ramo esterno che porta le branchie, usato per la respirazione e per il nuoto, e un ramo interno, o arto ambulacrale, che spesso viene usato, oltre che per la locomozione, anche come organo di prensione per prendere cibo e portarlo alla bocca. Se si rimuove l'involucro esterno sulla parte centrale del corpo, ci si imbatte prima nei rami delle branchie e poi in quelli degli arti. Bruton

[2] Questo involucro esterno era, ovviamente, più duro degli organi molli sottostanti. Ma il carapace della maggior parte degli organismi di Burgess non era mineralizzato, e perciò non era formato da "parti dure" convenzionali capaci di fossilizzare facilmente, ma era simile piuttosto all'esoscheletro degli insetti moderni, che è rigido ma non è mineralizzato. Sarebbe più esatto parlare di animali "leggermente sclerotizzati", piuttosto che "dal corpo molle", ma il potenziale di fossilizzazione convenzionale è quasi nullo in entrambi i casi.

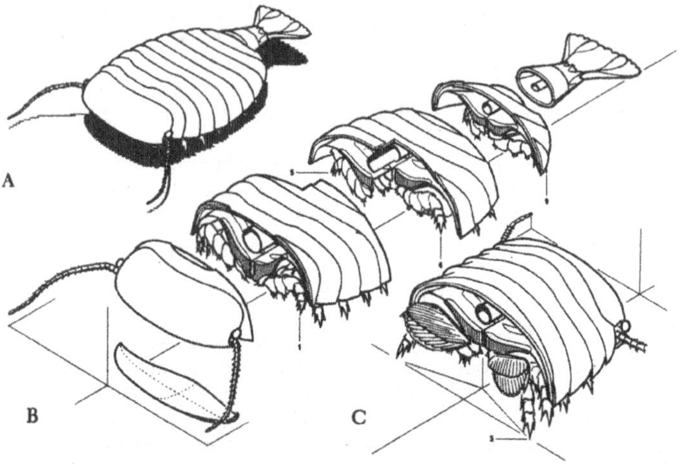

3.3. *Ricostruzione della* Sidneyia *da un modello tridimensionale costruito in sezioni da Bruton. A) L'intero animale. B) Il modello scomposto in sei segmenti. A cominciare da sinistra: il capo, con la sua scaglia di copertura ventrale in basso, il corpo diviso in tre sezioni, e la parte caudale. C) Il capo e la parte anteriore del corpo connessi assieme (il capo è a destra in secondo piano). Si notino le appendici biramate, con gli arti ambulacrali sotto e i rami branchiali sopra.*

cominciava col disegnare l'involucro esterno completo (figura 3.4), per poi rimuovere progressivamente le parti esterne, portando così in luce uno strato di branchie (figura 3.5), seguito da un insieme di arti ambulacrali (figura 3.6). (Questi disegni si fondano tutti su un'osservazione diretta dei fossili stessi, usando una camera chiara fissata a un microscopio binoculare.) Bruton descrisse il suo metodo nel convenzionale linguaggio neutro delle monografie tecniche:

> La preparazione degli esemplari mostra... strutture che si presentano a livelli successivi nella roccia, le quali possono essere rivelate eliminando con cura una struttura dopo l'altra, o rimuovendo il sottile strato di sedimento che le separa... Il metodo usato è stato quello di rimuovere successivamente prima l'esoscheletro dorsale... per rivelare i filamenti delle branchie, e poi di asportare le branchie per portare in luce le zampe. In prossimità della linea mediana, dove si ha l'inserzione degli arti, i tre strati successivi – dell'esoscheletro dorsale, delle branchie, degli arti ambulacrali – si trovano direttamente uno sopra l'altro e si deve rimuovere con grande cura uno strato infinitamente sottile di materiale con l'aiuto di un vibroscalpello (1981, pp. 623-624).

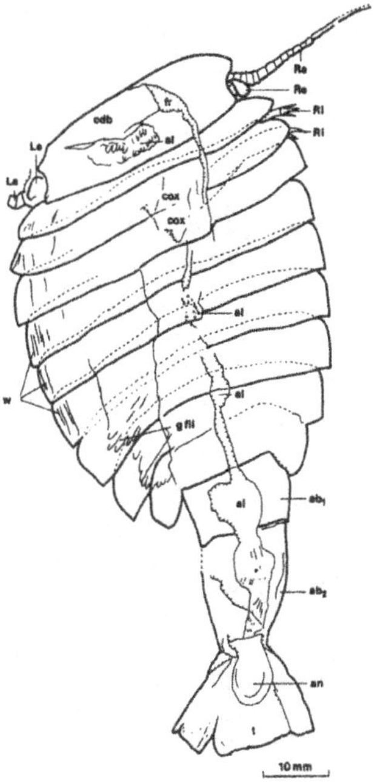

3.4. *Disègno con la tecnica della camera chiara di un esemplare completo di* Sidneyia, *con la copertura esterna intatta.*

Sotto l'involucro esterno si trovano anche altre ricompense. Subito sotto il carapace, lungo la linea mediana, decorre il canale digerente. Un esemplare sottoposto a questo trattamento (figura 3.7) rivelò un minuscolo trilobite proprio nel canale digerente, in prossimità dell'estremo posteriore: un residuo dell'ultimo pasto della *Sidneyia* prima della grande frana di fango.

2) *Orientamenti insoliti.* Poiché lo strato a fillopodi fu formato da varie frane di fango fossilizzate, gli animali sono sepolti in una varietà di orientamenti. I più rimasero sepolti nella loro posizione idrodinamica più stabile, poiché il fango si assestò gradualmente e gli animali scivolarono al fondo. Alcuni vennero però a poggiare su un lato o si trovarono in una posizione obliqua, contorti o rovesciati in vario modo. Nella sua monografia sull'enigmatica *Aysheaia*, Whittington illustrò sia l'orientamento "convenzionale", con l'animale disposto in piano e le appendici distese ai lati, sia una delle posizioni più rare, con l'animale

3.5. *Disegno alla camera chiara di un esemplare di* Sidneyia, *in cui si notano primariamente i rami branchiali delle appendici sotto il carapace. La traccia incompleta dell'intestino (in centro) è indicata da linee oblique. I rami delle branchie sono le strutture indicate con la lettera* g (gills, *branchie). Il numero che segue identifica il segmento del corpo.*

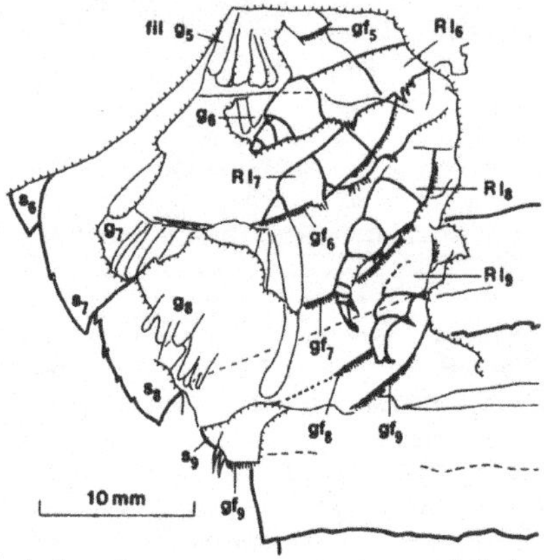

3.6. *Gli arti ambulacrali sono esposti sotto i rami delle branchie. In questo disegno eseguito alla camera chiara, gli arti sono indicati* Rl, *per "zampa destra"* (right leg*). Il numero che segue identifica il segmento del corpo.*

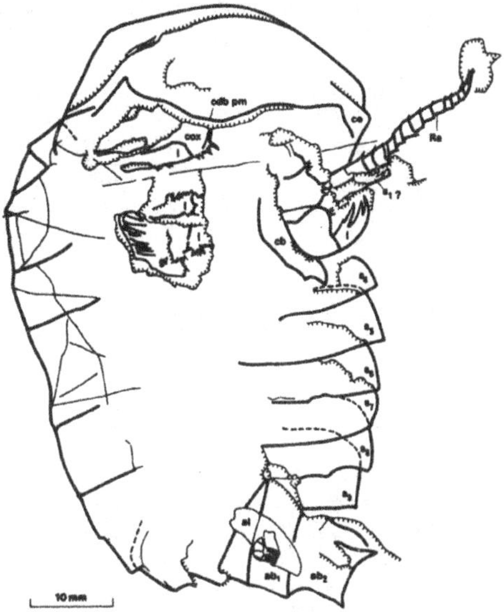

3.7. *Questo esemplare di* Sidneyia *rivela il suo ultimo pasto, un piccolo trilobite che si è conservato nell'estremo terminale del tratto digerente. Il trilobite si trova nella piccola porzione esposta dell'intestino (designata con le lettere* al*), subito sopra il primo segmento addominale* (ab $_1$).

contorto e giacente su un lato, così che le appendici di entrambi i lati sono compresse e confuse assieme (figura 3.8).

Walcott raccolse anche esemplari in orientamenti strani, ma presentò la tendenza a ignorarli considerandoli meno ricchi di informazione, e persino non interpretabili a causa della sovrapposizione di superfici diverse su un singolo piano di stratificazione. Whittington si rese conto invece che tali orientamenti insoliti erano indispensabili, assieme agli esemplari nella posizione "convenzionale", per determinare l'intera anatomia di un organismo. Come non si potrebbe ricostruire in modo completo una casa sulla base di fotografie prese tutte dallo stesso punto di vista, così per ricostruire un organismo di Burgess si devono combinare "istantanee" prese da molti angoli diversi. Conway Morris mi disse di essere riuscito a ricostruire la curiosa *Wiwaxia* – un animale che non ha parenti moderni, e per il quale non esiste perciò alcun prototipo da usare come modello – disegnando esemplari trovati in vari orientamenti, e trascorrendo poi un gran numero di ore "a ruotare quella dannata cosa nella mia mente", dalla posizione di un disegno alla diversa angolazione di un altro, finché ogni esemplare potesse essere mosso senza con-

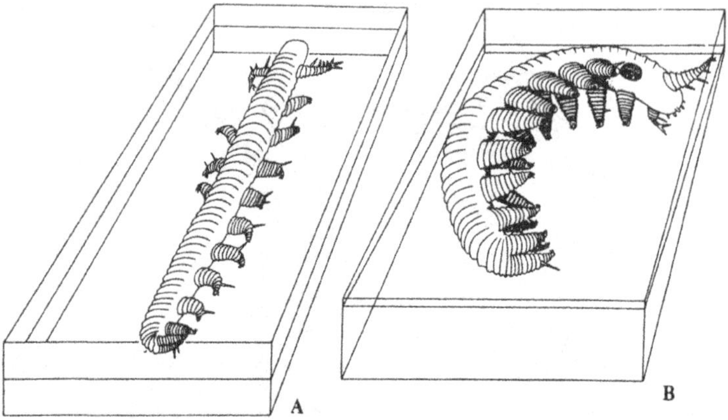

3.8. *Queste due figure da Whittington (1978) illustrano la conservazione di esemplari di* Aysheaia *in posizioni diverse. A) L'orientamento convenzionale: noi guardiamo verso il basso e vediamo la parte superiore dell'animale; le appendici sono distese in entrambe le direzioni. B) Un orientamento molto meno comune: l'animale fu sepolto in posizione laterale e il fossile risultante ce ne mostra un fianco, con le appendici di entrambi i lati compresse insieme.*

traddizione da una posizione alla successiva. Allora seppe finalmente che non mancava nulla di importante e che non c'era niente fuori posto.

La maggior parte degli esemplari di *Sidneyia* sono conservati in modo da presentarci la loro figura completa come se li guardassimo dall'alto (vedi per esempio la figura 3.4). Questo orientamento rivela, meglio di qualsiasi altro, le dimensioni basilari delle varie parti del corpo, ma lascia inevitabilmente diverse domande senza risposta, come per esempio quella sulla misura del rilievo, o rotondità, del corpo. Osservandone l'immagine in questo orientamento non possiamo dire se la *Sidneyia* fosse una frittella o un tubo. Per ricostruire la forma complessiva, e per determinare qualche aspetto cruciale dell'anatomia non ben visibile "dall'alto" – per esempio la forma degli arti – è necessario possedere anche delle visioni frontali dell'organismo.

La figura 3.9, in visione frontale, mostra la forma arrotondata del capo e le posizioni di inserzione del singolo paio di antenne e degli occhi. La figura 3.10, una visione frontale del corpo visto in sezione, subito dopo la testa, ci mostra sia la forma arrotondata del corpo sia una sequenza di arti, con i loro numerosi segmenti spinosi tutti ben conservati. Notiamo anche le dimensioni del canale digerente centrale, che decorre fra le coxae (o anche), il primo segmento degli arti sui due lati. Le gnatobasi, i bordi spinosi delle coxae, confinano col canale dige-

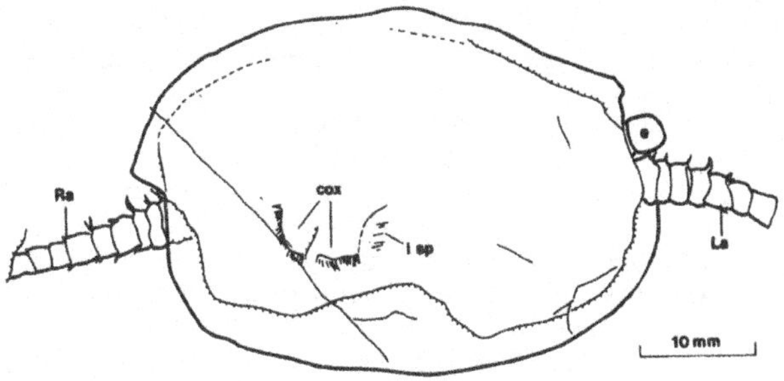

3.9. *Esemplare di* Sidneyia *conservato in un orientamento insolito, disegnato alla camera chiara. L'immagine ci presenta l'animale frontalmente e ci permette quindi di apprezzarne la forma convessa della sezione: informazione che non possiamo avere nell'orientamento usuale. Si notino in particolare le posizioni di inserzione per le antenne (designate con* Ra, *antenna destra, e* La, *antenna sinistra) e l'occhio sinistro (*e*).*

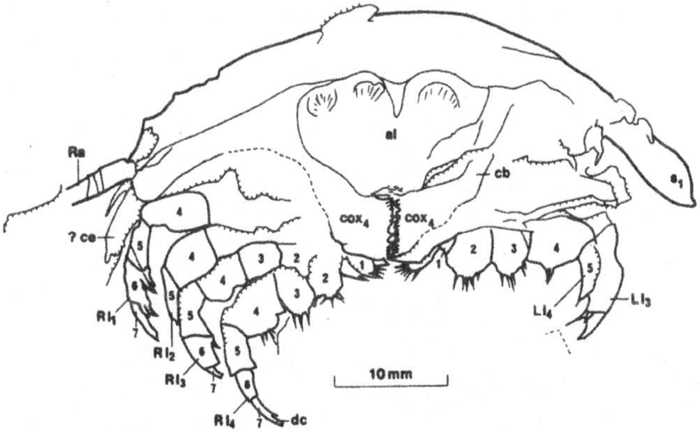

3.10. *Questo esemplare di* Sidneyia *in un orientamento insolito ci rivela la disposizione degli arti. La figura ci presenta il capo in una sezione trasversale della parte anteriore del corpo, subito dietro il capo. Vediamo i primi quattro arti ambulacrali del lato destro dell'animale compressi insieme (designati come* Rl_1-Rl_4*). E' visibile anche il canale digerente (*al*), nel centro del corpo.*

rente e ci danno qualche indicazione sulle probabili abitudini predatorie o saprofagiche di questo grande artropodo di Burgess. Dobbiamo supporre che grandi pezzi di cibo venissero passati in avanti alla bocca, e che gli arti fungessero quindi in qualche modo da filtro per escludere cose troppo piccole. La figura 3.11 ci mostra un primo piano di un arto ambulacrale, anche in questo caso in orientamento frontale.

3) *Parte e controparte.* Quando si spacca un pezzo di roccia per estrarne un fossile, si ottengono due cose al prezzo di una: il fossile stesso (chiamiamolo la parte) e l'impronta dell'organismo nello strato sovrastante (chiamiamola la controparte): il dito e l'impronta digitale, per così dire. La parte, il fossile reale, è stata di gran lunga favorita da scienziati e collezionisti; la controparte – l'impronta – è stata meno apprezzata nelle valutazioni tradizionali. Walcott lavorò quasi esclusivamente su parti, e spesso non si preccupò di conservare anche le controparti. (Quando raccolse le controparti, spesso omise di catalogarle assieme alle parti corrispondenti. Esse finirono così in cassetti diversi o furono relegate nei cumuli di materiali meno interessanti. Alcune furono addirittura cedute in scambi con altri musei.)

Per un fossile tradizionale costituito da un pezzo singolo – per esempio la conchiglia di un bivalve o di una chiocciola – la distinzione fra parte e controparte è ovvia. L'esemplare è la parte; l'impronta sulla superficie superiore la controparte. Nella concezione che Walcott aveva degli organismi di Burgess come singole pellicole, si applica la stessa chiara differenza: la pellicola stessa è la parte, mentre la sua impronta è la controparte, da lui degnata di scarso interesse.

Quando però Whittington rivelò la natura tridimensionale dei fossili

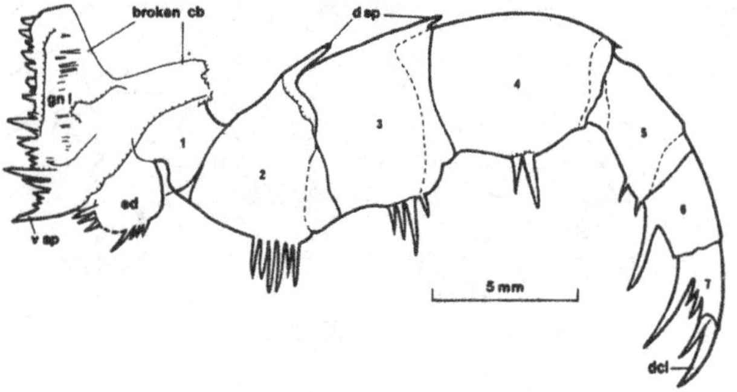

3.11. *Disegno alla camera chiara di un arto ambulacrale di* Sidneyia. *Si notino le robuste spine (designate* gn, *per "gnatobasi") nel punto di inserzione dell'arto sul corpo. Questa serie di spine confinanti col solco del cibo suggerisce che l'animale fosse un predatore. L'arto è così ben conservato che possiamo contarne i segmenti e inferirne l'orientamento in vita.*

di Burgess, questa facile distinzione e questa diversa valutazione scomparvero. Un artropodo si compone di centinaia di pezzi articolati; poiché questi sono conservati su vari strati adiacenti, la rottura di una roccia nel piano di stratificazione può non fornire una divisione chiara, con l'intero organismo (la parte) su una superficie, e solo l'impronta (la controparte) sull'altra. Ogni volta che si spacca un pezzo di roccia, qualche pezzo di un organismo rimane inevitabilmente su un lato, e altri pezzi rimangono sul blocco opposto. Di fatto, per i fossili di Burgess, la distinzione fra parte e controparte finisce col venir meno. Si può dire solo che una superficie conserva particolari anatomici più interessanti rispetto all'altra. (Per convenzione, i ricercatori a Burgess decisero infine di chiamare la visione superiore dell'organismo la parte, e la visione verso l'alto la controparte. Secondo questa convenzione, per un animale come la *Sidneyia* gli occhi, le antenne e altri elementi del carapace sono spesso conservati sulla controparte, gli arti e l'anatomia interna sulla parte.)

Tutte le spedizioni dal 1966 a oggi hanno raccolto scrupolosamente sia la parte sia la controparte (quando erano conservate entrambe), tenendole e catalogandole assieme. Alcune fra le massime scoperte degli ultimi vent'anni sulla fauna di Burgess sono avvenute alla Smithsonian, quando una controparte di Walcott, a volte non catalogata, e a volte addirittura classificata in un phylum diverso, venne riconosciuta e riunita alla sua parte. Si può trovare qualcosa di meglio come lieto fine per un racconto sentimentale: un lieto fine tanto più soddisfacente, in quanto meno probabile, della riunione di Gabriel con Evangeline, nel poema di Longfellow? Nel 1930 la spedizione di Raymond trovò un esemplare di *Branchiocaris pretiosa*, un artropodo rarissimo di cui si conoscevano meno di dieci esemplari. Nel 1975 (quando Derek Briggs aveva già presentato la sua monografia su questa specie per la pubblicazione), la spedizione del Royal Ontario Museum trovò la controparte di questo esemplare sulla scarpata detritica nella British Columbia dove Raymond e la sua comitiva non l'avevano degnata di alcuna attenzione quarantacinque anni prima!

È chiaro che, se tanto la parte quanto la controparte contengono elementi di anatomia importanti, chi ambisca a una ricostruzione ragionevolmente completa deve studiarle assieme. (Nei loro disegni con la tecnica della camera chiara, Whittington e colleghi hanno seguito la convenzione di includere nella stessa figura informazioni tratte sia dalla parte sia dalla controparte.) La riassociazione della parte con la controparte ha permesso di risolvere un rompicapo nello studio della *Sidneyia*. Fondandosi su un esemplare isolato, Walcott aveva suggerito una ricostruzione peculiare per le branchie della *Sidneyia*, ma Bruton, esaminando sia la parte di Walcott sia la "controparte trovata dal dottor D. E. G. Briggs nel corso di un'attenta ricerca fra i materiali non catalogati della Collezione Walcott" (Bruton, 1981, p. 640), scoprì che la presunta branchia non apparteneva affatto alla *Sidneyia*. Conway Morris identificò in seguito questo fossile come un esemplare decomposto e piegato del verme priapulide *Ottoia prolifica*.

Questi tre procedimenti – scavo e dissezione, orientamenti insoliti e parte-controparte – sono molto importanti per il recupero tridimensionale di fossili schiacciati e deformati. Essi non ci dicono molto su altri aspetti della vita degli organismi di Burgess: per esempio su come si muovevano e mangiavano, o su come crescevano. Purtroppo, nonostante lo stato spesso eccellente di conservazione dell'anatomia, la fauna di Burgess, un complesso di organismi trasportati fuori del loro habitat e sepolti in una nube di fango, non ci fornisce tipi di informazione che faune più convenzionali spesso offrono. Non abbiamo qui orme né piste, né tane, né organismi sorpresi nell'atto di mangiare altri animali: in breve, abbiamo pochi segni di attività organica in corso. Per qualche ragione che non comprendiamo bene, il giacimento di Burgess non contiene, purtroppo, quasi nessuna forma di sviluppo immatura.

In qualche caso particolare sono stati utili altri procedimenti oltre a quelli elencati; ce ne occuperemo quando tratteremo degli organismi in questione. Ho già menzionato il contenuto del canale digerente della *Sidneyia*. Anche altri organismi sono stati identificati come carnivori attraverso uno studio del loro canale digerente. Per esempio, Conway Morris trovò nell'intestino di un priapulide membri più piccoli della stessa specie – il primo esempio mondiale di cannibalismo – e numerosi iolitidi, piccoli fossili di incerta attribuzione. Egli sfruttò anche vari gradi di decomposizione per risolvere l'anatomia del priapulide *Ottoia prolifica*. Bruton (per la *Sidneyia*, la *Leanchoilia* e la *Emeraldella*) e Briggs (per la *Odaraia*) costruirono modelli tridimensionali sulla base dei loro disegni e di fotografie. Conway Morris si servì di ferite e di modelli di crescita per comprendere le abitudini dell'enigmatica *Wiwaxia*. Egli sostiene (1985) che, in un esempio unico di crescita in atto, un esemplare di Burgess fu sorpreso dalla frana di fango nel processo della muta, mentre si liberava del vecchio esoscheletro per mettere in luce un rivestimento del tutto nuovo di tegumenti e di spine.

LA CRONOLOGIA DI UNA TRASFORMAZIONE

Che cosa fanno gli scienziati quando si trovano dinanzi a qualcosa di simile al giacimento di Burgess, una volta che abbiano avuto la fortuna di fare una scoperta così importante? Innanzitutto devono compiere qualche lavoro di base per stabilire il contesto: l'ambiente geologico (età, ambiente, geografia), il modo di conservazione, l'inventario dei contenuti. Una volta esauriti questi preliminari, poiché la diversità è il tema principale della natura, descrizione anatomica e collocazione tassonomica diventano i compiti primari della paleontologia. L'evoluzione produce una serie ramificata organizzata come un albero della vita, e le nostre classificazioni riflettono quest'ordine genealogico. La tassonomia è perciò l'espressione di rapporti evolutivi. La sede tradizionale per assolvere tali compiti di studio è la monografia: un saggio descrittivo, corredato di fotografie, di disegni e di una designazione tassonomica formale. Le monografie sono quasi sempre troppo lunghe per poter essere pubblicate in periodici tradizionali; musei, università e società scientifiche hanno perciò fondato serie speciali per ospitarvi questi lavori. (Come si è già detto, la maggior parte delle descrizioni di organismi di Burgess sono apparse in monografie pubblicate nelle "Philosophical Transactions" della Royal Society di Londra: una serie che ospita articoli insolitamente lunghi.) Queste monografie hanno costi di produzione piuttosto elevati e una circolazione molto limitata, essendo destinate per lo più a biblioteche.

Questa situazione ha generato purtroppo un atteggiamento di degnazione verso queste monografie e i loro autori da parte di molti scienziati di altre discipline. Questi lavori vengono trattati sbrigativamente come esercizi di "mera descrizione", una sorta di catalogazione che potrebbe essere fatta altrettanto bene da semplici impiegati e da chi non avesse niente di meglio da fare. Al massimo, si riconosce agli autori un po' di merito per la cura e l'attenzione ai particolari: ma questi lavori non vengono certo considerati l'avanguardia della novità creativa.

Alcune monografie sono, ovviamente, pedestri – la descrizione di uno o due nuovi brachiopodi rinvenuti in una formazione ben nota depositata nel periodo di maggiore successo del gruppo susciterà ben poco interesse – ma anche gran parte delle ricerche di fisica e di chimica che si compiono oggi non fanno altro che ripetere l'ovvio. Le monografie migliori sono opere geniali, capaci di trasformare le nostre concezioni su argomenti che ispirano il nostro interesse più appassionato. Come possiamo avere informazioni su Lucy, sul "pitecantropo di Giava", sui nostri cugini neanderthaliani, sull'uomo di Cro-Magnon o su uno qualsiasi degli altri fossili umani che accendono la nostra immaginazione non meno di un atterraggio di una missione Apollo sulla Luna, se non attraverso monografie tassonomiche? (Ovviamente, in questi casi di novità importanti riconosciute come tali, ogni pubblicazione tecnica è preceduta da relazioni preliminari molto propagandate, le quali forniscono di solito molto calore e poca luce.)

L'aspetto peggiore della ristrettezza umana si esprime nella valutazione negativa delle opere monografiche come meramente descrittive. Il genio scientifico viene di solito riconosciuto in un sottoinsieme stranamente limitato di attività intellettuali, primariamente la capacità analitica e la capacità quantitativa, come se qualunque persona fosse in grado di descrivere un fossile mentre solo i massimi pensatori potessero concepire la legge dell'inverso del quadrato. Io mi chiedo se riusciremo mai a liberarci della peggiore eredità della teoria

TASSONOMIA E STATUS DEI PHYLA

> Di così tante cose il mondo è pieno che
> Ognuno essere lieto dovrebbe come un re.
>
> ROBERT LOUIS STEVENSON

Questo distico, da A Child's Garden of Verses, *esprime l'elemento più gradevole del nostro mondo naturale e il risultato primario dell'evoluzione: l'incredibile e irriducibile varietà. Poiché la mente umana (almeno nella sua versione adulta) ha un forte desiderio di ordine, noi diamo un senso a questa varietà per mezzo di sistemi di classificazione. La tassonomia (la scienza della classificazione) è spesso sottovalutata come una forma troppo glorificata di archiviazione: essa non farebbe altro che riporre ciascuna specie nella sua cartelletta, come un francobollo nel posto prescritto in un album; in realtà la tassonomia è invece una scienza fondamentale e dinamica, dedita all'esplorazione delle cause dei rapporti e delle somiglianze fra organismi. Le classificazioni sono teorie fondate sull'ordine naturale, e non noiosi cataloghi compilati solo per evitare il caos.*

Poiché fonte dell'ordine e dei rapporti fra organismi è l'evoluzione, noi vogliamo che le nostre classificazioni includano la causa che rende tali rapporti necessari. Le classificazioni gerarchiche funzionano bene a sostegno di questo fine perché la topologia primaria dell'albero della vita – l'inserzione dei ramoscelli sui rami e dei rami sul tronco mentre noi riconduciamo le specie ai loro progenitori comuni – può essere espressa da un sistema di categorie sempre più inclusive. (L'uomo si diparte con le scimmie antropomorfe e cinomorfe dal ramo dei primati; primati e cani si inseriscono a loro volta sul ramo dei mammiferi; questi, assieme ai rettili e ad altre classi prendono origine dal ramo dei vertebrati; vertebrati e insetti fanno parte degli animali, e così via. Poiché anche Linneo e altri predarwiniani usarono sistemi di classificazione gerarchica, l'evoluzione non è l'unica fonte possibile di ordine esprimibile in questa forma; ma l'evoluzione per diversificazione implica la ramificazione da progenitori comuni, e una tale topologia è resa nel modo migliore dalla classificazione gerarchica.)

Le tassonomie moderne riconoscono sette livelli fondamentali di inclusione crescente, dalle specie (considerate come le unità fondamentali e irriducibili dell'evoluzione) ai regni (i raggruppamenti più vasti di tutti): specie, generi, famiglie, ordini, classi, phyla (o tipi) e regni.

Al livello più alto – il regno – l'antica divisione popolare in piante e animali, e il vecchio sistema scolastico suddiviso in piante, animali e protisti unicellulari sono stati in gran parte sostituiti da un sistema più comodo e accurato suddiviso in cinque regni: Plantae, Animalia e Fungi per gli organismi pluricellulari; Protista (o Protoctista) per organismi unicellulari con cellule complesse; e Monera per organismi unicellulari (batteri e cianofite) con cellule semplici prive di nuclei, mitocondri e altri organelli.

Il livello successivo – il phylum – è l'unità basilare di differenziazione all'interno dei regni. I phyla rappresentano i piani fondamentali dell'anatomia. Fra gli animali, per esempio, sono designati come phyla i più vasti fra i gruppi fondamentali: le spugne, i celenterati (comprendenti le idre e le meduse), gli anellidi (i lombrichi, le sanguisughe e i polichetì marini), gli artropodi (insetti, ragni, aragoste e simili), i molluschi (bivalvi, lumache, calamari), gli echinodermi (stelle di mare, ricci di mare e cetrioli di mare) e i cordati (vertebrati e affini). In altri termini, i phyla rappresentano i rami principali dell'albero della vita.

Questo libro tratta della parte iniziale della storia del regno animale. Nel concentrare la nostra attenzione sull'origine dei phyla e sul loro numero e grado di differenziazione in quel tempo lontano, ci vengono alla mente i più fondamentali fra tutti gli interrogativi sull'organizzazione del nostro regno animale.

Quanti phyla di animali contiene il nostro mondo moderno? Le risposte variano poiché questa domanda implica alcuni elementi soggettivi (un ramoscello terminale è una cosa oggettiva e le specie sono unità reali in natura, ma quand'è che un ramo è abbastanza grande da essere considerato un ramo principale?). Ciò nondimeno, si rileva una qualche misura di accordo; i phyla tendono a essere grandi e distinti. La maggior parte dei libri di testo riconoscono fra venti e trenta phyla animali. Il migliore compendio moderno, un libro dedicato esplicitamente alla designazione e descrizione di phyla (Margulis e Schwartz, 1982) elenca trentadue phyla animali: una stima generosa rispetto alla maggior parte delle altre classificazioni. Oltre ai sette gruppi familiari già menzionati, i phyla animali comprendono, fra gli altri, Ctenophora (animali marini a struttura radiale, dotati di due tentacoli), Platyhelminthes (vermi piatti, compresa la familiare Planaria *usata in laboratorio), Brachiopoda (invertebrati bivalvi comuni fra i fossili del Paleozoico, ma più rari oggi) e Nematoda (vermi rotondi non segmentati, di solito molto sottili e abbondantissimi nel suolo e come parassiti).*

Dopo una disquisizione così lunga, lo scopo di quest'esegesi in relazione alla fauna di Burgess può essere formulato molto in breve: il giacimento di fossili di Burgess, una piccola cava nella British Columbia, in Canada, contiene i resti di quindici-venti organismi così diversi l'uno dall'altro, e così diversi da organismi oggi esistenti, che ognuno di essi dovrebbe essere classificato come un phylum a sé. Noi esitiamo a dare una designazione così "alta" a singole specie perché le nostre tradizioni ci insegnano che i phyla conseguono la loro distinzione attraverso centinaia di eventi di speciazione, ciascuno dei quali apporta una piccola parte della differenza totale. Perciò l'anatomia di un gruppo non dovrebbe essere abbastanza distinta da farlo considerare un phylum separato finché non si sia accumulata una grande quantità di differenza mediante ripetuta speciazione. Secondo questa visione tradizionale – chiaramente scorretta o incompleta se giudichiamo sulla base dell'informazione fornita da Burgess – le linee genealogiche di una o alcune specie non possono divergere abbastanza per permetterci di classificarle come phyla. Ma que faire*? I quindici-venti piani anatomici unici di Burgess sono phyla in virtù della loro unicità anatomica. Questo fatto notevole dovrebbe essere riconosciuto con tutte le sue implicazioni, qualunque decisione noi possiamo prendere in definitiva sulle formalità della denominazione.*

---

del QI nella sua interpretazione unilineare ed ereditaria: l'idea che l'intelligenza possa essere espressa da un singolo numero, e che le persone possano essere catalogate in una sequenza semplice dall'idiota a Einstein.

Il genio ha altrettante componenti quante la mente stessa. La ricostruzione di un organismo di Burgess è una descrizione tutt'altro che "semplice" o "mera". Non si può guardare una macchia scura su una lastra di argilloscisto di Burgess e poi, copiandola meccanicamente, renderla in un artropodo complesso, "funzionante", nello stesso modo in cui si potrebbe trascrivere su un registro di contabilità un elenco di numeri da una striscia di carta di un registratore di cassa. Io non riesco a immaginare un'attività che sia più lontana da una semplice descrizione della ricostruzione di un organismo di Burgess. Si prende l'avvio da resti appiattiti e terribilmente deformati e si finisce con l'avere una figura composita di un organismo vivente plausibile.

Quest'attività richiede un'intelligenza visiva, o spaziale, di un tipo insolito e particolare. Io riesco a capire come proceda questo lavoro, ma non sarei mai in grado di farlo personalmente, e perciò devo limitarmi a *scrivere* sulla fauna di Burgess. La capacità di ricostruire una forma tridimensionale da resti appiattiti e deformati da grandi pressioni, di ricavare da una ventina di esemplari in orientamenti diversi un'immagine complessiva di un singolo organismo, di combinare pezzi contenuti in parti e controparti in un tutto funzionale, è un'abilità rara e preziosa. Perché sminuiamo queste capacità integrative e qualitative, mentre esaltiamo doti analitiche e quantitative? Forse che queste sono migliori, più solide e più importanti di quelle?

Gli scienziati imparano quali sono i loro limiti e sanno quando hanno bisogno di lavorare in collaborazione. Non tutti abbiamo la capacità di ricostruire totalità a partire da pezzi sparsi. Una volta io trascorsi una settimana in ricerche sul campo con Richard Leakey ed ebbi modo di percepire sia la sua frustrazione sia il suo orgoglio quando sua moglie Meave e il loro collaboratore Alan Walker riuscirono a ricostruire un cranio componendo minuscoli frammenti d'osso come in una sorta di puzzle tridimensionale, cosa che egli sapeva fare solo imperfettamente (mentre io non riuscivo a vedere nient'altro che frammenti in una scatola). Tanto Meave quanto Alan avevano manifestato queste abilità sin da bambini, in gran parte attraverso una passione per i puzzle (fatto curioso, entrambi, da bambini, risolvevano i puzzle alla rovescia, lavorando con la sola forma dei pezzi, senza alcun aiuto dall'immagine riprodotta su di essi).

Harry Whittington, che è fra coloro che posseggono questa capacità rara, ebbe modo di manifestarla anche lui già in tenera età. Harry non godette di alcun particolare vantaggio iniziale di classe o di cultura. Figlio di un armaiolo (che morì quando egli aveva solo due anni), Harry fu allevato da un nonno sarto. L'interesse per la geologia gli fu comunicato da un docente di geografia delle scuole superiori (subito prima dell'università). Harry aveva sempre riconosciuto e sfruttato la sua abilità nella visualizzazione tridimensionale. Da bambino gli piaceva costruire modelli, per lo più di automobili e di aerei, e il suo giocattolo favorito era il Meccano. Nei primi corsi di geologia eccelse nell'interpretazione delle carte e, specialmente, nel disegno di schemi a blocchi. Il tema costante è inconfondibile: la capacità di costruire strutture tridimensionali a partire da componenti bidimensionali e, inversamente, di raffigurare oggetti solidi in piano. Questa capacità di passare dalle due alle tre dimensioni, e viceversa, fornì la chiave per la ricostruzione della fauna degli argilloscisti di Burgess.

Harry Whittington era chiaramente la scelta migliore possibile per il progetto di Burgess. Non solo era il principale esperto mondiale sui trilobiti (gli artropodi di maggiore spicco nella documentazione fossile), ma aveva compiuto la sua ricerca più elegante (per esempio Whittington ed Evitt, 1953) su rari esemplari tridimensionali silicizzati. Il carbonato di calcio originario di questi fossili era stato sostituito da silice, mentre il calcare circostante conservò la sua base carbonatica. Poiché i carbonati, diversamente dai silicati, vengono sciolti dall'acido cloridrico, si era potuta sciogliere la matrice, ottenendo così il raro vantaggio di una conservazione tridimensionale completamente separabile dalla roccia circostante. Whittington aveva perciò una preparazione ideale per lo studio della fauna di Burgess. Egli aveva studiato la struttura tridimensionale all'interno delle rocce e aveva quindi potuto verificare le sue congetture e le sue ipotesi sciogliendo la matrice e recuperando i fossili intatti. Questi studi "preadattarono" Whittington, per usare una parola molto usata nel gergo della biologia evoluzionistica, alla scoperta e allo sfruttamento della struttura tridimensionale nei fossili degli argilloscisti di Burgess.

Se Harry Whittington avesse saputo fin dall'inizio che cosa gli sarebbe costato in termini di tempo e di impegno ristudiare la fauna di Burgess, probabilmente non avrebbe neppure cominciato. Nella prima stagione di ricerche sul campo, nel 1966, aveva cinquant'anni e aveva già accumulato abbastanza impegni da riempire una vita. Inoltre, in qualità di professore di geologia a Cambridge, aveva pesanti responsabilità amministrative che non potevano essere delegate ad altri.

Ma Burgess era una tentazione troppo forte per poterle resistere. Inoltre, tutti sapevano che gli artropodi di Burgess – l'elemento centrale nel progetto di studio di Whittington – non ponevano importanti problemi tassonomici. Harry mi disse che, quando decise di lavorare su Burgess, si aspettava "di spendere un anno o due a descrivere alcuni artropodi: punto e basta."

Così non sarebbe stato. Harry Whittington spese quattro anni e mezzo solo a scrivere la sua prima monografia sul genere *Marrella*. Una sorpresa si succedette all'altra, cominciando con l'emergere dei primi dubbi sull'identità di certi artropodi e proseguendo poi con un ritmo sempre più incalzante sino all'imporsi di una nuova interpretazione alla metà degli anni settanta. Questa nuova visione si sviluppò, fino a guidare ogni successiva ricerca, in una nuova concezione della storia dei primi organismi viventi. Mentre leggevo le monografie tassonomiche in ordine cronologico, pervenni a concepire questa storia come un dramma classico in cinque atti. Un dramma senza morti, e anche senza scontri violenti di personalità. Ma come Darwin lasciò la sua teoria in gestazione per ventun anni sostanzialmente calmi fra la formulazione e la pubblicazione, la durata di tempo simile trascorso per la rivalutazione della fauna di Burgess ha prodotto, dietro una facciata tranquilla, un dramma intellettuale di grandissima intensità.

Non accettate la tradizione sciovinistica che designa il nostro tempo come l'epoca dei mammiferi: questa è l'epoca degli artropodi. Essi ci sovrastano di gran lunga in numero da ogni punto di vista: per specie, per individui, per prospettive di proseguire sul cammino dell'evoluzione. L'80 per cento circa di tutte le specie di animali classificate sono artropodi, con una grande maggioranza di insetti.

La tassonomia di livello superiore degli artropodi diventa perciò un argomento di grande interesse e importanza. Sono stati proposti molti schemi, e le loro differenze continuano a ispirare discussioni. Ma si riesce a ottenere un accordo sostanziale fra i più a proposito del numero e della composizione dei sottogruppi fondamentali nel phylum. (I rapporti evoluzionistici fra i sottogruppi sono più problematici, ma questo argomento non è fra i temi che ci interessano particolarmente in questo libro.)

Lo schema che seguo qui è prudente e tradizionale, il più vicino al consenso generale che può essere conseguito. Io riconosco quattro gruppi principali, di cui tre ancora viventi, e uno esclusivamente fossile (figura 1), e non faccio alcuna proposta circa le connessioni evoluzionistiche fra di essi.

1) Uniramia: comprendono insetti, miriapodi e forse anche gli onicofori (un gruppo piccolo e insolito, ma particolarmente affascinante, di cui ci occuperemo ancora più avanti, giacché gli argilloscisti di Burgess ne contengono probabilmente un membro).

2) Chelicerata: comprendono ragni, acari, scorpioni, xifosuri e gli estinti euripteridi.

3) Crustacea: sono primariamente marini (il porcellino di terra, un isopodo, è un'eccezione), e comprendono vari gruppi di piccole forme bivalvi, poco note ai profani, ma fantasticamente diverse e comuni negli oceani (per esempio copepodi e ostracodi), i cirripedi e i decapodi (granchi, aragoste e gamberi), che noi mangiamo con grande piacere, mentre consideriamo disgustosi gli insetti, loro affini.

4) Trilobita: sono gli invertebrati fossili preferiti da tutti; estinti da 225 milioni di anni, sono comuni nelle rocce del Paleozoico.

Poiché la risoluzione della fauna di Burgess dipende in misura così centrale da una comprensione della sorprendente diversità e disparità degli artropodi, dobbiamo entrare in qualche particolare sulla loro anatomia. Per non spaventare il lettore, assicuro che userò la terminologia tecnica con la massima moderazione e facendo tutto il possibile per renderla facilmente comprensibile: userò solo una ventina di termini su un migliaio di termini disponibili. (Non elencherò questi termini, ma li definirò nel corso della discussione. Tutti i termini sono sottolineati la prima volta che vengono usati.)

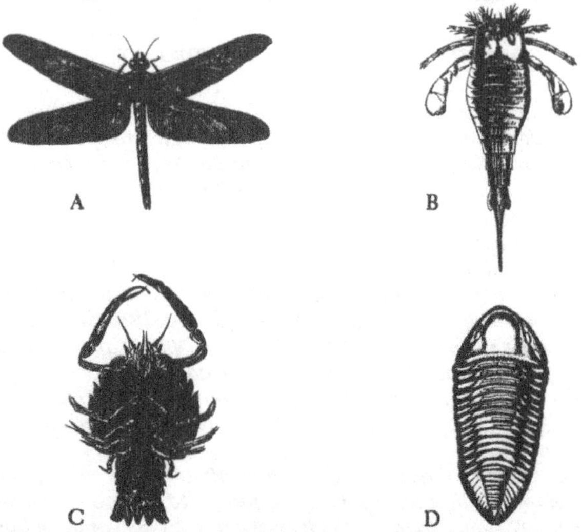

1. *Esemplari fossili rappresentativi dei quattro grandi gruppi di artropodi, tratti dal libro di testo più usato nella storia della paleontologia, l'opera del tardo Ottocento di Zittel. A) Una libellula gigante del Carbonifero, che rappresenta gli Uniramia. B) Un euripteride fossile, che rappresenta i Chelicerata. Il primo paio di appendici del capo sono piccole e nascoste sotto il carapace; le altre cinque paia sono visibili nella figura. C). Un granchio fossile, che rappresenta i Crustacea. D) Un trilobite.*

Il principio fondamentale del piano corporeo degli artropodi è la metameria, ossia la costruzione del corpo per mezzo di una serie di segmenti ripetuti (metameri). La chiave della diversificazione degli artropodi risiede nel riconoscere che una forma iniziale composta da numerosi segmenti quasi identici può evolversi per riduzione e fusione di segmenti, e per specializzazione di parti inizialmente simili su segmenti diversi nella grande varietà di anatomie divergenti che si osservano negli artropodi avanzati. Per fortuna noi possiamo comprendere le complessità di questo tema centrale nell'evoluzione degli artropodi limitandoci a considerare due sole cose: la fusione e differenziazione di segmenti e la specializzazione di appendici.

I numerosi segmenti separati e simili di artropodi ancestrali (figura 2) presentarono la tendenza a fondersi in un minor numero di gruppi di segmenti specializzati. La distribuzione più comune è una suddivisione in tre parti, capo, parte mediana e parte posteriore del corpo (designate con vari nomi, come cephalon, thorax e pygidium nei trilobiti, o capo, torace e addome in insetti e crostacei). La maggior parte dei chelicerati presenta una divisione in due parti, con un prosoma seguito da un opistosoma. I segmenti caudali fusi assieme in molti crostacei formano il cosiddetto telson o segmento anale.

Gli artropodi hanno uno scheletro esterno o esoscheletro (che è rigido ma non mineralizzato nella maggior parte dei gruppi, cosa che spiega la rarità di molti artropodi fra i fossili). Con la fusione di vari segmenti, talune parti dell'esoscheletro si unirono a formare unità scheletriche discrete dette tagma. Questo processo di fusione è detto tagmosi. Vari tipi di tagmosi forniscono un criterio primario per l'identificazione di artropodi fossili.

Altrettanto importante e cruciale per la storia di Burgess è la specializzazione e differenziazione delle appendici. Ogni segmento dell'artropodo originario, non specializzato, aveva un paio di appendici: una su ciascun lato del corpo. Ogni appendice era formata da due rami. I rami ricevono un nome a seconda della loro posizione – ramo interno (o endopodite) e ramo esterno (o esopodite) – o a seconda della loro funzione usuale. Poiché il ramo esterno porta spesso una branchia usata nella respirazione o nel nuoto (o in entrambe le cose) è spesso chiamato ramo branchiale. Il ramo interno è usato di solito nella locomozione, ed è chiamato perciò di solito arto (ambulacrale) o zampa. (L'espressione comune "arto ambulacrale" può sembrare ridondante, ma il termine "arto" è un termine anatomico e non funzionale, e non tutti gli artropodi usano i loro arti per camminare;

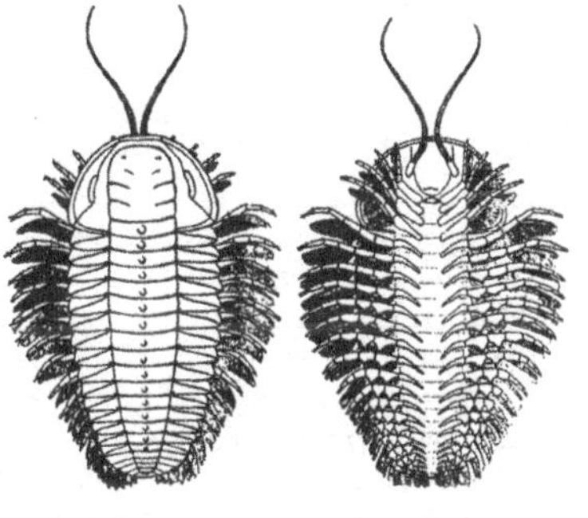

2. *I numerosi segmenti simili di un artropodo primitivo, quali si osservano nel trilobite* Triarthrus. *Con l'eccezione delle antenne frontali, tutte le paia di appendici sono simili e biramate, e ogni segmento corporeo ne ha un singolo paio. A) Vista superiore. B) Vista inferiore. Da Zittel.*

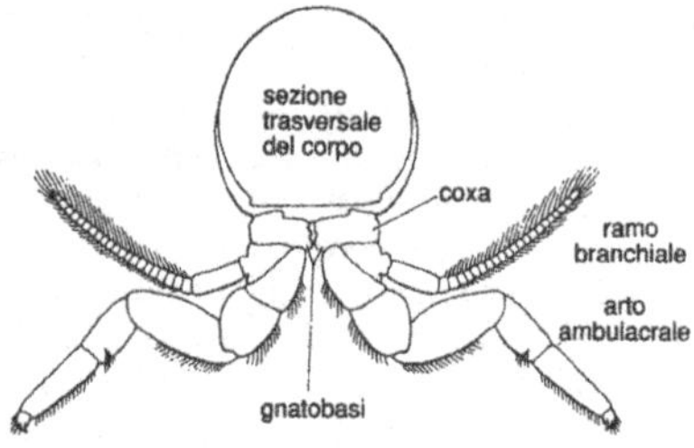

3. *Sezione trasversale di un segmento corporeo di un artropodo; si osserva un paio di arti tipicamente biramati. Disegno di Laszlo Meszoly.*

l'apparato boccale degli insetti, per esempio, è formato da zampe leggermente modificate.)

Questa struttura originaria (figura 3) è chiamata appendice (o arto) biramata o biramosa o bifida (ramificata in due parti). (Prego il lettore, quand'anche non dovesse ricordare nient'altro di questa discussione, di imprimersi bene nella memoria a lungo termine la definizione di appendice biramata. Questo è infatti il carattere singolo più importante dell'anatomia degli artropodi nella nostra discussione della fauna di Burgess.) Spesso gli artropodi specializzati perdono uno dei due rami, conservando l'altro nella forma di un'appendice uniramata o uniramosa ("con un solo ramo"). (Prego di sistemare il termine "uniramato" accanto a "biramato" nella propria memoria a lungo termine.) La tassonomia di livello superiore degli artropodi registra varie mescolanze di arti uniramati e biramati in diverse parti del corpo.

Gli arti ambulacrali della maggior parte degli artropodi marini svolgono una funzione aggiuntiva che sembra strana dal nostro punto di vista incentrato sui vertebrati. Alcuni artropodi marini si nutrono come noi prendendo del cibo posto davanti al loro capo e passandolo direttamente alla bocca. I più, invece, usano i loro arti ambulacrali per afferrare particelle di cibo e trasferirle in avanti verso la bocca lungo un solco del cibo situato nella parte mediana della superficie ventrale del corpo, fra gli arti. (La parte superiore del corpo è detta dorsale.) Artropodo significa "dai piedi (arti) articolati" e le appendici sono appunto composte da vari segmenti. I segmenti più vicini al corpo si dicono prossimali; quelli più lontani, all'estremità delle appendici, si dicono distali. L'articolo basale di un arto ambulacrale, quello direttamente inserito sul corpo, si chiama coxa. Il bordo della coxa più vicino al solco del cibo è spesso armato di denti, che vengono usati per catturare il cibo e spingerlo in avanti (vedi figura 3) e si chiama gnatobase (letteralmente, "base mandibolare").

Noi formiamo la tassonomia di livello superiore degli artropodi combinando i due princìpi discussi sopra: modelli di tagmosi, o fusione di elementi, e specializzazione di appendici attraverso la perdita di un ramo e la differenziazione dell'altro. Prendendo l'avvio da un artropodo ancestrale formato da molti segmenti non fusi, ognuno dei quali portava un arto biramato, i gruppi principali si sono evoluti lungo vie diverse di tagmosi e di specializzazione. Consideriamo i quattro tipi principali di artropodi:

1) Uniramia. Come implica il nome, gli insetti e i loro affini hanno perso invariabilmente il ramo branchiale dell'originaria appendice biramata; essi costruiscono le loro appendici (antenne, arti, apparato boccale) esclusivamente a partire dal ramo degli arti ambulacrali. (Gli insetti respirano attraverso invaginazioni della superficie esterna del corpo, dette trachee.)

2) Chelicerata. La maggior parte dei chelicerati moderni hanno sei appendici uniramate sul prosoma. Il primo paio – i cheliceri – sono simili a mandibole nell'estremità distale e vengono usati per prendere il cibo. (In questo gruppo le antenne sono assenti.) Il secondo paio – i pedipalpi – hanno di solito una funzione sensoriale. Le ultime quattro paia sono usate di solito come zampe (i ragni hanno otto zampe). Tutte le appendici anteriori (inserite sul prosoma) si sono sviluppate dai rami ambulacrali. La situazione si inverte nell'ultima sezione del corpo, l'opistosoma. Anche qui le appendici sono uniramate, ma sono state costruite solo a partire dai rami branchiali. (Le "trachee lamellari", i "polmoni" o organi della respirazione dei ragni, si trovano sull'addome.)

3) Crustacea. Nonostante un'enorme diversità formale, dai cirripedi alle aragoste, tutti i crostacei si distinguono per il loro modello stereotipo di cinque paia di appendici cefaliche (cosa che indica che il capo si formò per tagmosi da almeno cinque segmenti). Le prime due paia, chiamate di solito antenne e antennule, sono uniramate; esse si trovano in una posizione preorale, davanti alla bocca, e hanno funzioni sensoriali. Le ultime tre si trovano in una posizione postorale, dietro la bocca, e di solito vengono usate nella nutrizione, come mandibole e mascelle. Le appendici del tronco spesso conservano la forma originaria biramata.

4) Trilobita. Il capo dei trilobiti ha un paio di appendici preorali (antenne) e tre paia di appendici postorali. Ogni segmento corporeo ha di solito un paio di arti biramati assai poco modificati rispetto alla presunta forma ancestrale.

La stereotipia di questi modelli è forse il fenomeno più sorprendente negli artropodi moderni. Su un milione circa di specie di insetti descritte, nessuna ha un'appendice biramata, e quasi tutte hanno esattamente tre paia di arti sul torace. I crostacei marini presentano una diversità di forme incredibile, ma hanno tutti lo stesso tipo di tagmosi del capo: due paia di appendici preorali e tre paia postorali. A quanto pare, l'evoluzione fissò solo alcuni temi o piani fondamentali per gli artropodi, rimanendo poi fedele ad essi durante la massima storia di diversificazione in tutto il regno animale.

La storia della fauna di Burgess è forse la più sorprendente nella storia della vita, soprattutto in relazione a questo fenomeno della successiva restrizione nei piani corporei fondamentali degli artropodi: in aggiunta ad antichi rappresentanti di tutt'e quattro i gruppi posteriori, gli argilloscisti di Burgess, una cava nella British Columbia, contengono infatti fossili di più di venti piani corporei fondamentali aggiuntivi di artropodi. Come poté tale disparità originarsi così rapidamente? Perché sopravvivono solo quattro disegni fondamentali? Questi interrogativi formano l'argomento primario di questo libro.

Il dramma di Burgess

ATTO I. *Marrella* e *Yohoia*: L'emergere e il consolidarsi del sospetto, 1971-1974

Il mondo concettuale cui si trovò di fronte Whittington

Harry Whittington è, per natura, un uomo prudente e tendenzialmente conservatore. Oggi, pur avendo svolto una funzione maieutica per un'importante trasformazione di pensiero, considera se stesso un empirista, dotato della capacità di descrivere minuziosamente artropodi fossili. Il suo motto favorito è l'esortazione, indirizzata ai suoi colleghi più giovani, ad anteporre fatto e descrizione alla teoria, poiché "non si deve correre prima di avere imparato a camminare".

Whittington cominciò, come del resto farebbe qualunque paleontologo convinto che si debba partire in modo lento e sicuro, col genere *Marrella*, l'organismo più comune negli argilloscisti di Burgess. La *Marrella splendens* supera di gran lunga per abbondanza qualsiasi altro organismo presente nel giacimento. Walcott ne raccolse più di 12 000 esemplari. Il gruppo di Whittington ne raccolse altri 800 e io ne custodisco altri 200, frutto delle ricerche condotte nel 1930 da Percy Raymond. Molte specie di Burgess ci sono note da meno di dieci esemplari, alcune da uno solo. Ma nel caso di un organismo di cui si posseggono circa 13 000 visioni potenziali non è il caso di temere di distruggere prove uniche per mezzo della dissezione, o di non riuscire a trovare un orientamento di importanza cruciale ai fine della ricostruzione.

La *Marrella splendens* è il primo organismo di Burgess trovato e disegnato da Walcott; esso identifica virtualmente gli argilloscisti di Burgess. Quando Walcott descrisse formalmente la *Marrella* nel 1912, riconobbe che il suo "granchio dai merletti" non era un trilobite convenzionale, ma lo situò nondimeno nella classe dei trilobiti, in un ordine in precedenza sconosciuto. Conformemente al suo bisogno di vedere negli organismi di Burgess membri primitivi di posteriori gruppi che ebbero successo nella lotta per la sopravvivenza, egli scrisse: "Nella *Marrella* si preannunciano i trilobiti" (1912, p. 163).

Non tutti i colleghi di Walcott furono convinti. Negli archivi della Smithsonian ho trovato un'interessante corrispondenza di Walcott con Charles Schuchert, il famoso paleontologo di Yale che codificò la leggenda canonica sulla scoperta della Burgess Shale da parte di Walcott. Dopo aver letto l'articolo dell'amico Walcott sugli artropodi di Burgess, Schuchert gli scrisse, il 26 marzo 1912:

> A te personalmente desidero dire che, dalla prima volta che vidi la *Marrella*, e ora con i tuoi molti eccellenti disegni di questo animale, non riesco a farmi entrare in testa che sia un trilobite... Non vedo come potrebbe essere un trilobite. Credo che branchie del genere siano ignote in qualsiasi trilobite. Sto comunque solo proponendo queste idee semidigerite alla tua considerazione, più che volerti convincere che la *Marrella* non sia un trilobite.

Eppure Schuchert, legato non meno di Walcott al tema maggiore che tutti gli organismi di Burgess appartengano a gruppi noti, non suggerì mai che la *Marrella* sia un organismo a sé, ma accennò solo alla possibilità di una diversa collocazione fra gli artropodi.

Per dare un'idea delle barriere concettuali che Whittington si trovò di fronte quando cominciò a ridescrivere gli artropodi di Burgess, devo ora dare un esempio di quello che chiamerò, in tutto il volume, il "calzatoio di Walcott": la sua decisione di far entrare tutti i generi di Burgess in gruppi maggiori ben stabiliti. La maggior parte dei lettori avranno bisogno di considerare queste pagine congiuntamente alle "finestre" sulla tassonomia e sull'anatomia degli artropodi (pp. 98 e 103). Io chiedo qui al lettore con scarse conoscenze sulla biologia degli invertebrati di fare un piccolo sforzo. La storia non è difficile da seguire, le ricompense concettuali sono grandi e io farò del mio meglio per fornire il contesto e la guida necessari. Il materiale non presenta alcuna difficoltà concettuale, e i particolari sono belli e affascinanti. Il lettore potrà inoltre seguire facilmente il filo del ragionamento senza doversi addentrare nei complessi particolari della classificazione: basterà che abbia ben chiaro che Walcott e tutti coloro che studiarono la fauna di Burgess prima di Whittington costrinsero questi organismi in gruppi convenzionali, e che

Whittington si staccò lentamente da questa tradizione, orientandosi verso una concezione rivoluzionaria della storia della diversificazione della vita.

Walcott presentò la sua classificazione completa degli artropodi di Burgess a pagina 154 del suo articolo del 1912 (qui riprodotta nella tabella 3.1). Egli distribuì i suoi generi di Burgess in quattro sottoclassi, tutte situate all'interno della sua versione della classe dei crostacei. Walcott definì i crostacei in modo molto più ampio di quanto non facciamo noi oggi, includendovi virtualmente tutti gli artropodi marini e d'acqua dolce, organismi che sono sparsi su tutto il phylum degli artropodi qual è definito oggi. Di queste quattro sottoclassi, i moderni branchiopodi (1) sono un gruppo di crostacei prevalentemente d'acqua dolce, compreso il piccolo fillopodo *Artemia* e i cladoceri o pulci acquatiche; i malacostraci (2) formano il grande gruppo dei crostacei marini comprendente granchi, gamberi e aragoste; i trilobiti (3) sono, ovviamente, il gruppo più famoso di artropodi fossili; mentre i merostomi (4), comprendenti gli euripteridi o scorpioni d'acqua fossili e i moderni xifosuri, sono strettamente affini a scorpioni terrestri, acari e ragni.

Tabella 3.1. – *La classificazione di Walcott (1912) degli artropodi di Burgess.*

Classe Crustacea

1. Sottoclasse Branchiopoda

Ordine Anostraca
Opabinia
Leanchoilia
Yohoia
Bidentia

Ordine Notostraca
Naraoia
Burgessia
Anomalocaris
Waptia

2. Sottoclasse Malacostraca
Hymenocaris [Canadaspis]
Hurdia
Tuzoia
Odaraia
Fieldia
Carnarvonia

3. Sottoclasse Trilobita
Marrella
Nathorstia [Olenoides serratus]
Mollisonia
Tontoia

4. Sottoclasse Merostomata
Molaria
Habelia
Emeraldella
Sidneyia

La sorte della tabella del 1912 di Walcott è un'epitome sorprendente dell'intera storia di Burgess. Dei suoi ventidue generi soltanto due sono riconosciuti oggi come membri legittimi dei gruppi cui furono assegnati. La *Nathorstia* (oggi chiamata *Olenoides serratus*) è un trilobite indiscusso (Whittington, 1975b); l'*Hymenocaris* (oggi chiamata *Canadaspis*) è un vero crostaceo della linea dei malacostraci (vedi Atto III). Tre generi (*Hurdia*, *Tuzoia* e *Carnarvonia*) sono esoscheletri di artropodi bivalvi di cui non si sono conservate parti molli; essi non sono assegnabili esattamente ad alcun sottogruppo di artropodi, e oggi rimangono non classificati. Altri tre nomi non appartengono alla storia degli artropodi di Burgess: la *Tontoia*, la cui posizione non è ancora risolta e che è forse di natura inorganica, proviene dal Grand Canyon, e non dal giacimento di Burgess; *Bidentia* è un nome non valido, e gli esemplari designati con questo nome appartengono in realtà al genere *Leanchoilia*; la *Fieldia*, identificata erroneamente da Walcott, è un verme priapulide, non un artropodo.

Dei restanti quattordici generi, due (*Opabinia* e *Anomalocaris*) sono stati riassegnati a phyla a sé che non hanno alcun rapporto noto con gruppi moderni; essi, e almeno una dozzina di altri generi di status simile (classificati da Walcott, per la maggior parte, come vermi anellidi), formano il centro focale della mia storia. Altri undici sono stati tratti dalle caselle note e confortevoli in cui li aveva sistemati Walcott e riclassificati come artropodi dall'anatomia unica, fuori dell'ambito di qualsiasi altro gruppo moderno o fossile. Soltanto la *Naraoia*, classificata da Walcott come un crostaceo branchiopodo, appartiene a un gruppo noto, anche se Walcott scelse quello sbagliato. La *Naraoia* è, infatti, un trilobite altamente peculiare (Whittington, 1977).

Quando dico che nessuno contestò il calzatoio di Walcott sino alla ridescrizione della fauna di Burgess da parte di Whittington e colleghi, non intendo dire che tutti i paleontologi accettarono le assegnazioni specifiche di Walcott. Nei sessant'anni che dividono le descrizioni di Walcott dalla prima monografia di Whittington ci furono pochi articoli sugli organismi di Burgess – specialmente se si considera l'importanza di questa fauna, riconosciuta da tutti i paleontologi[3] – ma la letteratura, per quanto limitata, contiene varie proposte di tassonomie molto lontane da quella di Walcott.

Queste proposte alternative, per quanto diverse fra loro, non si discostarono mai da una rigorosa osservanza del principale presupposto di Walcott: la concezione condivisa, e quasi sempre inespressa, che i fossili rientrassero tutti in un numero limitato di gruppi grandi e ben noti, e che la storia della vita muova in generale verso una crescente complessità e diversità.

Leif Størmer si assunse il compito di descrivere la maggior parte degli artropodi di Burgess per l'opera collettiva *Treatise on Invertebrate Paleontology*, e pubblicò i suoi risultati (Størmer, 1959) in un grande volume dedicato primariamente ai trilobiti. La soluzione di Størmer fu diametralmente opposta a quella di Walcott. Invece di disperdere gli artropodi di Burgess fra gruppi di tutto il phylum, egli vide nella maggior parte di essi un carattere comune con i trilobiti. Non potendo ovviamente sostenere che tutti questi animali diversi e assai poco simili ai trilobiti appartenessero *veramente* alla classe Trilobita, risolse con decisione il problema della disparità degli artropodi di Burgess assegnando (erroneamente) tutti i generi principali a un gruppo ritenuto

[3] Chiesi a Whittington perché fossero state fatte così poche ricerche prima della sua ridescrizione, dato che gli esemplari di Walcott erano sempre stati disponibili alla Smithsonian Institution. Egli mi citò varie ragioni, ciascuna delle quali aveva senza dubbio contribuito per la sua parte, che però nel loro insieme non erano sufficienti a spiegare questo fatto curioso. La moglie di Walcott, per dirne una, era una donna possessiva e scoraggiante, anche se non aveva alcun potere di proprietà sugli esemplari. Essa odiava Percy Raymond per aver raccolto fossili a Burgess così presto dopo la morte di suo marito nel 1927. Raymond, a sua volta, non aveva molta ammirazione per Walcott, e lo definì con sarcasmo "il grande dirigente paleontologo" per aver lasciato che tutto il suo tempo fosse assorbito da compiti amministrativi, i quali gli impedirono uno studio appropriato dei fossili di Burgess. (Questa fu una valutazione molto aspra da parte di Raymond, che era un uomo mitissimo. A. S. Romer, che lo conobbe molto bene, mi disse una volta che Raymond era al livello più basso di un ordine di beccata familiare, e che sua moglie, i figli e il cane erano tutti sopra di lui. Il suo hobby preferito, la collezione di peltri, contribuì sicuramente alla sua immagine non molto virile.) Finché Walcott fu in vita, nessun altro avrebbe osato lavorare sugli esemplari, poiché egli ebbe sempre l'intenzione di farne uno studio approfondito, e nessuno avrebbe osato fare concorrenza all'uomo più potente nella scienza americana. (Questi "diritti di proprietà" vengono tradizionalmente onorati in paleontologia, anche nei confronti di scienziati di rango non elevato; la scoperta implica il diritto della descrizione, il quale viene inteso come limitato alla durata della vita dello scopritore.) La moglie di Walcott, e il ricordo del suo potere, riuscirono a prolungare la riluttanza a lavorare sui materiali di Burgess anche oltre la morte di Walcott. Inoltre, come riferisce Whittington, benché gli esemplari "tipo" (ossia i pochi usati nelle descrizioni originarie delle specie) fossero accessibili, quasi tutti gli altri materiali erano custoditi in cassetti situati in alto in armadi, e perciò non disponibili per frugarvi dentro in modo disordinato (che è il modo in cui prendono l'avvio molti studi paleontologici). Essi si trovavano inoltre in un edificio senza aria condizionata (a questa situazione si è ora posto rimedio). La maggior parte dei paleontologi lavorano in università, e hanno molto tempo libero solo durante l'estate. Non occorre che io dica di più a chiunque abbia sperimentato i piaceri della capitale degli Stati Uniti in luglio o in agosto!

coerente prossimo ai Trilobita. Egli chiamò questo gruppo Trilobitoidea (letteralmente, animali "simili ai trilobiti").

Questa soluzione potrebbe sembrare troppo facile o arbitraria per essere credibile. Ma Størmer aveva una giustificazione (anche se essa fu invalidata, come vedremo, da posteriori progressi nella teoria tassonomica). Egli riconobbe, ovviamente, la grande varietà di forme esistente fra gli artropodi di Burgess, ma propose un'unione tassonomica in considerazione del fatto che tutte quelle forme possedevano lo stesso tipo di appendici "primitive" su segmenti del corpo dietro il capo: una forma biramata, con un ramo formato da una branchia sopra un ramo formato da un arto (vedi finestra, p. 105). Poiché anche i trilobiti possedevano appendici di questa forma, i trilobiti veri e propri e i trilobitoidei (gli eterogenei organismi anomali di Burgess) potevano essere raggruppati assieme in un gruppo tassonomico maggiore, quello dei trilobitomorfi. Størmer presentò la seguente giustificazione:

> I Trilobitomorpha sono connessi fra loro dalla struttura fondamentale apparentemente comune delle loro appendici. Poiché l'arto dei trilobiti appare essere una struttura caratteristica e conservativa, la sua presenza in artropodi fossili può essere interpretata come una prova di uno stretto rapporto fra le molte forme diverse che lo posseggono. (1959, p. 27)

Nella tabella 3.2 è presentata la classificazione dei Trilobitoidea proposta da Størmer. Tutti i sedici generi da lui assegnati a questa classe, tranne due, si trovano esclusivamente nella fauna di Burgess (la *Tontoia*, come si è già detto, proviene dal Grand Canyon; il *Cheloniellon* proviene dalla *Lagerstätte* del Devoniano dello Hunsrückschiefer). Størmer divise i generi di Burgess in tre gruppi: 1) la *Marrella* da sola; 2) il gruppo che Walcott aveva associato ai merostomi, o gruppo degli xifosuri, una somiglianza superficiale che Størmer riconobbe nel suo nome Merostomoidea ("simili ai merostomi"); 3) i generi che Walcott aveva assegnato ai Notostraca, un gruppo di crostacei branchiopodi (somiglianza superficiale onorata da Størmer nel nome da lui scelto di Pseudonotostraca). Per quanto si sforzasse, però, Størmer non poté comprimere in modo soddisfacente tutte le forme di Burgess nei suoi Trilobitoidea. Quattro generi lo lasciarono nell'imbarazzo, ed egli li elencò alla fine della sua classificazione nella sottoclasse Incerti: una denominazione né elegante né latina.

Tabella 3.2. – *La classificazione di Størmer (1959) dei Trilobitoidea.*

Subphylum Trilobitomorpha

Classe Trilobita
Classe Trilobitoidea
1. Sottoclasse Marrellomorpha
Marrella

2. Sottoclasse Merostomoidea
Sidneyia
Amiella
Emeraldella
Naraoia
Molaria
Habelia
Leanchoilia

3. Sottoclasse Pseudonotostraca
Burgessia
Waptia

4. Sottoclasse Incerti
Opabinia
Cheloniellon
Yohoia
Helmetia
Mollisonia
Tontoia

La classificazione di Størmer, raccogliendo insieme tutti i trilobitoidei, rimase del tutto fedele alla" regola del calzatoio": tutti i generi di Burgess appartengono a gruppi stabiliti. In secondo luogo, l'interpretazione di Størmer, pubblicata nel principale compendio dell'opinione internazionale, era la classificazione ortodossa più aggiornata degli artropodi di Burgess quando Whittington diede inizio al suo progetto. I Trilobitoidea di Størmer furono il contesto di Whittington quando egli cominciò la sua monografia sulla *Marrella.*

La Marrella*: primi dubbi*

La monografia iniziale di Harry Whittington sulla *Marrella* (1971) non sembra affatto, a tutta prima, trattare del problema dell'evoluzione. Essa si apre con un'introduzione di Y. O. Fortier, direttore della

Geological Survey of Canada. Rifacendosi agli assunti tradizionali del calzatoio di Walcott e del cono della diversità crescente, Fortier lanciò l'intera impresa col seguente paragrafo:

> Gli argilloscisti di Burgess, nello Yoho National Park, British Columbia, sono famosi in tutto il mondo e unici. Fu da questi strati fossiliferi che Charles D. Walcott... raccolse e successivamente descrisse... un gruppo notevole e diversificato di fossili che rappresentano i *progenitori primitivi di quasi tutte le classi di artropodi* oltre che vari altri phyla animali. [Il corsivo è mio.]

Il titolo di Whittington non contiene alcun indizio dei futuri sviluppi. Esso segue la forma tradizionale, consistente dell'indicare unità tassonomica, luogo e tempo. Whittington adottò persino – ma per l'unica volta (e in seguito se ne sarebbe molto pentito) – la denominazione Trilobitoidea introdotta da Størmer: *Redescription of* Marrella splendens *(Trilobitoidea) from the Burgess Shale, Middle Cambrian, British Columbia.*

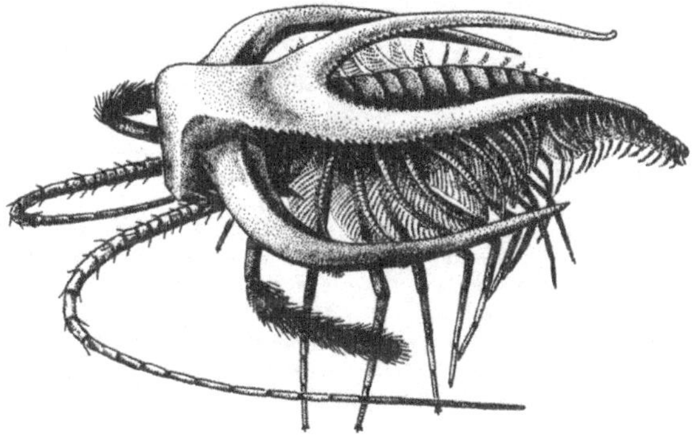

3.12. *Vista laterale di* Marrella. *Disegno di Marianne Collins.*

La *Marrella* è un animale piccolo ed elegante (figura 3.12), che merita pienamente il nome specifico scelto da Walcott di *Marrella splendens.* Gli esemplari misurano da 2,5 a 19 mm in lunghezza. Lo scudo cefalico è stretto, con un paio di vistose spine rivolte all'indietro (figure 3.13 e 3.14). Al capo seguono da ventiquattro a ventisei segmenti corporei, ciascuno dei quali porta un paio di appendici biramate (bifide; figura 3.15), composte inferiormente da un arto ambulacrale e superiormente da una branchia lunga e delicata (di qui la denominazione informale usata da Walcott di "granchio dai merletti"). L'estremità posteriore del corpo si conclude con un piccolo segmento postaddo-

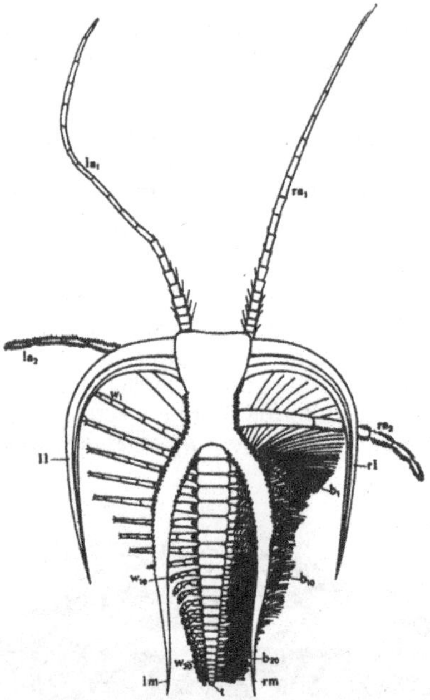

3.13. *Ricostruzione della* Marrella *a opera di Whittington (1971), in vista superiore. Si notino le due paia di appendici e le due paia di spine sullo scudo cefalico. Le spine del secondo paio sono dirette all'indietro a ricoprire l'intero organismo. Sul lato sinistro dell'animale sono omessi i rami branchiali, mentre sul lato destro sono omessi gli arti ambulacrali: il tutto per permettere una migliore risoluzione visiva. Queste omissioni sono tradizionali delle illustrazioni scientifiche, ma possono confondere il lettore che non conosca la tradizione.*

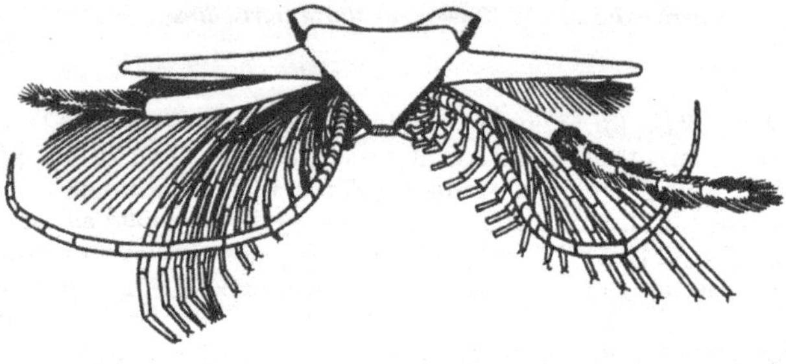

3.14. *Immagine frontale della* Marrella, *vista come se camminasse verso il lettore (Whittington, 1971).*

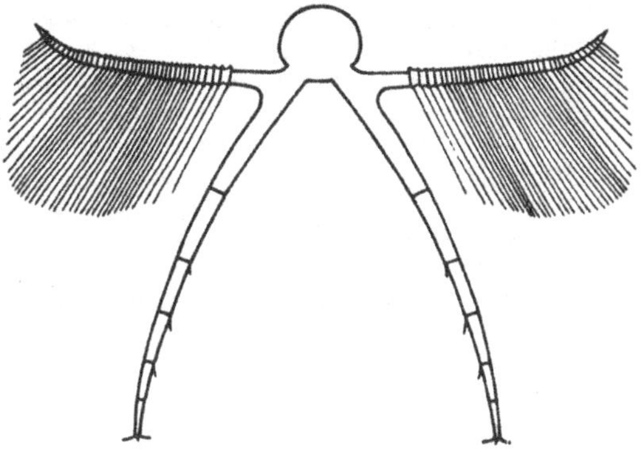

3.15. *Un paio di appendici biramate della* Marrella*: sopra sono i rami branchiali destro e sinistro, sotto gli arti ambulacrali (Whittington, 1971).*

minale detto telson. In alcuni esemplari sono conservate tracce di intestino. La superficie della roccia immediatamente adiacente al fossile stesso presenta spesso una caratteristica colorazione scura: probabilmente un residuo dei contenuti corporei defluiti dopo la morte dall'esoscheletro.

Harry lavorò per quattro anni e mezzo sulla *Marrella*, preparando e sezionando personalmente esemplari, e disegnandone decine e decine in diversi orientamenti. Gli sforzi di questo genere vengono spesso lasciati ad assistenti, ma Whittington sapeva di dover fare questo lavoro personalmente, e di doverlo fare molte volte se voleva conseguire la giusta sensibilità per valutare in modo adeguato lo stato di conservazione degli esemplari di Burgess e per risolvere nel modo migliore i problemi connessi. Questo lavoro, per quanto tedioso e a volte ripetitivo, suscitò in Whittington una stimolazione più che sufficiente a farlo perseverare nel suo lavoro. Harry mi parlò della sua decisione di fare tutto il lavoro personalmente, un impegno che gli costò vari anni preziosi di ricerche:

> Io penso che sia stato un lavoro di importanza vitale. Ovviamente mi richiese ore e ore, ma mi diede la possibilità di vedere ogni cosa da me, e varie cose poterono andare a posto gradualmente. Io amo preparare [espressione del gergo paleontologico per indicare la pulitura e l'esposizione degli esemplari contenuti nella roccia]. È così eccitante trovare quelle cose nascoste. È un'emozione incomparabile portare in luce una struttura racchiusa nella roccia.

Gli studi di Whittington e del suo gruppo sulla fauna di Burgess sono, per la maggior parte, revisioni, e non prime descrizioni di specie trovate di recente. Essi vengono presentati perciò nel contesto di interpretazioni precedenti e si propongono come valutazioni di ricerche compiute in passato. Walcott aveva caratterizzato la *Marrella* come un trilobite, o almeno come un organismo abbastanza vicino da condividere le caratteristiche anatomiche del gruppo. Størmer aveva fatto della *Marrella* il principale rappresentante dei suoi Trilobitoidea, il gruppo più prossimo ai trilobiti e allo stesso livello gerarchico nella sua classe maggiore dei Trilobitomorpha. Perciò Whittington studiò la *Marrella* nel contesto primario del suo rapporto con i trilobiti, sui quali aveva una specializzazione che era il frutto delle ricerche di una vita.

Whittington affermò che la forma generale del corpo della *Marrella* ha ben poca somiglianza con i trilobiti. Il singolo scudo cefalico, con la sua coppia di lunghe spine, il corpo con i molti segmenti uniformi di grandezza gradualmente decrescente e il minuscolo segmento anale, tutto questo ricordava ben poco il trilobite "tradizionale", dall'esoscheletro di forma grosso modo ovale diviso nelle tre sezioni fondamentali del *cephalon*, del *thorax* e del *pygidium* (il capo, il corpo e la coda, per chi non sopporta il gergo tecnico).

Nessuno aveva però mai invocato la forma generale per affermare l'affinità della *Marrella* con i trilobiti. Størmer aveva citato, come giustificazione per stabilire il suo concetto di Trilobitoidea, la forte somiglianza nelle appendici biramate del corpo. Studiando centinaia di esemplari, però, Whittington cominciò a scoprire differenze costanti, e probabilmente fondamentali, fra le appendici della *Marrella* e quelle di tutti i trilobiti noti. Egli ammise, ovviamente, che le strutture fondamentali sono simili. Di questa somiglianza complessiva non si era mai dubitato, e Whittington citò, per sottolineare questo punto, le parole di Størmer: "Queste appendici sono 'più o meno simili a quelle dei trilobiti' (Størmer, 1959, p. 26) nel senso generale della presenza di un arto ambulacrale segmentato e di un ramo con una branchia filamentosa" (Whittington, 1971, p. 21). Ma le differenze cominciarono a impressionare Whittington ancora di più. L'arto ambulacrale di *Marrella*, con le sue sei sezioni e le spine terminali (vedi figura 3.15) ha uno o due segmenti in meno rispetto al numero consueto e assai poco variabile dei trilobiti. Whittington concluse: "Nessuno dei due rami è simile a quello di alcun trilobite noto; l'arto ambulacrale ha infatti uno (o due?) segmenti meno di quelli noti nei trilobiti, e il ramo filamentoso è costruito in modo diverso" (1971, p. 7).

Gli argomenti più forti per classificare la *Marrella* come un trilobite erano stati forniti dall'interpretazione di Walcott dello scudo cefalico e delle sue appendici (1912 e 1931). I trilobiti (vedi finestra a p. 107) hanno una disposizione caratteristica, quasi stereotipa, di appendici sul *cephalon*, o scudo cefalico: un paio di appendici (chiamate antenne) davanti alla bocca e tre paia dietro la bocca (in studi precedenti si parla di quattro segmenti postorali, ma ricerche posteriori, e specialmente la monografia del 1975 di Whittington sui trilobiti di Burgess, propendono per il numero di tre come più probabile). Walcott aveva ricostruito il capo della *Marrella* in perfetta conformità col piano dei trilobiti: un paio di antenne, e tre paia successive, da lui chiamate mandibole, *maxillulae* (massillule) e *maxillae* (mascelle) (1931, p. 31). Walcott aveva pubblicato addirittura delle fotografie (1931, tavola 22) per mostrare questa disposizione in modo chiaro e con abbondanza di particolari. La sua ricostruzione aveva fornito forti ragioni per collegare la *Marrella* con i trilobiti.

Whittington sviluppò però ben presto, nel corso dello studio di varie centinaia di esemplari, dubbi che lo condussero gradualmente a un totale rifiuto. Alcuni autori posteriori non avevano accettato la tesi di Walcott. (Per esempio Størmer, che pure sosteneva la connessione della *Marrella* con i trilobiti, rifiutò la ricostruzione del capo fatta da Walcott, e si fondò su somiglianze nelle appendici corporee.) Whittington trovò, innanzitutto, che le illustrazioni di Walcott erano un prodotto dell'arte del ritocco più che riproduzioni esatte di strutture conservate nelle rocce. A pagina 13 Whittington spiega perché i suoi disegni di esemplari di Walcott siano così diversi dalle fotografie pubblicate da Walcott nel 1931: "Gli originali mostrano che le sue illustrazioni furono considerevolmente ritoccate." A pagina 20 questa valutazione misurata lascia il posto a una delle osservazioni più aspre in tutti gli scritti di Whittington: "Varie fotografie sono massicciamente ritoccate, sino al punto di falsificare certi caratteri, in particolare la rappresentazione delle presunte mandibole, mascelle e massillule."

Whittington trovò solo due paia di appendici, *entrambe* preorali, ossia davanti alla bocca: le lunghe prime antenne pluriarticolate (equivalenti alle antenne di Walcott e interpretate nello stesso modo) e un paio di seconde antenne, più brevi e più tozze (le "mandibole" di Walcott), composte da sei segmenti, alcuni dei quali coperti di *setae*, o peli. Whittington non riuscì a trovar traccia delle mascelle o massillule di Walcott e concluse che Walcott aveva scambiato per strutture del *cephalon* degli arti ambulacrali schiacciati e disarticolati del primo segmento corporeo. Lo stesso Walcott aveva ammesso di non essere riuscito a trovare queste presunte appendici sulla maggior parte degli esemplari: "Le massillule e le mascelle erano così sottili che di solito mancano per essere state strappate o schiacciate fra le forti mandibole [le seconde antenne di Whittington] e gli arti toracici" (Walcott, 1931, pp. 31-32).

Ma il riconoscimento di due appendici preorali (le prime e seconde antenne) e di nessuna appendice postorale sul *cephalon* della *Marrella* non risponde pienamente all'interrogativo anatomico, giacché queste due appendici potrebbero essere connesse in una varietà di modi potenziali, e una decisione sull'affinità anatomica dipende dalla risoluzione di cui si dispone. Whittington considerò tre possibilità principali, le quali erano state tutte proposte in precedenza, e ognuna delle quali aveva implicazioni diverse. Innanzitutto, le due antenne potevano rappresentare il ramo esterno e interno di una sola appendice ancestrale: in questo caso le prime antenne si sarebbero evolute dal ramo esterno delle branchie (i filamenti sono andati perduti mentre si sono conservate le rachidi delicate di numerosi segmenti) e le seconde antenne, quelle più tozze e robuste, si sarebbero evolute dal ramo interno, quello degli arti. Nella seconda ipotesi le due antenne potevano essere separate sin dall'inizio, avendo avuto origine da modificazioni evolutive di due paia di arti su due segmenti originari. Nella terza ipotesi, la seconda antenna, che ha un aspetto così simile a un arto, poteva in realtà appartenere al primo segmento toracico, e non essere affatto inserita sul *cephalon*. In questo caso il capo avrebbe avuto soltanto un paio di appendici: le cosiddette prime antenne.

Whittington, nel risolvere l'anatomia della *Marrella*, si affaticò soprattutto su questo problema. Egli si trovava di fronte a un problema tecnico perché ben pochi esemplari rivelano il punto cruciale di connessione fra le appendici del capo e lo scudo cefalico. (L'estremità dell'appendice opposta al punto di inserzione sul corpo – l'estremità distale, in linguaggio tecnico – è di solito ben conservata e facilmente visibile, proiettandosi ben oltre l'asse centrale del corpo. L'estremità inserita sul corpo – ossia l'estremità prossimale – è invece raramente risolvibile perché si trova sotto l'asse ed è quindi confusa in modo inestricabile con la quantità di parti anatomiche sovrapposte in questa regione centrale del corpo.)

Whittington dovette usare, per risolvere questo problema, tutte le sue risorse di analisi, sezionando lo scudo cefalico per poter determinare gli attacchi degli arti sottostanti, e cercando orientamenti insoliti che potessero rivelare le estremità prossimali delle appendici. La figura 3.16 è un disegno, fatto con l'aiuto della camera chiara, dell'esemplare chiave che indusse infine Whittington ad adottare la seconda interpretazione: che le due antenne sono appendici del capo distinte. Questo è l'unico esemplare che mostra in modo chiaro le estremità prossimali di entrambe le antenne, inserite in due punti separati sulla faccia inferiore dello scudo cefalico.

Consideriamo ora il dilemma che Whittington dovette affrontare quando cominciò a comporre la sua monografia sulla *Marrella*. Egli diede per scontata l'antica concezione che i fossili rientrino sempre in gruppi maggiori e che la storia della vita muova verso una crescente complessità e differenziazione. Eppure la *Marrella* sembrava non appartenere a nessun gruppo. Whittington aveva trovato che gli arti dei suoi segmenti corporei non sono sufficientemente simili a quelli dei trilobiti per permettere di classificarla in questo gruppo. Egli aveva stabilito una sequenza di appendici cefaliche – due preorali e nessuna postorale – non solo diversa da quella delle antenne preorali e postorali dei trilobiti, ma anche completamente sconosciuta fra gli artropodi. Come si doveva considerare la *Marrella*?

Oggi questa situazione non causerebbe alcun problema. Harry si limiterebbe a sorridere, dicendo a se stesso: "Ah, un altro artropodo che non rientra nei gruppi moderni; un altro segno del fatto che la disparità raggiunse il suo culmine all'inizio e che la storia successiva della vita è stata una storia di decimazione, e non di crescente varietà di piani anatomici." Ma nel 1971 questa interpretazione non esisteva ancora.

A quell'epoca Harry era ancora prigioniero del concetto che i fossili di Burgess, in quanto molto antichi, dovevano essere primitivi: o membri generalizzati di grandi gruppi che in seguito svilupparono forme più specializzate, o precursori ancora più lontani che combinavano caratteri di vari gruppi e che potevano essere interpretati come progenitori di tutti gli altri. Egli si trastullò perciò con l'idea che la *Marrella* potesse essere una sorta di precursore sia dei trilobiti sia dei crostacei: dei trilobiti per la vaga somiglianza nella struttura degli arti e dei crostacei per le due paia caratteristiche di appendici preorali sul capo. (Un argomento debole persino se si accetta la sua impostazione generale, dato che proprio Whittington aveva mostrato differenze importanti nei particolari fra gli arti della *Marrella* e quelli dei trilobiti, mentre i crostacei hanno anche tre appendici postorali sul capo, mentre la *Marrella* non ne ha nessuna.) Whittington aderiva però ancora a una nozione convenzionale di primitività, e non poteva offrire di più alla *Marrella*. Egli scrisse: "La *Marrella* è uno dei fossili indicanti l'esistenza di un'antica fauna di artropodi caratterizzata da arti serialmente uniformi, generalmente simili a quelli dei trilobiti... e da una mancanza

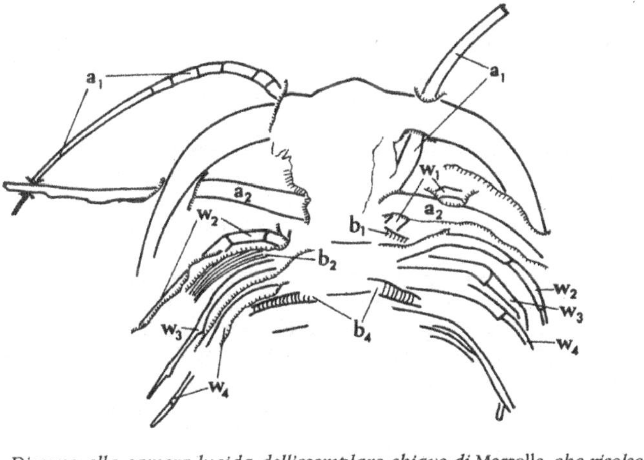

3.16. *Disegno alla camera lucida dell'esemplare chiave di* Marrella *che risolse il problema principale nella ricostruzione dell'anatomia del capo. Soltanto questo esemplare mostra le due paia di appendici (designate* a_1 *e* a_2*) inserite separatamente sullo scudo cefalico.*

di mascelle, caratteristiche associate a organismi che si cibano di particelle e di detriti" (1971, p. 21).

Ma Whittington doveva ancora classificare la *Marrella*. Un altro compito difficile, poiché la *Marrella* possiede tratti unici che violano i caratteri chiave di ogni gruppo di artropodi. Harry, pur essendo sulla soglia di un'intuizione rivoluzionaria, scelse questa volta la prudenza e la tradizione, e collocò la *Marrella* nei Trilobitoidea di Størmer, come proclama il titolo della sua monografia. Eppure, così facendo, ebbe la sgradevole sensazione di essere in contraddizione col suo giudizio. "Dovevo metterci qualcosa," mi disse, "cosicché ci misi 'Trilobitoidea'." Ma nel tempo trascorso fra la presentazione del dattiloscritto e il ricevimento delle copie stampate, Whittington si rese conto che avrebbe dovuto abbandonare i Trilobitoidea, i quali non erano altro che un gruppo artificiale, "un cestino della carta straccia" che nascondeva la storia più interessante dell'evoluzione degli artropodi. "Quando vidi la *Marrella* con la scritta 'Trilobitoidea'," mi disse, "mi resi conto che era un grave errore." Ma la *Marrella* fu, di fatto, l'inizio di una grande esplosione, e la documentazione di quest'esplosione nel campo dell'anatomia avrebbe ben presto trasformato la nostra concezione della vita.

La Yohoia*: cresce un sospetto*

Nel suo viaggio prudente fra gli artropodi di Burgess, Whittington intendeva procedere per ordine di abbondanza. Subito dopo la *Marrella* veniva la *Canadaspis*, ma Harry voleva che fosse uno dei suoi studenti ricercatori a occuparsi dell'intero gruppo di artropodi con carapace bivalve (questo lavoro sarebbe stato svolto con brillanti risultati da Derek Briggs, come vedremo nell'Atto III). Seguivano, in ordine di abbondanza decrescente, la *Burgessia* e la *Waptia*, i due generi uniti da Størmer nella sua sottoclasse degli Pseudonotostraca. Whittington aveva però assegnato lo studio di questi generi al collega Chris Hughes (che pubblicò uno studio sulla *Burgessia* nel 1975, ma che deve ancora terminare la ricerca sulla *Waptia*). Perciò Whittington affrontò il successivo gruppo di artropodi in ordine di abbondanza (con circa quattrocento esemplari): l'interessante genere *Yohoia*, omonimo del parco nazionale in cui si trovano gli argilloscisti di Burgess.

La seconda monografia di Whittington, che è appunto il suo studio della *Yohoia*, edito nel 1974, segna una transizione sottile ma interessante nel suo pensiero, un passo necessario verso la principale trasformazione che doveva seguire. Whittington aveva lottato con la *Marrella* ed era pervenuto alla conclusione empirica corretta: che questo genere, che è il più comune di Burgess, non rientra in alcun gruppo noto di artropodi. Gli mancava però una cornice concettuale per pensare agli organismi di Burgess come a qualcosa di diverso da organismi pri-

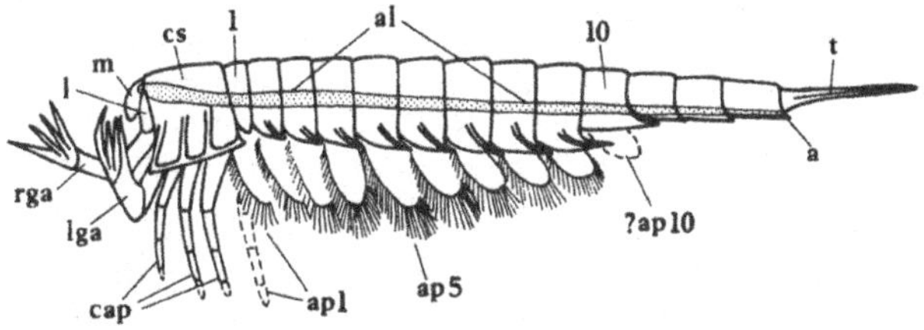

3.17. *Ricostruzione della* Yohoia *per opera di Whittington (1974). Si noti l'unica grande appendice (designata come* rga *e* lga*) inserita sul capo.*

mitivi o ancestrali, e senza dubbio non aveva alcuna inclinazione a fondare un nuovo gruppo per un solo esempio che avrebbe potuto non essere tipico. Ma un esempio isolato può essere una stranezza, mentre due potrebbero già prefigurare una generalità. Con la *Yohoia*, Whittington fece la sua prima mossa esplicita verso una nuova concezione della vita.

La *Yohoia* è un animale molto peculiare. Esso ha a prima vista un aspetto "primitivo" e tutt'altro che complicato (figura 3.17): un corpo allungato, con un semplice scudo cefalico, e non presenta bizzarre spine o escrescenze. Walcott aveva classificato la *Yohoia* fra i branchiopodi, mentre Størmer l'aveva considerata un genere incerto, classificato nella sottoclasse finale dei Trilobitoidea. Whittington, nel corso delle sue ricerche, divenne sempre meno sicuro. Nessuno dei caratteri della *Yohoia* si conciliava con i caratteri di alcun gruppo noto.

La conservazione della *Yohoia* lasciava molto a desiderare rispetto alla norma di Burgess, e Whittington ebbe difficoltà a risolvere l'ordine e la disposizione delle appendici: un carattere cruciale nella tassonomia degli artropodi. Decise infine che il capo ha probabilmente tre paia di arti uniramati: fin qui non c'è niente di eterodosso, poiché questa è la norma per i trilobiti ed è in accordo con la collocazione di quest'organismo fra i Trilobitoidea a opera di Størmer. Ma l'anomalia più curiosa si trova nella parte anteriore del capo: la grande coppia di appendici prensili, composte da due segmenti robusti alla base e quattro spine sulla punta. Questo schema è unico fra gli artropodi, e Whittington non trovò alcun nome appropriato nella terminologia disponibile. Con elegante semplicità, optò per il linguaggio comune e chiamò questa struttura la "grande appendice".[4]

[4] Questo organo così vistoso non era ovviamente sfuggito all'attenzione di Walcott, e la sua unicità rendeva problematica la conclusione che la *Yohoia* fosse un branchiopode. Walcott si sottrasse a questo dilemma sostenendo che le grandi antenne erano appendici prensili maschili, ossia una struttura (esistente in molti branchiopodi) usata dal maschio per tenere le femmine durante l'accoppiamento. Whittington stabilì però che tutti gli esemplari avevano grandi appendici, confutando in tal modo la spiegazione di Walcott.

La *Yohoia* non ha altre appendici cefaliche: niente antenne[5] né strutture boccali (le cosiddette mandibole e mascelle di insetti e altri artropodi sono arti modificati: questa è la fonte principale della sensazione di stranezza e di disagio che proviamo quando vediamo film di insetti ingranditi che mangiano). I primi dieci segmenti corporei postcefalici portano appendici lobate orlate di *setae*, o estensioni locomotorie simili a peli (figura 3.18; vedi anche figura 3.17). Le appendici sul primo segmento potrebbero essere state biramate, comprendendo anche un arto ambulacrale, ma Whittington non riuscì a risolverle in modo soddisfacente a causa del cattivo stato di conservazione. I segmenti 11-13 sono cilindrici e sono privi di appendici, mentre l'ultimo segmento, il quattordicesimo, forma un telson appiattito, o coda. Di nuovo, questa disposizione di segmenti e appendici si discosta fortemente dallo schema normale nei trilobiti, che hanno arti biramati su ciascun segmento corporeo. La *Yohoia*, col paio di grandi appendici sullo scudo cefalico, e la curiosa disposizione degli arti postcefalici, era un organismo unico fra gli artropodi.

Whittington (intervista dell'8 aprile 1988) ricorda il suo studio della *Yohoia* come un punto di svolta nel suo pensiero. Egli aveva categorizzato la *Marrella*, nonostante la sua unicità, come appartenente al grande gruppo delle "due *p*": gli organismi "primitivi" e "precursori". La *Yohoia* gli impose però una nozione diversa. Questo animale fonda-

3.18. Yohoia. *Disegno di Marianne Collins.*

[5] Walcott aveva incluso nel genere *Yohoia* due specie: *Y. tenuis* e *Y. plena.* Whittington si rese conto che i due animali sono distinti e appartengono a generi diversi. La *Y. plena*, che ha antenne, è un fillocaride, uno degli artropodi con carapace bivalve che sarebbero stati studiati ben presto da Derek Briggs. Whittington eliminò questa specie dal genere *Yohoia*, stabilendo un nuovo genere, *Plenocaris*. La *Yohoia tenuis* è l'organismo bizzarro che sarebbe stato oggetto della monografia del 1974.

mentalmente semplice, allungato, con molti segmenti, aveva sotto certi aspetti un aspetto primitivo. "Questo animale," scrisse Whittington, "assomiglia all'ipotetico artropodo primitivo di Snodgrass per il fatto che anche in esso il canale digerente si distende lungo tutto il corpo" (1974, p. 1). Ma Whittington non si lasciò sfuggire l'unicità, e particolarmente la forma del paio di grandi appendici. Egli aveva tentato di ricostruire la *Yoboya* con particolare attenzione alle sue funzioni: mostrando come le appendici lobate del corpo, con le loro frange setolose, potessero essere state usate per nuotare, per respirare (come branchie) e per il trasporto di particelle di cibo; e come le grandi appendici potessero catturare prede con le punte spinose, piegandosi poi all'indietro per portare il cibo alla bocca.

Tutti questi caratteri erano specializzazioni anatomiche uniche che probabilmente aiutavano la *Yohoia* a funzionare nel suo modo ben adattato. Questo animale non era un precursore con qualche carattere bizzarro, bensì una specie a sé, con un misto di caratteri primitivi e di caratteri derivati. "Nell'esoscheletro e nelle appendici," scrisse Whittington, "la *Yohoia tenuis* è chiaramente specializzata" (*ibid.*).

Così, all'albeggiare del cruciale anno 1975, Whittington aveva completato due monografie, su due artropodi di Burgess, pervenendo allo stesso curioso risultato. La *Marrella* e la *Yohoia* non rientravano in alcuna classe nota, e lungi dall'essere organismi semplici e generalizzati dell'alba dei tempi, maturi per essere sostituiti da discendenti più complessi e competenti, erano animali specializzati che evidentemente se la cavavano bene con i loro caratteri peculiari.

Whittington rimase troppo prudente nel tradurre questi sospetti in una tassonomia ben definita. Egli continuò, per un'ultima volta, a classificare la *Yohoia* fra i Trilobitoidea, ma con due differenze cruciali. Non usò la categoria di Størmer nel titolo della sua monografia, e introdusse dopo la designazione della classe, nel suo schema tassonomico formale, un fatidico punto interrogativo (1974, p. 4): il primo aperto segno di sfida al vecchio ordine (figura 3.19). Whittington scrisse: "Ho dei dubbi sull'opportunità di classificare la *Yohoia* fra i Trilobitoidea" (1974, p. 2). Non si deve mai dubitare del potere concettuale di un punto interrogativo.

SYSTEMATIC DESCRIPTIONS

Class TRILOBITOIDEA Størmer, 1959?
Family YOHOIIDAE Henriksen, 1928
Genus *Yohoia* Walcott, 1912

3.19. *La prima fatale espressione del dubbio. Whittington (1974, p. 4) situava ancora la* Yohoia *nei Trilobitoidea, ma espresse un dubbio sullo status del gruppo introdotto da Størmer.*

ATTO II. Si afferma una nuova concezione: Omaggio alla *Opabinia*, 1975

Harry Whittington iniziò la sua monografia del 1975 sull'*Opabinia* con un'affermazione che dovrebbe essere considerata una delle più notevoli nella storia della scienza: "Quando una versione anteriore della figura 82 [riprodotta qui come la figura 3.20] fu presentata a un convegno della Palaeontological Association a Oxford, fu accolta con uno scroscio di risa, presumibilmente come tributo alla stranezza di questo animale" (1975a, p. 1). Qualcuno è sconcertato dalla mia asserzione? Che cosa c'è di così insolito in questa frase inoffensiva, che non smette neppure il tradizionale tono neutro della prosa scientifica? Per rendersene conto occorre aver conosciuto Harry Whittington, e avere familiarità con le tradizioni stilistiche osservate nelle monografie tecniche. Harry, come è stato detto molte volte, è un uomo prudente e conservatore.[6] Dubito che, in tutte le migliaia di pagine che ha scritto, abbia mai formulato un'opinione personale, o che abbia narrato un aneddoto su un evento effimero. (Anche in questo caso, egli poté indursi a violare questa regola solo esprimendosi col tono più neutro possibile.) Che cosa potrebbe, quindi, avere convinto Harry Whittington a iniziare una monografia tecnica nelle "Philosophical Transactions of the Royal Society" con una vena personale che sembra così estranea in questo tipo di pubblicazione come Kareem Abdul-Jabbar a Lilliput? Stava per accadere qualcosa di veramente insolito.

Nel 1912 Walcott aveva descritto l'*Opabinia* come un altro crostaceo branchiopodo. La sua struttura curiosa, e particolarmente il bizzarro organo di prensione frontale (figura 3.21), ne avevano fatto un oggetto di grande interesse fra i fossili di Burgess. Erano state tentate molte ricostruzioni diverse, ma tutti gli autori avevano trovato un posto a questo organismo all'interno di un qualche gruppo importante degli artropodi. L'*Opabinia*, il più imbarazzante fra tutti gli artropodi di Burgess, rappresentava dunque una sfida ed era un logico prossimo passo per Whittington dopo due monografie su generi molto diffusi (*Marrella* e *Yohoia*), e una sulla struttura degli arti dei trilobiti (1975b).

Whittington cominciò il suo studio dell'*Opabinia* senza avere alcun dubbio sulla sua appartenenza agli artropodi. Ben presto ebbe però la maggiore sorpresa della sua vita, anche se le stranezze meno rilevanti della *Marrella* e della *Yohoia* lo avevano già preparato ad attendersi cose sorprendenti dalla fauna di Burgess. Whittington presentò la sua

[6] Io ritengo questo aspetto della personalità di Whittington un carattere cruciale: carattere che si rivelò propizio ai fini della storia generale narrata in questo libro, poiché si può essere certi che Whittington pervenne alla sua nuova interpretazione di Burgess in conseguenza di un cumulo sempre crescente di prove, e non per un desiderio *a priori* di essere accolto nella storia come un riformatore radicale.

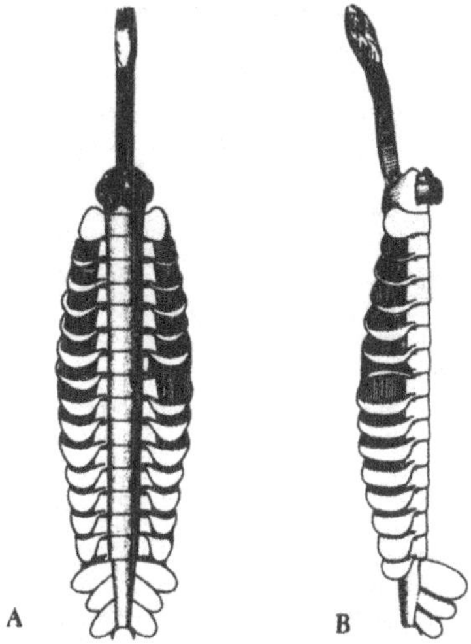

3.20. *Ricostruzione dell'* Opabinia *per opera di Whittington (1975). A) Vista superiore, che mostra i cinque occhi sulla superficie dorsale del capo. B) Vista laterale: si noti l'orientamento delle pinne caudali relativamente al corpo; la superficie dorsale è a destra.*

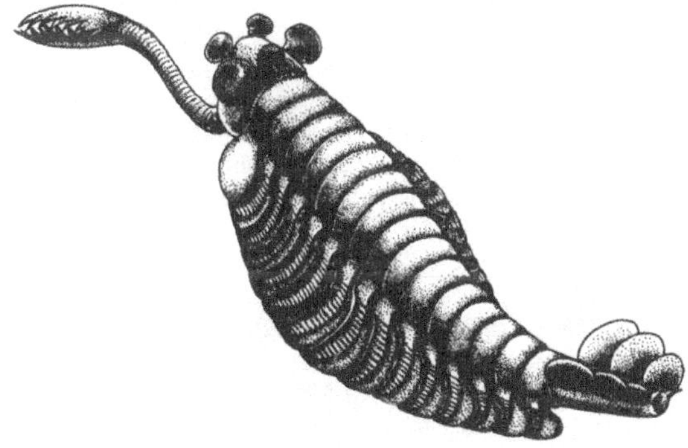

3.21. *L'* Opabinia, *col tipico organo di prensione frontale terminante con una sorta di chela: si notano i cinque occhi sul capo, le sezioni del corpo con branchie e il segmento caudale suddiviso in tre segmenti. Disegno di Marianne Collins.*

prima ricostruzione dell'*Opabinia* al convegno annuale della Palaeontological Association[7] a Oxford nel 1972.

Il riso è una delle espressioni umane più ambigue, potendo comprendere due significati contraddittòri. Harry riconobbe nel riso dei suoi colleghi a Oxford una manifestazione di meraviglia e di incredulità, non di derisione, ma esso nondimeno lo scosse profondamente. Tanto Simon Conway Morris quanto Derek Briggs, i suoi due splendidi allievi, concordano nel ritenere che quella reazione dei suoi colleghi a Oxford segnò un punto di svolta nelle ricerche di Whittington sulla fauna di Burgess. Egli doveva semplicemente "risolvere" e diffondere quel riso inatteso e incongruo. Doveva mettere a tacere i suoi colleghi con una ricostruzione dell'*Opabinia* così incontrovertibile che tutte le sue peculiarità potessero passare nel regno della semplice fattualità, e non disturbare mai più le corti della scienza con lo spirito del poemetto *L'Allegro* di Milton:

Haste thee nymph, and bring with thee
Jest and youthful Jollity...
Sport that wrinkled Care derides,
And Laughter, holding both his sides.

(Affrettati, ninfa, e porta con te,
arguzia e giovanile allegria...
Beffe che la rugosa Cura deride,
e il Riso, che sta da entrambe le parti.)

Benché l'*Opabinia* sia un animale raro, rappresentato da solo dieci buoni esemplari (nove trovati da Walcott, e uno, negli anni sessanta, dalla Geological Survey of Canada), Walcott ne stabilì l'importanza come elemento centrale nell'interpretazione della fauna di Burgess. Egli fece all'*Opabinia* l'onore di descriverla per prima fra tutti gli artropodi di Burgess (vedi tabella 3.1). Walcott collocò l'*Opabinia* in testa alla sua classificazione perché ritenne che il suo corpo allungato, composto da molti segmenti senza appendici vistose e complesse, facesse "pensare molto fortemente a un progenitore anellide" (1912, p. 163). Poiché gli anellidi, o vermi segmentati (comprendenti i lombrichi, terrestri, e i policheti, marini) sono il gruppo che si presume sia più affine di ogni altro agli artropodi, un animale che combinava caratteri dei due phyla poteva essere vicino ai progenitori di entrambi e fungere da anello di congiunzione di questi due grandi gruppi di invertebrati. Per Walcott l'*Opabinia* era l'artropodo più primitivo di Burgess, il modello più verosimile per un vero progenitore di tutti i gruppi posteriori.

[7] La Palaeontological Association è la principale associazione professionale dei paleontologi britannici. Essi la chiamano scherzosamente "pale ass", nome ancora più divertente per un americano dato che in Inghilterra *ass* significa solo asino [mentre negli Stati Uniti significa anche "culo"; *pale* in inglese significa "pallido", "bianco (sbiancato)", "esangue" (*N.d.T.*)].

Ma quali caratteri degli artropodi Walcott scorse nell'*Opabinia*? Egli aveva poco da offrire per il capo, non essendo riuscito a trovare appendici. L'organo di prensione frontale poté essere interpretato come un paio di antenne fuse assieme, e gli occhi erano in accordo con la morfologia degli artropodi (Walcott notò solo due occhi, mentre Whittington ne trovò cinque: due coppie e un occhio centrale). Walcott ammise che "nessun capo... presenta tracce di antennule, antenne, mandibole o mascelle. Se queste appendici erano grandi si sono staccate; se erano piccole potrebbero essere rimaste nascoste sotto la grande parte posteriore del capo schiacciata e appiattita" (1912, p. 168). Io considero queste parole un bell'esempio di distorsione apparentemente inconscia nella scienza. Walcott "sapeva" che l'*Opabinia* era un artropodo, cosicché essa doveva avere appendici sulla testa. Non avendone trovate, fornì spiegazioni per la loro assenza: o erano così grandi da staccarsi sempre o erano così piccole da restare nascoste sotto il capo. Egli non menzionò mai l'ovvia terza possibilità: che tali appendici non si trovavano perché non esistevano.

(Walcott, per inciso, fece anche un altro errore – vedi in proposito il paragrafo seguente – che potrebbe sembrare divertente o incidentale, ma che sottolinea invece il punto importante che noi osserviamo secondo categorie precostituite, e spesso non riusciamo a "vedere" ciò che abbiamo sotto gli occhi. La revisione di Burgess da parte di Whittington e colleghi può essere stata promossa da un insieme di anomalie empiriche ma, come vedremo, la cornice concettuale della nuova concezione, che prese forma fra il 1975 e il 1978, stabilì un nuovo contesto che consentì di fare ulteriori osservazioni. Io non predico il relativismo; gli animali di Burgess sono quel che sono. Ma i paraocchi concettuali possono ostacolare l'osservazione, mentre nozioni generali più esatte, se non garantiscono una risoluzione appropriata di anatomie specifiche, possono certamente guidare le percezioni lungo vie fruttuose.)

Walcott, seguendo la nostra tendenza primaria a distinguere fra i sessi, trovò due esemplari che sembravano essere privi dell'organo di prensione frontale. (Walcott pensava che tale organo fosse davvero assente in questi individui, ma Whittington dimostrò in seguito, sezionando uno di tali esemplari e trovando il bordo dentellato del punto di rottura, che l'organo si era staccato.) Su un esemplare Walcott trovò una struttura sottile, bifida, nella stessa posizione dell'organo di prensione. (Questa struttura risultò poi essere un frammento di un verme che si trovava accidentalmente in quella posizione, ma Walcott la interpretò come una parte genuina dell'*Opabinia*, nella stessa posizione dell'organo di prensione degli altri esemplari.) Walcott concluse perciò di avere scoperto il dimorfismo sessuale nell'*Opabinia*: l'organo di prensione robusto e tozzo apparteneva al maschio (naturalmente) e la struttura più sottile alla femmina, più delicata. Egli scrisse che queste presunte femmine "differiscono dal maschio... per avere un'appendice frontale bifida più sottile in luogo della robusta appendice del maschio."

Egli applicò addirittura a questa distinzione fittizia gli stereotipi di attivo e passivo, sostenendo che l'organo di prensione "era usato probabilmente dal maschio per afferrare la femmina" (1912, p. 169).

Walcott vide la principale giustificazione per considerare l'*Opabinia* un artropodo nell'interpretazione dei lembi laterali dei segmenti corporei come rami branchiali di appendici anticamente biramate. Pensò di avere osservato alla base di ogni lembo due o tre "brevi articolazioni, piuttosto robuste" (1912, p. 168), seguite dall'ampio lobo che portava le branchie. Egli sperava di trovare anche i rami interni degli arti, ma non riuscì mai a convincersi completamente e concluse infine che gli arti ambulacrali esistettero probabilmente in una forma "insignificante o rudimentale" (1912, p. 163).

Walcott fu chiaramente turbato dal fatto che l'*Opabinia* non conservava alcuna traccia di affinità con gli artropodi. Egli prese adirittura alcuni anostraci moderni e li schiacciò fra lastre di vetro, cercando di simulare le condizioni della fossilizzazione di Burgess. Questo danno intenzionale inferto ai suoi esemplari gli diede qualche conforto perché tale trattamento spesso distrusse ogni traccia delle delicate appendici. Egli scrisse: "Dopo avere schiacciato esemplari di *Brachinecta* e di *Branchipus* fra lastre di vetro e averli studiati, sono molto sorpreso che un qualche carattere distinto delle appendici si sia conservato nei fossili in una condizione riconoscibile" (1912, p. 169). Walcott aveva dato prova dell'abilità principale della professione da lui adottata: l'amministrazione. Egli aveva saputo trasformare l'avversità in una risorsa. L'*Opabinia* restava un artropodo.

Walcott si era dimostrato però molto prudente rispetto a ricostruzioni posteriori che si fecero sempre meno scrupoli ad aggiungere molti altri caratteri propri degli artropodi. Nel 1931 il grande ecologo G. Evelyn Hutchinson, spinto a occuparsi di paleontologia dall'affascinante problema di come gli anostraci avessero potuto cambiare le loro preferenze ambientali, dai mari del Cambriano ai moderni stagni di acqua dolce, ricostruì l'*Opabinia* nella posizione classica sottosopra in cui nuota un anostraco (figura 3.22). Egli trasformò i lembi laterali in lunghe appendici simili a lame inserite sui lati del carapace tipico degli artropodi.

Il culmine di questa tradizione immaginativa si ebbe con la ricostruzione esteticamente bella ma fantasiosa di Simonetta (1970).[8]

[8] Il paleontologo italiano A. M. Simonetta ha molti più meriti di quanti gliene si possa riconoscere nello spazio limitato di questo libro. Egli fu il solo, dopo Walcott e prima di Whittington, a tentare un vasto programma di revisione degli artropodi di Burgess. Lavorò come Walcott, e sugli stessi esemplari, trattando i fossili essenzialmente come pellicole sulla superficie delle rocce e non tentando alcuna preparazione degli esemplari. Commise perciò molti errori in una lunga serie di articoli pubblicati negli anni sessanta e settanta. Ma fornì anche miglioramenti sostanziali rispetto a vari studi anteriori, e attraverso i suoi sforzi ricordò ai paleontologi la ricchezza della fauna di Burgess. Poiché la scienza è un processo di correzione, anche gli errori di Simonetta fornirono un'importante stimolazione a Whittington e ai suoi colleghi.

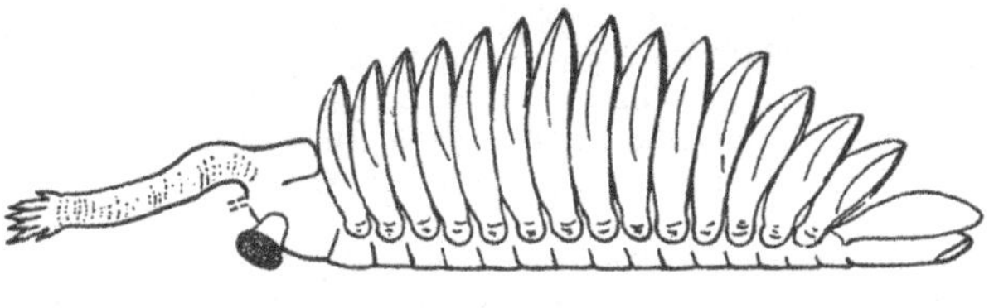

3.22. *La ricostruzione dell'* Opabinia *da parte di Hutchinson nella forma di un anostraco che nuota rovesciato, nella posizione moderna (1931).*

L'*Opabinia* è diventata un artropodo ideale (figura 3.23). L'organo di prensione frontale presenta una sutura longitudinale (del tutto immaginaria) che dovrebbe indicarne l'origine come paio di antenne, ora fuse. Simonetta "trovò" altre due paia aggiuntive di brevi appendici cefaliche tipiche degli artropodi: un paio costituito da due occhi e l'altro da una bozza sul carapace. Su ogni segmento del corpo Simonetta disegnò una robusta appendice pienamente biramata: un ramo simile a una lama con funzione di branchia, sopra un ramo piccolo ma forte con funzione di arto. Quando cominciò la sua ricerca sui dieci preziosi esemplari di *Opabinia*, Whittington si trovò di fronte questa tradizione incontestata.

Veniamo ora al fulcro di questo libro. Avrei una mezza idea di passare nel prossimo paio di pagine alle maiuscole, o a un qualche carattere raffinato, o alla stampa in rosso, ma rinuncio per rispetto verso le tradizioni estetiche della produzione libraria. Mi astengo anche perché non vorrei contribuire a mia volta alla creazione di una

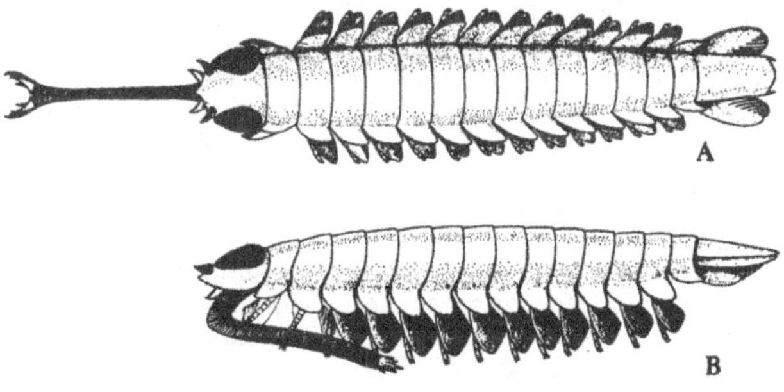

3.23. *Ricostruzione attraente ma sbagliata dell'* Opabinia *come artropodo eseguita da A. M. Simonetta (1970). A) Vista superiore. B) Vista laterale. Simonetta presentò l'organo di prensione frontale come formato dalla fusione di due antenne, e disegnò appendici biramate su ogni presunto segmento corporeo.*

leggenda, dopo averne già disperso una sulla scoperta dei fossili di Burgess. Sono agitato da emozioni e desideri contrastanti. Sto per descrivere il momento chiave di questo dramma, ma voglio anche rimanere fedele al principio storico che questi momenti non esistono, almeno non nel modo in cui vorrebbero presentarceli le nostre leggende.

I momenti chiave sono cose ingannevoli. Come può una storia come questa, che implica un così gran numero di persone impegnate in complesse lotte intellettuali, proclamare un qualsiasi momento come un singolo momento decisivo, o addirittura come di estrema importanza? Io mi sono affaticato a studiare la letteratura primaria per padroneggiare tutti i particolari e per disporli nel giusto ordine. Come posso ora sacrificare tutto questo sforzo al mito dell'*eureka*? Penso che si possa scoprire un singolo oggetto – per esempio il diamante Hope – in un particolare momento, ma anche un tale evento di importanza originaria ha un groviglio di antecedenti inevitabili nella formazione geologica, nell'intrigo politico, nelle relazioni personali e nella buona sorte. Ma io sto parlando di una trasformazione astratta e di grande portata nella nostra concezione del modello della vita e del significato della storia. Come può un tale mutamento complesso possedere un istante prima, quando non c'era ancora, e un istante dopo, quando c'era? La formulazione della selezione naturale, o dell'economia del laissez-faire, o dello strutturalismo, o della giustificazione razionale dell'Immacolata Concezione di Maria, o di una qualsiasi altra complessa posizione morale o intellettuale, sono riconducibili a una singola persona, luogo o giorno?[9]

Nondimeno, come Orwell disse sulla sua Russia metaforica in una fattoria, alcuni animali sono più uguali di altri. Noi abbiamo bisogno di fatti e momenti eroici su cui concentrare la nostra attenzione: la mela che colpì Newton e gli oggetti che Galileo *non* fece cadere dalla Torre di Pisa. Il processo è continuo, ma noi riusciamo a discernere nella continuità qualche momento particolarmente significativo.

Io credo che la trasformazione della fauna di Burgess abbia avuto, almeno simbolicamente, una qualche sorta di Rubicone: una scoperta chiave che permetta di separare un prima e un dopo.

Torniamo quindi a Harry Whittington, posto di fronte ai dieci esemplari esistenti di *Opabinia*. Tutti avevano sempre identificato questo animale come un artropodo, ma nessuno aveva mai trovato l'elemento di identificazione certo, le appendici segmentate che definiscono questo phylum. Nessuno, però, prima di Whittington aveva

[9] I miei amici cattolici potrebbero citare, per l'ultima voce nel mio elenco, Pio IX e l'8 dicembre 1854, ma l'*Ineffabilis Deus* fu una risoluzione ufficiale presa nell'ambito delle regole dell'istituzione, e nessuno potrebbe isolare come fondamentale un momento preciso in un millennio di controversie precedenti. Sulla lunga e complessa lotta di Darwin per sviluppare la teoria della selezione naturale vedi Howard Gruber, *Darwin on Man*, Dutton, New York 1974.

neppure mai posseduto le tecniche necessarie per cercare piccole appendici nascoste sotto un carapace esterno. Qualche anno prima Harry aveva fatto la scoperta metodologica centrale che i fossili degli argilloscisti di Burgess sono oggetti tridimensionali (per quanto schiacciati dalla compressione dei sedimenti depositatisi sopra di essi), con strati superiori che si possono asportare per rivelare le strutture sottostanti. Harry aveva già risolto con questo metodo la *Marrella*, la *Yohoia* e i trilobiti di Burgess.

L'*Opabinia* chiedeva virtualmente a gran voce di essere sottoposta a questo *experimentum crucis* con le nuove tecniche: la dissezione attraverso il carapace per trovare le appendici corporee e la loro inserzione, e la dissezione attraverso lo scudo cefalico per trovare le appendici frontali. Harry eseguì perciò le dissezioni, sicuro che avrebbe trovato le appendici appaiate tipiche degli artropodi, ma *sotto il carapace non trovò niente.*

L'*Opabinia* non era un artropodo. E di sicuro non era neppure qualche altra cosa che si potesse specificare. A un attento esame, nessuno degli organismi di Burgess sembrava classificabile in qualche gruppo moderno. La *Marrella* e la *Yohoia* almeno erano artropodi, anche se in posizioni isolate all'interno di questo phylum gigantesco. Ma che cos'era l'*Opabinia*?

La conclusione di Whittington può essere stata imbarazzante, ma fu anche liberatoria. L'*Opabinia* non doveva conformarsi alle richieste del piano corporeo degli artropodi, o di qualsiasi altro tipo. Whittington poté avvicinarsi quanto nessun altro paleontologo si era mai avvicinato all'ideale irraggiungibile del Parsifal: il "puro folle" senza preconcetti. Egli poteva semplicemente descrivere ciò che vedeva, per quanto strano.

L'*Opabinia* è in effetti un animale peculiare, ma non imperscrutabile. Essa "funziona" come la maggior parte degli animali. Ha simmetria bilaterale. Ha capo e coda, ha occhi e un intestino che decorre longitudinalmente per tutto il suo corpo. È una creatura ideale per uno scienziato avido di conoscere: non così assurda da risultare intrattabile, ma abbastanza strana da far rabbrividire ogni persona curiosa.

Whittington iniziò la sua monografia criticando i suoi predecessori per la loro fedeltà acritica al modello degli artropodi e per la tendenza conseguente a fondarsi più su aspettative legate al modello che sull'osservazione degli esemplari: "Il continuo interesse per l'*Opabinia* non si è accompagnato a uno studio critico degli esemplari, cosicché tale fantasia non è stata scalzata dai fatti. La presente ricerca mira a fornire alla speculazione una base più solida" (1975, p. 3). Con tipica modestia (la sua tendenza personale unita alla norma britannica), Whittington aggiunse: "Le mie conclusioni sulla morfologia hanno condotto a una ricostruzione che differisce sotto molti aspetti importanti da tutte quelle precedenti" (*ibid.*)

Questi "molti aspetti importanti" conducevano a un animale che avrebbe potuto figurare degnamente in un film di fantascienza se fosse stato notevolmente ingrandito oltre la sua lunghezza reale (da 43 a 70 mm). Consideriamo i caratteri principali che figurano nella ricostruzione di Whittington:

1) L'*Opabinia* non ha due occhi, bensì cinque (contarli per credere!). Essi sono disposti in due paia su corti peduncoli, mentre il quinto occhio, probabilmente senza peduncolo, si trova sulla linea mediana (vedi figura 3.20).

2) L'organo di prensione frontale non è una proboscide retrattile o il prodotto di due antenne fuse assieme (le due interpretazioni in accordo con lo schema degli artropodi). Esso è inserito sul bordo frontale anteriore del capo e si estende in avanti. È un organo flessibile, strutturato nella forma di un tubo striato cilindrico: letteralmente simile al tubo di un aspirapolvere, e forse piegabile secondo gli stessi princìpi. La sua estremità è divisa longitudinalmente in due metà, ognuna con un gruppo di lunghe spine rivolte verso l'interno e in avanti. Il tubo potrebbe avere contenuto un canale centrale pieno di un liquido: una buona soluzione per ottenere rigidezza associata a una sufficiente flessibilità.

3) L'intestino è un singolo tubo che decorre in posizione centrale lungo la maggior parte della lunghezza del corpo (vedi figura 3.24). In corrispondenza del capo, però, l'intestino fa una curva a U per produrre una bocca orientata all'indietro. Fatto interessante, l'organo di prensione frontale ha esattamente la lunghezza e la flessibilità che si richiedono per muoversi attorno e portare il cibo alla bocca. Whittington suggerisce che l'*Opabinia* si nutrisse primariamente catturando cibo con la "chela" formata dalle parti spinose all'estremità della "proboscide", che poi incurvava portandola verso la bocca.

4) La parte principale del corpo ha quindici segmenti, ognuno dei quali presenta una coppia di sottili lobi laterali, uno a ciascun lato dell'asse centrale. Questi lobi si sovrappongono parzialmente, e sono rivolti verso il basso e l'esterno (vedi figura 3.20).

5) Ogni lobo, tranne il primo, ha sulla sua superficie dorsale una branchia in forma di pinna, attaccata in prossimità della base del lobo. Mentre la superficie inferiore della branchia è piana, quella superiore presenta una serie di sottili lamelle parzialmente sovrapposte.

6) Gli ultimi tre segmenti del corpo formano una "coda" costruita con tre coppie di sottili lame lobate, orientate verso l'alto e verso l'esterno (vedi figura 3.20).

Whittington ebbe bisogno di tutti i suoi speciali metodi di dissezione, di orientamenti variati e di parte-controparte per risolvere la morfologia di un animale così peculiare. Egli scoprì anche che proprio l'incapacità di apprezzare questi metodi aveva fornito uno degli argomenti principali a sostegno del modello degli artropodi. Walcott aveva confuso parte e controparte in un esemplare importante. Convinto di osservare la superficie inferiore di un esemplare, ne osservava invece quella

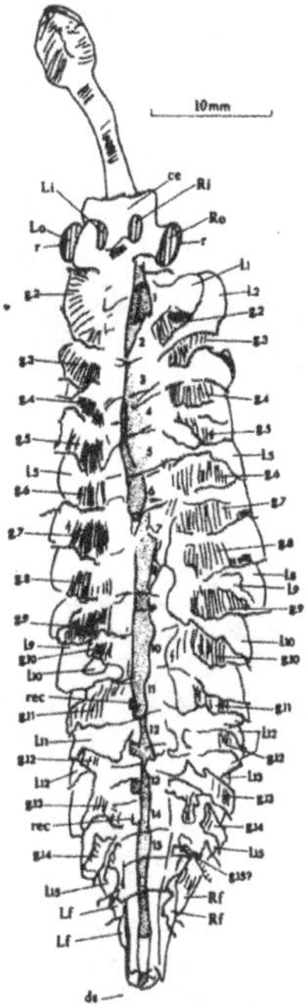

3.24. *Disegno alla camera chiara di un esemplare di* Opabinia *nella posizione convenzionale, visto dall'alto. Su ciascun lato sono chiaramente distinguibili branchie (g) e lobi (l); la traccia dell'intestino decorre lungo la linea mediana. Sono visibili due paia di occhi, e l'organo prensile si estende in avanti dall'estremità anteriore del corpo.*

superiore. Raymond, accettando questa interpretazione capovolta, aveva fatto l'affermazione perfettamente ragionevole che le branchie dell'*Opabinia* fossero disposte *sotto* il carapace, come nella disposizione classica degli artropodi, in cui il ramo delle branchie è la parte superiore di appendici biramate situate subito sotto il carapace. Se però si considera l'*Opabinia* nell'orientamento corretto, le branchie si trovano sopra i lobi corporei, in una disposizione molto diversa rispetto a quella degli artropodi.

Le figure da 3.24 a 3.26 forniscono un'illustrazione sorprendente dell'efficacia dei metodi di Whittington. Esse sono disegni di tre esemplari in vari orientamenti eseguiti con la camera chiara, ognuno dei quali combina caratteri di parte e controparte dello stesso esemplare. La

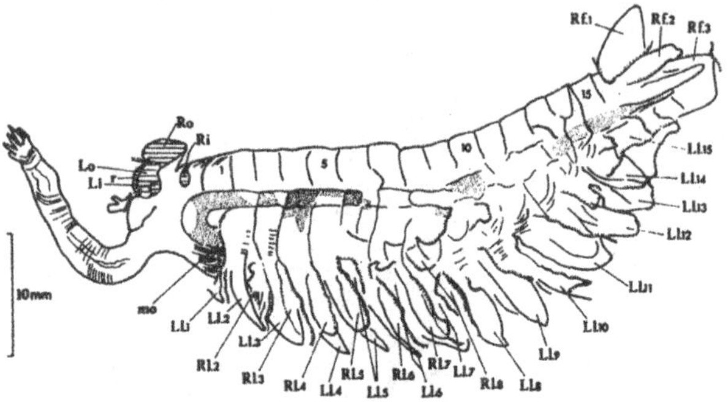

3.25. *Esemplare di* Opabinia *conservato in un orientamento più insolito, di lato. Qui lobi e branchie del lato destro e sinistro sono compressi assieme e sono difficili da distinguere. Molti caratteri che non sono visibili nell'esemplare in posizione convenzionale della figura 3.24 possono però ora essere compresi: l'orientamento delle pinne della coda* (Rf1-Rf3) *rispetto ai lobi laterali, il punto di inserzione dell'organo di presa, e l'incurvamento all'indietro della parte anteriore dell'intestino.*

figura 3.24 fornisce una visione dall'alto (dorsale). Vediamo la posizione degli occhi e dell'organo di prensione, la piena sequenza dei lobi laterali e le branchie sopra i lobi. L'intestino decorre come un tubo diritto lungo la parte mediana del corpo. La figura 3.25 è una visione laterale e rivela vari aspetti che non potevano essere osservati dall'alto. Ora discerniamo il punto di attacco per l'organo di prensione, e notiamo che l'intestino si incurva a U per formare la bocca rivolta verso l'indietro. (Nella visione dall'alto, la sezione incurvata e rivolta all'indietro si sovrappone alla parte rettilinea e non può essere distinta.) La visione dall'alto non ci dice nulla neppure sulle posizioni relative di lobi laterali e pinne caudali, poiché anche questi sono schiacciati sullo stesso piano. Ma la visione laterale della figura 3.25 mostra i lobi laterali rivolti verso il basso e verso l'esterno, mentre le pinne caudali sono alzate e rivolte verso l'alto: in buone posizioni, rispettivamente, per fungere da remi e da timone.

Le figure 3.24 e 3.25 forniscono i due orientamenti fondamentali, ma lasciano ancora vari interrogativi senza risposta: a questo scopo sarebbero preziosi altri esemplari. Per esempio, nessuna delle due figure mostra tutt'e cinque gli occhi (essi sono formazioni delicate, e spesso si fondono tutti assieme in un guazzabuglio indistinguibile). La figura 3.26 colma alcune lacune cruciali: sono visibili cinque occhi separati, e l'organo di prensione frontale è incurvato attorno all'area della bocca.

La *Marrella* e la *Yohoia* si erano ribellate al calzatoio di Walcott, ma erano generi isolati all'interno del phylum degli artropodi. Con l'*Opabinia* il gioco si trasferì a un altro livello, e cambiò immutabilmente e per sempre. L'*Opabinia* non apparteneva agli animali noti di questa Terra o di una qualche Terra precedente. Se Whittington avesse scelto di collocarla in una classificazione formale (compito che saggiamente declinò), sarebbe stato costretto a introdurre un nuovo phylum per questo singolo genere. Cinque occhi, un organo di prensione frontale e branchie sopra i lembi laterali! Il calzatoio di Walcott era andato in pezzi. Whittington scrisse con la sua caratteristica brevità e rifuggendo come al solito da ogni enfasi: "Non si ritiene che l'*Opabinia regalis* sia stata un artropodo trilobitomorfo, e neppure un anellide" (1975, p. 2). Harry può essere un uomo misurato, ma sapeva che cosa implicasse l'*Opabinia* per il resto della fauna di Burgess. "Gli argilloscisti di Burgess," osservò laconicamente, "contengono altri animali segmentati non descritti di affinità incerte" (1975, p. 41).

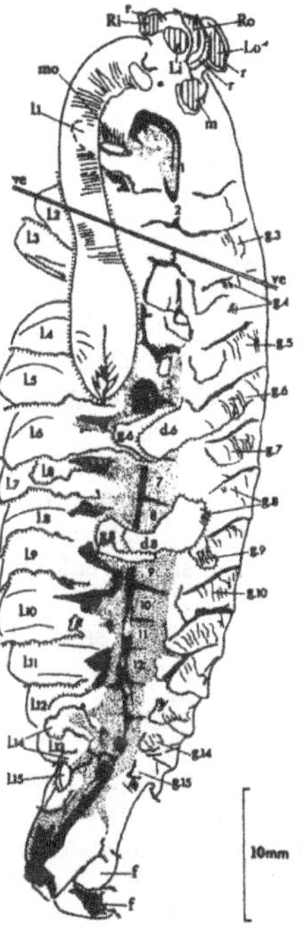

3.26. *Un terzo esemplare di* Opabinia, *di nuovo nella posizione convenzionale. Qui si possono distinguere vari caratteri che non apparivano negli altri esemplari: a destra in alto è visibile il quinto occhio* (m, *per occhio di mezzo), e notiamo che l'organo di prensione può essere incurvato all'indietro sino al livello della bocca.*

Io credo che la ricostruzione dell'*Opabinia* fatta da Whittington nel 1975 resterà uno dei grandi documenti nella storia della conoscenza umana. Quanti altri studi empirici hanno condotto direttamente a una concezione fondamentalmente riveduta sulla storia della vita? Noi siamo impressionati dal tirannosauro, ci meravigliamo per le piume dell'*Archaeopteryx*, ci entusiasmiamo per ogni frammento di osso fossile umano trovato in Africa, ma nulla di tutto questo ci ha insegnato sulla natura dell'evoluzione quanto un piccolo invertebrato del Cambriano, lungo solo pochi centimetri, chiamato *Opabinia*.

ATTO III. La revisione si espande: Il successo di una squadra di ricercatori, 1975-1978

Impostazione di una strategia per una generalizzazione

L'*Opabinia* contiene in sé l'essenza del messaggio di Burgess per una nuova concezione della vita. Essa è altrettanto bizzarra, altrettanto diversa da tutti gli animali attuali, quanto può esserlo qualsiasi altro organismo contenuto negli argilloscisti di Burgess. La documentazione fossile contiene qua e là altre stranezze, come il *Tullimonstrum* di Mazon Creek (vedi p. 62). L'*Opabinia*, come caso isolato, sarebbe una scrollatina di spalle, non una scoperta sulla vita in generale. Questo esempio non stabilì una nuova interpretazione incontrovertibile; anzi, all'opposto, accennò solo a una possibilità che valeva la pena di esplorare, tanto più che la *Marrella* e la *Yohoia* indicavano che qualcosa di simile, a un livello inferiore, stava evidenziandosi fra gli artropodi di Burgess.

Tutti i problemi interessanti nella storia naturale sono questioni di frequenza relativa, non esempi singoli. Tutto accade una volta nella ricchezza della natura. Ma quando un fenomeno non previsto si verifica ripetute volte – trasformandosi infine in un'attesa – le teorie vengono rovesciate. L'*Opabinia* non conseguì il suo status di promotrice e vessillifera di una nuova concezione della vita finché il suo messaggio di unicità tassonomica non divenne comune nella fauna di Burgess, per quanto eccezionalmente raro per tempi posteriori.

Questo bisogno di un certo numero di esemplari – per una valutazione della frequenza relativa degli animali bizzarri, inclassificabili, all'interno dell'intera fauna di Burgess – rende il mito dell'eroe, stile film western di seconda categoria, inapplicabile in linea di principio a questa storia. Harry Whittington non avrebbe potuto essere un solitario rappresentante della legge che riduce alla ragione i reprobi in un saloon dopo l'altro. La *Marrella* gli era costata più di quattro anni di lavoro. I soli artropodi di Burgess richiederebbero varie vite. Whittington poteva o intonare il lamento della Mercedes frustrata – "Così tanti pedoni, così poco tempo" – o ingaggiare una quantità di ricercatori perché lo aiutassero. Scelse la seconda possibilità. La scienza è in ogni caso un'impresa collettiva.

Dopo aver scelto i generi attorno a cui avrebbero dovuto focalizzarsi i suoi studi personali, Whittington divise gli artropodi restanti in tre gruppi, ognuno adatto a un esteso progetto di ricerca di un suo collaboratore. Inoltre, c'erano i molti generi che Walcott aveva classificato come vermi anellidi (1911c), i quali diventarono sempre più inquietanti e cruciali dopo l'identificazione dell'*Opabinia* come organismo bizzarro, che non poteva trovar posto in alcun phylum stabilito. Se il calzatoio di Walcott aveva occultato un tema generale di unicità tassonomica, la storia sarebbe probabilmente emersa (se non esplosa) in modo ancora più chiaro da uno studio degli anellidi che non da quello degli artropodi. Gli artropodi hanno caratteri definitori chiari e complessi. Walcott poteva avere sbagliato forzando i suoi artropodi in gruppi convenzionali all'interno del phylum, ma i più erano quanto meno artropodi genuini (con l'eccezione dell'*Opabinia* e, in seguito, dell'*Anomalocaris*). Ma tutto ciò che era molle, segmentato e bilateralmente simmetrico, poteva essere chiamato un verme. Sembrava quindi particolarmente grande la possibilità di trovare organismi bizzarri fra gli "anellidi" di Walcott.

Whittington nutriva dubbi sul fatto che i tre gruppi di artropodi fossero unità tassonomiche coerenti. Ogni artropodo di ciascun gruppo condivideva qualche carattere di aspetto superficialmente simile, ma la *Marrella* e la *Yohoia* avevano già insegnato che si doveva essere prudenti nella valutazione di tali caratteri esteriori. Nondimeno, i tre gruppi formavano divisioni utili per l'economia degli sforzi di ricerca, e il postulato della coerenza poteva diventare una questione centrale da verificare. (Tutt'e tre i gruppi risultarono essere eterogenei: una conclusione importante che confermò lo status degli artropodi di Burgess come spettacolarmente disparati rispetto a tutte le faune posteriori.)

I tre gruppi, tutti generalmente riconosciuti nelle classificazioni di Burgess da Walcott a Størmer, erano 1) la grande varietà di artropodi con carapace bivalve, sempre identificati come veri crostacei malacostraci; 2) le specie "merostomoidi", di forma generalmente ovale e con grande scudo cefalico distinto, che sembravano ricordare il grande gruppo degli euripteridi fossili e dei loro cugini, gli xifosuri; e 3) apparenti crostacei con carapace semplice non diviso in due parti o valve.

Quando Whittington cominciò la sua ricerca, verso la fine degli anni sessanta, due colleghi più giovani accettarono di assumersi progetti di ricerca minori in questo elenco. David Bruton, dell'Università di Oxford, ricevette i "merostomoidi" (mi sono occupato della sua ricerca sulla

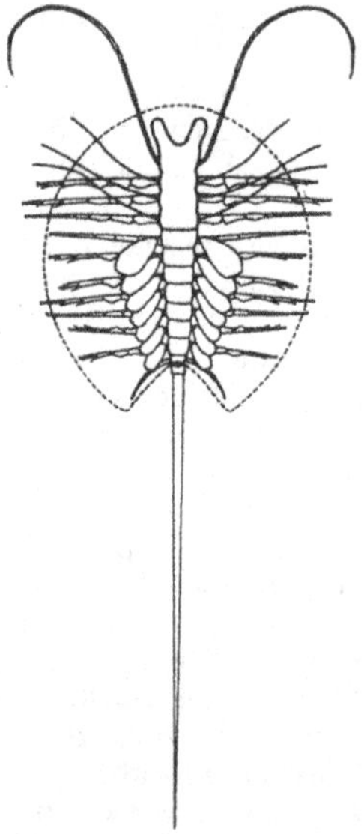

3.27. *Ricostruzione della* Burgessia *a opera di Hughes (1975).*

Sidneyia nella sezione sulle tecniche, nella parte iniziale di questo capitolo, e riferirò le sue conclusioni al momento opportuno secondo l'ordine cronologico, nell'Atto V). Chris Hughes, di Cambridge, si occupò della *Burgessia* e della *Waptia*, il terzo e quarto artropodo di Burgess per abbondanza, le quali formano il gruppo di apparenti crostacei con carapace semplice. La monografia sulla *Waptia* non è ancora apparsa, ma la trattazione della *Burgessia* a opera di Hughes, uscita nel 1975, fornì un'importante affermazione del modello di crescita già indicato dalla *Marrella* e dalla *Yohoia*. La *Burgessia*, col suo carapace ovale e la lunga coda appuntita (lunga il doppio del corpo), non era un branchiopodo notostraco, come aveva creduto Walcott, bensì un altro artropodo isolato di forma unica (figura 3.27). Hughes non volle assegnare una collocazione tassonomica formale alla *Burgessia*, considerando questo genere un peculiare organismo misto, che combinava in sé caratteri considerati appartenenti a vari gruppi di artropodi distinti. Egli concluse:

> Poiché il corrente riesame di tutti gli artropodi degli argilloscisti di Burgess rivela che la morfologia dettagliata di queste forme non è come si era pensato in precedenza, questo autore considera prematura un'ulteriore

discussione delle affinità della *Burgessia*... Quel che risulta chiaro da questo riesame è che la *Burgessia* possiede un miscuglio di caratteri... molti dei quali si trovano in artropodi moderni di vari gruppi. (1975, p. 434).

La storia degli artropodi stava diventando sempre più curiosa.

Maestri e studenti

Nei loro programmi per il conferimento del dottorato di ricerca, le università continuano a ispirarsi al vecchio sistema dell'apprendistato. In tutti i suoi anni di studio, dall'asilo all'università, un ragazzo si sforza di diventare sempre più indipendente dai suoi docenti (se alle elementari ci si mette in urto con un maestro, si può avere una vita d'inferno per un anno; se si riesce sgraditi a un professore delle scuole superiori, il peggio che possa capitare è di essere rimandati su una materia). Poi, da adulti, si può decidere di continuare gli studi per conseguire il dottorato di ricerca. Che cosa si fa allora? Si trova un professore le cui ricerche ci interessano e (se il professore ci accetta e ci sostiene) si può entrare a far parte di un gruppo di ricercatori.

In alcuni campi, specialmente in quelli con laboratori grandi e costosi dedicati alla soluzione di problemi ben precisi, è giocoforza dimenticare ogni idea di indipendenza e lavorare su un argomento assegnato da un professore per la tesi (la scelta nella ricerca è un lusso che possono permettersi, fra i giovani, solo i liberi docenti). In campi più simpatici e individualistici come la paleontologia, di solito si ha un certo margine di libertà nella scelta di un argomento, e a volte si può portare avanti un progetto completamente proprio. In ogni caso, però, si rimane degli apprendisti e si è sempre soggetti al proprio relatore, più di quanto si fosse soggetti al proprio docente in qualsiasi periodo dopo le scuole elementari. Se si litiga col proprio relatore, non rimane altro da fare che rinunciare o fare le valigie per andare a proseguire gli studi in un'altra università. Se invece si è in buona armonia col relatore, e se il relatore ha buoni rapporti con la professione, si consegue la laurea e, grazie alla sua influenza e alle proprie capacità provate, si può anche trovare un primo lavoro decente.

È un sistema strano, con molte cose criticabili, ma a modo suo funziona. A un certo punto non si può più continuare con corsi e libri; ci si deve aggregare a qualcuno che stia facendo ricerche come si deve. (E si dev'essere sempre disponibili, e pronti ad assimilare; non ci si può presentare solo il giovedì pomeriggio alle due per una lezione sulla separazione di parte e controparte.) Il sistema produce i suoi inconvenienti: professori sfruttatori che convogliano il flusso dell'intelligenza vivace e dell'entusiasmo di giovani nei loro pozzi aridi, e non danno niente in cambio. Ma quando funziona (come accade più spesso di quanto potrebbe attendersi uno scettico, data la mancanza di controlli e di antidoti), non posso immaginarmi un addestramento migliore.

Molti studenti non capiscono il sistema. Essi si iscrivono a un'Università perché gode di una buona fama o perché si trova in una certa città. È sbagliato, molto sbagliato. Si fa domanda di lavorare con una particolare persona. Come nel vecchio sistema di apprendistato delle corporazioni, maestro e studente sono legati da obblighi reciproci; non è una via a senso unico. Il relatore deve, soprattutto, trovare e fornire un sostegno finanziario agli studenti. (La guida intellettuale è, ovviamente, più fondamentale, ma questa parte del gioco è un piacere. La vera difficoltà consiste nella ricerca di finanziamento. Molti professori importanti spendono almeno metà del loro tempo nella ricerca di borse di studio per studenti.) Che cosa riceve in cambio il maestro? Questa è la parte più sottile della reciprocità, e spesso non viene compresa fuori della nostra corporazione. La risposta, per quanto possa sembrare strano, è lealtà nel senso genealogico.

Le ricerche dei candidati al dottorato di ricerca fanno parte per sempre della reputazione di un professore, perché è in questo modo che noi ricostruiamo le linee genealogiche intellettuali. Io sono stato allievo di Norman Newell e qualsiasi cosa possa mai fare, finché vivrò, sarà intesa come un suo retaggio (e se farò delle cose sbagliate, questo fatto andrà anche a suo danno, benché solo in misura limitata, poiché noi riconosciamo una necessaria asimmetria: gli errori sono personali, mentre i successi fanno parte del retaggio del maestro). Io sono lieto di accettare questa tradizione e di giurarle fedeltà, e non per motivi di astratta approvazione, ma perché, ancora una volta come nel vecchio sistema dell'apprendistato, potrei trarne profitto a mia volta nella generazione seguente. La mia massima gioia, nei vent'anni trascorsi a Harvard, è stata quella di avere avuto vari allievi davvero brillanti. Il massimo beneficio è, per il momento, una stimolante atmosfera di laboratorio, ma io non sono insensibile all'uso di intendere i loro futuri successi, per quanto in piccola parte, come anche miei.

(Per inciso, questo sistema è in gran parte responsabile dell'infelice situazione dell'insegnamento agli studenti *undergraduate* – che non hanno ancora conseguito la laurea o *bachelor degree* – in molte importanti università di ricerca americane. Uno studente appartiene alla linea genealogica del suo *graduate adviser*, ossia del docente con cui prepara il dottorato di ricerca dopo aver conseguito il *bachelor degree*, e non a quella dei docenti nei corsi per *undergraduate*. I ricercatori che tengano in qualche stima la loro reputazione non hanno alcuno stimolo a insegnare in corsi per studenti non laureati; lo si può fare solo per amore o per senso di responsabilità. I propri studenti laureati, che lavorano per il dottorato di ricerca, sono estensioni del loro docente, mentre gli studenti non laureati non sono altro che numeri nella reputazione del docente. Io vorrei che questa situazione cambiasse, ma non so neppure che cosa suggerire.)

Questo sistema è ancor più esagerato in Inghilterra. Negli Stati Uniti si chiede, attraverso un dipartimento, di lavorare con un *adviser*. In Inghilterra ci si rivolge invece direttamente a un potenziale relatore, e questi assicura i fondi, quasi sempre stanziati per particolari progetti. Harry Whittington sapeva che il successo del progetto di Burgess – la sua espansione dalla descrizione dettagliata di alcuni animali strani a una comprensione di un'intera fauna – dipendeva dalla possibilità di disporre di studenti laureati. Dei due ingredienti di cui aveva bisogno, egli poteva influire su uno: la raccolta di fondi; quanto all'altro – l'interesse di studenti brillanti – poteva solo pregare la dea Fortuna.

Harry fece la sua parte sul primo punto. Aveva due progetti importanti scoperti: gli artropodi e i "vermi". Si assicurò finanziamenti per due studenti: per uno da enti governativi e per l'altro da fondi privati amministrati dal suo college, Sidney Sussex. Sul secondo punto intervenne la Signora Fortuna (con una spinta da parte dei successi di Harry, poiché i buoni studenti tengono gli occhi aperti e sono attratti verso i professori che fanno le ricerche più interessanti). Nel 1972, esattamente nella fase giusta nel corso degli sviluppi di Burgess, gli eventi confutarono la mia teoria preferita dello scaglionamento accademico: che gli studenti brillanti vengono solo uno ogni cinque anni (poiché cinque anni è la durata solita degli studi universitari, ciò significa che non se ne ha mai più di uno per volta per molto tempo). Harry Whittington – uomo davvero molto fortunato – ricevette simultaneamente la richiesta di poter lavorare con lui da parte di due studenti brillanti: Derek Briggs, un irlandese che aveva studiato al Trinity College a Dublino, e Simon Conway Morris, un londinese che si era appena laureato all'Università di Bristol (dove Harry aveva fatto parte, come esaminatore esterno, del comitato per giudicare la sua tesi per il *bachelor degree*). Da allora in poi, per quanto limitati potessero essere i contatti quotidiani, e nonostante differenze individuali nello stile di lavoro che impedirono la formazione di un gruppo di ricerca unitario, le ricerche su Burgess divennero lo sforzo congiunto di tre partner sempre più eguali: Briggs, Conway Morris e Whittington (in ordine alfabetico, senza alcuna implicazione di merito), tre uomini con un obiettivo comune e un insieme comune di metodi, ma tanto diversi quanto potevano esserlo per età e nell'approccio generale alla scienza e alla vita.

Harry Whittington conosce bene le regole e i meriti relativi. Nelle nostre conversazioni egli sottolineò, sopra ogni altra cosa e senza falsa modestia, che la revisione di Burgess divenne un progetto completo e coerente – e non solo una sequenza di monografie – quando si assicurò la dedizione di Briggs e di Conway Morris. Egli poté allora proporsi un obiettivo da poter completare in vita e non, come l'architetto di una cattedrale, il progetto di un edificio di cui avrebbe potuto solo gettare le fondamenta, senza la speranza di poterlo mai vedere completato.

La stagione di ricerche "sul campo" di Conway Morris negli armadi di Walcott: un indizio diventa una generalità, e la trasformazione si consolida

Le strane coppie sono un ingrediente comune del dramma e della commedia. Intellettuali conservatori di buon livello spesso si associano studenti estremisti con stili di vita stravaganti perché ne riconoscono le doti di intelligenza, che antepongono a qualsiasi altra cosa. Bernie Kummel, che negli anni settanta minacciò di far usare gli idranti contro gli studenti estremisti e che disprezzava (e temeva) qualsiasi eccentricità di maniere o di abbigliamento, amava come un figlio Bob Bakker (allora nostro studente e oggi il principale fautore di nuove idee sui dinosauri), nonostante i suoi capelli lunghi e le sue idee rivoluzionarie su tutto. (Bernie non fu sempre così felice nei suoi giudizi. Una volta lui e Harry Whittington formavano il gruppo di paleontologia degli invertebrati a Harvard. Bernie considerava Harry troppo tradizionalista e si rallegrò quando Whittington decise di andare a Cambridge. Come sostituto di Whittington, Bernie assunse allora me, che ero molto giovane. Non fu certo un cambio vantaggioso.)

Simon Conway Morris, che parlando con me si descrisse "scontroso come un ragazzo, e di solito antisociale", colpì Whittington come il candidato migliore per lo studio della più pazzesca di tutte le sfide di Burgess: quella dei "vermi" di Walcott. I docenti di Simon a Bristol lo avevano descritto a Whittington come un uomo che "si siede nel cantuccio della biblioteca a leggere, e porta un mantello". Harry ricorda la sua prima reazione a questa notizia: "Un anarchico, pensai... Mio Dio." Ma Harry aveva anche percepito l'intelligenza brillante del giovane e, come ho detto, nient'altro conta davvero.

I vermi presentavano sia la massima difficoltà sia la massima promessa per un progetto che ora, dopo la risoluzione dell'*Opabinia*, mirava esplicitamente alla ricerca di organismi bizzarri. Se infatti c'era una grande quantità di organismi non classificabili, i precedenti ricercatori dovevano averne assegnato la maggior parte alla vecchia categoria dei Vermes. I vermi sono il classico gruppo contenitore di rifiuti della tassonomia: il secchio per la minutaglia assortita che non sta da nessuna parte ma che si deve sistemare in qualche modo se si vuol dare l'impressione di un ordine rigoroso. I vermi hanno sempre svolto questa funzione fin dal tempo di Linneo, che sistemò nei suoi Vermes un gruppo notevolmente eterogeneo di organismi. La maggior parte degli animali hanno una forma fondamentalmente allungata e caratterizzata da una simmetria bilaterale. Se perciò un animale presenta questa forma, e non si sa che cosa sia, si dice che è un verme.

Harry, che è un uomo molto sensibile, tremava all'idea di poter troncare ai suoi inizi una carriera promettente affidando a un novellino un progetto così difficile. Oggi sembra quasi distrutto dall'ansia quando rievoca ciò che fece, anche se i risultati sono stati spettacolari. Egli mi parlò di quei tempi dicendomi: "Con timore e trepidazione, suggerii questa ricerca a Simon... Mi sentivo malissimo; era il compito più spaventoso che si potesse assegnare a uno studente ricercatore! Perdiana, come avrei potuto affidare quel compito a qualcuno? Eppure avevo il sospetto che potesse farcela."

Simon ne fu felicissimo; egli ha portato avanti tale ricerca da allora. I solidi punti centrali di questo progetto sono le sue due belle monografie sui vermi di Burgess che appartengono veramente a vermi moderni: i priapulidi (1977d) e i policheti (1979). Mi occuperò di questi lavori seguendo, come ho già detto, l'ordine cronologico appropriato. Ma Simon non cominciò con questo materiale convenzionale; come potremmo attenderci un inizio tradizionale da un uomo che porta un mantello e che non va alla mattina a prendere il caffè assieme agli altri?

Nella primavera del 1973 Whittington mandò sia Briggs sia Conway Morris a Washington a disegnare gli esemplari "tipici" di Walcott (quelli usati nelle descrizioni originali delle specie, e i portatori ufficiali dei nomi di Walcott) e a scegliere esemplari per cui chiedere il prestito a Cambridge. Secondo un vecchio detto, attribuito a Pasteur, la fortuna aiuta la mente preparata. Simon, uomo di idee, aveva deciso di lavorare con Harry, e desiderava di ricevere i vermi come progetto, perché pensava che la prospettiva di un messaggio più ampio da Burgess fosse incentrata sulla documentazione concernente gli organismi più bizzarri: sia sulla loro anatomia sia sulla loro frequenza relativa. L'*Opabinia* si era imposta all'attenzione di Harry. Simon, di contro, andò deliberatamente alla ricerca delle forme bizzarre di Burgess. "Ho una tentazione naturale di sottolineare l'insolito," mi disse. "Un nuovo brachiopodo dell'Irlanda del Nord non può ambire a un nuovo phylum."

Immaginiamo la situazione e l'opportunità. Simon aveva dinanzi a sé circa ottantamila esemplari nella collezione di Walcott. I più non erano mai stati descritti o addirittura guardati. Nessuno aveva mai esaminato questo tesoro con l'idea che potessero abbondarvi bizzarrie tassonomiche. Simon fece perciò qualcosa di concettualmente semplice e ovvio, e nondimeno profondamente diverso da qualsiasi approccio precedente alla fauna di Burgess, e perciò coraggioso. Egli condusse una lunga spedizione di pesca nei cassetti del materiale di Burgess alla Smithsonian Institution. Egli aprì ogni armadio ed esaminò ogni pezzo di roccia, cercando consapevolmente le cose più rare e più peculiari che potesse trovare. La ricompensa fu grande, e il successo fu quasi tale da dare le vertigini. Dapprima salti da un cassetto all'altro; dopo un po' la ricchezza ti istupidisce. Quando trovò l'*Odontogriphus* (vedi p. 149), Simon poté solo dire a se stesso: "Oh, cazzo, un altro phylum nuovo."

Io non riesco a immaginare un maggiore contrasto (e, perciò, ingredienti migliori per un dramma) di quello fra i diversi stili di Whittington e Conway Morris: Harry, l'anziano tassonomista conservatore che si accingeva a iniziare il massimo progetto di una vita piena, contrapposto a Simon, il novellino dalle idee rivoluzionarie, che cercava consapevolmente di scalzare le opinioni stabilite. Il loro modo di lavorare non avrebbe potuto essere più diverso. Harry cominciò con la massima cautela, scegliendo l'animale più comune a Burgess. Egli procedette con una serie di monografie su singoli generi, ognuna delle quali gli richiese vari anni di preparazione: *Marrella* (1971), *Yohoia* (1974), arti di trilobiti (1975b), *Opabinia* (1975a) e, come abbiamo visto, *Naraoia* (1977) e *Aysheaia* (1978). Egli limitò la sua ricerca (o così pensava quando la cominciò) agli artropodi, il gruppo che conosceva meglio. Cominciò con opinioni convenzionali sulla tassonomia degli organismi di Burgess, cambiando idea solo quando prove inattese si fecero strada nella sua mente. Simon, di contro – con l'innocenza di Pearl Pureheart e la provata abilità di Alvin Allthumbs, ma armato della sublime fiducia di Muhammad Alì nella sua versione giovanile come Cassius Clay – cominciò con una ricerca esplicita di incarnazioni dell'interpretazione più radicale dell'anatomia di Burgess. Quanto più raro, tanto meglio; vari fra gli strani mostri di Simon sono ricostruzioni fondate su esemplari singoli. In due anni, nel 1976 e 1977, Conway Morris iniziò la sua carriera pubblicando cinque brevi articoli, su cinque organismi che presentavano l'unicità anatomica di nuovi phyla.[10]

Tali differenze avrebbero dovuto suscitare dissensi e conflitti aperti. Non accadde invece nulla del genere: drammi intellettuali di altissimo livello sì, ma non storie succose di scontri aperti. Derek ricorda che Harry borbottò su persone che correvano prima di avere imparato a camminare, e qualche sensazione privata potrebbe essere rimasta inespressa sino a oggi. Ma quando chiesi a Harry che cosa pensasse di uno studente che aveva pubblicato cinque brevi articoli prima ancora di avere conseguito il Ph. D., fondando a volte nuovi phyla su singoli esemplari, rispose: "Io stavo a guardare e sorridevo. Non mi sognavo nemmeno di scoraggiare uno studente ricercatore."

[10] Poiché Simon e Derek cominciarono a lavorare con Harry Whittington nel 1972, l'anno della famigerata risata sull'*Opabinia* al convegno di Oxford, avevo supposto che fossero state le loro insistenze a convincere Harry a fare il passo drastico di dichiarare l'*Opabinia* un'anatomia unica a livello di phylum. Secondo copione, dovevano essere i Giovani Turchi a trascinare i vecchi parrucconi nella luce di un'esaltante modernità. Una terribile semplificazione, che non rendeva affatto giustizia alla complessità della vita. Simon può essere ideologicamente radicale, ma è un anatomista descrittivo di grande eccellenza, e chiunque possa lasciarsi ingannare dalle apparenze esterne a considerare Harry un vecchio parruccone non capisce nulla sulla natura multiforme del genio. In ogni caso, tutt'e tre i protagonisti mi assicurano che Harry sviluppò la sua interpretazione dell'*Opabinia* senza alcuna pressione o incoraggiamento da parte dei suoi colleghi più giovani e più radicali. Né, contrariamente al copione convenzionale, ci furono pressioni di Whittington su Conway Morris e Briggs per moderarne le idee radicali. Harry non scoraggiò Simon quando questi scrisse i suoi cinque articoli, né lo aiutò con frequenti consigli. Harry non ebbe praticamente alcun ruolo nelle prime scorrerie di Simon. Egli riesce a ricordare un solo intervento: quando insistette per convincere Simon a usare le sue tecniche di dissezione, per portare in luce le spine dell'*Hallucigenia* sino al punto della loro inserzione sul corpo. Un consiglio indiscutibilmente ottimo, che però non può essere certamente interpretato come una guida generale.

So che il commento che segue è banale, ma alla base di una banalità c'è spesso una verità evidente: la trasformazione di Burgess emerse infine da una bella sinergia fra questi due approcci diversi. Forse il processo di interpretazione avrebbe condotto comunque all'esito finale. Forse o la lenta sequenza delle monografie descrittive o la rapida successione dei brevi articoli con tesi rivoluzionarie avrebbero comunque reso inevitabile l'assenso. Nulla può però sconfiggere l'effetto combinato di una laboriosa descrizione, così accurata da non poter essere negata, e di tesi manifeste, fondate su una documentazione sparsa e così divergenti dalla tradizione da poter ispirare solo collera, e attenzione. So che questa combinazione si verificò – come semplice dato di fatto – lungo una delle vie improbabili e imprevedibili che prendono a volte gli affari umani, ma se c'è qualcuno a regolare il progresso della conoscenza, non avrebbe potuto agire meglio che attraverso questa sinergia di giovinezza e di esperienza, di prudenza e audacia. In precedenza ho interrotto una volta il mio racconto (nel caso dell'*Opabinia*) per annunciare un momento chiave che avrebbe meritato di essere sottolineato con caratteri speciali, e lo farò in seguito solo un'altra volta (per l'*Anomalocaris*); ma la stagione di ricerche "sul campo" di Simon nei magazzini della Smithsonian Institution segna la seconda di tre transizioni principali, secondo la mia lettura della storia di Burgess. Quando Simon iniziò le sue ricerche, l'*Opabinia* stava indicando qualcosa di strano, ma nessuno conosceva ancora né l'estensione né la natura del fenomeno; io credo che Harry fosse ancora favorevole a un'interpretazione delle forme bizzarre come gruppi ancestrali, combinazioni primitive di caratteri che in seguito sarebbero stati selezionati dando phyla attuali, anziché come esperimenti specializzati unici di progettazione pluricellulare, linee separate senza sbocchi futuri. Quando Simon completò la sua sequenza iniziale di cinque articoli su forme curiose, il provvisorio e peculiare era diventato una norma a Burgess, e la nozione di linee genealogiche separate esterne all'ambito dell'anatomia moderna aveva soppiantato il ricorso convenzionale al "primitivo" e all'"ancestrale". Whittington ricordò così la sua reazione iniziale alle scoperte di Simon: "L'intera atmosfera mutò. Non stavamo occupandoci solo di predecessori di gruppi noti. Stava cominciando a delinearsi un quadro complessivo."

Le cinque forme bizzarre di Simon coprivano un'estensione notevole di anatomie e stili di vita. Il loro unico elemento comune è la peculiarità.

1) *Nectocaris*. Walcott rivolse la sua attenzione a quest'organismo peculiare, rappresentato da un solo esemplare e senza una controparte: Conway Morris trovò infatti una fotografia, ritoccata come al solito, accanto a un esemplare ben preparato. Ma Walcott non aveva pubblicato nulla, e non aveva lasciato appunti. Conway Morris giustificò la sua decisione di pubblicare un articolo sulla base di un'informazione così scarsa: "La buona conservazione e l'anatomia insolita meritano che si dia notizia di questo esemplare unico" (1976a, p. 705).

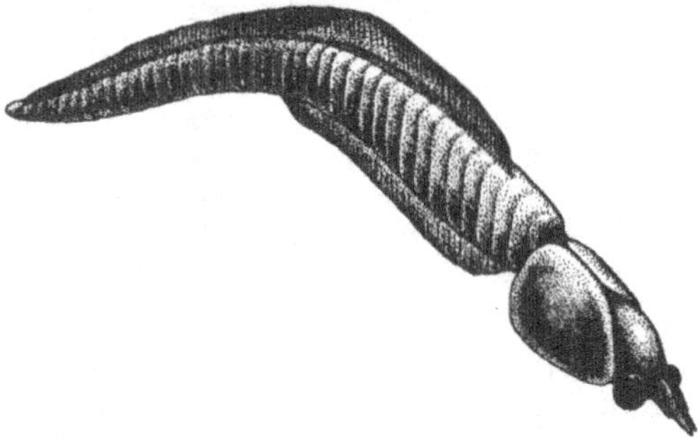

3.28. *L'enigmatica* Nectocaris, *dall'aspetto molto simile a un artropodo nella parte anteriore del corpo e a un cordato in quella posteriore. Disegno di Marianne Collins.*

Dal "collo" in avanti, la *Nectocaris* è molto simile a un artropodo (figura 3.28). Sul capo sono inserite uno o due paia di brevi appendici, rivolte in avanti, ma a quanto pare non articolate (e quindi non simili a quelle degli artropodi). Subito dietro ci sono un paio di grandi occhi, probabilmente su peduncoli. La parte posteriore del capo è racchiusa in uno scudo ovale appiattito, forse bivalve. Ma il resto del corpo non evoca nulla degli artropodi, e ci suggerirebbe piuttosto, vagamente, qualcosa dei cordati, il nostro phylum. Il corpo è compresso lateralmente e costituito da una quarantina di segmenti (carattere comune agli artropodi e a vari altri phyla, compreso il nostro). Conway Morris non trovò alcun indizio del carattere definitorio degli artropodi: le appendici *articolate*. Tanto la superficie dorsale quanto quella ventrale presentano invece strutture continue che, almeno superficialmente, fanno pensare a pinne di cordati sostenute da raggi! (Disponendo di un solo esemplare non ci si può però spingere molto oltre i caratteri superficiali, cosicché questo problema cruciale rimane purtroppo irrisolto, lasciandoci una vivissima curiosità.)

Tre caratteri di queste pinne e relativi raggi negano ogni affinità con gli artropodi e suggerirebbero piuttosto un possibile rapporto con i cordati. Innanzitutto, una struttura sottile e continua, conservata nella forma di una pellicola scura sulla roccia, sembra connettere la serie parallela di corti raggi di sostegno in una pinna coerente; gli arti degli artropodi sono invece separati. In secondo luogo, le pinne decorrono lungo il bordo superiore e quello inferiore dell'animale, come nei cordati primitivi; le appendici degli artropodi sono invece inserite in generale sui lati del corpo. In terzo luogo, le pinne della *Nectocaris* hanno circa tre raggi di rinforzo per ogni divisione del corpo, mentre gli artropodi sono caratterizzati da un paio di appendici per ogni segmento originario. (La tagmosi, o fusione di segmenti di artropodi, viene identificata attraverso la presenza di più di un'appendice per divisione. I segmenti della *Nectocaris* sono d'altra parte troppo stretti e troppo numerosi per poter essere interpretati come fusioni di varie divisioni ancestrali.)

Che cosa si può ricavare da una tale chimera: un organismo molto simile a un artropodo nella parte anteriore del corpo (con qualche dubbio prospettato da appendici forse non articolate) e molto simile a un cordato (quando non si voglia pensare a un animale dal piano corporeo sconosciuto) nella parte posteriore? Non molto, quando si possiede un solo esemplare. Conway Morris scrisse perciò un breve articolo molto stimolante e gettò la *Notocaris* nel grande contenitore di casi anomali della tassonomia: il phylum Incerti. Il titolo di un articolo tassonomico riporta tradizionalmente la classificazione, almeno sommaria, dell'animale descritto, ma Conway Morris evitò chiaramente di impegnarsi: "Nectocaris pteryx, *a new organism from the Middle Cambrian Burgess Shale of British Columbia*" (*Nectocaris pteryx*, un nuovo organismo del Cambriano Medio trovato negli argilloscisti di Burgess, nella British Columbia). Le ultime parole dell'articolo non esprimono alcuna sorpresa dinanzi a un animale tanto peculiare, ma accennano invece a un'emergente generalità: "L'impossibilità di determinare in modo preciso le affinità di quest'organismo non devono suscitare sorpresa. Le ricerche attuali stanno mostrando che varie specie della fauna di Burgess non possono essere classificate ragionevolmente in alcun phylum esistente" (1976a, p. 712).

2) *Odontogriphus*. Conway Morris poté lavorare su una documentazione empirica leggermente più completa nello studio del suo secondo organismo bizzarro del 1976. Anche in questo caso disponeva di un singolo esemplare, ma questa volta trovò parte e controparte. Walcott aveva quanto meno notato la *Nectocaris*, fornendone una fotografia per segnalarne l'importanza. L'*Odontogriphus* – organismo misterioso cui si adatta perfettamente il nome, che significa "enigma dentato", datogli da Conway Morris – fu invece una vera scoperta, un esemplare che era sfuggito totalmente all'attenzione, con parte e controparte conservate in sezioni separate della collezione di Walcott. Conway Morris aprì il suo articolo col convenzionale tono neutro, ma orgoglio personale e passione traspaiono attraverso la convenzionalità dello stile:

> Durante una ricerca... nella collezione molto estesa dei fossili del giacimento di Burgess... fu notata e messa da parte in vista di un futuro studio una lastra segata su cui si trovava l'esemplare qui descritto. Poco tempo dopo fu trovata altrove nella collezione la controparte. L'esemplare non era stato evidentemente mai notato da alcun altro ricercatore. Non sono stati trovati altri esemplari di quest'organismo. (1976b, p. 199)

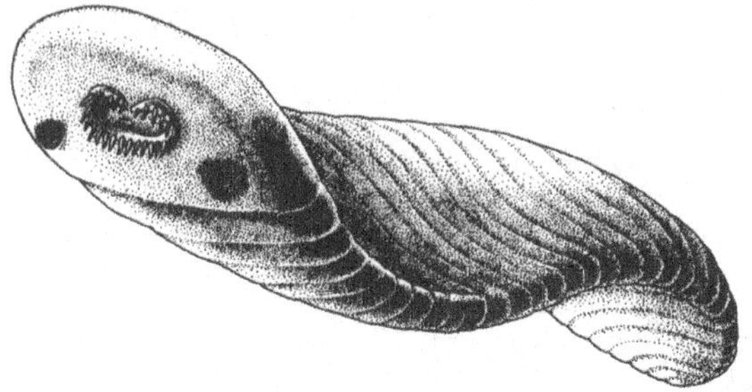

3.29. *L'animale nuotatore dal corpo appiattito* Odontogriphus. *Sulla superficie ventrale del capo si vedono la bocca circondata da tentacoli e il paio di palpi. Disegno di Marianne Collins.*

Il fossile dell'*Odontogriphus* non è ben conservato e in esso si possono distinguere poche strutture, ma queste poche sono molto strane. Questo animale molto appiattito, allungato, di forma ovale, è lungo solo poco più di 6 cm e dietro la regione frontale presenta una serie di fini linee parallele trasversali, distanziate fra loro di un millimetro circa. Conway Morris considera questi segni come anulazioni, non come separazioni fra veri segmenti. Egli non trovò appendici o indicazioni di aree indurite, e suppone che l'*Odontogriphus* fosse gelatinoso.

Il corpo comprende solo due strutture risolvibili, entrambe sulla superficie ventrale all'estremo frontale del corpo (figura 3.29). Una coppia di "palpi" (probabilmente organi sensoriali) occupa gli angoli dell'estremità frontale dell'animale. Sono depressioni arrotondate formate da fino a sei strati laminari di tessuto parallelo alla superficie del corpo. Subito davanti ai palpi, ma proprio sulla linea mediana del corpo, si trova la struttura più interessante, presumibilmente una bocca circondata da un apparato masticatorio di qualche tipo. Questa struttura ha la forma di una U poco profonda, schiacciata, che si apre in avanti. Lungo il percorso di questa U, Conway Morris trovò circa venticinque "denti": minuscole strutture coniche appuntite, lunghe meno di mezzo millimetro. Poiché questi denti erano troppo piccoli e troppo fragili per raspare o mordere, Conway Morris fece la congettura ragionevole che svolgessero la funzione di sostegno per la base di tentacoli, e che i tentacoli, servendo da dispositivi per la raccolta del cibo, formassero un anello attorno alla bocca.

Un tale anello di tentacoli assomiglierebbe fortemente a un lofoforo, l'apparato boccale di vari phyla moderni, in particolare i briozoi e i brachiopodi. Perciò Conway Morris situò provvisoriamente l'*Odontogriphus* fra i phyla dotati di lofoforo. Nessun moderno lofoforo presenta però denti interni a sostegno dei tentacoli, e nient'altro nell'*Odontogriphus* ricorda la forma o la struttura di alcun altro animale dotato di lofoforo. "Enigma dentato" rimane un bel nome.

Coloro che seguono strategie ad alto rischio devono accettare, assieme alle gioie di una vittoria incerta, anche l'imbarazzo dell'errore. La decisione di Simon di pubblicare un articolo sull'esemplare più raro e più strano, e di spaziare a largo raggio nelle sue interpretazioni, rendeva quasi sicuro qualche errore importante. Questi errori sono connessi inevitabilmente alla grande estensione di territorio coperta e non sono motivi di disonore. Simon "ne fece una bella" nel tentativo di giudicare le implicazioni più vaste dell'*Odontogriphus*. Egli non poté fare a meno di osservare che i suoi "denti" avevano una vaga somiglianza con i conodonti, che erano allora gli oggetti più enigmatici della documentazione fossile. I conodonti sono strutture simili a denti, spesso molto complesse, che si presentano in abbondanza in rocce che coprono il grande intervallo geologico dal Cambriano al Triassico (vedi figura 2.1). Essi sono fra i fossili più importanti per la correlazione geologica, ma le loro affinità zoologiche erano rimaste a lungo misteriose, alimentando in tal modo il rompicapo più famoso e persistente della paleontologia. Ovviamente i conodonti sono le uniche parti dure di un animale dal corpo molle. Questo animale stesso non è stato però mai trovato, e che cosa si può dire sulla base di qualche dente separato dal corpo?

Conway Morris pensò che i "denti" dell'*Odontogriphus* potessero essere conodonti e sperò di avere scoperto quell'animale elusivo. Egli si assunse addirittura il rischio di collocare il suo enigma dentato nella classe dei Conodontophorida. Che grande colpo potenziale per un principiante: scoprire il segreto dei segreti e risolvere un secolo di controversie! Ma Simon sbagliava. L'animale dal corpo molle dei conodonti è stato in seguito trovato, con innegabili conodonti situati nel punto giusto all'estremità anteriore del canale digerente. Questa creatura fu scoperta anche in un cassetto in un museo: in una collezione formata negli anni venti di questo secolo da una *Lagerstätte* del Carbonifero in Scozia nota come la Granton Sandstone. L'animale dai denti conici, che è considerato oggi una delle poche bizzarrie dei tempi successivi a Burgess, ha un aspetto del tutto diverso da quello dell'*Odontogriphus*. Derek Briggs partecipò alla descrizione originaria di questo animale e pensa (anche se io non ne sono convinto) che possa essere un cordato, ossia un membro del nostro phylum (Briggs, Clarkson e Aldridge, 1983).

3) *Dinomischus*. Il terzo animale misterioso studiato da Simon gli fece salire un altro gradino nella scala della documentazione fossile. Anche in questo caso Walcott aveva scelto e fotografato un esemplare, ma non aveva pubblicato nulla in proposito e non aveva lasciato appunti. Questa volta, però, Conway Morris si trovò a sguazzare in un virtuale mare di dati, possedendo ben tre esemplari: quello di Walcott a Washington, un altro nella nostra collezione a Harvard e un terzo

scoperto sulla scarpata detritica di Walcott dal Royal Ontario Museum nel 1975.

Tutti gli animali di cui ci siamo occupati finora erano mobili e avevano una simmetria bilaterale. Il *Dinomischus* rappresenta un altro importante piano funzionale: è un organismo sessile (fissato e immobile) con simmetria radiale, adatto a ricevere cibo da qualsiasi direzione, come molte spugne, coralli e crinoidi peduncolati di oggi. Esso assomiglia a un calice con un lungo stelo e un piede bulboso, con cui l'animale si ancora al substrato (figura 3.30). L'intero animale è lungo poco più di 2, 5 çm.

Il calice ha sul suo bordo esterno una serie di una ventina di lame parallele allungate, dette brattee. La superficie superiore del calice contiene sia un'apertura centrale sia un'apertura marginale, presumibilmente bocca e ano analogamente ad animali moderni di abitudini simili (figura 3.31). Un intestino a forma di U, con stomaco espanso alla base, decorre fra le due aperture attraverso l'interno del calice. Filamenti che si irraggiano dallo stomaco alla superficie interna del calice

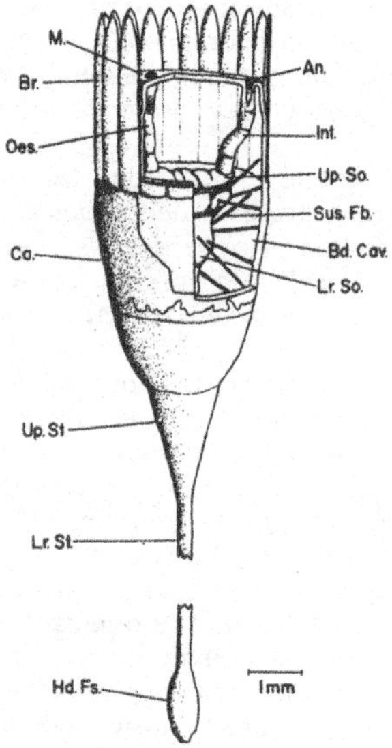

3.30. *Ricostruzione originale del* Dinomischus *a opera di Conway Morris (1977a). Parte del calice è rotta per far vedere l'anatomia interna dell'organismo. Si noti l'intestino a forma di U che scende dalla bocca* (M.) *per risalire all'ano* (An.), *e le fasce muscolari* (Sus. Fb., *per* suspensory fibers) *che ancorano l'intestino alle pareti del calice.*

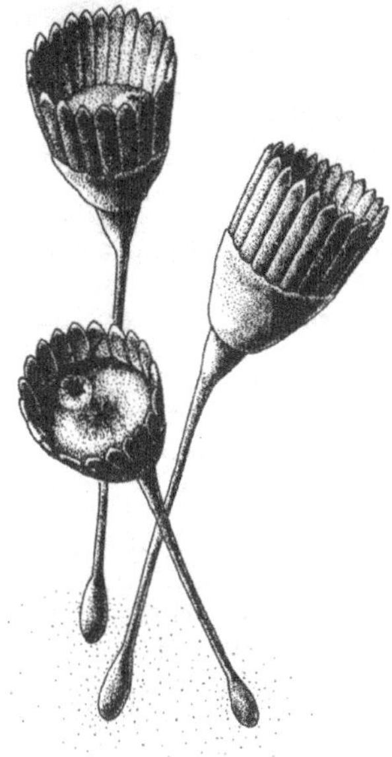

3.31. *Tre esemplari dell'animale peduncolato* Dinomischus. *Uno è inclinato verso di noi, mostrando le aperture della bocca e dell'ano sulla parte superiore del calice. Disegno di Marianne Collins.*

potrebbero essere stati fibre sospensorie (per l'intestino) o fasce muscolari.

Si potrebbero notare varie somiglianze superficiali con parti del corpo di diversi animali moderni, ma si tratterebbe per lo più, con ogni probabilità, di analogie generiche fra strutture dalla funzione simile (come le ali di uccelli e insetti), e non di dettagliate omologie di connessione genealogica. Conway Morris trovò paralleli molto stretti col piccolo phylum degli Entoprocta o endoprotti (che in classificazioni anteriori erano riuniti con i briozoi, ma il *Dinomischus* è fondamentalmente un animale bizzarro a sé. Nel suo articolo originario (1977a, p. 843) Conway Morris mostrò qualche esitazione, ma la sua opinione posteriore è inequivocabile: "Il *Dinomischus* non ha alcuna chiara affinità con altri metazoi e appartiene presumibilmente a un phylum estinto" (Briggs e Conway Morris, 1986, p. 172).

4) *Amiskwia.* Con l'*Amiskwia* Simon affrontò infine uno degli organismi più tipici di Burgess, anche se fra i più rari. Ne erano stati scoperti cinque esemplari, e nel 1911 Walcott aveva descritto formalmente il genere come appartenente ai chetognati o sagittoidei.

L'*Amiskwia* era stata anche al centro di controversie nella letteratura, anche se nessuno aveva proposto di collocarla fuori delle caselle già stabilite nei phyla moderni. Due articoli negli anni sessanta avevano suggerito di trasferire l'*Amiskwia* dai chetognati ai nemertini. Questi phyla non sono nomi familiari per i lettori, ma sono pane di tutti i giorni per la tassonomia moderna.

L'*Amiskwia*, essendo un animale appiattito, probabilmente gelatinoso, privo di un carapace, fu ridotto dal peso degli strati superiori a una sottile pellicola, conservandosi nel modo che Walcott ritenne erroneamente normale per tutti gli organismi di Burgess: ossia letteralmente in forma bidimensionale. In assenza della struttura tridimensionale che Whittington trovò per gli artropodi, e che Simon confermò per vari altri animali bizzarri, ben poco dell'anatomia dell'*Amiskwia* si poté risolvere in maniera soddisfacente, anche se si era conservato quanto bastava per escluderne l'appartenenza a un phylum moderno.

La regione del capo presenta un paio di tentacoli, inseriti sulla superficie frontale inferiore (figura 3.32). Il corpo presenta due paia di pinne, non sostenute da raggi o da qualsiasi altro dispositivo rigido, nel piano dell'appiattimento del corpo: laterali e caudali (queste ultime formano la coda). (Spesso i chetognati hanno pinne in posizioni grosso modo simili, e l'approssimativa somiglianza delle pinne rappresenta in

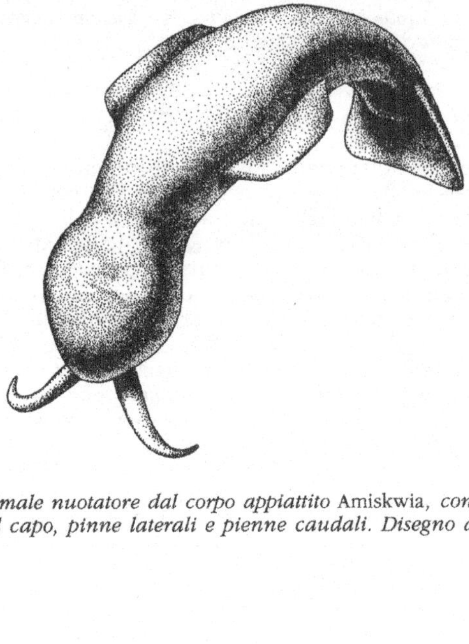

3.32. *L'animale nuotatore dal corpo appiattito* Amiskwia, *con un paio di tentacoli sul capo, pinne laterali e pienne caudali. Disegno di Marianne Collins.*

questo caso un'evoluzione separata connessa a una funzione simile nel nuoto.) L'*Amiskwia* è probabilmente uno dei pochi animali di Burgess che non vissero nella comunità del fondo inghiottita dalla frana di fango. Essa fu presumibilmente un animale pelagico (capace di nuotare), che visse in acque aperte al di sopra del bacino stagnante su cui scese la frana di fango di Burgess. Questo modo di vita diverso spiegherebbe la grande rarità dell'*Amiskwia*, dell'*Odontogriphus* e di alcuni altri organismi che vissero forse in acque aperte al di sopra della fossa, ma lontano dall'habitat originario, della comunità principale di Burgess. Solo alcuni animali della colonna d'acqua sovrastante sarebbero morti e sarebbero rimasti sepolti nei sedimenti sottostanti durante il breve periodo di tempo in cui la frana di fango si consolidò in uno strato di sedimento nel bacino stagnante.

All'interno del capo, un organo bilobato potrebbe rappresentare dei gangli cerebrali, mentre l'intestino potrebbe essere ricostruito come un tubo diritto da una regione ingrandita all'estremità frontale del corpo fino a un ano, che si trova all'estremità opposta, subito prima della pinna caudale (figura 3.33). Il capo, essendo privo della caratteristica

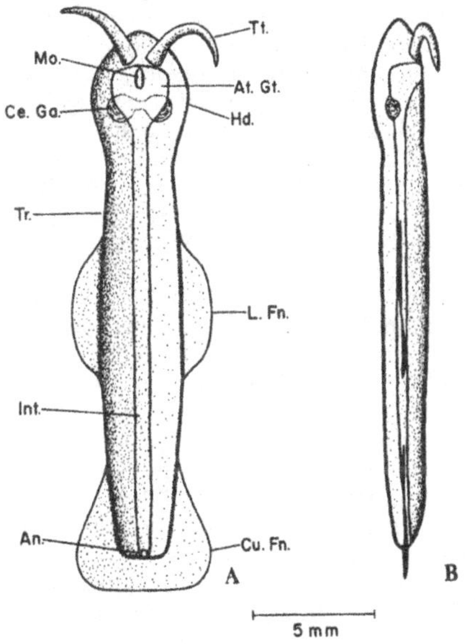

3.33. *Ricostruzione dell'*Amiskwia *a opera di Conway Morris (1977b). A) Vista inferiore: si notino l'inserzione dei tentacoli (*Tt.*), la posizione della bocca (*Mo.*), il percorso dell'intestino (*Int.*) fino all'ano (*An.*) e la struttura interpretata come possibili gangli cerebrali (*Ce. Ga.*). B) Vista laterale.*

proboscide con cavità piena di liquido e con pareti muscolari, non assomiglia affatto a quello di un nemertino: l'altro candidato per poter assegnare l'*Amiskwia* a una casella tassonomica convenzionale; mentre la pinna caudale presenta solo una somiglianza superficiale (nei nemertini la pinna è bilobata, e l'ano si apre proprio all'estremità del corpo). Conway Morris, che oggi è propenso ad accettare l'idea di un'unicità tassonomica ad alti livelli anatomici, concluse:

> Benché l'*Amiskwia sagittiformis* non sia certamente un chetognato... non può neppure essere assegnata ai nemertini. La relativa somiglianza... [ai nemertini] è considerata superficiale e semplicemente un prodotto di un'evoluzione parallela. L'*Amiskwia sagittiformis* non sembra essere imparentata più strettamente ad alcun altro phylum noto. (1977, p. 281)

5) *Hallucigenia*. Noi abbiamo bisogno di simboli per rappresentare una diversità che non riusciamo a comprendere appieno nella nostra testa. Se dovessimo scegliere una creatura per farle trasmettere il messaggio della fauna di Burgess – la sorprendente disparità e unicità di piani anatomici generati così presto e così rapidamente nella storia della vita pluricellulare moderna – ci sarebbe sicuramente un voto quasi plebiscitario a favore dell'*Hallucigenia* (anche se io potrei fare il tifo per l'*Opabinia* o per l'*Anomalocaris*). L'*Hallucigenia* vincerebbe per due ragioni. In primo luogo è davvero un animale molto strano. In secondo luogo, poiché quando si parla di simboli i nomi hanno una grande importanza, Simon scelse per la sua scoperta più strana una denominazione estremamente insolita e davvero efficace, chiamando questo animale *Hallucigenia* per onorarne "l'aspetto bizzarro e quasi onirico" (1977c, p. 624) e anche, forse, come commemorazione di un'epoca illacrimata di esperimento sociale.

Walcott aveva assegnato sette specie di Burgess alla *Canadia*, il suo genere principale di policheti. (I policheti, una classe del phylum degli anellidi, i vermi segmentati, sono l'equivalente marino dei lombrichi terrestri, e sono fra i gruppi di animali che presentano la maggiore varietà di forme e che hanno avuto il maggiore successo.) Conway Morris mostrò in seguito (1979) che il singolo genere di Walcott celava una notevole disparità sotto un ombrello eccessivamente vasto: egli finì infatti col riconoscere, fra le sette "specie" di Walcott, tre generi distinti di veri policheti, un verme di un phylum del tutto diverso (un priapulide, da lui ribattezzato *Lecythioscopa*) e la *Hallucigenia*. Walcott, scambiando la più strana di tutte le creature di Burgess per un comune verme, chiamò questo animale bizzarro *Canadia sparsa*.

Come si può descrivere un animale quando non si sa neppure quale parte sia l'alto e quale il basso, quale il davanti e quale il dietro? L'*Hallucigenia* ha simmetria bilaterale, come la maggior parte degli animali mobili, e ha insiemi di strutture che si ripetono, conformemente col piano corporeo classico di molti phyla. Gli esemplari più grandi

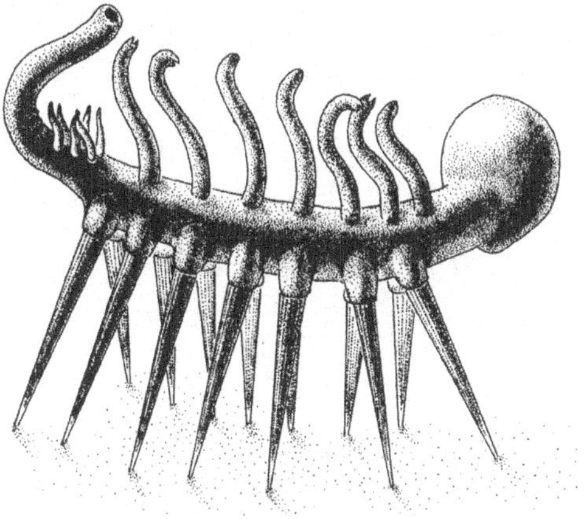

3.34. *La* Hallucigenia, *sostenuta dalle sue sette paia di montanti, sta sollevata sul fondo del mare. Disegno di Marianne Collins.*

sono lunghi circa 2,5 cm. Se vogliamo spingerci oltre questi termini di riferimento estremamente vaghi, siamo costretti a entrare in un mondo davvero perduto (figura 3.34). In una descrizione molto sommaria, l'*Hallucigenia* ha ad un'estremità un "capo" bulboso, mal conservato in tutti gli esemplari disponibili (una trentina), e perciò non ben risolto. Non possiamo neppure essere sicuri che questa struttura rappresenti il "davanti" di questo animale; essa è un "capo" solo per convenzione. Il "capo" (figura 3.35) è attaccato a un corpo lungo e stretto, fondamentalmente cilindrico.

Sette paia di spine dalla punta aguzza – non articolate come le appendici degli artropodi, ma singole strutture discrete – si inseriscono sui due lati del corpo, in prossimità della superficie inferiore, e si estendono verso il basso a formare una serie di sostegni. Queste spine non sono articolate sul corpo, ma sembrano incastrate nella parete del corpo, che si estende come una guaina per una breve distanza lungo la parte superiore di ogni spina. Lungo la linea dorsale mediana del corpo, in posizione direttamente opposta alle spine, si estendono verso l'alto sette tentacoli dalla punta bifida. I sette tentacoli sembrano essere coordinati con le sette paia di spine in un modo stranamente spostato ma costante: il primo tentacolo (quello più vicino al "capo") non corrisponde ad alcun paio di spine. Ognuno dei sei tentacoli seguenti si trova direttamente sopra un paio di spine. All'ultimo paio di spine non corrisponde alcun tentacolo. Un gruppo di sei tentacoli dorsali molto più corti (forse disposti in tre paia) si trovano subito dietro la serie principale di

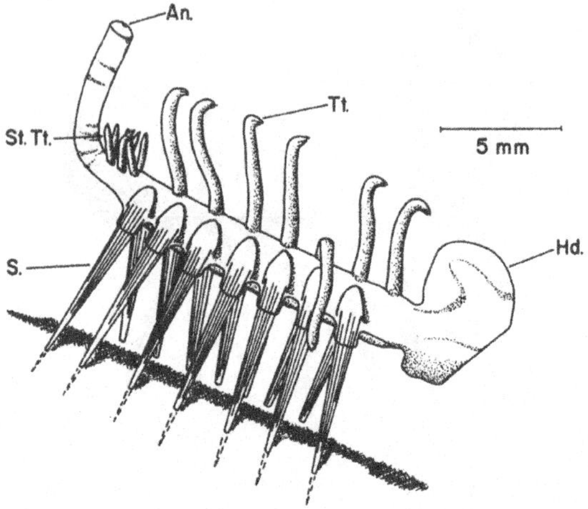

3.35. *Ricostruzione originale della* Hallucigenia *a opera di Conway Morris (1977c).*

sette. L'estremità posteriore del corpo poi si restringe in un tubo e si incurva verso l'alto e in avanti.

Come può procedere un tassonomista nell'interpretazione di un tale piano corporeo? Simon decise che prima di tutto si doveva tentare di immaginare in che modo un tale animale potesse operare, dopo di che si sarebbe potuto acquisire qualche altro indizio sulla sua anatomia. Alla ricerca di analogie, Simon notò che qualche animale moderno si appoggia su spine inserite sulla sua superficie inferiore, o addirittura si muove su tali spine. I pesci "tripodi" si reggono su due lunghe spine pettorali e su una spina caudale. Gli elasipodi, un gruppo curioso di oloturoidei (cetrioli di mare, del phylum degli echinodermi) che vivono in mare profondo, si muovono a gruppi sul fondo, sorretti da lunghi piedi tubolari appuntiti (Briggs e Conway Morris, 1986, p. 173). Nell'*Hallucigenia* le due spine di ogni coppia formano un angolo di circa settanta gradi, una disposizione eccellente per una serie di sostegni che reggano il corpo con buona stabilità. Conway Morris suppose perciò inizialmente che le sette paia di spine permettessero all'*Hallucigenia* di rimanere immobile su un sostrato fangoso. Questo assunto gli consentiva di definire sia un modo di vita sia un orientamento: "Superficie dorsale e ventrale sono identificate sulla base dell'assunto che le spine venivano piantate nei sedimenti del fondo" (Conway Morris, 1977c, p. 625).

Fin qui tutto bene; l'*Hallucigenia* poteva rimanere posata sul fondo con buona stabilità. Ma non poteva restarvi perpetuamente come una statua; gli organismi a simmetria bilaterale con capo e coda sono quasi sempre mobili. Essi concentrano gli organi sensoriali sulla parte frontale del corpo, e hanno l'ano nella parte posteriore, avendo bisogno di sapere dove stanno andando, e di allontanarsi da ciò che si lasciano indietro. Ma come poteva muoversi l'*Hallucigenia* su una serie di spine inserite in modo fisso sulla parete del corpo? Conway Morris riuscì a suggerire un modello plausibile, in cui strisce e fasce di muscoli ancorano l'estremo prossimale della spina alla superficie inferiore della parete corporea. Espansione e contrazione differenziali di queste fasce potevano muovere le spine in avanti e all'indietro. Un'onda coordinata di questo movimento lungo le sette paia di spine poteva far muovere l'animale, anche se in modo un po' goffo. Conway Morris non fu entusiasta delle prospettive di un tale modo di locomozione, e suggerì che "probabilmente l'*Hallucigenia sparsa* non si muoveva rapidamente su rocce o fango, e forse trascorreva la maggior parte del suo tempo standosene immobile" (1977, p. 634).

Se le spine sono difficili da interpretare, che cosa dire dei tentacoli sovrastanti, per i quali le prospettive di trovare analoghi moderni sono ancora minori? Le chele sulla loro punta avrebbero potuto catturare cibo, ma i tentacoli non raggiungono la regione del capo, e il passaggio del cibo da un tentacolo all'altro verso una bocca frontale offre poche prospettive di pasti succulenti. Notando una possibile connessione fra un tubo cavo all'interno di ogni tentacolo e un intestino all'interno del corpo (nessuna delle due cose era abbastanza ben conservata per poter fornire una sicurezza in proposito), Conway Morris offrì un'alternativa affascinante. Forse l'*Hallucigenia* non aveva una bocca frontale. Forse ogni tentacolo raccoglieva cibo indipendentemente, passando le particelle raccolte all'intestino comune attraverso il proprio esofago individuale. Quando si lavora su animali così strani si è costretti a prendere in considerazione anche soluzioni bizzarre.

Eppure l'*Hallucigenia* è così peculiare, così difficile da immaginare come animale capace di funzionare in modo efficiente, che dobbiamo considerare la possibilità di una soluzione molto diversa. Forse l'*Hallucigenia* non è un animale completo, bensì un'appendice complessa di un animale più grande, non ancora scoperto. L'estremità del "capo" non è altro, in tutti i fossili noti, che un grumo incoerente. Forse non è affatto una testa, ma un punto di frattura, in cui un'appendice (chiamata *Hallucigenia*) si staccò da un corpo principale maggiore (non ancora scoperto). Questa prospettiva potrebbe sembrare deludente, dato che l'*Hallucigenia*, considerata a sé, forma una bestia così mirabile. Perciò io faccio il tifo per l'interpretazione di Conway Morris (ma, se fossi costretto a scommettere, dovrei puntare il mio denaro sulla teoria dell'appendice). La prospettiva che l'*Hallucigenia* possa essere solo un'appendice potrebbe essere però ancora più entusiasmante, poiché l'intero animale, se dovesse mai essere scoperto e ricostruito, potrebbe rivelarsi ancora più peculiare dell'*Hallucigenia* quale viene interpretata oggi. Qualcosa del genere è già accaduto nella fauna di Burgess. L'*Anomalocaris* (vedi Atto V) era considerata un tempo un artropodo intero, e per di più anche un crostaceo abbastanza insignificante. Poi Whittington e Briggs (1985) lo risolsero come un'appendice masticatoria di un animale classificabile subito dopo l'*Hallucigenia* nelle stranezze di Burgess. Sicuramente non abbiamo ancora visto l'ultima, e forse neppure la massima, delle sorprese di Burgess.

Derek Briggs e gli artropodi bivalvi: il pezzo finale, forse non tanto vistoso, ma non per questo meno necessario

Devo cominciare questa sezione chiedendo scusa a Derek Briggs per un'invisibile mancanza di riguardo nei suoi confronti, dovuta sia a ignoranza sia a superficialità. Quando abbozzai per la prima volta questo capitolo centrale del libro, ossia prima di leggere dettagliatamente le monografie, commisi un grave errore: vidi la trasformazione di Burgess come un'interazione drammatica fra Harry Whittington, il tassonomista conservatore che diede il via all'impresa, e Simon Conway, il giovane uomo di idee estremiste che sviluppò un'interpretazione rivoluzionaria e riuscì a trascinare con sé tutti gli altri. Ho già indicato il mio errore nel leggere questa interazione secondo il copione convenzionale.

Ora vorrei confessare un altro errore, un errore che non avrei dovuto fare. È il classico errore di coloro che scrivono sulla scienza senza avere una sensibilità intuitiva per i suoi procedimenti quotidiani; quelli che sanno come si lavora non dovrebbero commettere errori di questo genere. La tradizione giornalistica esalta a tal punto la novità e le scoperte vistose, come le uniche cose degne di riferire, che di solito le esposizioni per il pubblico generico non solo ignorano l'attività abituale della scienza ma, peggio ancora, suscitano impressioni sbagliate su quale sia il motore della ricerca.[11]

Un progetto come la revisione di Burgess ha aspetti clamorosi e, prevedibilmente, aspetti meno notevoli, i quali sono però altrettanto necessari. Un cronista convenzionale riferirà solo le idee nuove e i fatti clamorosi: si verseranno fiumi d'inchiostro sull'*Hallucigenia*, mentre si ignoreranno i trilobiti. Ma gli organismi bizzarri di Burgess significano ben poco qualora vengano considerati isolatamente. Inquadrati in

[11] Non lo dico con un intento critico, di rivelazione o di denuncia. Le tradizioni giornalistiche si conformano ai ruoli loro assegnati. Io mi limito a sottolineare che approcci diversi vedono solo parti limitate di una totalità – come nella similitudine troppo usata dei ciechi e dell'elefante – e che si possono commettere errori clamorosi scambiando una piccola parte per una totalità.

un'intera fauna, nella quale si trovano anche elementi convenzionali, suggeriscono invece una nuova concezione della vita. Gli organismi convenzionali devono essere documentati con altrettanto amore, e altrettanta assiduità, essendo non meno importanti per il quadro generale.

Derek Briggs scelse come suo oggetto di studio gli artropodi bivalvi: un gruppo chiaramente più convenzionale nella fauna di Burgess. Egli produsse un'elegante serie di monografie su questi animali, trovando alcune sorprese, ma anche confermando alcune attese. Io non avevo apprezzato il ruolo centrale che la ricerca di Briggs sugli artropodi bivalvi svolse nella trasformazione di Burgess. Quando lessi le monografie di Derek riconobbi il mio errore con un po' di vergogna e giunsi a riconoscere in Harry, Derek e Simon un trio di eguali, ognuno con un ruolo distinto e necessario nel dramma complessivo.

Walcott e altri avevano descritto una dozzina di generi di artropodi con carapace bivalve (che di solito racchiudeva il cefalotorace, ossia l'intero capo e la parte anteriore del corpo). Vari di questi generi non possono essere classificati con sicurezza, essendo stato trovato solo il carapace, e non le parti molli. Gli altri generi sono stati sempre identificati, senza alcun dubbio o esitazione, come crostacei, come sono tutti gli artropodi moderni con un carapace bivalve. Derek Briggs iniziò il suo progetto senza avere alcun dubbio a livello cosciente: "C'erano alcune descrizioni da rifare. Supposi che mi sarei occupato di una quantità di crostacei."

Nelle sue prime monografie sugli artropodi bivalvi degli argilloscisti di Burgess Briggs descrisse due grandi scoperte. Se si mettono queste scoperte assieme agli animali bizzarri di Simon e agli artropodi isolati di Harry, si ha, nel 1978, una spiegazione compiutamente articolata e del tutto nuova di come si evolse la vita pluricellulare.

1) *Branchiocaris*, la prima scoperta. I crostacei sono un gruppo immenso e caratterizzato da una grande varietà: dagli ostracodi quasi microscopici, con un carapace bivalve che ne ricopre l'intero corpo come la conchiglia di un mollusco, ai granchi giganteschi le cui zampe possono superare il metro di lunghezza. Eppure sono costruiti tutti secondo lo stesso piano corporeo, con caratteri distintivi ben precisi nella struttura del capo. Il capo dei crostacei è formato da cinque segmenti originari più gli occhi. Sono perciò presenti cinque paia di appendici, e in una disposizione ben precisa: due preorali (di solito antenne) e tre postorali (di solito parti dell'apparato boccale).[12] Poiché

[12] Le appendici boccali degli artropodi hanno ricevuto gli stessi nomi di strutture funzionalmente comparabili nei vertebrati: mascella, mandibola e via dicendo. Similmente, anche le parti di arti di insetti hanno avuto gli stessi nomi – trocantere, tibia – delle loro controparti di vertebrati. Questa è purtroppo una nomenclatura che può suscitare della confusione poiché, quali che siano le somiglianze strutturali, le strutture non hanno alcuna connessione evoluzionistica: l'apparato boccale degli insetti si sviluppò da arti, mentre le mascelle dei vertebrati si svilupparono da archi branchiali.

tutti gli artropodi bivalvi moderni sono crostacei, Briggs suppose che avrebbe trovato i loro caratteri frontali distintivi nei crostacei di Burgess. Ma la fauna di Burgess avrebbe fornito ben presto un'altra sorpresa.

Nel 1929 Charles E. Resser, il braccio destro di Walcott alla Smithsonian Institution, aveva descritto un singolo esemplare di Burgess come il crostaceo *Protocaris pretiosa*. Il genere *Protocaris* era stato introdotto nel 1884 dallo stesso Walcott, prima della sua esperienza di Burgess, per un artropodo del Cambriano trovato nel Parker Slate (Vermont). Resser considerò il crostaceo di Burgess abbastanza vicino per poter essere incluso nello stesso genere. Briggs dissentì da tale classificazione e stabilì il nuovo genere *Branchiocaris*.

Briggs riuscì a mettere assieme un totale di cinque esemplari: l'originale di Resser, altri tre esemplari della collezione di Walcott e un quinto la cui parte fu trovata da Raymond nel 1930, ma la cui controparte rimase sulla scarpata di detrito di Burgess fino a quando non venne raccolta dalla spedizione del Royal Ontario Museum nel 1975, come abbiamo già avuto occasione di ricordare nel corso di questo capitolo. Il carapace bivalve della *Branchiocaris* copre il capo e due terzi del corpo (figura 3.36). Il corpo stesso comprende circa quarantasei brevi segmenti, seguiti da un telson bifido. Le appendici non sono chiaramente distinguibili nel numero limitato di fossili disponibili, ma potrebbero essere state biramate, con un breve ramo segmentato (presumibilmente omologo all'arto ambulacrale della maggior parte degli artropodi biramati, ma troppo ridotto per poter svolgere questa funzione nella *Branchiocaris*), e un'appendice maggiore in forma di lama, probabilmente usata per nuotare in prossimità del fondo marino.

Ma la grande sorpresa fu fornita dal capo della *Branchiocaris*. Erano chiaramente distinguibili due paia di corte appendici, simili ad antenne, rivolte in avanti: le prime di forma più convenzionale, uniramate con molti segmenti; le seconde più peculiari, robuste e composte da pochi segmenti, forse con una chela all'estremità. Briggs chiamò questo secondo paio le "appendici principali", nello stesso modo in cui Walcott, imbarazzato da una struttura analoga nella *Yohoia*, aveva parlato di una "grande appendice".

Queste appendici erano inserite sulle superfici superiore e laterale del capo. Sulla superficie ventrale, dopo la bocca avrebbero dovuto trovarsi altre tre paia di appendici, ma Briggs non trovò nulla. La bocca se ne stava tutta sola su una superficie ventrale disadorna. La *Branchiocaris*, con due e solo due paia di appendici sul capo, non era un crostaceo. "Essa rifiuta chiaramente di essere classificata in qualsiasi gruppo di artropodi recenti," concluse Briggs (1976, p. 13).

Così anche gli artropodi bivalvi – il gruppo che sembrava il più promettente come insieme coerente di forme filogeneticamente affini – formavano una categoria artificiale che celava un'imprevista varietà anatomica. Quale ordine si sarebbe potuto trovare fra gli artropodi di

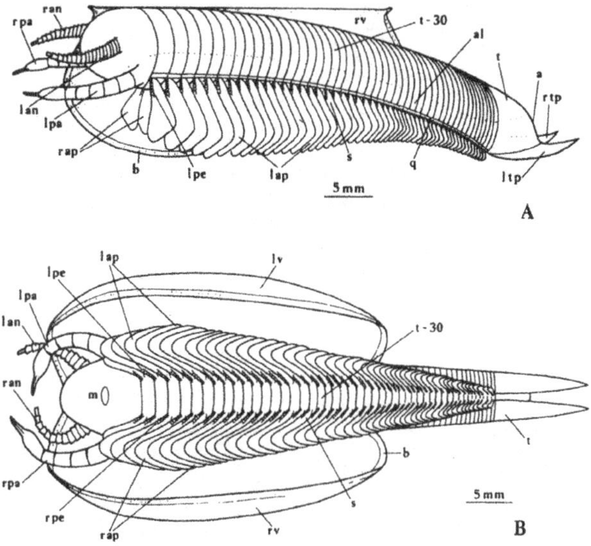

3.36. *Ricostruzione della* Branchiocaris *a opera di Briggs (1976). A) Vista laterale. B) Vista inferiore, in cui si vede la superficie ventrale dell'animale circondata dalle due valve del suo carapace. Si notino in particolare le paia di appendici uniramate, e specialmente il paio unico di appendici principali* (lpa e rpa). *Si noti inoltre l'assenza di appendici cefaliche dopo la bocca, cosa ignota in qualsiasi gruppo di artropodi moderni.*

Burgess? Ognuno di essi sembrava essere costruito attingendo a una varietà di caratteri eterogenei, come se l'architetto di Burgess avesse posseduto un sacco di tutte le possibili strutture degli artropodi e le avesse prese a caso per introdurre una variazione in qualche parte ogni volta che voleva costruire una nuova creatura. Un arto biramato del tipo dei trilobiti poteva adornare il corpo di qualsiasi tipo di artropodo? Un carapace bivalve poteva coprire qualsiasi anatomia? Dov'era l'ordine, dove la convenzionalità?

2) *Canadaspis*, la seconda scoperta. Consideriamo la storia degli artropodi di Burgess quale si trovava nelle opere a stampa alla fine del 1976. La *Marrella*, un presunto parente dei trilobiti, era un'orfana. La *Yohoia*, con la sua grande appendice, presentava una specializzazione unica e non aveva progenitori noti, né era a sua volta un precursore di forme note. La *Burgessia*, che ha dato il nome a questa fauna, era un altro organismo isolato. Persino la *Branchiocaris*, che sembrava un solido candidato all'appartenenza ai crostacei, presentava sotto il suo

carapace bivalve un'anatomia unica. Inoltre questi quattro orfani non presentavano alcuna affinità fra loro, ma anzi ognuno si gloriava di peculiarità uniche. Si sarebbe mai trovato un artropodo di Burgess che accettasse la sua classificazione in un gruppo moderno, quella classificazione che Walcott, brandendo il suo calzatoio, aveva un tempo imposto a forza a tutti quanti?

La *Canadaspis* è il secondo animale per abbondanza fra i fossili di Burgess. È un animale grande relativamente alla norma di questa fauna (può misurare sino a quasi 8 cm di lunghezza) e tende a conservarsi con un vistoso colore rossastro. Ha un carapace bivalve, ma, come scoprì ben presto Briggs, l'anatomia sottostante era molto diversa da quella della *Branchiocaris*.

In un breve articolo del 1977, Briggs classificò due specie di bivalvi nel nuovo genere *Perspicaris*. Le sue ricostruzioni suggerivano qualcosa di esaltante, ma la rarità degli esemplari e la loro cattiva conservazione impedivano qualsiasi conclusione sicura. Egli non poté dimostrare che si trattasse veramente di crostacei, ma nulla di quanto si conosceva su queste due specie impediva di considerarle tali. Era stato finalmente trovato un rappresentante di un gruppo moderno?

Nel 1978 Briggs risolse questo problema in modo elegante e definitivo. La sua lunga monografia sull'animale *Canadaspis perfecta*, ben conosciuto attraverso molti esemplari in buono stato di conservazione, collocava infine un organismo di Burgess in un gruppo moderno. La *Canadaspis* non solo era un crostaceo, ma si poteva stabilire esattamente la sua collocazione all'interno della classe. La *Canadaspis* è un malacostraco primitivo: ossia un rappresentante della grande sottoclasse comprendente granchi, gamberi e aragoste. Burgess trovò nell'anatomia della *Canadaspis* tutti gli elementi del complesso stereotipo dei malacostraci: un capo con cinque paia di appendici, formato da cinque segmenti più gli occhi; un torace (la sezione di mezzo) formato da otto segmenti, e un addome (la sezione posteriore) formata da sette segmenti più un telson. Inoltre le appendici del capo sono disposte nel modo giusto, con due paia di antenne corte, uniramate, davanti alla bocca, e tre paia di appendici ventrali dopo la bocca.[13] I segmenti addominali non presentano appendici, mentre ogni

[13] Pare dare un'idea di quante lotte e sforzi possano celarsi dietro conclusioni formulate così in breve nel mio testo, consideriamo l'interessante nota che Derek Briggs mi scrisse in reazione a questo passo quando gli inviai il manoscritto di questo libro: "La ricerca sulla *Canadaspis* divenne una caccia al primo crostaceo... Allora ci si attendeva che le probabilità che un qualsiasi artropodo rientrasse in un gruppo vivente fossero molto piccole. Il problema con la *Canadaspis* era quello di trovare le prove critiche delle appendici cefaliche posteriori. L'USNM 189017 [il numero di catalogo di un esemplare chiave nel Museo Nazionale degli Stati Uniti] è il migliore di 3 soli esemplari circa (su migliaia) che presentano queste appendici in vista laterale (le appendici sono, senza eccezione, oscurate quasi totalmente dal carapace, dalla loro sovrapposizione ecc.) e, come lei può vedere sulla tavola 5 (Briggs, 1978), la preparazione dell'esemplare per

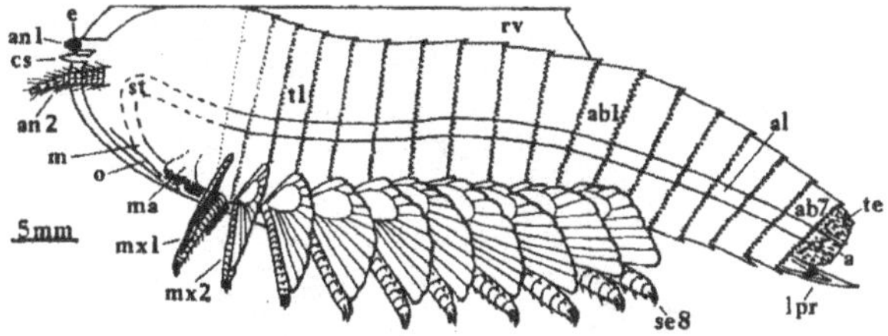

3.37. *Ricostruzione della* Canadaspis *a opera di Briggs (1978). L'animale ha la struttura tipica di un vero crostaceo della linea dei malacostraci: due paia di appendici preorali (*an1 *e* an2*), tre paia di appendici postorali (*ma, mx1 *e* mx2*), un torace con otto segmenti (a cominciare dal segmento designato* t1*) e un addome con sette segmenti (*ab1-ab7*). Ogni segmento toracico ha un paio di appendici biramate.*

segmento toracico ha un paio di appendici biramate normali: il ramo interno con funzione di arto ambulacrale e il ramo esterno con funzione di branchia (figure 3.37 e 3.38).

La brevità di questa descrizione nulla toglie all'importanza della *Canadaspis* nella riformulazione di Burgess. Un animale strano ha bisogno di una lunga descrizione per spiegarne l'unicità, mentre una creatura familiare può essere caratterizzata semplicemente assimilandola a qualcosa di noto. Ma la *Canadaspis* è sia una chiave sia un punto di riferimento per la storia di Burgess, una creatura che non è meno importante di nessuno degli strani mostri di Simon. Supponiamo che ogni animale di Burgess fosse un cittadino bizzarro di un mondo perduto. Come dovremmo considerare questa strana accozzaglia? Un insuccesso, un esperimento fallito, un primo tentativo totalmente aggirato da una fauna moderna ricostruita, e che perciò non offre alcun indizio e connessione circa l'origine della vita posteriore. Ma la presenza della *Canadaspis*, e di altri organismi dal piano anatomico moderno, suggerisce una visione diversa e più illuminante. La fauna di Burgess comprende prototipi moderni, e, sotto questo aspetto chiave, è una fauna comune del Cambriano; ma la varietà molto maggiore di piani corporei che scomparvero potrebbe fornirci informazioni della massima impor-

renderle visibili fu un lavoro enorme. A mio giudizio le figure 66-69 su tali tavole rappresentano il massimo che si può conseguire preparando insieme parte e controparte. Mi diedi allora molto da fare per convincere Sidnie Manton (il guru di Harry sugli artropodi) che possedevo le prove critiche: a quel tempo considerai questo un risultato grandissimo! [Manton era il massimo esperto mondiale sulla classificazione a livello superiore degli artropodi, ed era una donna molto decisa.] Non bastava possedere gli esemplari, ma si doveva anche dimostrare che le prime due paia di una serie di 10 paia di appendici biramate simili appartenevano al capo, benché esse rimangano primitive nel fatto di non essere significativamente differenziate rispetto a quelle che seguono."

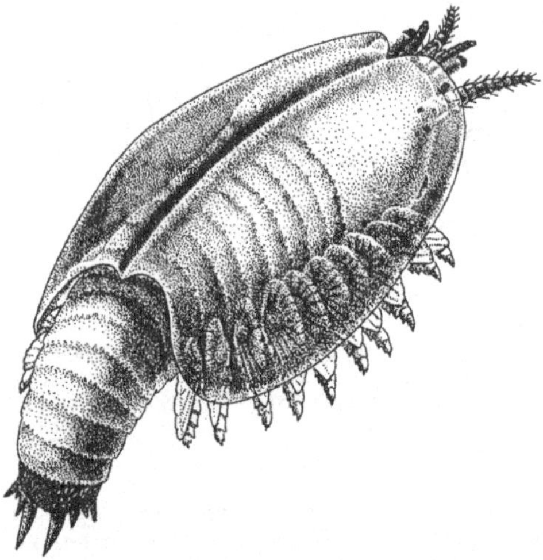

3.38. *Il genuino crostaceo* Canadaspis. *I cinque segmenti cefalici recano due paia di antenne e tre paia di appendici postorali, le ultime due delle quali sono continue con le appendici biramate del corpo e hanno forma simile. Disegno di Marianne Collins.*

tanza sul funzionamento dell'evoluzione nella prima parte della storia della vita.

Quando Derek risolse il problema della *Canadaspis,* Simon aveva messo da parte il suo vortice di mostri per lavorare sui principali oggetti di studio del suo progetto, i veri vermi di Burgess. I suoi risultati, pubblicati in due monografie (1977 e 1979), confermarono nel modo migliore la lezione della *Canadaspis.* Alcuni organismi di Burgess, persino fra gli animali dal corpo molle, rientravano senza difficoltà in gruppi moderni, accentuando e sottolineando così l'importanza delle forme bizzarre come aggiunte alla normalità. Nel 1977 Conway Morris riconobbe fra le forme che Walcott aveva distribuito su tre phyla (policheti, crostacei ed echinodermi) sei o sette phyla di vermi priapulidi. I priapulidi formano un piccolo phylum a sé rappresentato da una decina di generi negli oceani attuali, ma dominarono la fauna dei vermi degli argilloscisti di Burgess. (I priapulidi di Burgess formano gran parte del mio racconto nel capitolo 5.)

Nel 1979 Conway Morris si occupò di uno dei gruppi su cui Walcott aveva fatto più confusione: i policheti di Burgess. Walcott aveva usato i Polychaeta (rappresenti marini del phylum degli anellidi, o vermi segmentati) come un contenitore di molte bizzarrie di Burgess. All'interno dei policheti di Walcott, Conway Morris trovò due generi di priapulidi e quattro generi di mostri strani. Ma Walcott aveva anche identificato alcuni veri policheti. In questo miscuglio di forme, Conway Morris identificò e stabilì sei generi di policheti di Burgess. Questo gruppo, così dominante nei mari di oggi, era sovrastato ai tempi di Burgess dai priapulidi (con lo stesso numero di generi ma con molti più esemplari). Entrambi i gruppi proclamavano però lo stesso messaggio generale. La fauna di Burgess conteneva in abbondanza sia anatomie comuni sia anatomie uniche.

ATTO IV. Completamento e codificazione di un ragionamento: La *Naraoia* e la *Aysheaia*, 1977-1978

Dopo un terzo atto così lungo, abbiamo bisogno di un quarto atto più breve per fissare un punto in gran parte simbolico, occupandoci della risoluzione di due importanti generi di Burgess che non si distinguono solo per i loro nomi quasi impronunciabili, con una grande abbondanza di vocali.

Harry Whittington aveva dato l'avvio a questo dramma rendendo orfani alcuni artropodi di cui nessuno aveva contestato fino allora la classificazione in unità tassonomiche stabilite (atto I). Egli aveva rincarato la dose mostrando che l'*Opabinia* non era affatto un artropodo, bensì una creatura dall'anatomia strana e unica (atto II). I suoi allievi e collaboratori convertirono poi queste anomalie in una generalità su Burgess e il suo tempo, documentando numerosi errori di classificazione da parte di ricercatori precedenti e il ricorrere di forme bizzarre e peculiari in tutta la fauna di Burgess (atto III). Quando infine Harry Whittington accettò la nuova interpretazione, e cominciò a considerare la stranezza anatomica un'ipotesi preferita *a priori*, piuttosto che un'ultima risorsa, la storia era giunta alla sua conclusione logica; la trasformazione di Burgess era stata completata (atto IV). In termini concettuali, il resto sarebbe stato un lavoro di riordino, ma con le migliori di tutte le storie particolari ancora da raccontare (atto V).

La *Naraoia* aggiunse l'ultimo pezzo sostanziale alla struttura logica della nuova concezione. Questo vecchio rappresentante della fauna di Burgess, descritto da Walcott come un crostaceo branchiopodo, ha un carapace composto da due valve ovali piane, lisce, che si incontrano in bordi rettilinei una dietro l'altra. Queste valve, separate e scintillanti nella maggior parte dei fossili, fanno della *Naraoia* uno fra i più sorprendenti e attraenti fra gli organismi di Burgess, ma impongono anche un difficile problema di interpretazione. Esse coprono quasi tutta l'anatomia molle; la maggior parte degli esemplari mostrano solo le punte distali delle appendici, sporgenti oltre il bordo del carapace (figura 3.39). Poiché le estremità prossimali (e invisibili) delle appendici

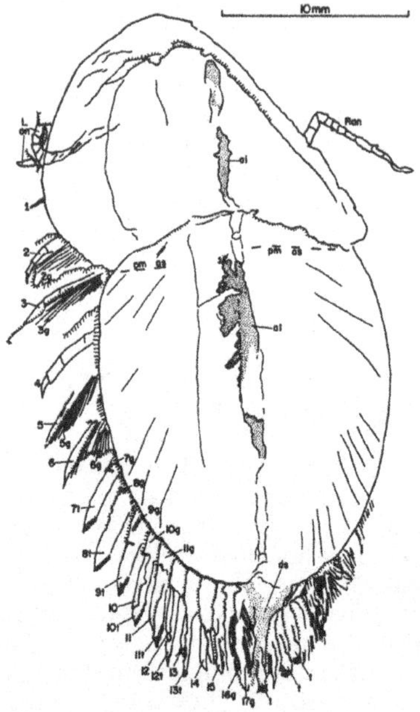

3.39. *Disegno alla camera chiara di un esemplare eccellente di* Naraoia *(Whittington, 1977). Le due valve del carapace coprono quasi tutta l'anatomia molle, e solo le estremità delle appendici ne sporgono fuori.*

forniscono la base tassonomica primaria per l'identificazione dei gruppi di artropodi – sia attraverso la loro forma sia attraverso il loro tipo di inserzione sul corpo – la *Naraoia* non aveva mai potuto essere interpretata nel modo appropriato.

Whittington risolse questo dilemma con la sua scoperta della struttura tridimensionale nei fossili di Burgess. Egli si rese conto di poter asportare il carapace per portare in luce le estremità prossimali delle appendici e i loro punti di inserzione. Sotto il carapace della *Naraoia* (figura 3.40), scoprì una parte abbastanza grande delle appendici da poterne contare i segmenti e risolverne le estremità prossimali, compresi gnatobasi e solchi del cibo. Whittington ebbe anche una delle maggiori sorprese della sua vita professionale. Stava guardando un arto dell'animale che conosceva meglio: un trilobite. Ma, al di là di una vaga somiglianza nel disegno generale, il carapace, con le due sue valve, assomiglia assai poco all'esoscheletro di un trilobite. La maggior parte dei trilobiti hanno una triplice divisione, in capo, torace e pigidio. (Contra-

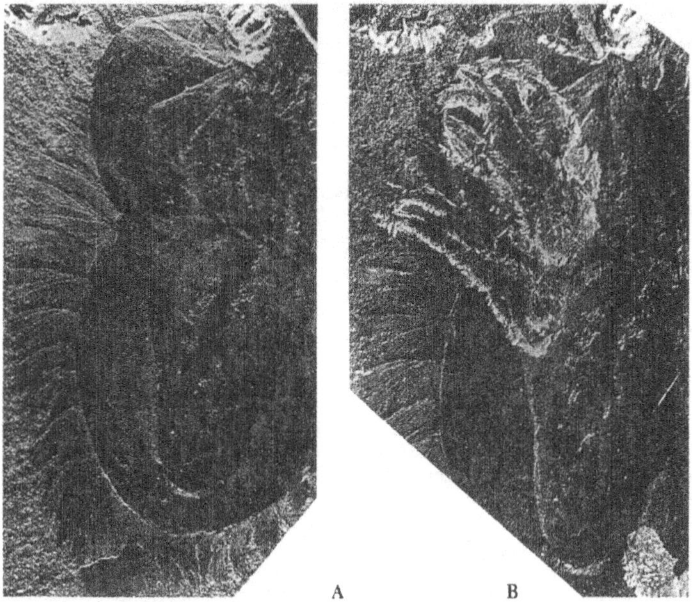

A B

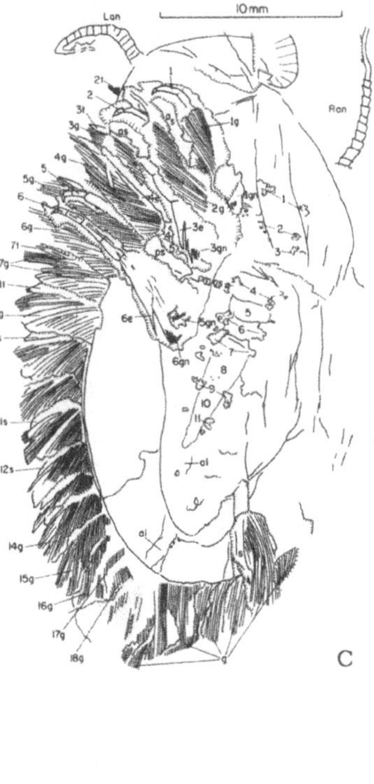

C

3.40. *Determinazione dell'affinità tassonomica della* Naraoia *per mezzo della dissezione. A) Un esemplare completo prima della dissezione. B) Lo stesso esemplare, sezionato per rivelare gli arti nei loro punti di inserzione sul corpo. C) Disegno alla camera chiara dell'esemplare sezionato. Poiché gli arti ambulacrali hanno la forma tipica che si osserva nei trilobiti, la* Naraoia *è stata identificata come il primo trilobite bivalve noto.*

riamente a una credenza molto diffusa, il nome "trilobite" – trilobato – non deriva da questa suddivisione longitudinale. La divisione in tre lobi si riferisce invece alla divisione latitudinale in un asse centrale e due regioni laterali, chiamate pleure.)

Whittington trovò nella *Naraoia* anche altri caratteri chiave dei trilobiti, in particolare la classica segmentazione del capo, con un paio di antenne preorali uniramate e le tre paia di appendici postorali inserite sulla superficie ventrale. La *Naraoia*, nonostante la sua curiosa cuticola esterna, era senza dubbio un trilobite. Whittington descrisse perciò questo genere come una classe nuova e separata all'interno dei Trilobita. Egli si espresse con una gioia appena celata e in una vena insolitamente personale: e perché no, essendo il principale esperto mondiale sui trilobiti? Questi sono i suoi figli, ed egli aveva appena dato alla luce un figlio sorprendente e diverso:

> Era una cosa sia sorprendente sia entusiasmante da portare in luce per la prima volta... La nuova ricostruzione presenta un animale molto diverso da quello presentato da Walcott e da altre ricostruzioni..., molto più simile ai trilobiti di quanto si era pensato. In effetti, concludo che la *Naraoia* era un trilobite privo del torace, e lo colloco in un ordine a sé di tale classe. (1977, p. 411)

Questo mutamento può sembrare piccolo, un passaggio da un gruppo ben noto a un altro, e perciò un evento di piccolo interesse concettuale in mezzo a tanto sconvolgimento e a tante scoperte connessi alla fauna di Burgess. Ma così non è. La classificazione della *Naraoia* rappresenta la sistemazione dell'ultimo pezzo di un puzzle, dimostrando che la caratteristica principale di Burgess – una disparità anatomica che va molto oltre la norma di epoche posteriori – si riscontra a tutti i livelli. Gli organismi bizzarri di Simon avevano accertato questa caratteristica al livello supremo dei phyla, corrispondenti ai piani corporei fondamentali della vita animale. Le monografie di Whittington avevano raccontato la stessa storia al livello immediatamente inferiore della disparità all'interno di phyla: un gruppo dopo l'altro, artropodi inclassificabili in gruppi attuali parlarono rivelando un'anatomia di Burgess molto più varia dell'anatomia di ogni tempo posteriore, nonostante il grande aumento del numero di specie di artropodi, fra cui una fauna di insetti moderni di un milione circa di specie descritte. Ora Harry aveva dimostrato che lo stesso modello si riscontra anche al livello minimo della disparità all'interno dei gruppi principali di un phylum. Egli aveva scoperto un'apparente contraddizione in termini: un trilobite dal corpo molle con un carapace bivalve. (Nel 1985 avrebbe descritto un secondo trilobite dal corpo molle con un carapace bivalve, il *Tegopelte gigas*, uno dei massimi animali di Burgess, della lunghezza di quasi 30 cm, cosicché oggi la *Naraoia* non è più una stranezza solitaria fra i trilobiti.) Il modello di Burgess sembra presentare un carattere "frattale" di invarianza su scale tassonomiche: se guardiamo al telescopio, o mettiamo l'occhio al microscopio, vediamo la stessa immagine: la maggiore disparità di Burgess, seguita dalla decimazione e dalla diversificazione all'interno di un numero minore di gruppi superstiti.

La monografia sulla *Naraoia* segnò per Whittington uno spartiacque concettuale. Egli affossò infine la classe dei Trilobitoidea, come un cestino artificiale della carta straccia privo di alcuna validità reale. Si era infine liberato da un impaccio che gli impediva di vedere gli artropodi di Burgess come una serie di piani corporei unici, che andavano oltre l'ambito di variazione di gruppi posteriori:

> La classe Trilobitoidea (Størmer, 1959) fu proposta come una categoria convenzionale in cui classificare artropodi considerati simili a trilobiti, rinvenuti principalmente negli argilloscisti di Burgess, e considerata di rango uguale alla classe Trilobita. Studi pubblicati recentemente e altri studi in corso stanno fornendo in abbondanza nuove informazioni, particolarmente sulle appendici... La classe Trilobitoidea non può più essere considerata un concetto utile e sta emergendo una base nuova per la valutazione dei rapporti. (1977, p. 440)

La successiva monografia di Harry, sulla *Aysheaia*, si apre col riconoscimento più esplicito della nuova concezione: "Gli animali di questa comunità presentano una varietà sorprendente di artropodi oltre che di forme bizzarre, come quelle descritte da Whittington e Conway Morris, le quali, come l'*Aysheaia*, non trovano facilmente posto in unità tassonomiche superiori recenti" (1978, pp. 166-167). L'*Aysheaia* fu forse il più famoso e il più discusso degli organismi di Burgess, per una ragione importante radicata nelle due *p*: "primitivo" e "precursore". Walcott (1911c) aveva descritto l'*Aysheaia* come un anellide, ma alcuni suoi colleghi si affrettarono a sottolineare con entusiasmo che quell'organismo era quasi indistinguibile, almeno superficialmente, da un piccolo gruppo di invertebrati moderni, gli onicofori, rappresentato primariamente da un genere dal bel nome di *Peripatus*. Gli onicofori posseggono un miscuglio di caratteri che ricordano sia gli anellidi sia gli artropodi; molti biologi considerano perciò questo gruppo una delle rare forme di connessione ("anelli non mancanti", se così vi piace) fra i due phyla. Ma gli onicofori moderni sono organismi terrestri, mentre la transizione reale fra anellidi e artropodi, o la derivazione di entrambi da un progenitore comune, dovrebbe essersi verificata in mare. Inoltre, gli onicofori moderni hanno avuto più di 550 milioni di anni di evoluzione dopo la presunta separazione di anellidi e artropodi, e non potrebbero quindi essere considerati come modelli diretti della transizione. Un onicoforo marino del Cambriano sarebbe una creatura di importanza suprema per l'evoluzione, e l'*Aysheaia*, così interpretata pressoché universalmente (Hutchinson, 1931), divenne uno degli eroi della storia di Burgess. Il grande ecologo G. Evelyn Hutchinson, che aveva fatto un'importante ricerca sulla tassonomia del *Peripatus* in Sudafrica e che, considerando la sua ricca carriera a quasi sessant'anni di distanza, colloca ancor oggi il suo studio sull'*Aysheaia* fra le sue ricerche più significative (intervista dell'aprile 1988), scrisse nel suo articolo:

> Nell'*Aysheaia* abbiamo una forma che visse in condizioni ecologiche del tutto diverse da quelle delle specie moderne, e in un tempo molto remoto, e nondimeno ebbe un aspetto esterno che in vita dev'essere stato straordinariamente simile a quello dei rappresentanti viventi del gruppo. (1931, p. 18)

L'*Aysheaia* ha un corpo cilindrico anulato, con dieci paia di arti anulati inseriti a entrambi i lati del corpo sulla superficie inferiore e rivolti verso il basso, presumibilmente per essere usati nella locomozione (figure 3.41 e 3.42). L'estremità anteriore del corpo non è separata nella forma di un capo distinto. Essa ha un singolo paio di appendici, molto simili alle altre nella forma e nell'anulazione ma inserite più in alto sui lati e rivolte verso l'esterno. La bocca, in posizione terminale (proprio in mezzo alla superficie frontale), è circondata da sei o sette papille. Le appendici del capo hanno sulla punta tre ramificazioni simili a spine, e altre tre spine lungo il margine anteriore. Gli arti corporei terminano con una punta smussata, e hanno fino a sette piccoli artigli ricurvi ciascuno. Spine più grandi sono inserite sugli arti stessi. Queste spine sono assenti sul primo paio di arti, sono rivolte in avanti sulle paia 2-8 e all'indietro sulle paia 9-10.

Whittington combinò queste informazioni anatomiche con altri dati per ricostruire uno stile di vita interessante e insolito per l'*Aysheaia*. Su sei circa dei diciannove esemplari di *Aysheaia* egli trovò resti di spugne: un'associazione che non si trova mai per altri animali di Burgess. Whittington congetturò che l'*Aysheaia* si nutriva forse di spugne e probabilmente viveva anche fra di esse per ricavarne protezione (figura 3.43). I minuscoli artigli terminali degli arti non sarebbero stati di alcuna

3.41. *L'*Aysheaia, *probabilmente un onicoforo. Disegno di Marianne Collins.*

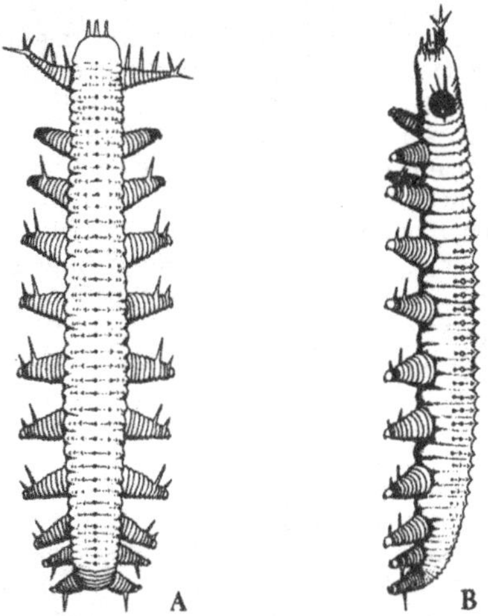

3.42. *Ricostruzione dell'*Aysheaia *da parte di Whittington (1978). A) Vista superiore. B) Vista laterale; in alto è visibile l'anello di tentacoli che circondano la bocca, in posizione terminale; la superficie dorsale è a destra.*

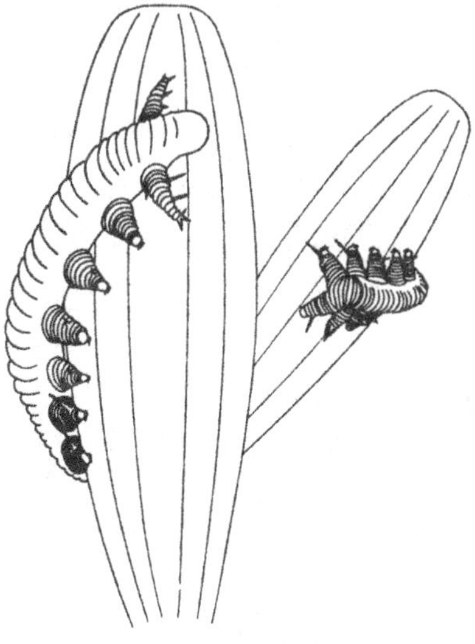

3.43. *Ricostruzione a opera di Whittington (1978), in cui si vede l'*Aysheaia *che vive e si nutre su spugne.*

utilità sul fango, ma potevano essere d'aiuto per arrampicarsi su spugne e aggrapparsi ad esse. Le appendici anteriori non potevano portare cibo direttamente alla bocca, ma potrebbero essere state usate per lacerare spugne con le loro spine, permettendo così all'animale di succhiare succhi nutritizi e mangiare tessuti delicati. Gli artigli e le spine rivolti all'indietro degli arti posteriori potrebbero avere svolto la funzione di punti d'appoggio per mantenere aggrappato l'animale ad angoli insoliti.

Ma l'*Aysheaia* era davvero un onicoforo? Whittington ammise che esistevano talune somiglianze impressionanti nelle appendici anteriori, nei brevi arti corporei uniramati con artigli terminali, e nelle anulazioni sul corpo e sugli arti. Ma indicò anche alcune differenze, fra cui la mancanza di mandibole (che sono presenti negli onicofori moderni) e la terminazione del corpo all'ultimo paio di arti (mentre negli onicofori moderni il corpo si estende più all'indietro).

A giudizio di Whittington, queste differenze sollevavano abbastanza dubbi per escludere l'*Aysheaia* dagli onicofori e per riconoscere questo genere, almeno provvisoriamente, come gruppo unico e indipendente. Citando le lezioni di altri generi egli scrisse: "Così l'*Aysheaia*, a somiglianza di altri animali degli argilloscisti di Burgess come l'*Opabinia*, l'*Hallucigenia* e il *Dinomischus*, non rientra facilmente in alcuna unità tassonomica superiore oggi esistente" (1978, p. 195).

Io considero queste parole di fondamentale importanza e ritengo che completino (almeno simbolicamente) la trasformazione di Burgess. Lo dico ironicamente perché penso che, per una volta, Harry era probabilmente in errore sull'*Aysheaia*. Io credo che, sulla base dei fatti disponibili, l'*Aysheaia* dovrebbe essere mantenuta fra gli onicofori. Le somiglianze sono impressionanti e anatomicamente profonde, le differenze sono superficiali e non hanno grande importanza sul piano della filogenesi. Delle due principali differenze riscontrate da Harry, le mandibole potrebbero essersi semplicemente sviluppate in epoca posteriore. Nel corso dell'evoluzione possono aggiungersi strutture, a meno che l'anatomia ancestrale non ne precluda lo sviluppo. Proprio un tale evento si verificò in almeno un importante gruppo di Burgess. I policheti di Burgess non hanno mandibole, le quali si svilupparono nell'Ordoviciano e sono persistite da allora. Quanto all'estensione del corpo oltre l'ultimo paio di arti, mi colpisce come un facile mutamento evolutivo, ben alla portata di un gruppo così vasto come quello degli onicofori. Il paleontologo americano Richard Robison, che sviluppò un elenco molto maggiore di distinzioni fra l'*Aysheaia* e gli onicofori moderni, ritiene nondimeno che l'*Aysheaia* appartenga a questo gruppo, e scrive a proposito della seconda differenza importante di Whittington:

> Negli onicofori terrestri, la proiezione del corpo dietro il paio posteriore di lobopodi [arti] sembra non rappresentare nient'altro che una modificazione secondaria per migliorare l'igiene attraverso un lieve spostamento dell'ano.

Un tale piano corporeo è meno importante per organismi che vivono in acqua, dove le correnti facilitano la separazione di rifiuti tossici dal corpo. La forma della parte posteriore del corpo potrebbe essere quindi più indicativa dell'habitat che di affinità filogenetiche. (1985, p. 227)

Perché dunque Whittington separò l'*Aysheaia* dagli onicofori e ne affermò l'unicità tassonomica? Considerando che questa conclusione venne da un uomo che, per anni, aveva resistito alla tentazione di separare gli organismi di Burgess da gruppi ben noti, e che aveva operato tali divisioni solo quando vi era stato costretto dal peso delle prove, noi saremmo naturalmente indotti a supporre che egli sia stato costretto a questa sgradevole conclusione da nuovi dati diretti forniti dagli esemplari di *Aysheaia*. Ma se leggiamo con cura la monografia del 1978, vediamo che Whittington non confutò nessuna delle asserzioni fondamentali di Hutchinson sull'*Aysheaia*. Harry elencò e discusse le stesse differenze, e confermò essenzialmente l'eccellente ricerca di Hutchinson, anche se adducendo molti più particolari e con maggiore eleganza. Ma Hutchinson aveva classificato l'*Aysheaia* come un onicoforo, e lo aveva fatto sulla base degli stessi dati di cui Whittington si servì in seguito per raggiungere la conclusione opposta.

Che cosa aveva quindi determinato il rovesciamento di giudizio di Whittington, se non l'anatomia dell'*Aysheaia*? Noi ci troviamo qui di fronte a un esperimento psicogico ragionevolmente ben controllato. I dati non erano mutati, cosicché il rovesciamento di opinione può dipendere solo dalla modificazione di un presupposto sullo status più probabile degli organismi di Burgess. Whittington era pervenuto chiaramente ad accettare, e persino a preferire, l'idea dell'unicità tassonomica per gli animali di Burgess. La sua conversione era completa.

Molti generi affascinanti attendevano ancora di essere descritti; non si era ancora giunti neppure a metà del lavoro. Ma la monografia del 1978 di Whittington sull'*Aysheaia* segna la codificazione di una nuova concezione della vita. Quali anni sconvolgenti erano stati quelli fra il 1975 e il 1978: dalla scoperta inquietante che l'*Opabinia* non era né un artropodo né alcun altro tipo organismo già noto prima, passando per la cascata di animali bizzarri di Simon, per giungere alla piena accettazione dell'unicità tassonomica come ipotesi preferita! Tre brevi anni e un nuovo mondo!

ATTO V. La maturazione di un programma di ricerca: L'evoluzione della vita dopo l'*Aysheaia*, dal 1979 alla fine del mondo (*non ci sono soluzioni definitive*)

I sette brevi anni trascorsi fra la monografia sulla *Marella* (1971) e quella sull'*Aysheaia* (1978) avevano prodotto un mutamento di prospettiva straordinario: da un progetto destinato a ridescrivere alcuni artropodi classificati in gruppi familiari a una nuova concezione della fauna di Burgess e della storia della vita.

Il cammino non era stato semplice e diretto, chiaramente marcato dal peso delle prove e dalla logica dell'argomentazione. Le trasformazioni intellettuali non procedono mai in un modo così semplice. Il flusso dell'interpretazione aveva proceduto per anse e meandri, aveva ristagnato per qualche tempo in una varietà di ipotesi abbandonate (per esempio sullo status primitivo degli organismi bizzarri di Burgess) ma infine era pervenuto alla scoperta di una diversità esplosiva.

Nel 1978 la nuova concezione si era consolidata, come simboleggiava l'interpretazione dell'*Aysheaia* data da Whittington. Il periodo successivo, che continua ancor oggi – l'atto V del mio dramma – è caratterizzato da un clima più disteso, nella fiducia condivisa sullo status generale della fauna di Burgess. Eppure questo atto finale non segna una caduta, nell'applicazione di uno schema concettuale che rimane inalterato. La fiducia ha infatti una grande virtù pratica: si può proseguire la ricerca su problemi specifici, senza preoccuparsi continuamente di princìpi fondamentali. Perciò nell'atto V si assiste a una straordinaria produttività nella risoluzione degli organismi di Burgess. Vecchi misteri sono caduti come schiere di soldatini di stagno, non con la stessa facilità di un gioco per bambini (per conservare la similitudine), ma con un'efficienza molto maggiore ora che c'è una solida cornice di riferimento a guidare uno sforzo coerente. Le ricostruzioni dell'ultimo decennio comprendono alcune delle più strane ed elettrizzanti fra le creature di Burgess. Non vedo l'ora di leggere l'atto VI.

Continua la saga degli artropodi di Burgess

Orfani e specialisti

Alla fine del 1978 il cartellino segnapunti per gli artropodi dal corpo molle era decisamente a favore dell'unicità e della disparità. All'interno degli artropodi quattro generi – *Marrella*, *Yohoia*, *Burgessia* e *Branchiocaris* –, già regolarmente classificati, erano stati scalzati dalle loro confortevoli caselle tassonomiche. Solo la *Canadaspis* (e forse anche la *Perspicaris*) appartenevano a un gruppo moderno; la *Naraoia* era stata riclassificata come trilobite, ma come membro straordinariamente insolito del gruppo, e come prototipo di un nuovo ordine. L'*Opabinia* era stata esclusa totalmente dagli artropodi, e l'*Aysheaia* si trovava in un limbo. Era un buon inizio, anche se non ancora confortato dalla forza di convinzione irresistibile del numero. Come ho sostenuto sopra, ai "grandi" interrogativi della storia naturale si risponde con le frequenze relative. Occorrevano altri dati: qualcosa che si approssimasse a un compendio completo degli artropodi di Burgess. L'atto V ha ora soddisfatto questo bisogno e la nuova interpretazione ha tenuto decisamente.

Nel 1981 Derek Briggs continuò la sua dispersione degli artropodi bivalvi in una serie di gruppi orfani (con la *Canadaspis* che resisteva sempre più solitaria come vero crostaceo). Briggs usò tutti i 29 esemplari per decidere la sorte dell'*Odaraia*, l'artropodo bivalve più grande nella fauna di Burgess (lunghezza fino a 15 cm). Nella parte frontale del capo, l'*Odaraia* aveva gli occhi più grandi, che sporgevano fuori del carapace, fra tutti gli artropodi di Burgess (figura 3.44). Eppure Briggs riuscì a trovare sul suo capo solo un'altra struttura: un singolo paio di corte appendici ventrali dietro la bocca. (Questa disposizione, senza antenna e con un solo paio di appendici postorali, è unica e sarebbe sufficiente da sola a contrassegnare l'*Odaraia* come un orfano fra gli artropodi. Ma il capo non è ben conservato sotto il robusto carapace, e Briggs non era certo di essere riuscito a risolvere in modo soddisfacente tutte le strutture.) Il corpo, racchiuso dal robusto carapace per più di due terzi della sua lunghezza, comprendeva sino a quarantacinque segmenti con arti. Questi, eccezion fatta forse per le prime due paia, sono tipicamente biramati.

L'*Odaraia* presenta anche due specializzazioni uniche e peculiari. Questo animale ha una coda trifida (figura 3.45), con due "pinne" laterali e una dorsale: una struttura bizzarra che evoca immagini di squali o cetacei piuttosto che di aragoste. Nulla di simile esiste in alcun altro artropodo. In secondo luogo, il carapace a due valve non è appiattito, ma essenzialmente tubolare. Briggs sostenne inoltre che le appendici, relativamente corte, non si estendevano oltre il tubo, e inoltre che le due valve che formavano il tubo probabilmente non si potevano aprire abbastanza per lasciar sporgere le appendici da un'apertura ventrale. Era chiaro che l'*Odaraia* non camminava sul fondo del mare. Briggs scrisse: "La combinazione di un carapace essenzialmente tubolare e di un telson su cui sono inserite queste grandi pinne è unica fra gli artropodi" (1981a, p. 542).

Briggs fece uno studio funzionale e combinò queste due peculiarità per inferirne un modo di vita per l'*Odaraia*. Egli sostenne che l'*Odaraia* nuotava sul dorso, usando la coda trifida per la stabilizzazione e la guida, e il carapace come camera di filtraggio per la cattura di cibo. L'acqua poteva entrare a un'estremità; le appendici ne estraevano particelle di cibo, passando poi l'acqua esaurita all'altra estremità del carapace.

Briggs aveva dimostrato ancora una volta che la parola d'ordine per gli artropodi di Burgess era "dotati di specializzazioni uniche" e non "di una semplicità primitiva". Nel settembre 1988, Derek mi scrisse, in una valutazione della sua monografia del 1981: "L'*Odaraia* risultò essere non solo tassonomicamente insolita, ma, cosa più importante ai miei occhi, *funzionalmente unica* fra gli artropodi."

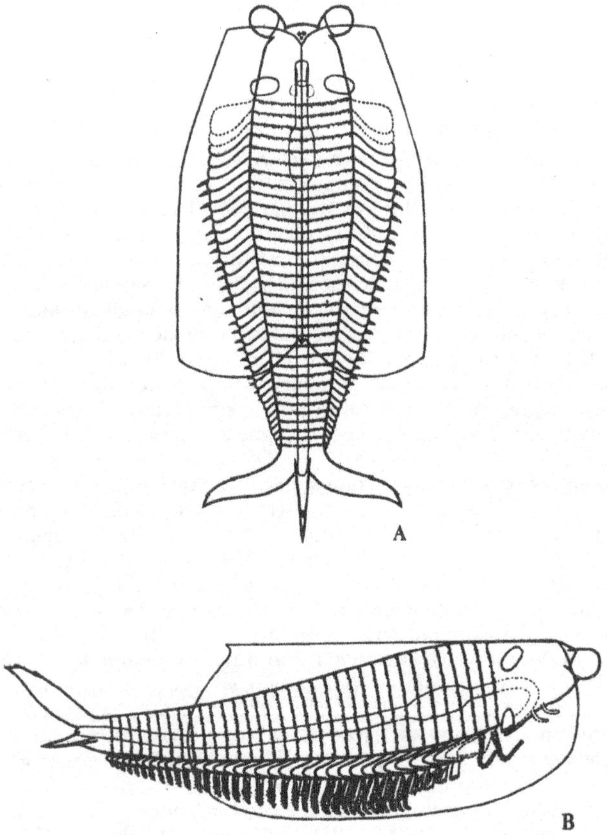

3.44. *Ricostruzione dell'artropodo* Odaraia *a opera di Briggs (1981a). A) Vista superiore; il carapace bivalve è stato disegnato convenzionalmente trasparente, in modo da permettere l'osservazione dell'anatomia molle sottostante. Si notino gli occhi sporgenti dal carapace e la disposizione della coda trifida dietro. B) Vista laterale.*

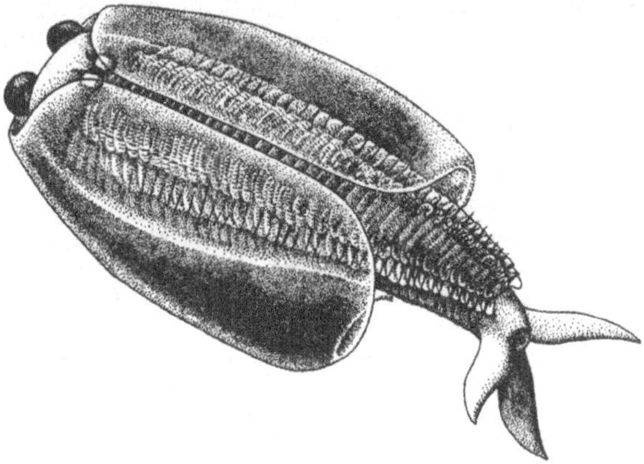

3.45. *La* Odaraia *mentre nuota sul dorso. Attraverso il carapace tubolare trasparente si possono vedere le numerose appendici biramate. Si notino anche i grandi occhi in posizione frontale, la curiosa coda trifida e il singolo paio di appendici boccali postorali. Disegno di Marianne Collins.*

Nello stesso anno 1981, David Bruton pubblicò la sua monografia sulla *Sidneyia*, di cui ci siamo già occupati alle pp. 87-96 La risoluzione della *Sidneyia* fissò un'importante pietra miliare nello studio degli artropodi di Burgess per due ragioni. Innanzitutto, la *Sidneyia* era sempre stata considerata una sorta di simbolo per questa fauna. Walcott aveva considerato la *Sidneyia* il più grosso fra gli artropodi di Burgess (oggi sappiamo che il trilobite dal corpo molle *Tegopelte* e uno o due altri artropodi bivalvi erano di dimensioni maggiori). Inoltre, Walcott aveva supposto erroneamente che un'appendice ricoperta di spine, trovata separatamente, si adattasse al capo della *Sidneyia* (egli non conosceva infatti alcun altro organismo abbastanza grande da poter portare una tale appendice). Con quest'aggiunta, la *Sidneyia* non solo era un organismo piuttosto grosso, ma aveva un aspetto feroce. Poiché la nostra cultura apprezza questi caratteri, la *Sidneyia* attrasse l'attenzione. (Uno psicologo amico mio spiega il fascino che i dinosauri esercitano sulla nostra società con questa semplice elencazione: "grandi, feroci ed estinti". La *Sidneyia*, nella ricostruzione di Walcott, è tutt'e tre le cose.) Nella revisione di Bruton la *Sidneyia* è ancora un predatore, ma il paio di arti appartengono all'*Anomalocaris*. La *Sidneyia* non possiede un tale apparato boccale.

In secondo luogo, la *Sidneyia* fu la prima forma a essere ridescritta nel gruppo finale, potenzialmente coerente, degli artropodi di Burgess: i cosiddetti "merostomoidi". Era venuta sicuramente meno la speranza di situare una parte importante dei fossili di Burgess in un gruppo moderno, ma i "merostomoidi" rappresentavano un ultimo respiro e un'ultima opportunità per il tradizionalismo. I merostomi sono un gruppo di artropodi marini comprendenti i moderni xifosuri e il gruppo fossile degli euripteridi. Essi fanno parte, con i ragni, gli scorpioni e gli acari, di uno dei quattro grandi gruppi di artropodi, quello dei chelicerati. Il piano corporeo fondamentale dei merostomi – quale si osserva più chiaramente negli euripteridi che negli xifosuri – comprende un robusto scudo cefalico, un corpo formato da vari larghi segmenti, di larghezza uguale al capo, e da una coda più stretta, che spesso forma una punta. Vari generi di Burgess, fra cui la *Sidneyia*, condividono questa forma fondamentale.

Bruton infranse l'ultima speranza del tradizionalismo mostrando che la *Sidneyia* non poteva essere uno stretto parente o progenitore dei merostomi. Il corpo "merostomoide" non definiva un gruppo evolutivo coerente bensì una serie di organismi disparati uniti solo da quello che il nostro gergo chiama un tratto simplesiomorfico (o un tratto primitivo condiviso). I tratti primitivi condivisi sono ancestrali per grandi gruppi, e non possono quindi essere usati per definire sottogruppi all'interno di un intero insieme. Per esempio ratti, uomini e cavalli ancestrali non formano un gruppo genealogico all'interno dei mammiferi solo perché hanno tutti cinque dita. Il possesso di cinque dita è un carattere ancestrale per la classe dei mammiferi nel suo insieme. Alcuni organismi conservano questa condizione iniziale, mentre molti altri hanno sviluppato modificazioni. La forma corporea dei "merostomoidi" è un tratto primitivo condiviso di molti artropodi. I veri gruppi genealogici, di contro, si fondano su caratteri *derivati* condivisi: le specializzazioni uniche dei loro progenitori comuni.

I veri chelicerati hanno sul loro scudo cefalico sei paia di appendici, e nessuna antenna. La *Sidneyia* non poteva essere più diversa sotto questo aspetto. Il suo capo (figura 3.46) presenta un paio di antenne, e nessun'altra appendice! Bruton venne a considerare la *Sidneyia* un curioso mosaico di caratteri. I primi quattro dei nove segmenti corporei portano arti ambulacrali uniramati simili a quelli dei merostomi. Ma i cinque segmenti posteriori portano comuni appendici biramate, con branchie e arti ambulacrali. La parte della "coda", formata da tre segmenti cilindrici e da un ventaglio caudale, ricorda più i crostacei che i merostomi. Bruton trovò nell'intestino della *Sidneyia* ostracodi, iolitidi e piccoli trilobiti, e interpretò l'animale come un carnivoro che viveva sul fondo del mare. Non avendo appendici masticatorie sul capo, e avendo un robusto solco orlato di denti per captazione di cibo fra le zampe, la *Sidneyia* si nutriva probabilmente come la maggior parte degli artropodi, passando cibo dalla parte posteriore del corpo verso la bocca, anziché cercandolo e afferrandolo frontalmente.

L'anno 1981 ebbe un'importanza centrale per gli artropodi di Burgess, e per il definitivo dissolvimento dell'ultima speranza che

3.46. *Due immagini della* Sidneyia*: nella vista inferiore, in alto, si osservano la forma degli arti e l'inserzione degli occhi e delle antenne; in basso, la* Sidneyia *vista dall'alto. Disegno di Marianne Collins.*

ancora restava a favore del gruppo dei "merostomoidi". Nello stesso anno della pubblicazione della monografia di Briggs sull'*Odaraia* e di quella di Bruton sulla *Sidneyia*, Whittington pubblicò infatti la sua monografia che faceva "piazza pulita": *Rare Arthropods from the Burgess Shale, Middle Cambrian, British Columbia.* La maggior parte di questi animali erano finiti (o sarebbero finiti, se fossero stati noti a quel tempo) nei "merostomoidi". Ma Whittington non riuscì a ricostruirne neppure uno come un chelicerato. Tutti divennero orfani, artropodi unici senza alcun rapporto di affinità accertabile con altri.

La *Molaria* ha uno scudo cefalico profondo, di forma simile a un quarto di sfera, seguito da otto segmenti del corpo di grandezza decrescente verso la coda e da un telson cilindrico con una spina posteriore articolata molto lunga, che si estende più della lunghezza del corpo (figura 3.47). Questa forma basilare è impeccabilmente "merostomoide", ma il capo ha un paio di corte antenne, seguito da tre paia di appendici biramate.

La *Habelia* ha la stessa forma basilare della *Molaria*, ma Whittington

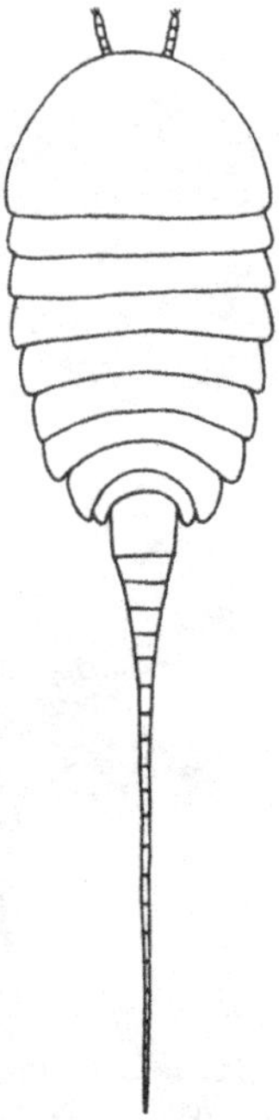

3.47. *La* Molaria, *un artropodo unico di forma "merostomoide" (Whittington, 1981).*

descrisse anche una serie impressionante di differenze, alcune delle quali di grande importanza tassonomica. Il carapace è coperto di tubercoli: una differenza superficiale anche se visivamente molto appariscente (figura 3.48). Il corpo ha dodici segmenti, senza telson cilindrico. La lunga coda appuntita, ornata di barbe e creste, non è segmentata, ma ha una singola articolazione a circa due terzi della sua lunghezza. Il capo ha un paio di antenne e solo due paia di successive appendici ventrali. I primi sei segmenti del corpo hanno appendici biramate, ma gli ultimi sei avevano probabilmente solo rami branchiali (nella *Molaria* tutti gli otto segmenti corporei hanno appendici biramate).

Whittington scoprì anche un nuovo genere di artropodi: una creatura complessa, minuscola, lunga poco più di un centimetro (figura 3.49). Questo animale unico e peculiare, chiamato *Sarotrocercus*, ha uno scudo cefalico seguito da nove segmenti corporei e da una coda appuntita con un ciuffo di spine sulla punta. Un paio di grandi occhi su

3.48. *L'artropodo tubercolato* Habelia. *Disegno di Marianne Collins.*

peduncoli sporgono dalla parte anteriore dello scudo cefalico (la *Molaria* e la *Habelia* sono cieche). Sul capo sono inserite inoltre un paio di appendici spesse e robuste terminanti in un segmento bifido. Whittington trovò anche dieci paia di appendici molto diverse (un paio sul capo e uno su ciascuno dei nove segmenti corporei): lunghe strutture simili a pettini, presumibilmente rami di branchie, ma senza alcuna traccia evidente di arti. Whittington ricostruì il *Sarotrocercus* come un animale pelagico, che nuotava sul dorso assieme all'*Amiskwia* e all'*Odontogriphus* fra i rari organismi di Burgess vissuti probabilmente nella colonna d'acqua sopra il bacino stagnante che accolse la frana di fango.

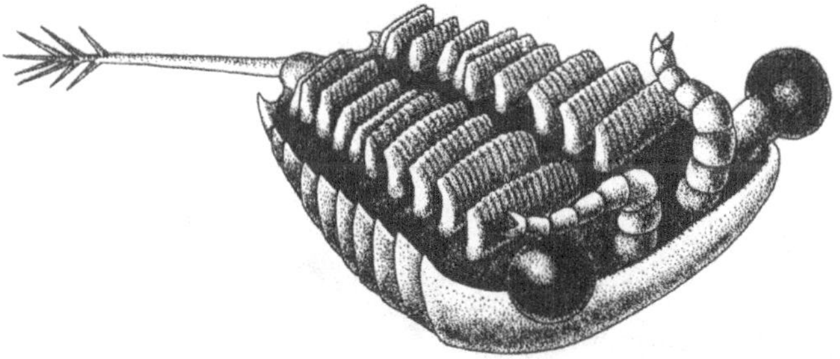

3.49. *Il minuscolo artropodo* Sarotrocercus, *che nuota sul dorso. Si notino i grandi occhi, il paio di robuste appendici boccali e i rami branchiali, usati presumibilmente per il nuoto, sui segmenti del tronco. Disegno di Marianne Collins.*

L'*Actaeus*, la cui conoscenza si fonda su un singolo esemplare lungo cinque centimetri, ha uno scudo cefalico con lobi oculari marginali, seguito da undici segmenti corporei e una placca terminale allungata di forma triangolare (figura 3.50). Il capo presenta un paio di notevoli appendici, con una robusta porzione iniziale, piegate ed estese all'indietro, terminanti in un gruppo di quattro spine. Due estensioni molto lunghe in forma di sferza si inseriscono sul bordo interno dell'ultimo segmento, e decorrono verso il basso e all'indietro. Dietro questa struttura, il capo aveva probabilmente tre paia di comuni appendici biramate.

L'*Alalcomenaeus* ha appendici di aspetto e disposizione fondamentalmente simili (vedi figura 3.50) e potrebbe essere imparentato con l'*Actaeus*. Uno scudo cefalico, con lobi oculari marginali, è seguito da dodici segmenti corporei e da una placca terminale di forma ovata. Il capo presenta un paio di grandi appendici con una larga sezione iniziale seguita da un'estensione lunga e sottile, non così complessa come nell'*Actaeus*, ma simile per stile e posizione. Sul capo sono inserite anche tre paia di appendici biramate. Un esemplare rivela un'impressionante serie di spine sulla superficie interna degli arti ambulacrali, in posizione appropriata per passare cibo in avanti verso la bocca. "Queste notevoli appendici," scrisse Whittington, "suggeriscono un saprofago bentico, capace di afferrare saldamente una carcassa e di lacerarla" (1981, p. 331).

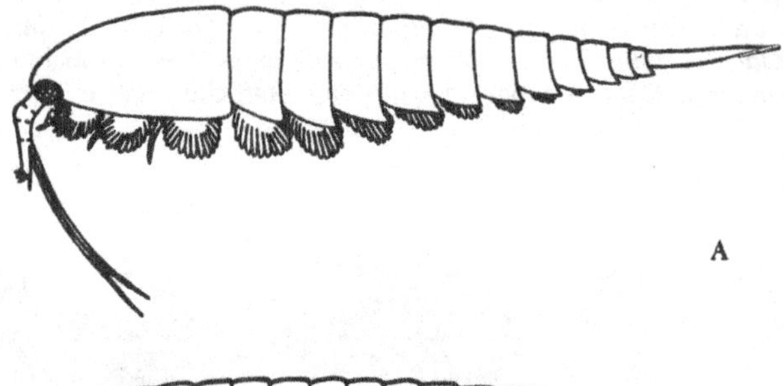

A

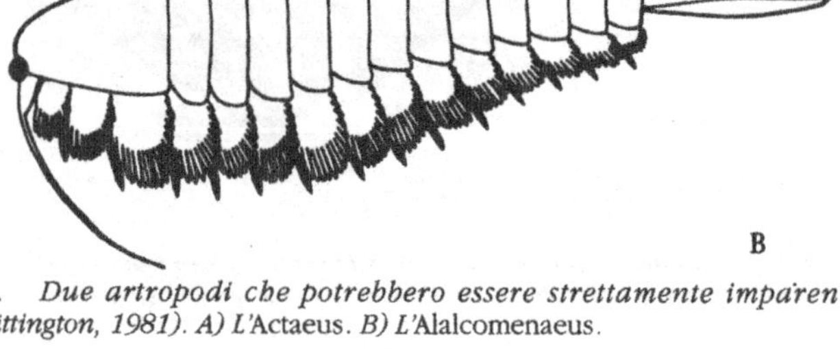

B

3.50. *Due artropodi che potrebbero essere strettamente imparentati (Whittington, 1981). A) L'*Actaeus. *B) L'*Alalcomenaeus.

A parte un rapporto molto provvisorio fra l'*Actaeus* e l'*Alalcomenaeus*, ognuno dei cinque generi presentava un piano corporeo altamente specializzato, fondato su caratteri e disposizioni di parti peculiari. Whittington concluse, riecheggiando la storia di Burgess oggi familiare:

> Sono venuti in luce molti elementi nuovi e inattesi e il divario morfologico fra specie si è molto ingrandito. Ogni specie, con rare eccezioni, presenta una combinazione di caratteri assai peculiare. La scelta [di generi] di cui ci siamo occupati qui contribuisce ulteriormente ad ampliare la molteplicità di caratteri morfologici negli artropodi non trilobiti e la varietà di combinazioni peculiari di caratteri. (1981a, p. 331)

Nel 1983 Bruton e Whittington unirono i loro sforzi per portare il colpo di grazia descrivendo gli ultimi due artropodi importanti di Burgess: le grandi *Emeraldella* e *Leanchoilia*, gli ultimi due membri della screditata sottoclasse dei Merostomoidea di Størmer.

L'*Emeraldella* possiede la classica forma "merostomoide", ma accompagnata da un altro insieme ancora di strutture e disposizioni uniche. Lo scudo cefalico, tipico, porta un paio di antenne molto lunghe, incurvate verso l'alto e all'indietro, seguite da cinque paia di appendici, quelle del primo paio corte e uniramate, mentre le altre sono biramate (figura 3.51). I primi undici segmenti corporei sono larghi,

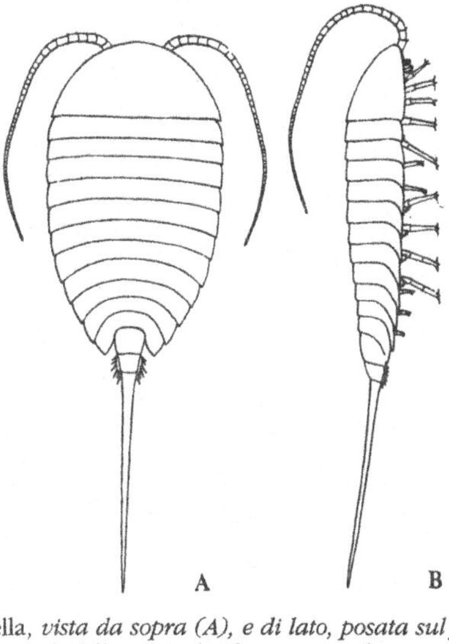

3.51. *L'*Emeraldella*, vista da sopra (A), e di lato, posata sul fondo (B). I rami branchiali molto piccoli delle appendici biramate indicano che questo animale camminava sul fondo del mare.*

anche se vanno restringendosi verso la parte posteriore del corpo, e ognuno porta un paio di appendici biramate. Gli ultimi due segmenti sono cilindrici e sono seguiti da una lunga spina caudale non articolata.

Anche la *Leanchoilia* condivide l'aspetto superficialmente "merostemoide", con uno scudo cefalico triangolare (terminante in un "muso" curioso all'insù), seguito da undici segmenti corporei, che dopo il quinto si restringono e si incurvano all'indietro. Una breve spina caudale triangolare con spine laterali completa la parte posteriore del corpo (figura 3.52). La *Leanchoilia* ha tredici paia di appendici biramate, due all'estremità posteriore dello scudo cefalico, e un paio su ciascuno degli undici segmenti corporei.

Ma la *Leanchoilia* possiede anche l'appendice più curiosa e interessante fra tutti gli artropodi di Burgess: una versione esagerata della struttura frontale dell'*Actaeus*, di cui potrebbe essere parente. Prendendo a prestito un termine dalla *Yohoia*, e in assenza di un termine tecnico appropriato, Bruton e Whittington chiamarono questa struttura semplicemente la "grande appendice". La sua parte basale contiene quattro robusti segmenti che dapprima sono rivolti verso il basso ma poi si incurvano a novanta gradi per decorrere in avanti. Il secondo e il terzo segmento terminano in estensioni molto lunghe, a forma di frusta, anu-

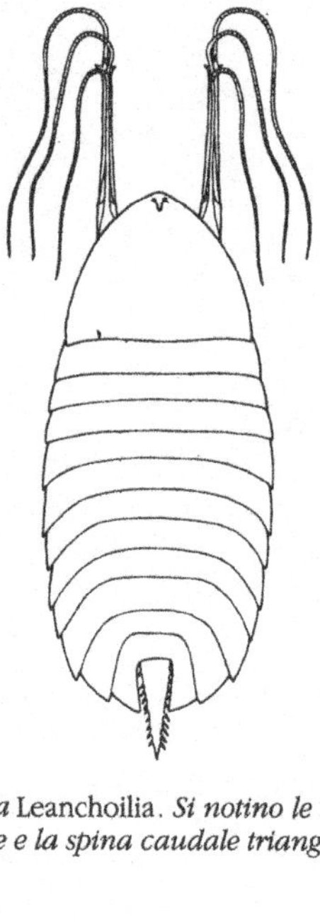

3.52. *Vista superiore della* Leanchoilia. *Si notino le tre estensioni a frusta delle grandi appendici cefaliche e la spina caudale triangolare.*

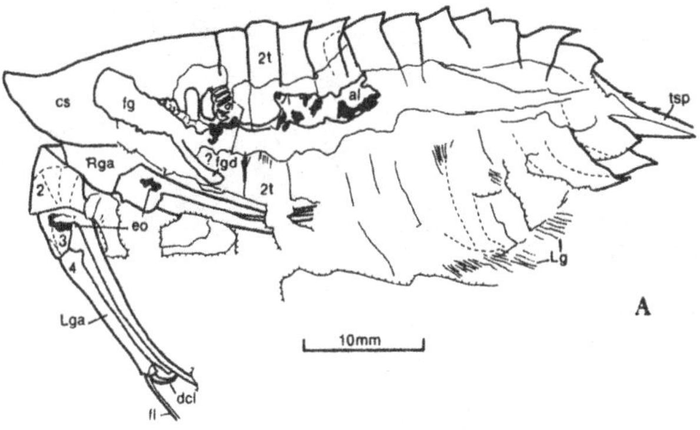

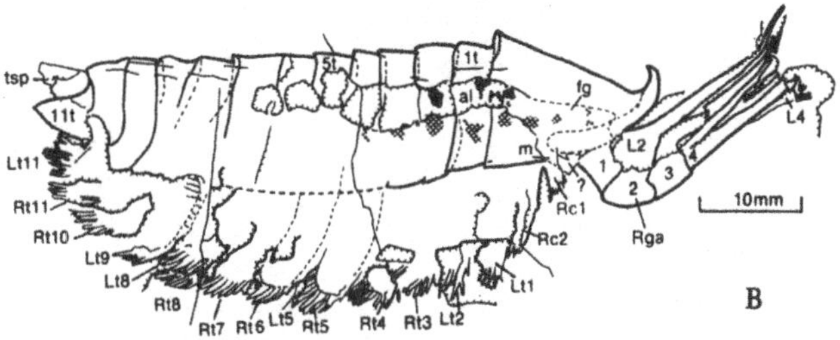

3.53. *Disegni alla camera chiara di due esemplari di* Leanchoilia. *Le grandi appendici sono designate come* Lga *e* Rga *e i loro segmenti principali sono numerati. A) Le grandi appendici sono ripiegate all'indietro, presumibilmente nella posizione di nuoto; l'appendice destra è accostata al corpo, e la sinistra è poco sotto. Sono visibili una traccia dell'intestino, o canale digerente* (al) *e la spina caudale* (tsp). *B) Le appendici sono distese in avanti, nella posizione di prensione del cibo.*

late nella seconda metà della loro lunghezza. Il quarto segmento ha una forma affusolata che termina dorsalmente in un gruppo di tre artigli, e si estende ventralmente come un terza struttura a sferza con anulazioni. I diversi orientamenti di vari esemplari indicano che questa grande appendice era incardinata alla sua base (figura 3.53) e poteva estendersi in avanti per aiutare la *Leanchoilia* a riposare sul sostrato (figura 3.54) o piegarsi all'indietro, forse per ridurre la resistenza nel nuoto. Ulteriori prove a sostegno dell'ipotesi che il nuoto fosse un modo di vita primario di questo animale provengono dalle appendici biramate. Diversamente dall'*Emeraldella*, con i suoi lunghi arti ambulacrali e i piccoli rami delle branchie, la *Leanchoilia* ha rami delle branchie così grandi da formare una vera cortina di lobi lamellati, sovrapponentisi, i quali ricoprono

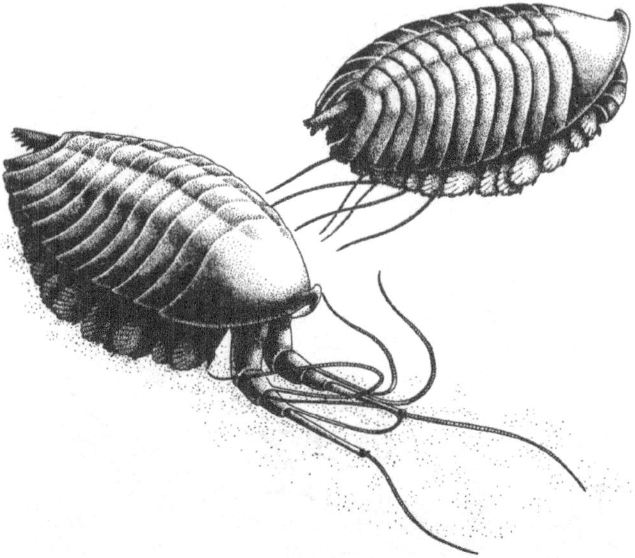

3.54. *Due immagini di* Leanchoilia*: in alto in posizione di nuoto, con le grandi appendici piegate all'indietro e i tentacoli a frusta che si estendono oltre la lunghezza del corpo; in basso, con le grandi appendici distese in avanti per aiutare l'animale a riposarsi sul fondo. Disegno di Marianne Collins.*

completamente, estendendosi anche oltre, i brevi rami degli arti sottostanti.

Completata la nuova descrizione di tutti i generi "merostomoidi", Bruton e Whittington furono indotti a riflettere sull'incredibile disparità scoperta sotto la somiglianza superficiale della forma esterna. Si consideri solo la disposizione delle appendici sul capo: un'indicazione di tipi originari di segmentazione e una guida alla struttura anatomica profonda degli artropodi. La *Sidneyia* ha un paio di antenne e nessun'altra appendice. Anche l'*Emeraldella* ha antenne preorali, ma ha *cinque* paia addizionali di appendici dietro la bocca, di cui un paio uniramato e gli altri biramati. La *Leanchoilia* non possiede antenne, ma ha le sue notevoli "grandi appendici", seguite da due paia di antenne biramate postorali.

Quello di Burgess era stato un tempo sbalorditivo di sperimentazione, un periodo di una tale flessibilità evoluzionistica, di tale potenziale di manipolazione e di scelta di caratteri dal patrimonio comune di caratteri degli artropodi, che in esso poterono essere sperimentate (e valutate) quasi tutte le combinazioni possibili. Noi oggi riconosciamo chiari gruppi, separati da grandi differenze morfologiche, solo perché la maggioranza di questi esperimenti si sono conclusi senza dare origine a successivi sviluppi. "Solo in epoca successiva talune di queste soluzioni furono fissate in combinazioni che permettono di riconoscere i gruppi presenti degli artropodi" (Bruton e Whittington, 1983, p. 577).

Un regalo da Santa Claws

Le complicazioni burocratiche forniscono, oltre alle loro svariate frustrazioni, caratteristiche e inimitabili, un possibile beneficio. A volte ci si irrita a tal punto che per reazione contro l'intransigenza si finisce col fare qualcosa di utile. Come dice un vecchio motto: Non arrabbiarti, fagliela pagare. Quando Des (Desmond) Collins, dopo avere dimostrato una sublime pazienza nell'affrontare grandi complicazioni, si vide negare il permesso di scavare nella cava di Walcott e concedere (con ulteriori restrizioni e ritardi quasi senza fine) solo l'autorizzazione a raccogliere esemplari dalla scarpata di detriti, capì che avrebbe dovuto spostare altrove il suo interesse per Burgess.[14]

Collins cominciò perciò a cercare equivalenti di Burgess in aree circostanti, dove raccolta e scavo potevano essere permessi. Egli ebbe un successo considerevole, trovando fossili di animali dal corpo molle in più di una decina di località vicine. La maggior parte di queste aree fornirono fossili delle stesse specie presenti nella cava di Walcott, ma Collins fece alcune scoperte personali importanti. In una località otto chilometri circa a sud della cava di Walcott (Collins, 1985) e una trentina di metri sotto nella sequenza stratigrafica, egli fece la scoperta del decennio: un grande artropodo con un numero così grande di appendici spinose sulla testa che Collins, seguendo un'antica tradizione della ricerca sul campo, gli diede un nomignolo. Come Walcott aveva chiamato la *Marrella* il "granchio dai merletti", così Collins, facendo un gioco di parole con Santa Claus, chiamò l'organismo da lui scoperto "Santa Claws" (*claws*, in inglese, significa "artigli"). Lavorando con Derek Briggs, Collins ha oggi formalizzato e onorato questo nome nella sua descrizione tecnica (Briggs e Collins, 1988). "Santa Claws" si chiama oggi ufficialmente *Sanctacaris*, che significa quasi la stessa cosa.

[14] Io mi sento impegnato non meno di chiunque altro verso l'"ecologia" (nel senso comune e politico di rispettare la natura), e certamente credo che si debba rispettare l'integrità quasi sacra dei parchi naturali. Ma un fossile sul terreno non vale assolutamente nulla. Non è un oggetto di una bellezza pura e incorrotta, o una parte permanente di un qualsiasi contesto naturale (specialmente nel caso di fossili esposti sulle pareti di cave). Se si trova sul suolo sarà probabilmente spaccato dal gelo e reso inutilizzabile per la successiva stagione di ricerche sul campo. La raccolta controllata e lo studio scientifico sono la funzione appropriata, tanto sul piano etico quanto su quello intellettuale, per i fossili di Burgess.

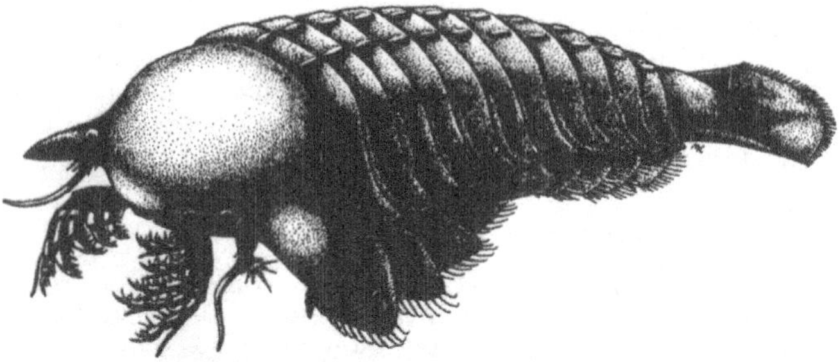

3.55. Sanctacaris. *Disegno di Marianne Collins.*

La *Sanctacaris* ha uno scudo cefalico bulboso, più largo che lungo ed esteso su ciascun lato in una proiezione piana, triangolare (figura 3.55). Il corpo presenta undici larghi segmenti, sui primi dieci dei quali sono inserite un paio di appendici biramate. L'estremità caudale del corpo è completata da un telson piatto. La combinazione di grandi rami branchiali lamellati sulle appendici del corpo e di un largo telson, ben progettato per la stabilizzazione e la guida, indicano che probabilmente la *Sanctacaris* preferiva il nuoto alla deambulazione.

La sequenza sorprendente di appendici cefaliche identifica questo artropodo relativamente grande (fino a sei centimetri) come un carnivoro specializzato nell'inseguimento della preda. Le prime cinque paia formano una schiera coordinata e formidabile che ispirò a Collins il nomignolo di Santa Claws. Sono appendici biramate, con i rami esterni ridotti a proiezioni simili ad antenne (non a branchie) e i rami interni disposti come una serie di temibili appendici articolate per afferrare le prede, con spine aguzze sul bordo interno. Queste appendici aumentano di lunghezza man mano che si procede verso la parte posteriore del corpo, cominciando con quattro segmenti sul primo paio, e aumentando poi fino a otto o più sul quinto. Il sesto paio, diverso sia per forma sia per posizione, è arretrato rispetto ai primi cinque e spostato lateralmente. Il ramo esterno è, di nuovo, di forma simile a un'antenna ma molto più grande del ramo corrispondente delle cinque appendici precedenti. Il ramo interno è breve, ma termina con una frangia impressionante di spine.

A prima vista si potrebbe pensare: ah, solo un altro di quei "merostomoidi" di Burgess, con una foresta di appendici cefaliche come sua specializzazione distintiva, esattamente come l'*Habelia* ha i suoi tubercoli, la *Sidneyia* i suoi robusti arti ambulacrali e la *Leanchoilia* la sua grande appendice. Tutto questo è interessante, ma non è ancora una "scoperta del decennio", come l'ho definita.

Ma sarebbe sbagliato considerare la cosa in questi termini. La differenza fra la *Sanctacaris* e gli altri "merostomoidi" è tassonomica e concettualmente sorprendente. La *Sanctacaris* sembra essere un vero chelicerato, il primo membro noto di una linea che avrebbe prodotto infine xifosuri, ragni, scorpioni e acari. La *Sanctacaris* presenta le sei paia richieste di appendici del capo. Nessuna di queste appendici si è ancora specializzata a formare l'artiglio distintivo, il chelicero, che definisce il gruppo e gli dà il suo nome, ma l'assenza di una struttura in tempi molto antichi può significare semplicemente che non si era ancora evoluta.

Briggs e Collins (1988) hanno identificato anche altri caratteri dei chelicerati (fra cui la differenziazione delle appendici cefaliche rispetto a quelle corporee e la posizione dell'ano), corroborando in tal modo lo status della *Sanctacaris* per mezzo di più di un singolo carattere. Essi scrivono:

> Una tale combinazione è esclusiva dei chelicerati. La chiara mancanza di cheliceri, un carattere avanzato presente in tutti gli altri chelicerati, è in accordo con le primitive appendici biramate sia sul capo sia sul tronco. Essa situa la *Sanctacaris* in un gruppo primitivo affine a tutti gli altri chelicerati.

Gli arti dei chelicerati moderni sono uniramati, col ramo esterno perduto nelle appendici cefaliche (sì, gli arti ambulacrali dei ragni sono tutti inseriti sul prosoma, o cefalotorace), e il ramo interno perduto nelle appendici inserite sul tronco (sì, ancora una volta, le branchie dei ragni sono sull'opistosoma, o addome). La *Sanctacaris*, conservando l'intero insieme di possibilità prima dell'eliminazione selettiva in posteriori linee specializzate, è un interessante precursore strutturale per questo grande gruppo.

Ma l'elemento di maggiore interesse della *Sanctacaris* risiede nel suo ruolo chiave nel completare l'argomentazione fondamentale per gli artropodi di Burgess. Con la scoperta della *Sanctacaris* possediamo ora, nella fauna di Burgess, membri di *tutt'e quattro* i grandi gruppi di artropodi: i trilobiti in grande abbondanza, i crostacei rappresentati dalla *Canadaspis*, gli uniramati dall'*Aysheaia*[15] (accettando, come faccio,

[15] Lo status degli Onychophora, che sono il probabile gruppo tassonomico di appartenenza dell'*Aysheaia*, rimane controverso. Alcuni esperti considerano gli onicofori un phylum del tutto separato, non più vicino agli Uniramia che a qualsiasi altro gruppo di artropodi. Se questa tesi è giusta, il mio ragionamento qui è sbagliato. Apportano invece un sostegno alla mia posizione entrambe le altre due soluzioni principali: innanzitutto, che gli Onychophora dovrebbero situarsi all'interno degli Arthropoda sulla linea degli uniramati; in secondo luogo (e questa è probabilmente l'opinione dominante) che gli onicofori meritano uno status a sé, ma che siano più vicini agli uniramati che a qualsiasi altro gruppo di artropodi. (Quest'ultimo argomento suppone un'origine evolutiva separata per varie delle grandi linee genealogiche degli artropodi, e forse per tutt'e quattro: gli uniramati si sarebbero separati in prossimità del punto di origine degli onicofori.)

l'interpretazione di Robison), e i chelicerati dalla *Sanctacaris*. Essi sono tutti presenti, ma ci sono anche almeno altre tredici linee genealogiche (e forse altrettante ancora da descrivere) di uguale unicità morfologica. Alcuni di questi tredici organismi sono fra gli artropodi di Burgess più specializzati (*Leanchoilia*) o, almeno numericamente, fra quelli che hanno avuto maggior successo (*Marrella*). Io sfido qualsiasi paleontologo a sostenere che, se avesse potuto andare nei mari di Burgess in quel lontano passato, avrebbe potuto, senza il senno di poi, identificare *Naraoia*, *Canadaspis*, *Aysheaia* e *Sanctacaris* come candidati al successo e vedere in *Marrella*, *Odaraia*, *Sidneyia* e in *Leanchoilia* delle forme condannate all'estinzione. Riavvolgiamo il film della vita e facciamolo ripartire daccapo da quel punto. Siamo proprio certi che la storia si svolgerebbe ancora esattamente nello stesso modo?

Continua la marcia degli organismi bizzarri

Nell'ultimo decennio, così soddisfacente per gli artropodi, si è avuta anche la risoluzione di altri due organismi bizzarri: anatomie uniche e indipendenti che meriterebbero di essere classificate come phyla separati se non sentissimo una grande resistenza a concedere un rango tassonomico così elevato a una singola specie (vedi Briggs e Conway Morris, 1986, per un elenco di tali organismi di Burgess non ancora studiati). Queste due ricerche sono forse le più eleganti e persuasive in tutto il canone di Burgess. Esse rappresentano una conclusione opportuna al mio dramma, in quanto combinano il massimo appagamento intellettuale ed estetico con l'assicurazione che questo dramma non ha una conclusione prevedibile.

La Wiwaxia

Quando chiesi a Simon Conway Morris perché avesse deciso di lavorare per molti anni su un animale così complesso come la *Wiwaxia*, rispose, con gradita franchezza, che tanto Harry quanto Derek avevano fatto le loro ricerche sensazionali e che voleva dimostrare di essere in grado anche lui di scrivere una "monografia rigorosa nella tradizione degli altri". (Io considero quest'affermazione eccessivamente modesta. Le ricerche del 1977 e 1979 di Simon su priapulidi e policheti sono monografie vere ed estese. Ognuna di esse tratta però di vari generi, cosicché in esse Simon non aveva potuto dare quel trattamento esauriente per ciascuna specie che Whittington aveva fornito per la *Marrella splendens* o Briggs per la *Canadaspis perfecta*.) Forse Simon si sentiva insoddisfatto per aver scelto per le sue prime ricerche creature così rare che non gli avevano dato la possibilità di scrivere se non cinque brevi articoli separati, uno su ciascun organismo. In ogni caso, la sua monografia sulla *Wiwaxia* è qualcosa di splendido ed è la cosa che

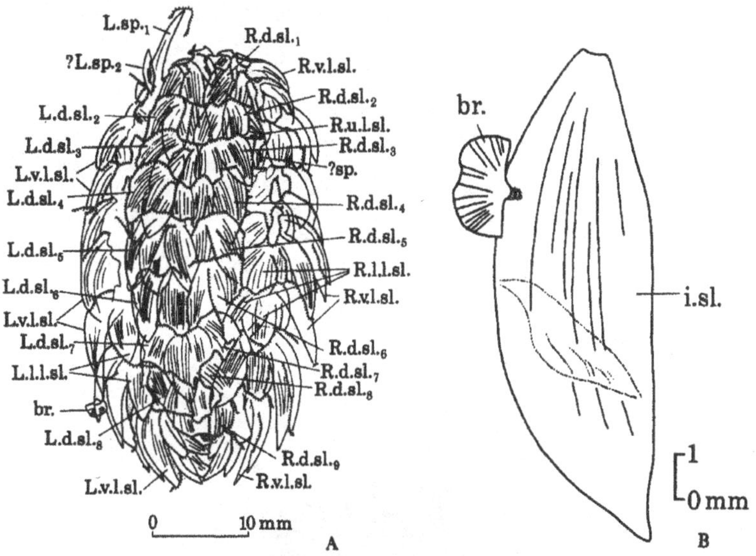

3.56. *A) Disegno alla camera chiara di un esemplare completo di* Wiwaxia. *Si noti la complicata frammistione degli scleriti schiacciati assieme. Le scritte, di cui il lettore non ha ragione di preoccuparsi, identificano i singoli scleriti. Per esempio,* R.d.sl.$_1$ *(a destra in alto) è uno sclerite* (sl.) *dorsale destro della prima riga.* L.sp.$_1$ *(a sinistra in alto) è la prima spina sul lato sinistro. B) Ingrandimento di uno sclerite particolarmente interessante (localizzato in A a sinistra in basso, accanto alla scritta* br.*). Un piccolo brachiopodo* (br.) *si fissò allo sclerite durante la vita di questo esemplare di* Wiwaxia. *Questo indizio ci consente di congetturare lo stile di vita di questo animale. Esso non avrebbe potuto vivere scavando sotto il sostrato, perché tale abitudine avrebbe provocato la morte del brachiopodo.*

ha suscitato il mio interesse a scrivere sulla fauna di Burgess (Gould, 1985b): perciò ringrazio qui ancora una volta Simon.

La *Wiwaxia* è una piccola creatura, con la forma di un ovale appiattito (viene in mente un ciottolo ben arrotondato di un fiume), lunga in media due centimetri e mezzo, con un massimo di cinque centimetri. Il corpo, semplice, è coperto da squame e spine dette scleriti, eccezion fatta per la superficie ventrale nuda che poggiava sul sostrato mentre la *Wiwaxia* si spostava sul fondo del mare. Walcott aveva incluso a forza la *Wiwaxia* fra i policheti, scambiando questi scleriti per strutture superficialmente simili presenti in vermi marini ben noti, il cui nome tecnico, *Aphrodite*, e l'aspetto (donde il nome comune inglese di "topo di mare") trasmettono impressioni molto diverse. Ma la *Wiwaxia* non ha la segmentazione del corpo e le vere setole proprie dei policheti, ed è quindi priva di entrambi i caratteri definitori propri del gruppo. Come moltissimi altri animali di Burgess, la *Wiwaxia* ha un'anatomia peculiare. Essa è anche estremamente difficile da ricostruire, poiché, quando l'organismo fu compresso sul piano del suo strato, gli scleriti si sparpagliarono in modo confuso sulla roccia. Nella figura 3.56 un disegno, eseguito con l'aiuto della camera chiara, dell'esemplare più coerente fossilizzato nell'orientamento più opportuno fornisce una buona idea dei problemi in gioco. La risoluzione della *Wiwaxia* da parte di Simon è uno dei risultati tecnici più importanti ottenuti nel programma di ricerca di Burgess.

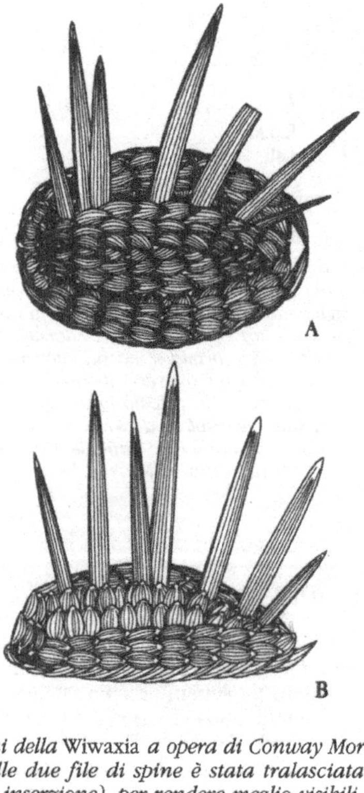

3.57. *Ricostruzioni della* Wiwaxia *a opera di Conway Morris (1985). A) Vista superiore: una delle due file di spine è stata tralasciata (si notino le aree annerite della loro inserzione), per rendere meglio visibili gli scleriti. B) Vista laterale: la parte anteriore è a sinistra.*

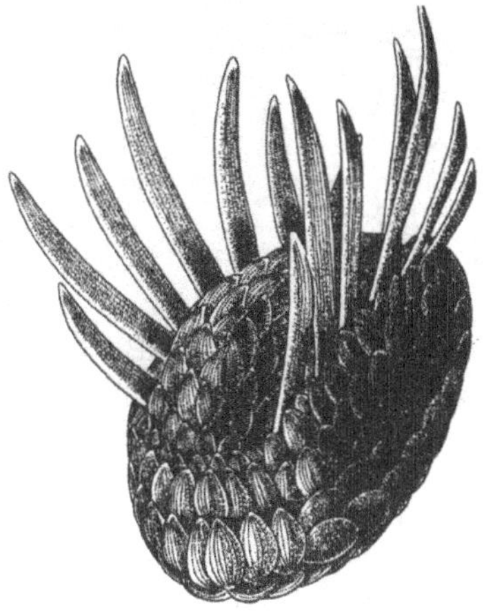

3.58. *La* Wiwaxia *camminava forse così sul fondo del mare. Disegno di Marianne Collins.*

Gli scleriti della *Wiwaxia*, che fornirono la chiave a questa ricostruzione, crebbero in due forme diverse: scaglie appiattite, decorate con creste parallele, coprono la maggior parte del corpo, mentre due serie di spine emergono dalla superficie superiore del corpo, una su ciascun lato dall'asse centrale (figure 3.57 e 3.58). Le scaglie presentano un ordine tripartito simmetrico e ben ordinato: 1) un campo di squame parzialmente sovrapponentisi sulla superficie superiore, disposte in sei-otto file parallele (figura 3.57A); 2) due regioni su ciascun lato (figura 3.57B), con due serie di squame orientate verso l'alto e due orientate all'indietro; 3) una singola fila inferiore di scleriti in forma falcata, che formano un confine fra la parte superiore decorata del corpo e il ventre nudo.

Le due file di sette-undici spine allungate sorgono dalla fila di scleriti superiori a ciascun lato, in prossimità del confine con le squame della superficie superiore. Le spine si proiettano verso l'alto e presumibilmente fornivano una protezione contro i predatori, come indica la loro rottura in vari esemplari (durante la vita dell'animale).

Simon poté vedere ben poco dell'anatomia interna della *Wiwaxia* oltre a un intestino rettilineo in prossimità della superficie ventrale: un'altra prova questa, combinata col ventre nudo dell'animale e alle spine rivolte verso l'alto, dell'orientamento dell'animale in vita. Ma una struttura interna potrebbe essere cruciale sia per la comprensione della *Wiwaxia* sia per un'interpretazione generale della fauna di Burgess. A circa cinque millimetri dall'estremità frontale, Conway Morris trovò due sbarre arcuate, ognuna delle quali trasportava una serie di semplici denti

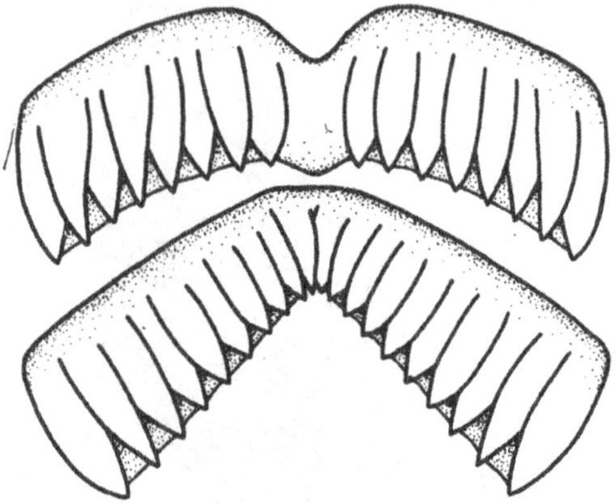

3.59. *L'apparato mascellare della* Wiwaxia *(Conway Morris, 1985).*

conici rivolti verso la parte posteriore del corpo (figura 3.59). La prima di queste due strutture presenta un incavo centrale che determina un'area priva di denti fra le due regioni laterali, con sette o otto denti ciascuna. La struttura posteriore ha un margine anteriore più curvo ma privo dell'incavo, con denti lungo tutto il bordo posteriore. Queste strutture erano probabilmente attaccate alla parte inferiore dell'intestino. In considerazione della loro forma e della loro posizione in prossimità dell'estremità frontale dell'animale sembra sicura la loro interpretazione come organi masticatori, come "mandibole" se si preferisce.

Nel tentativo di raccogliere e di integrare tutte le prove, Conway Morris procedette il più possibile al di là dell'anatomia elementare della *Wiwaxia*, alla ricerca di indizi da cui estrarre informazioni preziose: dalla crescita, da lesioni, dall'ecologia, dalla conservazione. Gli esemplari minori o hanno spine relativamente piccole o ne sono del tutto privi, fornendo in tal modo un esempio raro nella fauna di Burgess di cambiamento di forma con la crescita. Due esemplari giustapposti sembrano rappresentare un atto di muta di un individuo, e non due animali accidentalmente sovrapposti dalla frana di fango di Burgess: l'esemplare più piccolo è contratto e allungato, come se il grande corpo ne fosse appena uscito, lasciando la sua vecchia pelle come un guscio vuoto. Piccole conchiglie di brachiopodi, trovate a volte attaccate a scleriti, indicano che la *Wiwaxia* si spostava camminando sul sedimento, e non scavava in esso, dove i suoi ospiti permanenti non avrebbero potuto sopravvivere. I modi di rottura delle spine ci fanno pensare all'attività di predatori e al fatto che la *Wiwaxia* poteva sottrarsi loro con la fuga. Piccole spine trovate di tanto in tanto in file di spine grandi e uniformi indicano la possibilità di una rigenerazione dopo la rottura, o di tipi di sostituzione ordinata (come nella sostituzione ciclica dei denti in vertebrati che non hanno una dentizione permanente). La presenza di "mandibole" suggerisce il distacco di alghe o la raccolta di detriti sul substrato.

Se si mettono insieme tutti questi elementi di informazione, la *Wiwaxia* ne emerge come un organismo completo, funzionante: un erbivoro o un onnivoro, che viveva di pezzetti di cibo raccolti dalla superficie del sedimento mentre si spostava sul fondo del mare.

Ma se tutti questi elementi avevano permesso a Conway Morris di ricostruire il modo di vita della *Wiwaxia*, egli non riuscì a trovare indizi similmente persuasivi circa l'omologia o rapporti genealogici con alcun altro gruppo di organismi. Non avendo setole, appendici o segmentazione, la *Wiwaxia* non è né un artropodo né un anellide. La mandibola presenta un'interessante somiglianza con l'organo trituratore, detto radula, di certi molluschi, ma nient'altro nella *Wiwaxia* assomiglia neppure vagamente a un bivalve, un polpo o a qualsiasi altro mollusco vivo o morto.[16] La *Wiwaxia* è un altro animale inclassificabile di Burgess, forse più vicino ai molluschi che a qualsiasi altro phylum moderno, se le sue mascelle possono essere considerate omologhe alla radula dei molluschi, ma probabilmente non molto vicino.

*L'*Anomalocaris

Non avrei potuto trovare una storia migliore per illustrare l'efficacia e l'estensione della revisione di Burgess della vera cronaca dell'*Anomalocaris*: un racconto di humor, errori, lotte, frustrazione e altri errori, culminante in una straordinaria risoluzione che combinò assieme i pezzi di tre "phyla" in una singola creatura ricostruita, il più grande e terribile degli organismi del Cambriano.

Il nome *Anomalocaris*, o "gambero strano", è anteriore alla scoperta della fauna di Burgess: questo è infatti uno dei pochi animali dal corpo molle di Burgess dotati di parti abbastanza dure per poter essere conservati in faune comuni (un altro esempio ci viene fornito dalle spicole della *Wiwaxia*). I primi esemplari di *Anomalocaris* furono trovati nel 1886 nei famosi strati a trilobiti *Ogygopsis*, esposti sulla montagna più vicina al giacimento di Burgess. Nel 1892 il grande paleontologo canadese J. F. Whiteaves descrisse l'*Anomalocaris* nel "Canadian Record of Science" come il corpo senza testa di un artropodo simile ai granchi. Walcott accettò l'opinione convenzionale che questo fossile rappresentasse la parte posteriore del corpo di un crostaceo, identificando l'asse lungo come il tronco e le spine ventrali come appen-

[16] Una certa somiglianza presenta un gruppo di molluschi piccolo e poco noto, quello degli Aplacophora, dal corpo allungato, vermiforme, a volte coperto da scaglie o spicole, ma Conway Morris enumera nella sua monografia un elenco impressionante di differenze dettagliate.

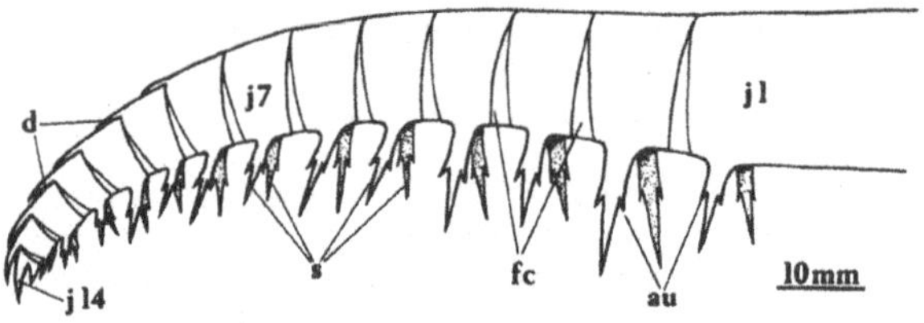

3.60. *Il frammento di un organismo segmentato chiamato in origine, nel 1886,* Anomalocaris *(Briggs, 1979). Per molti anni si ritenne che questo fossile rappresentasse il tronco e la coda di un artropodo. Oggi è stato invece correttamente identificato come un'antenna boccale del più grande fra tutti gli animali del Cambriano.*

dici (figura 3.60). Charles R. Knight seguì questa tradizione nel suo famoso dipinto della fauna di Burgess (vedi figura 1.1), dove costruì un organismo composito combinando l'*Anomalocaris* col carapace della *Tuzoia*, un artropodo bivalve di cui non si conoscevano le parti molli, e che era quindi un buon candidato per fornire il capo ignoto dell'*Anomalocaris.*

Ma questi resti ufficialmente noti col nome di *Anomalocaris* forniscono solo una parte della nostra storia. Altre tre strutture, le quali ricevettero tutte dei nomi da Walcott, svolgono ruoli centrali in questo complesso racconto.

1) Il capo della *Sidneyia*, l'artropodo che prese il nome dal figlio di Walcott, Sidney, e che fu poi descritto per primo fra gli organismi di Burgess (1911a), presenta un paio di antenne e nessun'altra appendice. Walcott trovò anche un grande arto isolato di artropodo, chiamato in seguito da Derek Briggs (1979) "appendice F" (per *feeding*; figura 3.61). La *Sidneyia* era, a giudizio di Walcott, l'unico organismo di Burgess abbastanza grande da poter trasportare una tale appendice; il suo carattere predatorio ben si adattava anche al concetto di Walcott della *Sidneyia* come spietato carnivoro. Walcott si assunse quindi la responsabilità di questo connubio in assenza di prove dirette e articolò l'appendice boccale F sul capo della *Sidneyia.* In seguito Bruton (1981) accertò che il capo della *Sidneyia* non aveva abbastanza spazio per accogliere una tale struttura.

2) Il secondo articolo di Walcott (1911b), sulle presunte meduse e oloturie (cetrioli di mare, appartenenti al phylum degli echinodermi) degli argilloscisti di Burgess non può essere annoverato fra i suoi sforzi più accurati. Egli descrisse cinque generi. La *Mackenzia* è probabilmente un anemone di mare e quindi un celenterato appartenente allo stesso phylum delle meduse, ma Walcott lo classificò nell'altro gruppo, quello delle oloturie. Un secondo organismo da lui studiato risultò essere un priapulide (Conway Morris, 1977d). Un terzo, *Edonia*, è ancora

considerato un oloturoide peculiare nella ricostruzione più recente (Durham, 1974), ma a me pare più probabile che finirà con l'essere considerato uno degli organismi bizzarri finora non classificabili di Burgess.

Walcott diede a un quarto genere il nome di *Laggania* e identificò questo fossile come un oloturoide, sulla base di un esemplare. Notò in esso una bocca, e pensò che potesse essere circondata da un anello di scaglie. La cattiva conservazione aveva cancellato tutti i caratteri distintivi degli oloturoidi. Walcott ammise: "Il corpo dell'animale è così completamente appiattito che i pedicelli ambulacrali sono oscurati, il profilo della suola ventrale è perduto e le bande concentriche quasi cancellate" (1911b, p. 52)

3) Come quinto e ultimo genere, Walcott nominò l'unica medusa di Burgess, la *Peytoia*. Egli descrisse questa creatura peculiare come un anello di trentadue lobi attorno a un'apertura centrale. Questa serie di lobi potevano essere divisi in quattro quadranti, con un lobo maggiore a ognuno dei quattro angoli dell'anello squadrato, e sette lobi minori fra gli angoli di ciascun quadrante. Walcott notò su ciascun lobo due corte punte sporgenti in avanti verso il buco centrale. Egli interpretò queste strutture come "punti di inserzione delle parti periorali, o forse armi orali" (1911b, p. 56). Eccezion fatta per la simmetria radiale, Walcott non trovò alcuna traccia dei caratteri definitori di una medusa: né tentacoli né fasci muscolari concentrici. La *Peytoia*, che aveva l'aspetto più di una fetta di ananas che di una medusa, costituiva una medusa stranissima.

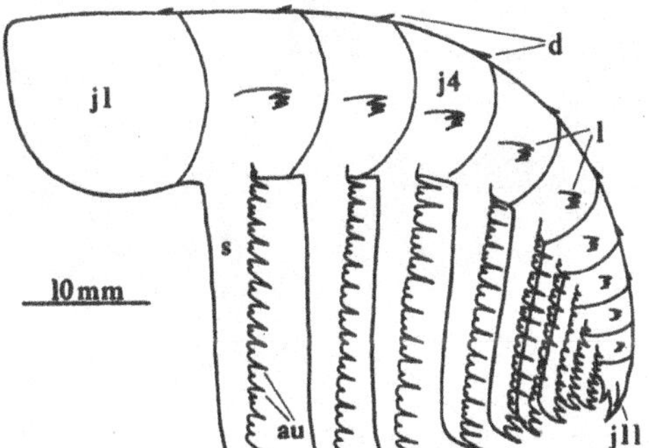

3.61. *Ricostruzione dell'appendice F a opera di Briggs (1979). Walcott descrisse in origine questa struttura come un'appendice boccale di* Sidneyia. *Briggs la reinterpretò come un'appendice di un artropodo gigante. Ricerche recenti mostrano che l'appendice F è effettivamente un'appendice boccale del più grande animale noto del Cambriano, l'*Anomalocaris.

Nessun vero membro di questo gruppo presenta un foro centrale. L'interpretazione di Walcott finì nondimeno col prevalere. La ricostruzione moderna più nota della fauna di Burgess, pubblicata su "Scientific American" vari anni dopo l'inizio della sua revisione da parte di Whittington e colleghi (Conway Morris e Whittington, 1979), presenta la *Peytoia* nella forma di una sorta di Frisbee-disco-volante-fetta-di-ananas che entra in scena da ovest (figura 3.62).

Ora, chi si sarebbe mai sognato una connessione fra l'estremità posteriore del corpo di un gambero, l'appendice masticatoria della *Sidneyia*, un cetriolo di mare spiaccicato e una medusa con un foro in centro? Ovviamente nessuno. La combinazione di questi quattro oggetti nell'*Anomalocaris* venne come una sorpresa del tutto imprevista. Inoltre, questa felice risoluzione non emerse direttamente da questo caos iniziale. Il successo finale fu preceduto da vari sforzi intermedi,

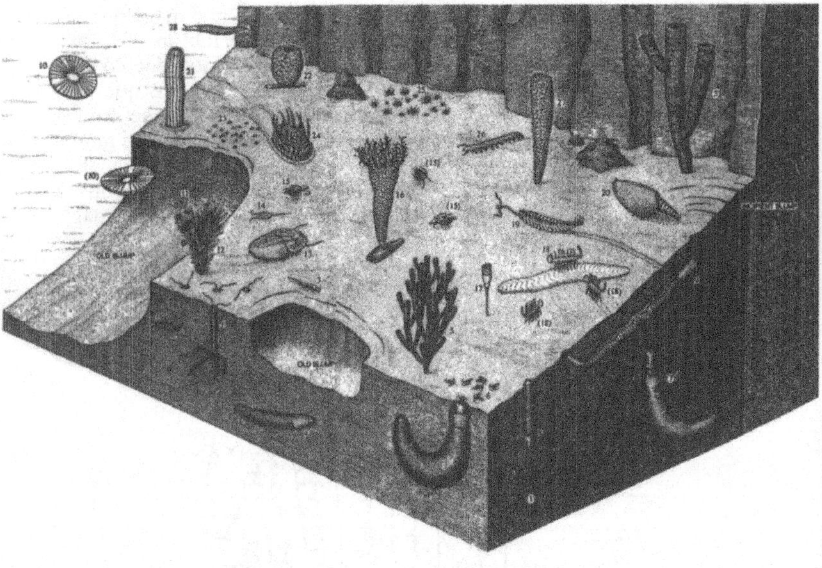

3.62. *La ricostruzione più nota del giacimento di Burgess, disegnata per l'articolo di Conway Morris e di Whittington pubblicato nel 1979 in "Scientific American". Si notino i vermi priapulidi nelle loro tane, e vari organismi bizzarri di Burgess, compresi il* Dinomischus *(17), l'*Hallucigenia *(18), l'*Opabinia *(19) e la* Wiwaxia *(24). Un grave errore è rappresentato dalle due meduse (10) in forma di fette di ananas che entrano in scena nuotando da occidente. Questa struttura è in realtà la bocca dell'*Anomalocaris. *(Da* The Animals of the Burgess Shale *di Simon Conway Morris e H. B. Whittington. Copyright © 1979 by Scientific American, Inc. Tutti i diritti riservati.)*

tutti fondamentalmente sbagliati ma ognuno dei quali fornì un importante anello di connessione in una storia *in fieri*.

L'*Anomalocaris* è stata la nemesi delle ricerche recenti su Burgess. Questo organismo svelò infine il suo segreto, ma solo dopo che Simon Conway Morris e Derek Briggs ebbero commesso i loro errori più gravi nell'occuparsi delle sue varie parti. Non si può sperare di fare qualcosa di significativo o di originale nella scienza se non si accetta la possibilità di compiere gravi errori lungo il percorso. Tre passi, però, avviarono gradualmente le cose verso una risoluzione, quali che siano stati gli errori di percorso maggiori.

1) Nel 1978 Conway Morris applicò le nuove tecniche di Whittington alla determinazione della struttura tridimensionale della *Laggania*, considerata ora una spugna invece che un oloturoide. Applicando un microtrapano per dentista alla controparte dell'unico esemplare, Conway Morris scoprì, là dove Walcott aveva identificato la bocca indistinta, una fetta di ananas di *Peytoia*. Conway Morris era sulla soglia dell'interpretazione corretta, ma fece una congettura sbagliata. Egli considerò la possibilità che la "spugna" chiamata *Laggania* non fosse un organismo a sé bensì un corpo attaccato alla *Peytoia*, che quindi sarebbe diventata la parte centrale di uno strano medusoide. Egli finì però col rifiutare questa ricostruzione perché cosiderava quasi tutti gli organismi di Burgess conservati integralmente, piuttosto che scomposti nelle loro parti. Egli scrisse: "La grande maggioranza dei fossili di Burgess sono conservati completi e si può concludere ragionevolmente che il corpo della *Laggania cambria* non sia parte integrante della *Peytoia nathorsti*, bensì un'aggiunta estranea al medusoide, che è interpretato qui come una spugna" (1978, p. 130). Conway Morris sostenne che l'associazione nel fango di Burgess doveva essere casuale: "L'associazione del medusoide e della spugna è dovuta presumibilmente al caso. Lo strato a fillopodi fu depositato come una serie di torbiditi, ed è probabile che i due esemplari siano venuti a trovarsi vicini dopo il trasporto" (*ibid.*).

Conway Morris fece una congettura sbagliata sulle ragioni dell'associazione fra la *Peytoia* e la *Laggania*, ma aveva scoperto (letteralmente) un'associazione chiave, collegando i primi due di quattro pezzi che avrebbero formato l'*Anomalocaris*.

2) Nel 1982 Simon tentò di affrontare il problema della bizzarra *Peytoia* (Conway Morris e Robison, 1982). Egli definì la *Peytoia* "uno dei medusoidi più peculiari del Cambriano" (1982, p. 116), e usò la parola "enigmatico" persino nel titolo. Simon non risolse correttamente questo animale, ma suscitò dei dubbi sulla sua affinità con i medusoidi, e tenne in tal modo il problema aperto. Scrivendo sul foro centrale, Conway Morris e Robison conclusero: "Questo carattere è ignoto in cnidari [celenterati] fossili e viventi e potrebbe indicare che la *Peytoia nathorsti* non è un cnidario. I suoi rapporti con qualsiasi altro phylum sembrerebbero ancora più oscuri" (1982, p. 118).

3) L'*Anomalocaris* stessa, già descritta da Whiteaves come l'estremità

posteriore di un gambero, era stata assegnata a Derek Briggs nell' originaria divisione della fauna di Burgess. Dopo tutto, si supponeva che fosse il corpo di un artropodo con un carapace bivalve.

Nel 1979 Briggs pubblicò una stimolante ricostruzione dell'animale a lui assegnato. Egli fece due osservazioni importanti, che contribuirono alla risoluzione dell'*Anomalocaris*:

Innanzitutto, riconobbe che l'*Anomalocaris* era un'appendice con spine appaiate sui bordi interni e non un intero corpo con appendici sui suoi bordi ventrali. Se l'*Anomalocaris* fosse stata il tronco di un intero organismo, in qualcuno dei suoi più di cento esemplari si sarebbero trovate tracce di un intestino, e almeno qualcuno avrebbe presentato sulle presunte appendici le articolazioni proprie degli artropodi.

In secondo luogo, Briggs sostenne che l'*Anomalocaris* e l'appendice F (l'appendice masticatoria della *Sidneyia* secondo Walcott) erano varianti della stessa struttura basilare, e probabilmente appartenevano a uno stesso animale. Questa conclusione, come vedremo, non era del tutto corretta, ma il ragionamento di Briggs unì opportunamente altri due pezzi di puzzle dell'*Anomalocaris*.

A parte queste importanti intuizioni, la ricostruzione di Briggs era fondamentalmente sbagliata, anche se spettacolare. Egli continuò a considerare sia l'*Anomalocaris* sia l'appendice F parti di un artropodo, congetturando che l'*Anomalocaris* fosse un arto ambulacrale e l'appendice F una struttura boccale, di un singolo organismo gigantesco rispetto alla norma di Burgess, probabilmente lungo più di un metro! Egli intitolò il suo articolo: *Anomalocaris, the Largest Known Cambrian Arthropod*.

Ma Briggs non era molto convinto della sua ricostruzione. Rimanevano ancora numerosi misteri. Egli non riusciva a spiegarsi come mai non fosse stato trovato alcun segno, neppure frammentario, del corpo gigantesco cui dovevano essere appartenute tali appendici. Una struttura lunga un metro avrebbe potuto essere del tutto assente da una fauna di organismi dal corpo molle? Briggs congetturò che i resti di un tale animale avrebbero potuto esistere nella forma di fogli e pellicole organici, finora ignorati a causa dell'assenza di strutture distinguibili. Egli scrisse: "Grandi frammenti relativamente amorfi, in precedenza non identificati, della cuticola corporea dell'*Anomalocaris canadensis* attendono quasi certamente di essere scoperti sui pendii sassosi di Mount Stephen" (1979, p. 657). Derek non si rese conto che il corpo dell'*Anomalocaris* era noto, e aveva addirittura ricevuto un nome, dal tempo di Walcott, ma sotto le mentite spoglie dell'"oloturoide" *Laggania*, in seguito interpretato come una spugna associata a una medusa.

La spedizione della Geological Survey of Canada aveva scoperto nella cava di Raymond, subito sopra lo strato a fillopodi di Walcott, uno strano esemplare. Whittington aveva preso questo grande fossile, mal definito e virtualmente amorfo, e lo aveva messo in un cassetto: nella speranza, io penso, di dimenticarsene. Ma continuò a pensare a questo fossile peculiare di un organismo tanto più grande di qualsiasi altro negli argilloscisti di Burgess: "Ero solito aprire il cassetto e poi richiuderlo," mi spiegò Harry. Un giorno, nel 1981, decise di scavare nel fossile nella speranza di riuscire a risolvere qualche particolare della struttura. Scavò in un'estremità dell'animale e, con suo stupore, vi trovò un esemplare di *Anomalocaris* apparentemente attaccato e in posizione (figura 3.63). Harry informò Derek Briggs della sua scoperta e Derek semplicemente non riusciva a crederci. L'oggetto scavato era sicuramente un esemplare di *Anomalocaris* ma, come nel caso dell'interpretazione di Simon della medusa *Peytonia* sulla spugna *Laggania*, forse questo esemplare di *Anomalocaris* era andato ad

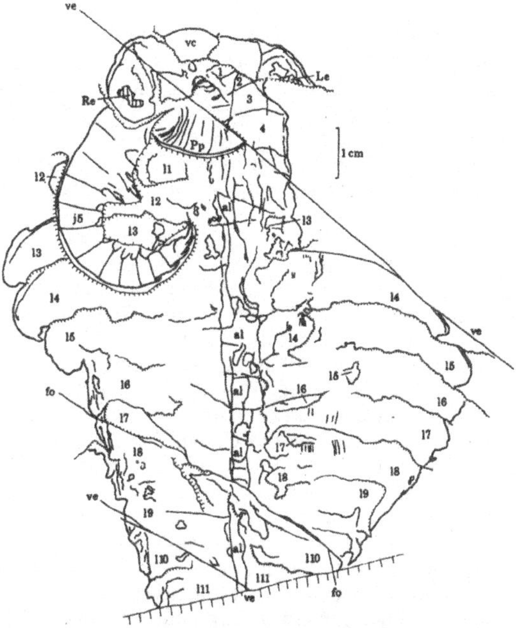

3.63. *L'esemplare sezionato da Harry Whittington che rivelò la vera natura dell'*Anomalocaris. *In questo disegno alla camera chiara, al centro in alto c'è la bocca, identificata erroneamente da Walcott come la medusa* Peytoia *(designata* Pp*); la linea obliqua (*ve*) subito sopra rappresenta una spaccatura nella roccia. La struttura chiamata in origine* Anomalocaris *è l'appendice incurvata subito a sinistra della bocca, col segmento di mezzo designato* j5. *È visibile inoltre la traccia dell'intestino centrale, o canale digerente (*al*).*

aggrovigliarsi accidentalmente con un grande foglio di diversa origine quando la frana di fango si era consolidata.

Poco tempo dopo, Whittington e Briggs stavano studiando una serie di esemplari tratti dalle collezioni di Walcott. Questi blocchi di argilloscisto presentavano macchie e fogli relativamente informi che non avevano mai richiamato su di sé molta attenzione, fra cui il corpo della *Laggania* con sovrapposta la *Peytoia*. In un singolo giorno molto importante – la controparte (nel senso comune, non tecnico, del termine) di un altro momento chiave di Burgess, quasi un decennio prima, quando Whittington aveva sezionato il capo e i fianchi dell'*Opabinia* non trovando nulla sotto – essi scavarono in un blocco di argilloscisto e trovarono sia la *Peytoia* sia l'appendice F come organi di un animale più grande.

Mentre stavano assimilando questa sorpresa – la più grande fra tutte le sorprese di Burgess – e continuavano a trovare la *Peytoia* e l'appendice F nella stessa associazione in altri blocchi di argilloscisto, Harry e Derek si resero conto di avere risolto una grande quantità di problemi concernenti un singolo organismo. La *Peytoia* non era una medusa, bensì la bocca di questo grosso animale, sulla superficie ventrale vicino all'estremità frontale. L'appendice F non era uno dei molti arti ripetuti di un artropodo; due appendici F formavano invece un paio di organi boccali, inseriti sul capo del nuovo animale in posizione preorale.

Gli esemplari di Whittington in Inghilterra non avevano però in questa posizione frontale l'appendice F bensì l'*Anomalocaris* (figura 3.63). Quando egli sezionò più minutamente questo esemplare trovò sia tracce della bocca (la *Peytoia*) sia una seconda *Anomalocaris*, la quale formava un paio di appendici boccali nella stessa posizione delle coppie di appendici F sugli esemplari di Washington (figura 3.64).

Tutti i pezzi erano stati finalmente combinati. A partire da quattro resti anomali – un crostaceo senza capo, un'appendice boccale senza un animale su cui inserirsi, una medusa con un foro centrale e un foglio schiacciato che era stato rimpallato da un phylum all'altro – Whittington e Briggs avevano ricostruito due specie separate del singolo genere *Anomalocaris*. La *Laggania* era una parte del corpo schiacciata e deformata; la *Peytoia* era la bocca, circondata da un piccolo cerchio di scaglie dentate e non da una serie di lobi con uncini; l'*Anomalocaris* era una di due appendici boccali in una specie (l'*Anomalocaris canadensis*), mentre l'appendice F era un'appendice boccale nella seconda specie (l'*Anomalocaris nathorsti*, nota col vecchio nome di *Peytoia*). Le regole inflessibili della nomenclatura, che imponevano di onorare innanzitutto la maggiore antichità, richiesero che l'intero genere prendesse il nome di *Anomalocaris* in riconoscimento della pubblicazione originaria di Whiteaves del 1892. Ma in questo caso si trattò di un'imposizione veramente felice e appropriata: quello era davvero uno "strano gambero!"

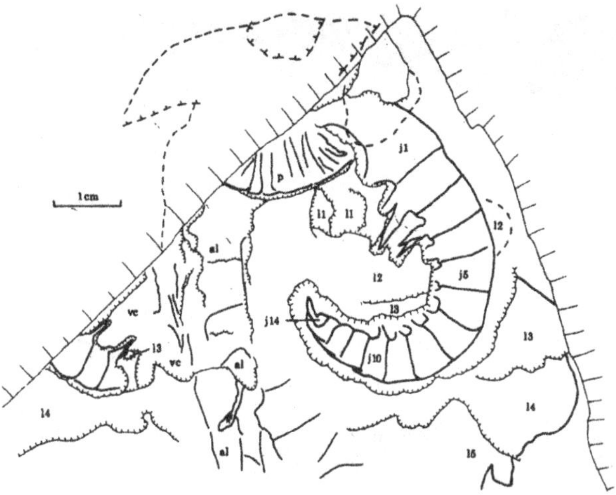

3.64. *L'esemplare chiave di* Anomalocaris *ulteriormente sezionato per rivelare parti di entrambe le appendici boccali. Questa è l'altra metà del blocco e fornisce quindi un'immagine speculare della parte dell'esemplare raffigurato nella figura 3.63. Si notino la bocca* (p) *e l'appendice scoperta per prima* (j1-j14). *Oggi è stata però portata in luce anche una traccia della seconda appendice boccale, a sinistra in basso nella figura, subito sotto la linea obliqua che rappresenta la spaccatura nella roccia.*

Poiché l'organo chiamato in origine *Anomalocaris* può essere lungo sino a 18 cm quando è disteso, l'intero animale dev'essere stato gigantesco rispetto a qualsiasi altro della fauna di Burgess. Whittington e Briggs stimarono che l'esemplare più grande fosse lungo circa 60 centimetri e fosse quindi di gran lunga il più grosso fra tutti gli animali del Cambriano! Una ricostruzione recente dell'intera fauna (Conway Morris e Whittington, 1985), che è fondamentalmente un aggiornamento della versione del 1979 di "Scientific American", ha sostituito la *Peytoia*-fetta di ananas che entrava in scena da ovest (vedi figura 3.62) con una grande e minacciosa *Anomalocaris* che avanza risolutamente da est (figura 3.65).

Whittington e Briggs pubblicarono la loro monografia sull'*Anomalocaris* nel 1985: un trionfo che venne a coronare degnamente quella che potrebbe essere la serie più distinta e più importante di monografie nella paleontologia del XX secolo. Il lungo capo ovale dell'*Anomalocaris* porta, sulla parte laterale e posteriore della sua superficie dorsale, un grande paio di occhi su corti peduncoli (figura 3.66). Sulla superficie ventrale, il paio di appendici boccali si inseriscono in prossimità della

3.65. *Una ricostruzione recente della fauna del giacimento di Burgess (Conway Morris e Whittington, 1985), che presenta la nuova interpretazione dell'*Anomalocaris *(24) e le grandi dimensioni di questo organismo rispetto agli altri. Si notino gli animali bizzarri* Opabinia *(8),* Dinomischus *(9) e* Wiwaxia *(23); e gli artropodi* Aysheaia *(5),* Leanchoilia *(6),* Yohoia *(11),* Canadaspis *(12),* Marrella *(15) e* Burgessia *(19).*

fronte, mentre il cerchietto della bocca è spostato leggermente all'indietro e si trova sulla linea mediana (figura 3.67). Le scaglie del cerchietto potevano restringere sostanzialmente l'apertura della bocca, ma non si avvicinavano del tutto (in nessuno degli orientamenti che Whittington o Briggs riuscirono a ricostruire), così che la bocca restava forse aperta in permanenza, almeno in parte. Walcott e Briggs congetturano che la bocca potrebbe avere funzionato come uno schiaccianoci, mentre le appendici potrebbero essere state usate dall'*Anomalocaris* per portare le prede all'apertura (figura 3.68), dopo di che il cibo veniva forse spezzato per costrizione. I bordi interni delle scaglie nel cerchietto della *Peytoia* hanno tutti dei denti. In un esemplare, Whittington e Briggs trovarono altre tre file di denti in più, disposte una sopra l'altra parallelamente al cerchio delle scaglie della bocca. I denti di queste file potrebbero essere stati attaccati al cerchio, ma potevano forse esserci altre file di denti sulle pareti dello stomaco, fornendo così all'*Anomalocaris* una serie formidabile di armi sia nella bocca sia nella parte frontale dell'intestino (figura 3.69).

Dietro la bocca, sulla superficie ventrale, il capo presenta tre paia di lobi in gran parte sovrapponentisi (vedi figura 3.67). Il tronco, dietro la

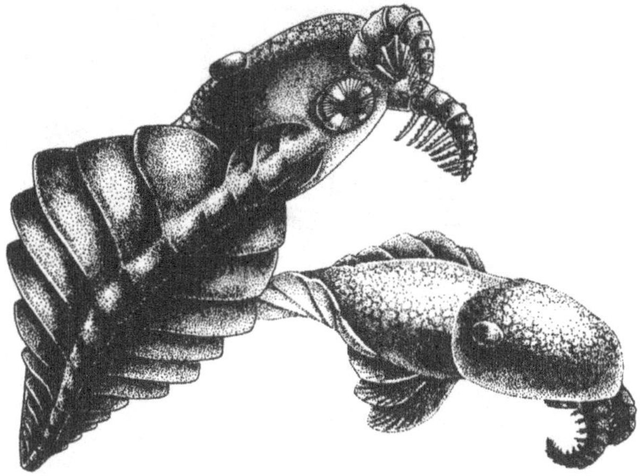

3.66. *Le due specie note di* Anomalocaris*: in alto la* Anomalocaris nathorsti *vista dal basso: si vedono la bocca circolare, già identificata erroneamente da Walcott come una medusa, e il paio di appendici boccali; in basso la* Anomalocaris canadensis *vista di lato, in posizione di nuoto. Disegno di Marianne Collins.*

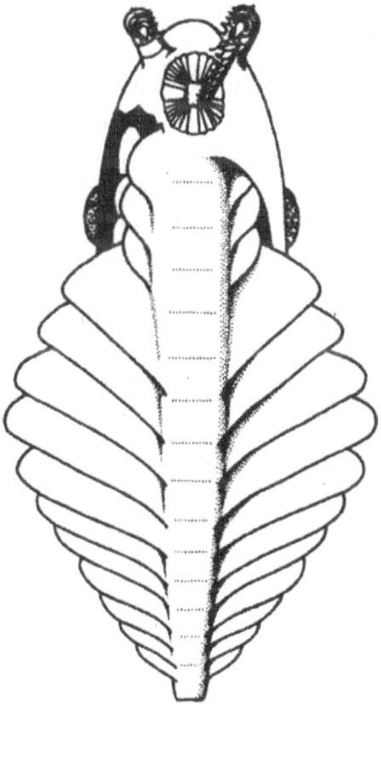

3.67. *L'*Anomalocaris *vista dal basso: vi si osserva come le appendici boccali potessero portare il cibo alla bocca (Whittington e Briggs, 1985). Subito dietro la bocca, a sinistra, è stata omessa parte della superficie ventrale dell'animale per mostrare le branchie sopra i tre segmenti posteriori della testa.*

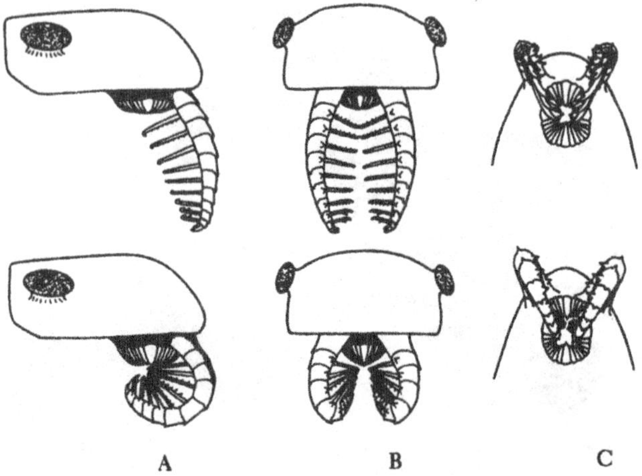

3.68. *Il modo probabile di nutrirsi dell'*Anomalocaris. *A) Il capo dell'*Anomalocaris nathorsti *visto di lato, con l'appendice boccale distesa (in alto) e arrotolata per portare il cibo alla bocca (in basso). B) La stessa operazione vista frontalmente. C) La stessa operazione vista da sotto in entrambe le specie: nell'*Anomalocaris nathorsti *(in alto) e nell'*Anomalocaris canadensis *(in basso).*

testa, è suddiviso in undici lobi, ognuno di forma fondamentalmente triangolare, col vertice rivolto verso l'indietro lungo l'asse mediano del corpo. I lobi sono più larghi in corrispondenza della metà del tronco, e vanno restringendosi sia in avanti sia all'indietro. Questi lobi, come i tre all'estremità posteriore del capo, sono in gran parte sovrapposti. La terminazione del tronco è breve e smussata, senza alcuna spina o lobo sporgenti. Alla superficie superiore di ciascun lobo è saldata una struttura multistratificata di lamelle, probabilmente una branchia.

Poiché l'*Anomalocaris* non ha appendici corporee, si può presumere che non camminasse sul substrato. Whittington e Briggs ricostruiscono l'*Anomalocaris* come un organismo capace di nuotare con efficacia, anche se non velocissimo, grazie a moti ondulatòri dei lobi corporei in sequenze coordinate (figura 3.70). I lobi laterali in parte sovrapposti funzionerebbero perciò in modo molto simile alle pinne laterali singole di alcuni pesci. Un'*Anomalocaris* in movimento potrebbe essere stata simile a una moderna manta, che ondula nell'acqua generando onde all'interno della pinna larga e continua.

Ancora una volta, come nel caso della *Wiwaxia* e dell'*Opabinia*, possiamo fare delle congetture ragionevoli sul "funzionamento" biolo-

A

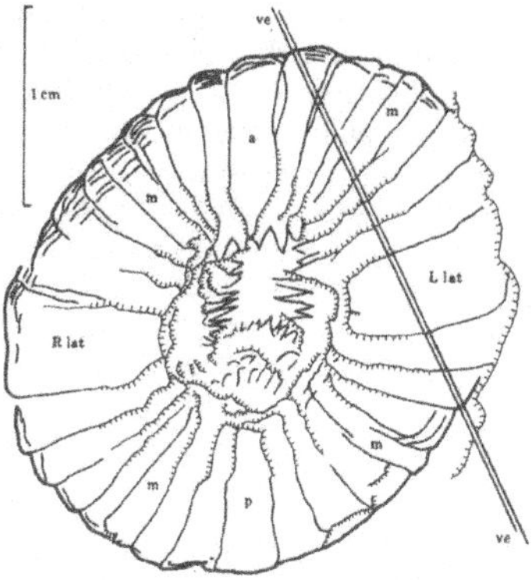

B

3.69. *La bocca dell'*Anomalocaris, *scambiata erronamente da Walcott per la medusa* Peytoia. *Si osservano varie file di denti, dallo spazio centrale verso il basso; queste file di denti possono estroflettersi dalla gola dell'animale. A) Fotografia dell'esemplare. B) Disegno alla camera chiara dello stesso esemplare.*

gico dell'*Anomalocaris*: un organismo, dopo tutto, può solo mangiare e muoversi in un certo numero di modi. Ma un animale così strano che cosa poteva essere in termini genealogici? Le appendici boccali erano state intese per un secolo come parti di artropodi: e il loro carattere segmentato ricorda il grande phylum degli organismi dagli arti articolati. Ma la ripetizione e segmentazione ("metameria") presentate dalla sequenza dei lobi e delle appendici boccali non sono limitate agli artropodi: si pensi agli anellidi, ai vertebrati e persino al mollusco *Neopilina*,

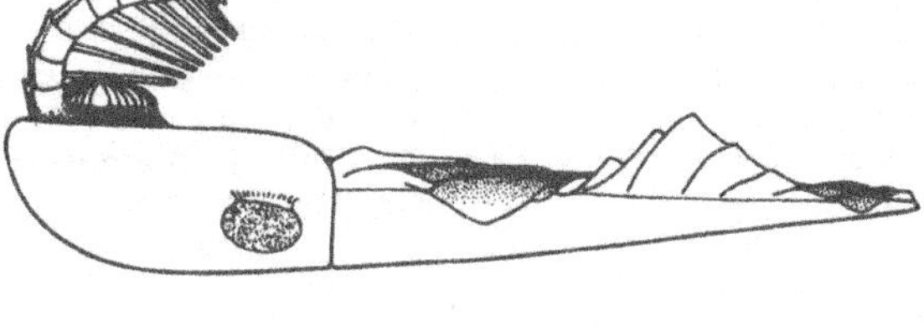

3.70. *Ricostruzione dell'*Anomalocaris *vista di lato, nell'atto di nuotare (Whittington e Briggs, 1985).*

un vero "fossile vivente". Nient'altro nell'*Anomalocaris* suggerisce una connessione con gli artropodi. Il corpo non presenta appendici articolate, e la bocca, con la sua perpetua apertura e il suo cerchio di scaglie, è qualcosa di unico, ed è molto diversa da qualsiasi struttura esistente nel phylum Arthropoda. Persino il paio di appendici boccali, benché segmentate, sono molto lontane da qualsiasi prototipo degli artropodi non appena tentiamo qualche confronto nei particolari. Whittington e Briggs conclusero che l'*Anomalocaris* "era un animale metamerico, e aveva un paio di appendici articolate e un cerchietto unico di scaglie mandibolari. Noi non lo consideriamo un artropodo, bensì il rappresentante di un phylum finora sconosciuto" (1985, p. 571).

CODA

Le ricerche su Burgess continueranno, poiché molti generi attendono di essere ristudiati (il grosso degli artropodi sono già stati oggetto di monografie, mentre sono state studiate in modo approfondito solo una metà circa delle forme più bizzarre). Harry, Derek e Simon stanno però passando ad altri studi, per varie ragioni. Il Signore ci concede così poco tempo per una carriera: quarant'anni se cominciamo presto le ricerche e restiamo in buona salute, cinquanta se ci sorride la fortuna. Il Diavolo ci porta via tanto tempo: primariamente in carichi amministrativi che ricadono su tutti tranne che sui bastardi più ostinati nel resistere. (Le ricompense terrene per coloro che si distinguono nelle ricerche sono incarichi superiori che rendono impossibili ulteriori ricerche.) Non si può spendere tutta una carriera su un progetto, per quanto importante o esaltante. Harry, che ha più di settant'anni, è tornato al suo primo amore e sta dirigendo una revisione del volume sui trilobiti per il *Treatise on Invertebrate Paleontology*. La carriera in sviluppo di Simon comprende ancora uno o due progetti sulla fauna di Burgess, ma i suoi principali interessi si sono spostati a ritroso nel tempo all'esplosione del Cambriano. Gli interessi in espansione di Derek si incentrano sugli organismi bizzarri e sulle faune dal corpo molle dei tempi posteriori a Burgess.

Altri finiranno il lavoro di questa generazione a Burgess. Poi arriverà la prossima generazione, con nuove idee e nuove tecniche. Ma la scienza è cumulativa, nonostante le sue oscillazioni e i suoi alti e bassi. Le ricerche di Briggs, di Conway Morris e di Whittington saranno onorate per la loro eleganza e per l'efficacia delle loro idee trasformatrici finché conserveremo la più preziosa delle continuità umane: una sequela ininterrotta di genealogia intellettuale.

Nessun organismo o nessuna interpretazione può avere l'ultima parola in un tale dramma, ma noi dobbiamo rispettare la conclusione delle ricerche di un uomo. L'epilogo di questo dramma spetta di diritto a Harry Whittington, che nel suo modo tipicamente conciso e diretto mi scrisse, a proposito delle sue monografie su Burgess: "Forse questi scritti necessariamente aridi comunicarono un po' dell'entusiasmo della scoperta: senza dubbio fu una ricerca di grande interesse che aveva i suoi momenti di grande gioia quando una struttura nuova e inattesa veniva rivelata dalla preparazione" (1 marzo 1988). "È stato il progetto più esaltante e più affascinante a cui io sia stato associato" (22 aprile 1987).

IL BESTIARIO DEGLI ARGILLOSCISTI DI BURGESS: RIEPILOGO

Disparità seguita dalla decimazione: considerazioni generali

Se non fossero mai stati trovati i componenti dal corpo molle, la fauna di Burgess sarebbe una fauna del tutto insignificante del Cambriano Medio, formata da circa trentatré generi. Essa contiene un gran numero di spugne (Rigby, 1986) e di alghe, sette specie di brachiopodi, diciannove specie di comuni trilobiti con parti dure, quattro di echinodermi e uno o due molluschi e celenterati (un elenco completo si trova in Whittington, 1985b, pp. 133-139). Fra gli organismi dal corpo molle, che portano il biota totale a circa 120 generi, alcuni sono membri legittimi di gruppi principali. Whittington elenca cinque specie certe e due probabili di vermi priapulidi, sei specie di policheti e tre di trilobiti dal corpo molle (il *Tegopelte* e due specie di *Naraoia*).

Il mio dramma in cinque atti, appena concluso, sottolinea un tema diverso, che mi fu rivelato dai soli componenti dal corpo molle. La fauna di Burgess comprende una varietà di piani anatomici ineguagliata e superiore a quella di tutti gli organismi che vivono oggi in tutti i mari della Terra. La storia della vita pluricellulare è stata dominata dalla decimazione di una grandissima quantità di forme iniziali, rapidamente generate dall'esplosione del Cambriano. La storia degli ultimi 500 milioni di anni ha presentato una restrizione di forme seguita da una proliferazione all'interno di pochi tipi stereotipi, non un'espansione generale della varietà con aumento della complessità, come implica la nostra iconografia preferita, quella del cono della diversità crescente. Inoltre la nuova iconografia della rapida affermazione e della posteriore decimazione domina tutte le scale e pare abbia la generalità di un modello frattale. Le revisioni di Burgess, di Whittington e colleghi hanno specificato tre livelli ascendenti.

1) *Gruppi principali di un phylum.* Nessun gruppo di invertebrati fossili ha ricevuto più studio, o ha conseguito una popolarità più gran-

de, dei trilobiti. Gli scheletri mineralizzati dei fossili convenzionali presentano una varietà straordinaria, ma si conformano tutti a un piano generale. Dopo tutto questo studio sarebbe stato difficile prevedere che la varietà anatomica totale del gruppo avrebbe potuto essere maggiore nei primi tempi della sua storia. Eppure l'animale dal corpo molle *Naraoia* è senza dubbio un trilobite, nella sua serie distintiva di appendici cefaliche (un paio di antenne e tre paia di appendici postorali biramate) e nelle sue appendici convenzionali del corpo, con la "giusta" forma e il giusto numero di segmenti. Eppure l'esoscheletro della *Naraoia*, con le sue due valve, è molto lontano dall'ambito anatomico del gruppo quale si osserva in fossili convenzionali.

2) *Phyla*. Possiamo renderci conto completamente di quanto sia grande una sorpresa solo se conosciamo anche tutta la gamma delle possibilità convenzionali, poiché abbiamo bisogno di una tale linea di base per riferimento. Io trovo la storia degli artropodi di Burgess particolarmente soddisfacente perché la linea di base non ha vuoti e perché ogni disparità aggiuntiva si somma veramente a una gamma completa di membri nei gruppi principali. Gli artropodi "orfani" di Burgess sono spettacolari, ma i rappresentanti di gruppi convenzionali sono altrettanto importanti per documentare la prima frase del tema primario: "tutto ciò che potremmo aspettarci, e poi anche molto di più". La scoperta recente della *Sanctacaris* viene a completare l'elenco convenzionale. Tutt'e quattro i grandi gruppi di artropodi hanno rappresentanti nella fauna di Burgess:

Trilobita: diciannove specie ordinarie più tre a corpo molle.
Crustacea: *Canadaspis* e forse *Perspicaris*.
Uniramia: *Aysheaia*, se identificata correttamente come un onicoforo.
Chelicerata: *Sanctacaris*.

Ma la fauna di Burgess contiene una varietà ancora maggiore di esperimenti anatomici, egualmente distinti per piano corporeo ma sempre caratterizzati da funzionalità, i quali non condussero però ad accrescere la diversità. Alcuni di questi orfani possono presentare delle relazioni fra loro – ciò vale forse, per esempio, per l'*Actaeus* e per la *Leanchoilia*, che hanno appendici del capo caratteristiche – ma i più sono unici, avendo caratteri definitòri che non sono condivisi da altre specie.

Le ricerche monografiche di Whittington e colleghi hanno identificato tredici piani anatomici unici (tabella 3.3), tutti discussi nella precedente cronologia. Ma quanti altri devono ancora essere descritti? Whittington elenca ventidue specie (omettendo inavvertitamente la *Marrella*) nella sua categoria di organismi "non situati in alcun phylum o classe di Arthropoda" (1985b, p. 138). Perciò, secondo la stima migliore, la fauna di Burgess comprende almeno venti piani anatomici unici di artropodi, oltre ai rappresentanti documentati di tutt'e quattro i grandi gruppi all'interno del phylum.[17]

3) *La vita pluricellulare nel suo complesso.* Gli organismi inclassificabili della fauna di Burgess esercitano su di noi un fascino grandissimo, anche se la storia degli artropodi è altrettanto soddisfacente sul piano intellettuale, specialmente in considerazione del fatto che ci offre un sistema di riferimento ragionevolmente completo per la stima della frequenza relativa degli organismi bizzarri. Nondimeno, mentre la *Marrella* e la *Leanchoilia* possono essere belle e sorprendenti, l'*Opabinia*, la *Wiwaxia* e l'*Anomalocaris* ci incutono soggezione, essendo profondamente inquietanti ed elettrizzanti al tempo stesso.

La revisione di Burgess ha identificato otto piani anatomici che non rientrano in alcun phylum animale noto: in ordine di pubblicazione, sono l'*Opabinia*, la *Nectocaris*, l'*Odontogriphus*, il *Dinomischus*, l'*Amiskwia*, l'*Hallucigenia*, la *Wiwaxia* e l'*Anomalocaris*. Quest'elenco è però tutt'altro che completo: senza dubbio meno completo dell'elenco degli organismi bizzarri documentati fra gli artropodi. Le stime migliori indicano che sono stati descritti solo una metà circa degli organismi inclassificabili della fauna di Burgess. Due fonti recenti hanno fornito elenchi di tutti gli organismi che potrebbero rientrare in questa categoria di stranezza estrema. Whittington conta diciassette specie di "animali vari" (1985b, p. 139) e io aggiungerei a questo totale la *Eldonia*. Briggs e Conway Morris contarono diciannove *Problematica from the Middle*

[17] Se volessi fare la parte dell'avvocato del diavolo contro la mia stessa impostazione, sosterrei che il criterio per mezzo del quale sosteniamo che ci sono stati venti perdenti e solo quattro vincitori è falsamente retrospettivo. Se giudichiamo sulla base dei modelli di tagmosi, gli artropodi moderni sono senza dubbio molto meno disparati dei loro progenitori del tempo di Burgess. Ma perché usare la tagmosi come base per una classificazione di livello superiore di artropodi? Un ostracode – un isopodo terrestre – quasi microscopico, un copepodo planctonico, un'aragosta del Maine e un granchio gigante del Giappone possono avere più varietà in grandezza e in specializzazione ecologica di tutti gli artropodi di Burgess messi assieme, anche se tutti questi animali moderni sono crostacei, e presentano la tagmosi stereotipata di questa classe. Un paleontologo che fosse vissuto al tempo di Burgess avrebbe potuto considerare gli artropodi meno variati non avendo ragione di considerare i modelli di tagmosi un carattere particolarmente importante (giacché l'utilità della tagmosi nel distinguere le principali linee genealogiche divenne evidente solo in seguito, dopo che la maggior parte delle alternative furono sottoposte a decimazione e nelle poche linee sopravvissute, altamente disparate, ebbe inizio la stereotipia).

Io considero quest'argomentazione poco soddisfacente. Se vogliamo rifiutare la tagmosi in quanto troppo retrospettiva, quale altro criterio potrebbe suggerire una minore disparità nella fauna di Burgess? Noi usiamo piani anatomici fondamentali, non la diversificazione ecologica, come criterio di classificazione di livello superiore (tanto i pipistrelli quanto le balene sono mammiferi). Quasi tutti i generi di Burgess rappresentano piani a sé, qualsiasi criterio anatomico si voglia usare. La tagmosi si stabilizza in epoca posteriore a Burgess, e lo stesso vale per la disposizione e la forma delle appendici, mentre nessun carattere importante del piano anatomico degli artropodi può permettere di distinguere gruppi ampi e stabili nella fauna di Burgess.

Tabella 3.3. *Il dramma di Burgess: i personaggi in ordine di apparizione*

	Anno della ridescrizione	*Nome*	*Status per Walcott*	*Status riveduto*	*Revisore*
Atto I	1971	*Marrella*	affine ai trilobiti	artropodo unico	Whittington
	1974	*Yohoia*	crostaceo artropodo	artropodo unico	Whittington
	1975	*Olenoides*	trilobite (chiamato *Nathorstia*)	trilobite	Whittington
Atto II	1975	*Opabinia*	crostaceo branchiopodo	nuovo phylum	Whittington
Atto III	1975	*Burgessia*	crostaceo branchiopodo	artropodo unico	Hughes
	1976	*Nectocaris*	(sconosciuto)	nuovo phylum	Conway Morris
	1976	*Odontogriphus*	(sconosciuto)	nuovo phylum	Conway Morris
	1977	*Dinomischus*	(sconosciuto)	nuovo phylum	Conway Morris
	1977	*Amiskwia*	verme chetognato	nuovo phylum	Conway Morris
	1977	*Hallucigenia*	verme polichete	nuovo phylum	Conway Morris
	1976	*Branchiocaris*	crostaceo malacostraco	artropodo unico	Briggs
	1977	*Perspicaris*	crostaceo malacostraco	(?) malacostraco	Briggs
	1978	*Canadaspis*	crostaceo malacostraco (chiamato *Hymenocaris*)	malacostraco	Briggs
Atto IV	1977	*Naraoia*	crostaceo branchiopodo	trilobite dal corpo molle	Whittington
	1985	*Tegolpelte*	(sconosciuto)	trilobite dal corpo molle	Whittington
	1978	*Aysheaia*	(verme polichete)	(?) onicoforo o nuovo phylum	Whittington

Tabella 3.3. *Il dramma di Burgess: i personaggi in ordine di apparizione* (continua)

	Anno della ridescrizione	*Nome*	*Status per Walcott*	*Status riveduto*	*Revisore*
Atto V	1981	*Odaraia*	crostaceo malacostraco	artropodo unico	Briggs
	1981	*Sidneyia*	merostomo	artropodo unico	Bruton
	1981	*Molaria*	merostomo	artropodo unico	Whittington
	1981	*Habelia*	merostomo	artropodo unico	Whittington
	1981	*Sarotrocercus*	(sconosciuto)	artropodo unico	Whittington
	1981	*Actaeus*	(sconosciuto)	artropodo unico	Whittington
	1981	*Alalcomenaeus*	(sconosciuto)	artropodo unico	Whittington
	1983	*Emeraldella*	merostomo	artropodo unico	Bruton e Whittington
	1983	*Leanchoilia*	crostaceo branchiopodo	artropodo unico	Bruton e Whittington
	1988	*Sanctacaris*	(sconosciuto)	artropodo chelicerato	Briggs e Collins
	1985	*Wiwaxia*	verme polichete	nuovo phylum	Conway Morris
	1985	*Anomalocaris*	crostaceo branchiopodo	nuovo phylum	Whittington e Briggs
		(*Laggania*)	cetriolo di mare	corpo di *Anomalocaris*	
		(*Peytoia*)	medusa	bocca di *Anomalocaris*	
		(Appendice F)	appendice per la nutrizione della *Sidneya*	organo per la nutrizione di *A. nathorsti*	

Cambrian Burgess Shale of British Columbia (1986). Non trovando alcuna base per una sistemazione genealogica o anatomica fra i loro organismi inclassificabili, essi li elencarono semplicemente in ordine alfabetico.

Quali altre sorprese potranno venirci in futuro dagli argilloscisti di Burgess? Consideriamo la *Banffia*, l'animale omonimo del più famoso parco nazionale adiacente a Yoho e alla Burgess Shale. Questo "verme" di Walcott – con una porzione anulata separata da una parte posteriore a sacco – è quasi certamente uno di tali organismi bizzarri inclassificabili. Oppure la *Portalia*, un animale allungato con tentacoli bifidi disposti lungo l'asse del corpo. O la *Pollingeria*, un oggetto simile a una scaglia con una struttura in forma di tubo sinuoso sulla parte superiore. Walcott interpretò la *Pollingeria* come una scaglia di copertura di un organismo superiore, affine agli scleriti della *Wiwaxia*, e spiegò il tubo sinuoso come un verme commensale, ma Briggs e Conway Morris pensano che questo oggetto possa essere un intero organismo. Può darsi che la forma generale della storia di Burgess sia oggi ben compresa, ma la cava di Walcott non ci ha ancora elargito tutti i suoi tesori.

Valutazione dei rapporti genealogici per gli organismi di Burgess

Questo libro, che è già abbastanza lungo, non può diventare un trattato astratto sulle regole dell'inferenza evoluzionistica. Devo però fornire alcuni commenti espliciti su come i paleontologi passano da descrizioni anatomiche a proposte su rapporti genealogici, così che le mie numerose affermazioni su questo argomento ricevano un qualche sostegno e non rimangano come affermazioni *ex cathedra* non giustificate.

Louis Agassiz, il grande zoologo fondatore dell'istituzione che oggi ospita sia me sia la collezione di fossili raccolti alla Burgess Shale da Raymond, scelse per l'istituzione un nome superficialmente peculiare che noi conserviamo con orgoglio: Museum of Comparative Zoology. (Anticipando le esortazioni agiografiche dei suoi contemporanei, Agassiz chiese esplicitamente che il nome da lui scelto venisse conservato per sempre, e che il museo non prendesse il suo nome dopo la sua morte.) L'esperimento e la manipolazione possono formare lo stereotipo della scienza, sostenne Agassiz, ma le discipline che trattano i prodotti straordinariamente complessi, irripetibili, della storia devono procedere in modo diverso. La storia naturale deve operare analizzando somiglianze e differenze all'interno della sua foresta di prodotti unici e distintivi: in altri termini, per comparazione.

Le inferenze evolutive e genealogiche si fondano sullo studio e sul significato di somiglianze e differenze, e il compito basilare non è né semplice né ovvio. Se potessimo limitarci a compilare un lungo elenco di caratteri, a contare la somiglianza e diversità, a esprimere con un numero un livello complessivo di somiglianze e poi a istituire equazioni fra rapporto evolutivo e somiglianza misurata, potremmo quasi passare al pilota automatico e affidare il nostro lavoro di base a un computer.

Il mondo, di solito, non è così semplice, e grazie a Dío, poiché altrimenti l'orizzonte sarebbe deludente in qualsiasi posto. Le somiglianze si presentano in molte forme: alcune possono guidarci in inferenze genealogiche, mentre altre sono trappole pericolose. Come distinzione di base, dobbiamo distinguere nel modo più netto le somiglianze dovute alla semplice eredità di caratteri presenti in progenitori comuni dalle somiglianze derivanti da un'evoluzione distinta in relazione a una medesima funzione. Il primo tipo di somiglianza, detto omologia, è la guida appropriata ai rapporti genealogici. Io ho lo stesso numero di vertebre cervicali di una giraffa, di una talpa e di un pipistrello, non (com'è ovvio) perché usiamo tutti la testa nello stesso modo ma perché sette è il numero ancestrale per le vertebre cervicali nei mammiferi, ed è stato conservato nel corso dell'evoluzione in quasi tutti i gruppi moderni (eccettuati i bradipi e i loro parenti). Il secondo tipo di somiglianza, chiamato analogia, è l'ostacolo più infido alla ricerca della genealogia. Le ali degli uccelli, dei pipistrelli e degli pterosauri condividono alcuni caratteri aerodinamici di base, ma si sono evolute indipendentemente, giacché nessun progenitore comune di ciascuna coppia aveva ali. Distinguere l'omologia dall'analogia è l'attività fondamentale dell'inferenza genealogica. Noi abbiamo una regola semplice: escludere rigidamente le analogie e fondare le genealogie sulla sola omologia. I pipistrelli sono mammiferi, non uccelli.

Usando questa regola fondamentale, possiamo fare una certa strada nella valutazione della fauna di Burgess. Le pinne caudali dell'*Odaraia* hanno una strana somiglianza con strutture funzionalmente simili di taluni pesci e mammiferi marini. Ma l'*Odaraia* è chiaramente un artropodo, non un vertebrato. L'*Anomalocaris* può avere usato le sue pinne laterali in parte sovrapponentisi per nuotare mediante ondulazione, un po' come certi pesci con pinne laterali continue o dai bordi del corpo appiattiti, ma questa somiglianza funzionale, evolutasi a partire da basi anatomiche diverse, non ci dà alcuna indicazione sui rapporti genealogici. L'*Anomalocaris* rimane una forma inclassificabile, non più vicina a un vertebrato che a un qualsiasi altro organismo noto.

Ma la distinzione basilare fra omologia e analogia non ci condurrà molto lontano. Dobbiamo introdurre una seconda distinzione, fra le stesse strutture omologhe. Il ratto e l'uomo hanno in comune sia il pelo sia la colonna vertebrale. Si tratta di due omologie, strutture ereditate da antenati comuni. Se cerchiamo un criterio per unire opportunamente il ratto e l'uomo nel gruppo genealogico dei mammiferi possiamo usare il pelo, mentre la colonna vertebrale non ci sarà di alcun aiuto. In che cosa consiste la differenza? Il pelo va bene perché è un carattere *condiviso e derivato*, comune fra i vertebrati solo ai mammiferi. La colonna vertebrale non ci è di alcun aiuto perché è un carattere *condiviso ma primitivo*, presente nel progenitore comune di tutti i vertebrati terrestri – non solo nei mammiferi – e nella maggior parte dei pesci.

Questa distinzione fra omologie opportunamente ristrette (condivise e derivate) e omologie molto ampie (condivise ma primitive) è alla base delle massime difficoltà che incontriamo nella classificazione degli organismi di Burgess.[18] Per esempio, molti artropodi di Burgess hanno un carapace bivalve; molti altri condividono la forma basilare "merostomoide", un ampio scudo cefalico seguito da numerosi e ampi segmenti corporei conclusi da una coda a punta. Queste due strutture sono, presumibilmente, genuine omologie degli artropodi: nessuna linea genealogica di bivalvi parte dal nulla sviluppando, lentamente e separatamente, la stessa struttura complessa. Ma né la presenza di un carapace bivalve né la forma corporea "merostomoide" possono identificare un gruppo genealogicamente coerente di artropodi di Burgess, poiché si tratta in entrambi i casi di caratteri condivisi ma primitivi.

La figura 3.71 dovrebbe chiarire la ragione per rifiutare i caratteri condivisi ma primitivi come guida per la genealogia. Questo albero evolutivo rappresenta una linea genalogica che, nel tempo indicato dalla linea tratteggiata, si è diversificata in tre grandi gruppi: I, II e III. Un asterisco indica la presenza di un carattere omologo – per esempio cinque dita sull'arto anteriore – ereditato dal lontano progenitore comune (A). In molti rami questo tratto è andato perduto o si è modificato in modo tale da diventare irriconoscibile. La perdita del carattere è contrassegnata in ogni caso da una freccia a due punte. Si noti che, al tempo prescelto, ancora quattro specie conservano il tratto condiviso ma primitivo. Se noi unissimo queste quattro specie come gruppo genealogico, faremmo il peggiore errore possibile, lasciandoci sfuggire del tutto i tre gruppi genuini, e prendendo dei membri da ciascuno di essi per costruire un gruppo fasullo: la specie 1 potrebbe essere la progenitrice dei cavalli, le specie 2 e 3 dei roditori primitivi e la specie 4 potrebbe essere un'antenata dei primati, compreso l'uomo. Dovrebbe essere qui evidente l'errore di fondare dei gruppi su caratteri condivisi ma primitivi.[19]

18 Molti fra gli errori più grossolani di Walcott – la confusione degli scleriti della *Wiwaxia* con le setole dei policheti, e delle pinne laterali dell'*Opabinia* con i segmenti degli artropodi – rivelarono invece addirittura un'incapacità più fondamentale di distinguere fra analogia e omologia.

19 Da quanto si è detto possiamo quindi adottare alcuni criteri per risolvere la genealogia degli organismi di Burgess. Possiamo eliminare qualche somiglianza fondata sull'analogia, per esempio fra setole di policheti e scleriti di *Wiwaxia*. Possiamo eliminare anche taluni caratteri condivisi ma primitivi che non definiscono gruppi genealogici: il carapace bivalve e la forma del corpo "merostomoide". Ma finora l'identificazione di caratteri condivisi e derivati ha avuto assai poco successo. L'omologia di appendici frontali condivise e derivate potrebbe unire la *Leanchoilia* con l'*Actaeus* (e forse anche

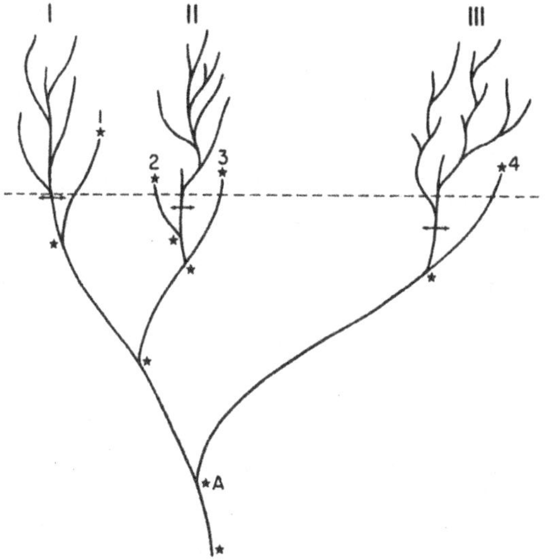

3.71. *Ipotetico albero filogenetico che illustra perché i caratteri condivisi ma primitivi debbano essere rifiutati come guide nell'identificazione di gruppi genealogici. Linee genealogiche e punti di ramificazione contrassegnati con una stella posseggono il carattere condiviso ma primitivo. Le frecce a doppia punta indicano la perdita di tale carattere.*

Ma il problema di Burgess è probabilmente ancora peggiore. Nella mia cronologia in cinque atti ho parlato di un corredo di caratteri comuni, di un sacco (*grabbag*) contenente alla rinfusa i caratteri disponibili degli artropodi. Supponiamo che caratteri condivisi ma primitivi come il carapace bivalve, diversamente dal tratto marcato con asterisco nella figura 3.71, non indichino linee genealogiche continue. Supponiamo che in questa prima fase di sperimentazione e labilità genetica senza pari tali tratti potessero sorgere ripetutamente in ogni nuova linea genealogica di artropodi, non per evoluzione lenta e separata in relazione a una funzione comune (giacché i tratti rappresenterebbero in questo caso analogie classiche), ma come potenziali latenti nel sistema genetico di tutti gli artropodi primitivi, reclutabili separatamente per trovare espressione aperta in ogni linea genealogica. In tal caso tratti come la forma corporea dei merostemoidi e il carapace

con l'*Alalcomenaeus*). Le pinne laterali sovrastate da branchie potrebbero essere caratteri condivisi e derivati nell'*Opabinia* e nell'*Anomalocaris*, costituendo in tal modo l'unica connessione genealogica fra due degli organismi bizzarri di Burgess.

bivalve potrebbero emergere ripetutamente in tutto l'albero genealogico evolutivo.

Io sospetto che un tale strano fenomeno sia stato molto diffuso al tempo di Burgess e che noi abbiamo avuto così poco successo nel ricostruire le genealogie di Burgess per il fatto che ogni specie sorse in conseguenza di un processo non troppo diverso dal costruire un pranzo da un gigantesco menu cinese vecchio stile (prima della rivoluzione di Szechuan, della rivoluzione yuppie e di altre rivoluzioni gastronomiche): una portata dalla colonna A, due dalla colonna B, con molte colonne e con lunghi elenchi in ogni colonna. La nostra capacità di riconoscere gruppi coerenti fra gli artropodi posteriori deriva da due ragioni. Innanzitutto: le linee genealogiche persero il loro potenziale genetico originario di reclutamento di ogni parte importante da molte possibilità latenti; e, in secondo luogo, l'eliminazione della maggior parte delle linee genealogiche lasciò solo poche linee superstiti, con grandi lacune fra l'una e l'altra (figura 3.72). La radiazione di queste poche linee superstiti (in una grande varietà di specie, con una disparità ristretta di forme complessive) produsse i gruppi distinti che noi conosciamo oggi come phyla e classi.

Io penso che Derek Briggs avesse in mente un modello come questo

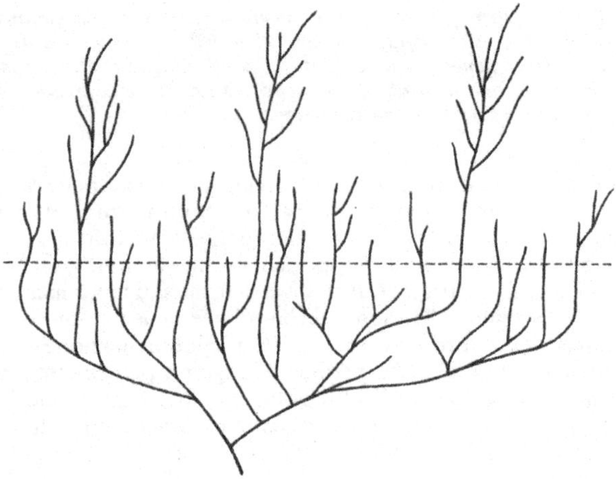

3.72. *Un ipotetico albero filogenetico che riflette la concezione della storia della vita suggerita dalla reinterpretazione della fauna di Burgess. L'eliminazione della maggior parte dei gruppi per estinzione lascia grandi vuoti morfologici fra gli organismi sopravvissuti. La linea tratteggiata rappresenta il tempo della fauna di Burgess, con la disparità a un livello massimo.*

quando scrisse, a proposito della difficoltà di classificare gli artropodi di Burgess: "Ogni specie ha caratteristiche uniche, mentre quelle condivise tendono a essere generalizzate e comuni a molti artropodi. I rapporti fra queste specie contemporanee sono, perciò, tutt'altro che ovvi, e possibili forme ancestrali sono sconosciute" (1981b, p. 38).[20]

Io penso anche che il modello del sacco di caratteri alla rinfusa da cui pescare potrebbe essere esteso a tutti gli animali di Burgess presi assieme, e non solo agli artropodi separatamente. Come dobbiamo valutare le appendici boccali dell'*Anomalocaris*? Esse sembrano essere costruite sulla base di un piano degli artropodi, ma la parte restante del corpo non fa pensare ad alcuna affinità con questo grande phylum. Forse sono solo analoghe agli arti degli artropodi, si sono evolute separatamente e sono in verità prive di qualsiasi continuità genetica con le strutture articolate degli artropodi. Ma forse al sacco di caratteri di Burgess potevano attingere addirittura phyla diversi. Forse strutture articolate con una fondazione genetica comune non erano limitate agli artropodi. La loro presenza limitata altrove non implicherebbe uno stretto rapporto genealogico con gli artropodi, ma solo una vasta gamma di strutture latenti e reclutabili che non rispettavano ancora i posteriori confini invalicabili fra i phyla moderni. Vengono alla mente, come altri caratteri possibili tratti dal grande sacco comune di caratteri, le mandibole della *Wiwaxia* (che ricordano la radula dei molluschi) e l'organo boccale dell'*Odontogriphus* (che ricorda il lofoforo di vari phyla).

Il modello del sacco di caratteri alla rinfusa è un incubo per il tassonomista e una delizia per l'evoluzionista. Immaginiamo un organismo formato da un centinaio di caratteri basilari, con venti forme possibili per ogni carattere. Il sacco contiene un centinaio di scomparti, con venti elementi diversi in ciascuno scomparto. Per costruire un nuovo organismo di Burgess, il Grande Artefice prende un elemento a caso da ciascuno scomparto e li combina. *Voilà*, il nuovo organismo funziona, ed ecco che si hanno quasi altrettanti esperimenti riusciti quante sono le canzoni orecchiabili che si possono costruire da una scala musicale.[21] Il mondo non ha funzionato in questo modo dal tempo di Burgess in poi.

20 Nota tecnica: sono stati compiuti vari sforzi per costruire un cladogramma per gli artropodi di Burgess (Briggs, 1983, in stampa). Finora questi sforzi hanno avuto assai poco successo, poiché le diverse possibilità non convergono in modo soddisfacente. Se il modello del sacco miscellaneo è corretto, e ogni carattere principale di ogni nuova linea genealogica deriva separatamente da una serie di possilità latenti comuni a tutti gli artropodi, allora la connettività genealogica dei fenotipi è spezzata, e il problema può risultare insolubile con i comuni metodi cladistici. Ovviamente, potrebbe esistere una qualche continuità in alcuni insiemi di caratteri autenticamente modificati, ma sarebbe difficile identificarli.

21 Esagero volutamente per affermare una tesi. La natura è pervasa da regole di costruzione e ordine. Non tutte le combinazioni concepibili possono funzionare, né si può costruire qualsiasi amalgama all'interno delle costrizioni di sviluppo dell'embriologia dei metazoi. Uso questa metafora solo per esprimere la gamma molto dilatata delle possibilità di Burgess.

Oggi il Grande Artefice usa una varietà di sacchi separati, etichettati "piano corporeo dei vertebrati", "piano corporeo delle angiosperme", "piano corporeo dei molluschi" e via dicendo. Gli elementi contenuti in ogni scomparto sono molto meno numerosi, e ben pochi del sacco 1 possono trovarsi nel sacco 2. Ora il Grande Artefice produce un insieme molto più ordinato di nuovi organismi, ma il suo lavoro ha perso il carattere di gioco e di sorpresa che aveva in un lontano passato. Egli non è più l'*enfant terrible* di un *brave new world* pluricellulare, che costruisce l'*Anomalocaris* con un pizzico di caratteri degli artropodi, la *Wiwaxia* con una piccola traccia dei molluschi e la *Nectocaris* con un amalgama di artropodi e vertebrati.

La storia è vecchia e canonica. Il giovane rivoluzionario è diventato l'apostolo del buon senso e della stabilità. Eppure la vecchia scintilla non è del tutto spenta. Qualcosa di veramente nuovo si insinua di quando in quando entro i confini di un'eredità rigorosa. Forse la sua naturale vanità riuscì infine a fargli dare il meglio di sé. Forse egli non poté più sopportare l'idea di condurre a lungo un gioco così mirabile senza che ci fosse qualcuno ad ammirare il suo lavoro. Così scelse dallo scomparto 1 del sacco dei primati il carattere per un cervello più grande, e costruì una specie che fosse in grado di dipingere le caverne di Lascaux, di produrre le vetrate di Chartres e infine di decifrare la storia della fauna di Burgess.

LA FAUNA DI BURGESS COME GENERALIZZAZIONE DEL CAMBRIANO

Il fascino principale della fauna di Burgess risiede in un paradosso della comprensione umana. Le parti più sorprendenti e più interessanti della storia implicano gli organismi più bizzarri e più strani. L'*Anomalocaris*, lunga una sessantina di centimetri, che ha fra le sue mascelle circolari, già scambiate per una medusa, un trilobite, merita giustamente i titoli di testa. Ma la mente umana ha bisogno di appoggiarsi a qualcosa di familiare. La fauna di Burgess ci insegna una lezione generale e rovescia la nostra concezione usuale della vita, perché molte cose di questa fauna hanno il chiaro suono della convenzionalità. I suoi organismi si cibano e si muovono in modi comuni; l'intera comunità colpisce un ecologo ricercatore per la sua comprensibilità in termini moderni; elementi chiave della fauna appaiono anche in altri luoghi, e noi apprendiamo che Burgess rappresenta il mondo normale del periodo Cambriano, e non una bizzarra spelonca marina nella British Columbia.

Ho sottolineato in tutta la mia cronologia in cinque atti che la scoperta di organismi convenzionali, veri crostacei e chelicerati, fu sotto ogni aspetto altrettanto importante quanto la ricostruzione di organismi bizzarri inclassificabili nel creare un'interpretazione completa per la fauna di Burgess. Se ora adottiamo una prospettiva più ampia, e consideriamo l'intera fauna come una totalità, come una comunità ecologica funzionante, lo stesso tema vale con forza ancora maggiore. La stranezza anatomica di Burgess acquista il suo significato di contro a uno sfondo di diffusione a livello globale e di ecologia convenzionale per la fauna nella sua totalità.

Predatori e prede: il mondo funzionale degli artropodi di Burgess

Nel 1985 Briggs e Whittington pubblicarono un articolo affascinante che compendiava le loro conclusioni sui modi di vita e sull'ecologia degli artropodi di Burgess (il centro focale di quasi tutta la loro opera monografica precedente era stato anatomico e genealogico). Considerando tutti gli artropodi assieme, essi inferirono una gamma di comportamenti e di stili di alimentazione comparabili a quelli di faune moderne: Essi divisero i generi di Burgess in sei categorie ecologiche principali:

1) *Fauna bentonica predatrice e saprofaga.* (Gli organismi bentonici vivono sul fondo del mare e nuotano poco o nulla.) Questo grande gruppo comprende i trilobiti e vari organismi appartenenti ai generi "merostomoidi": *Sidneyia*, *Emeraldella*, *Molaria* e *Habelia* (figura 3.73D e F-K). Tutti hanno appendici corporee biramate con robusti arti ambulacrali, caratterizzati da un bordo interno armato di spine sul primo segmento, di fronte al solco del cibo. Il canale digerente (dove è identificato) si incurva verso il basso e verso l'indietro alla bocca, la qual cosa indica che, come nella maggior parte degli artropodi bentonici, il cibo veniva passato dall'indietro in avanti. Le robuste spine fanno pensare che venissero catturati o raccolti cibi abbastanza grandi, che venivano poi passati in avanti alla bocca.

2) *Fauna bentonica detritivora.* (I detritivori estraggono piccole particelle alimentari dal sedimento, spesso trattando grandi quantità di fango; essi non selezionano o ricercano attivamente cibi di dimensioni maggiori.) In questa categoria rientrano vari generi, i quali vengono riconosciuti come detritivori per l'assenza o le piccole dimensioni delle spine sui bordi interno del solco del cibo: fra questi sono compresi per esempio la *Canadaspis*, la *Burgessia*, la *Waptia* e la *Marrella* (figura 3.74E e H-J). La maggior parte di questi generi potrebbero o camminare sul sedimento del fondo o nuotare debolmente nella colonna d'acqua immediatamente sovrastante.

3) *Fauna necto-bentonica saprofaga e forse predatrice.* (Gli organismi nectobentonici nuotano e camminano sul fondo marino.) I generi

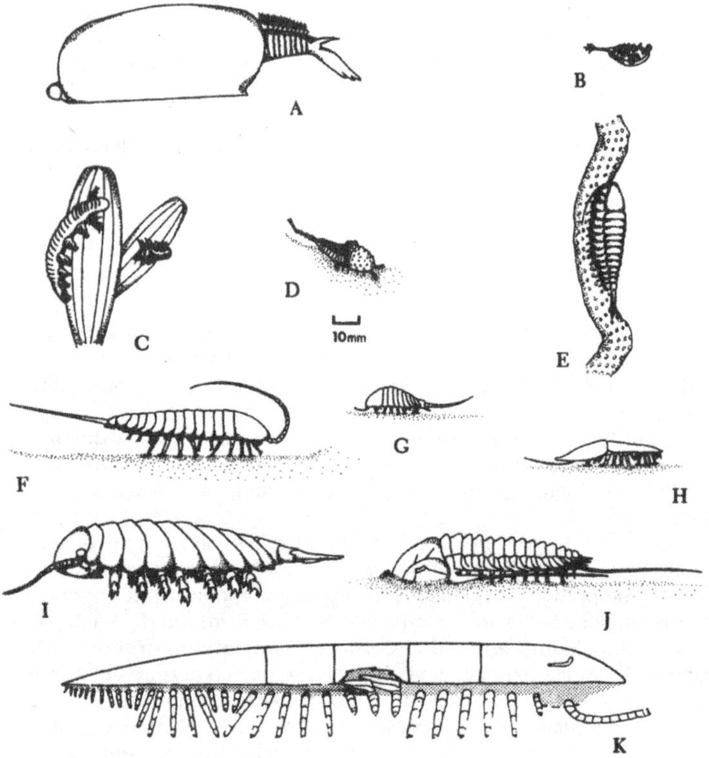

3.73. *Gli artropodi di Burgess, tutti disegnati alla stessa scala per mostrarne la grandezza relativa (Briggs e Whittington, 1985). A)* Odaraia. *B)* Sarotrocercus. *C)* Aysheaia. *D)* Habelia. *E)* Alalcomenaeus. *F)* Emeraldella. *G)* Molaria. *H)* Naraoia. *I)* Sidneyia. *J) Il trilobite* Olenoides. *K) Il grande trilobite dal corpo molle* Tegopelte.

appartenenti a questa categoria – *Branchiocaris* e *Yohoia* (figura 3.74D e F) – non erano primariamente bentonici in quanto non possedevano appendici biramate con robusti rami ambulacrali. La *Yohoia* ha tre appendici biramate sul capo, ma probabilmente ha sul corpo solo arti uniramati con rami branchiali, usati per la respirazione e per il nuoto; la *Branchiocaris* ha appendici corporee biramate ma con brevi, deboli rami ambulacrali. L'assenza di robusti rami interni sulle appendici corporee suggerisce anche che questi generi non mangino passando il cibo dall'indietro in avanti. Entrambi i generi posseggono però grandi

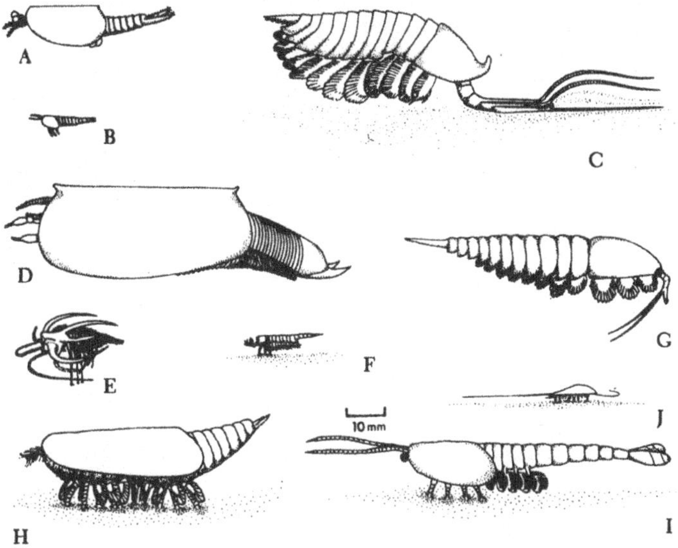

3.74. *Da Briggs e Whittington, 1985. Altri artropodi di Burgess, tutti disegnati alla stessa scala: A)* Perspicaris. *B)* Plenocaris. *C)* Leanchoilia. *D)* Branchiocaris. *E)* Marrella. *F)* Yohoia. *G)* Actaeus. *H)* Canadaspis. *I)* Waptia. *J)* Burgessia.

appendici cefaliche con artigli sulle punte, e probabilmente portavano i cibi direttamente dalla parte frontale del corpo alla bocca.

4) *Fauna necto-bentonica detritivora e saprofaga.* Come i generi della categoria precedente, i membri di questo gruppo hanno appendici corporee con rami interni deboli o assenti, cosa che implica che camminassero poco e che raccogliessero il cibo dalla parte posteriore del corpo portandolo poi in avanti alla bocca; robusti rami esterni per il nuoto; e appendici cefaliche che potrebbero essere state utilizzate per raccogliere cibo direttamente. Ma questi generi – *Leanchoilia, Actaeus, Perspicaris* e *Plenocaris* (figura 3.74A-C e G) – non hanno robusti artigli sulla punta delle appendici frontali, e probabilmente non raccoglievano cibi di grandi dimensioni; perciò sono considerati probabili detritivori.

5) *Fauna nectonica filtratrice.* Questa piccola categoria – formata dall'*Odaraia* e dal *Sarotrocercus* (figura 3.73A-B) – comprende i veri nuotatori fra gli artropodi di Burgess. Questi generi o non avevano rami ambulacrali (*Sarotrocercus*) o possedevano brevi rami interni che non potevano estendersi oltre il carapace (*Odaraia*). Erano fra gli artropodi di Burgess dagli occhi più grandi, e probabilmente cercavano particelle in sospensione e piccole prede per cibarsene filtrando l'acqua.

6) *Altri*. Ogni classificazione ha una categoria residua destinata ai membri insoliti. L'*Aysheaia* (figura 3.73C) potrebbe essere stata un parassita, che viveva fra le spugne e forse se ne cibava. L'*Alalcomenaeus* (figura 3.73E) ha spine robuste lungo il bordo interno degli arti ambulacrali, non solo sul primo segmento, che è adiacente al solco del cibo. Briggs e Whittington congetturarono che l'*Alalcomenaeus* avrebbe potuto usare queste spine o per aggrapparsi ad alghe o per lacerare delle carcasse per nutrirsene.

Briggs e Whittington includono nel loro articolo due eccellenti figure riepilogative (figure 3.73 e 3.74). Ogni genere viene presentato nel suo probabile habitat, e tutti sono disegnati alla stessa scala, così che ci si possa rendere conto delle differenze essenziali di grandezza fra i generi.

Ognuna delle sei categorie si ritrova in vari phyla, i quali occupano nel loro insieme una serie di ruoli comuni per artropodi marini moderni. La grande disparità anatomica documentata dagli artropodi di Burgess non è perciò una semplice risposta adattiva alla maggiore varietà degli ambienti esistenti in quel tempo lontano. In qualche modo, la stessa abbondanza fondamentale di opportunità suscitò in origine una varietà molto maggiore di sperimentazione anatomica. Tipi molto diversi di risposte evolutive a uno stesso mondo ecologico: questa situazione definisce l'enigma della fauna di Burgess.

L'ecologia della fauna di Burgess

Nel 1986, un anno dopo la sua monografia sulla *Wiwaxia*, Simon Conway Morris pubblicò una ricerca fondamentale di tipo nuovo: un'analisi ecologica generale dell'intera comunità di Burgess. Egli cominciò fornendo alcuni fatti e cifre interessanti. Nel giacimento di Burgess sono stati raccolti circa 73 000 esemplari da 33 520 blocchi di roccia. Il 90 per per cento di questo materiale si trova a Washington, nella collezione di Walcott; l'87,9 per cento di questi esemplari sono animali, e quasi tutti i restanti alghe. Il 14 per cento degli animali hanno un esoscheletro duro; i restanti sono animali a corpo molle.

La fauna contiene 119 generi in 140 specie; il 37 per cento di questi generi sono artropodi. Conway Morris identificò nella fauna due elementi principali: 1) Un'associazione di gran lunga dominante di specie bentoniche e quasi bentoniche che furono trasportate in un bacino stagnante dalla frana di fango. Conway Morris inferì, dall'abbondanza di alghe, che avevano bisogno di luce ai fini della fotosintesi, che questi organismi dovevano vivere in origine in acqua probabilmente meno profonda di cento metri. Egli chiamò quest'associazione di specie *Marrella-Ottoia assemblage*, per onorare sia il camminatore più comune sul sostrato (l'artropodo *Marrella*) sia lo scavatore più comune (il verme priapulide *Ottoia*). 2) Un gruppo molto più raro di animali nuotatori che vivevano nella colonna d'acqua sopra il bacino stagnante, e che andarono a trovar posto a loro volta fra gli animali trasportati dalla frana di fango. Conway Morris chiamò questo elemento l'*Amiskwia-Odontogriphus assemblage*, per onorare due dei suoi bizzarri organismi pelagici inclassificabili.

Egli trovò che i generi di Burgess, nonostante le loro anatomie strane e disparate, quando vengano classificati per stile di nutrizione e habitat rientrano in categorie convenzionali. Conway Morris riconobbe quattro gruppi principali: 1) Detritivori (per lo più artropodi): 60 per cento del numero totale degli individui, 25-30 per cento dei generi. (Questa categoria comprende la *Marrella* e la *Canadaspis*, i due animali di Burgess più comuni; di qui la forte rappresentanza sul numero totale degli individui.) 2) Limifagi (per lo più comuni molluschi con parti dure): 1 per cento degli individui, 5 per cento dei generi. 3) Filtratori (per lo più spugne, che si cibano di particelle in sospensione prendendo il cibo direttamente dalla colonna d'acqua): 30 per cento degli individui, 45 per cento dei generi. 4) Carnivori e saprofagi (per lo più artropodi): 10 per cento degli individui, 20 per cento dei generi.

Il sapere tradizionale, con la sua ottica progressista e la sua iconografia del cono di diversità crescente, ha considerato le comunità del Cambriano più generalizzate e meno complesse di quelle successive. Le faune del Cambriano sono state caratterizzate come ecologicamente non specializzate, con specie che occupano ampie nicchie. La struttura trofica è stata giudicata semplice, con una prevalenza di detritivori e di filtratori, e con i predatori rari o del tutto assenti. Sono state ricostruite comunità caratterizzate da una grande tolleranza ambientale, grandi distribuzioni geografiche e confini diffusi.

Conway Morris non rovesciò del tutto queste idee tradizionali di un mondo relativamente semplice. Egli trovò, per esempio, relativamente poca complessità nelle capacità di attacco e di manovra dei predatori di Burgess: "Pare plausibile che il grado di complessità in stili di predazione (ricerca e attacco) e di dissuasione fosse sostanzialmente minore rispetto a faune paleozoiche più recenti" (1986, p. 455).

Nondimeno, il suo messaggio primario rese l'ecologia di Burgess più convenzionale e più simile ai mondi di periodi geologici posteriori. Ripetutamente, quando la completa varietà di questa comunità poté essere giudicata sulla base dei suoi elementi dal corpo molle, Conway Morris trovò più ricchezza e più complessità di quanto avessero lasciato intendere concezioni anteriori. Detritivori e filtratori dominavano, ma le loro nicchie presentavano solo modeste sovrapposizioni parziali, e tutte le specie erano impegnate semplicemente a trangugiare tutto ciò che di commestibile appariva nel loro campo visivo. Piuttosto, la maggior parte degli organismi erano specializzati a nutrirsi di cibi di particolari tipi e di particolare grandezza in un ambiente ben definito. I filtratori non assorbivano tutte le particelle in sospensione a tutti i livelli nella colonna d'acqua; le varie specie erano, come in faune posteriori, disposte a vari livelli in comunità di interazione complessa. (Nella stratificazione in livelli diversi, al diversificarsi delle comunità, varie forme si specializzano, limitandosi al livello basso, medio o alto della colonna d'acqua.) Fatto più sorprendente di tutti, nella comunità di Burgess svolsero un ruolo importante i predatori. Questo livello superiore della piramide ecologica fu pienamente occupato e funzionante. La disparità delle forme più antiche non poté più essere attribuita alle scarse pressioni in un mondo facile, privo di competizione darwiniana nella lotta per l'esistenza, e perciò aperta a ogni tipo di sperimentazione. La fauna di Burgess, sostenne Conway Morris, "mostra inequivocabilmente che la struttura trofica fondamentale della vita dei metazoi marini si stabilì molto presto nella sua evoluzione" (1986, p. 458).

Conway Morris aveva raggiunto per l'intera ecologia di Burgess la stessa conclusione che Briggs e Whittington avevano stabilito per gli stili di vita degli artropodi. Il "teatro ecologico" di Burgess era stato piuttosto ordinario: "Potrebbe trasparire," scrisse Conway Morris, "che la struttura comunitaria dello strato a fillopodi non sia stata fondamentalmente diversa da quella di molte faune dal corpo molle del Paleozoico" (1986, p. 451). Perché dunque il "dramma evolutivo" di quei tempi primordiali fu così diverso?

Gli animali di Burgess come un'antica fauna su scala mondiale

Nulla genera attività scientifica così efficacemente come il successo. La stimolazione suscitata dalle ricerche recenti sulla fauna di Burgess ha ispirato un'esplosione di interesse per le faune dal corpo molle e per la storia dei più antichi animali pluricellulari (metazoi). Gli argilloscisti di Burgess sono una piccola cava nella British Columbia, formata da rocce depositate nel Cambriano Medio, dopo la famosa esplosione del Cambriano Inferiore. Finché la sua fauna rimase geograficamente confinata, e limitata nel tempo a un breve istante dopo l'evento principale, il giacimento di Burgess non poté raccontare una storia valida per la vita nel suo complesso. Lo sviluppo più interessante del decennio scorso, che continua e si sta accelerando mentre scrivo questo libro, risiede nella scoperta di generi di Burgess in tutto il mondo, e in rocce anteriori.

L'estensione prima e più ovvia si ebbe a breve distanza. Se il giacimento fossilifero di Burgess fu formato da una frana di fango lungo un pendio instabile, molte altre frane possono essersi verificate press'a poco nello stesso tempo in regioni adiacenti, e alcune dovrebbero aver dato origine a depositi che attendono solo di essere scoperti. Come abbiamo visto in precedenza, Desmond Collins, del Royal Ontario Museum, è stato fra i primi a proporsi di trovare questi equivalenti di Burgess, e ha avuto un grande successo; nelle stagioni di ricerche sul campo 1981 e 1982, Collins trovò più di una decina di equivalenti di Burgess in aree lontane non più di trenta chilometri dal sito originario.

Briggs e Conway Morris parteciparono alle ricerche sul campo nel 1981, e Briggs tornò anche nel 1982. (Vedi Collins, 1985; Collins, Briggs e Conway Morris, 1983; e Briggs e Collins, 1988.)

Questi giacimenti aggiuntivi non sono semplici copie carbone di Burgess. Essi contengono gli stessi organismi fondamentali, ma spesso in proporzioni molto diverse. In un nuovo sito, per esempio, manca del tutto la *Marrella*, la specie di gran lunga più comune nella cava originaria di Walcott. Qui il campione è l'*Alalcomenaeus*, uno degli organismi più rari, con due soli esemplari noti, nello strato a fillopodi di Burgess. Collins trovò anche alcune specie nuove. La *Sanctacaris*, come abbiamo già notato, è particolarmente importante come il primo artropodo chelicerato noto del mondo. Un altro esemplare, un organismo bizzarro inclassificabile, attende ancora di essere descritto; è "un animale spinoso con zampe irsute, di cui non si conoscono forme affini" (Collins, 1985).

Soprattutto, Collins ha fornito i temi più preziosi della diversità e della comparazione per integrare la scoperta canonica di Walcott. I suoi siti aggiuntivi comprendono cinque comunità abbastanza distinte per composizione e numero di specie per poter essere chiamate comunità diverse. Significativamente, questi siti aggiuntivi comprendono quattro nuovi livelli stratigrafici: tutti, certamente, abbastanza vicini nel tempo allo strato a fillopodi, i quali ci insegnano nondimeno ancora la lezione cruciale che la fauna di Burgess rappresenta un'entità stabile, e non un momento irripetibile durante un antico periodo di grande attività evolutiva.

Alcune specie dal corpo fondamentalmente molle di Burgess hanno parti corporee leggermente scheletrizzate che in circostanze comuni possono fossilizzarsi: ciò vale in particolare per gli scleriti della *Wiwaxia* e per le appendici boccali dell'*Anomalocaris*. Resti di questo tipo sono noti da molto tempo anche da località lontane di altre epoche. Ma alcuni esemplari isolati non formano una comunità. La fauna di Burgess, come entità più coerente, è stata oggi riconosciuta lontano dalla British Columbia, in comunità di animali dal corpo molle nell'Idaho e nell'Utah (Conway Morris e Robison, 1982, sulla *Peytoia*; Briggs e Robison, 1984, sull'*Anomalocaris*; e Conway Morris e Robison, 1986). Queste comunità contengono una quarantina di generi di artropodi, spugne, priapulidi, anellidi, medusoidi, alghe e forme sconosciute. La maggior parte di queste comunità non sono state ancora formalmente descritte, ma il 75 per cento circa dei generi si trovano anche nella fauna di Burgess. Molte specie note in precedenza solo in un momento nel tempo e in un punto nello spazio, hanno ora un'ampia area geografica e una durata stabile apprezzabile. Scrivendo sul più comune priapulide di Burgess, Conway Morris e Robison rilevano la "notevole estensione geografica e stratigrafica di un organismo noto in precedenza da un unico esemplare... L'esistenza dell'*Ottoia prolifica* è documentata per gran parte del Cambriano Medio (15? milioni di anni), durante il qual tempo essa rivela mutamenti morfologici minimi" (1986, p. 1).

Ancora più elettrizzante è stato il riconoscimento di molti elementi di Burgess in sedimenti anteriori. Il giacimento di Burgess risale al Cambriano Medio; la famosa esplosione che ha dato origine alla vita moderna si verificò poco prima, durante il Cambriano Inferiore. Ci piacerebbe molto sapere se la disparità di Burgess sia stata conseguita subito, nel cuore dell'esplosione stessa.

Qualche accenno positivo era disponibile già prima delle scoperte più recenti, particolarmente in alcuni organismi simili a quelli di Burgess nella fauna di animali dal corpo molle di Kinzers, in Pennsylvania, e in un sospetto organismo bizzarro trovato in Australia e descritto come un anellide nel 1979, tutti del Cambriano Inferiore. Poi, nel 1987, Conway Morris, Peel, Higgins, Soper e Davis pubblicarono una descrizione preliminare di un'intera fauna simile a quella di Burgess e appartenente al Cambriano Inferiore da medio a tardo rinvenuta nella Groenlandia settentrionale. Questa fauna, come la stessa fauna di Burgess, è dominata da artropodi non trilobiti. L'animale più abbondante, lungo un centimetro circa, assomiglia al trilobite dal corpo molle di Burgess *Tegopelte*. Le collezioni esistenti sono povere e l'area è, come siamo abituati a dire nella nostra professione, "di difficile accesso". Ma Simon vi si recherà l'anno prossimo e possiamo attenderci qualche nuova avventura intellettuale. Frattanto lui e i suoi colleghi hanno fatto un'osservazione cruciale, la quale conferma che il fenomeno di Burgess si verificò durante l'esplosione stessa del Cambriano: "Anche l'estensione stratigrafica di almeno alcune fra le unità tassonomiche simili a quelle di Burgess sino all'inizio del Cambriano ci induce a pensare che esse siano state parte integrante della diversificazione iniziale dei metazoi" (1987, p. 182).

L'anno scorso il collega Phil Signor, conoscendo il mio interesse per Burgess, mi mandò un reprint che aveva ricevuto da un collega cinese (Zhang e Hou, 1985). Non riuscii a leggere il titolo, ma spiccava il nome latino dell'argomento: *Naraoia*. Le pubblicazioni cinesi non abbondano notoriamente di fotografie, ma la tavola che illustra l'articolo presenta un trilobite dal corpo molle, inequivocabilmente bivalve. Un elemento chiave di Burgess era stato trovato anche all'altro capo del mondo. Fatto molto più importante, Zhang e Hou datano questo fossile alla *prima* parte del Cambriano Inferiore.

Un organismo può essere molto interessante, ma occorrono intere faune per poter raggiungere conclusioni corrette. Mi fa molto piacere riferire – giacché questa promette di essere la scoperta più entusiasmante dopo quella originaria di Walcott – che Hou e colleghi hanno pubblicato nel frattempo altri sei articoli sulla loro nuova fauna. Se il genio della lampada della mia favola precedente (vedi p. 60) fosse tornato cinque anni fa e mi avesse offerto una fauna nello stile di Burgess in un altro luogo e in un altro tempo, non avrei potuto fare una scelta migliore. La fauna cinese si trova a mezzo mondo di distanza dalla British Columbia, stabilendo in tal modo la natura globale del fenomeno di Burgess. Fatto ancor più cruciale, le nuove scoperte sembrano ben datate a un tempo nella prima parte del Cambriano Inferiore. Ricordiamo la sequenza generale dell'esplosione del Cambriano: un periodo iniziale, detto Tommotiano, contrassegnato dal ritrovamento di parti scheletriche sparse, senza trilobiti; poi la fase principale dell'esplosione del Cambriano, chiamata Atdabaniano, contrassegnata dalla prima apparizione dei trilobiti e di altri organismi convenzionali del Cambriano. La fauna cinese si colloca nella seconda zona di trilobiti dell'Atdabaniano: proprio nel cuore, e in prossimità dell'inizio stesso, della fase principale dell'esplosione del Cambriano!

Hou e colleghi descrivono una comunità ricca e ben conservata, comprendente priapulidi e anellidi, vari artropodi bivalvi e tre nuovi generi con forma corporea "merostomoide" (Hou, 1987a, 1987b e 1987c; Sun e Hou, 1987a e 1987b; Hou e Sun, 1988).

Il fenomeno di Burgess, quindi, risale all'inizio dell'esplosione del Cambriano. In una relazione preliminare, fondata su una datazione di cui si riconosce l'incertezza, Dzik e Lendzion (1988) descrivono un organismo simile all'*Anomalocaris* e un trilobite dal corpo molle portati in luce in strati dell'Europa Orientale *sottostanti* alla prima apparizione di trilobiti comuni. Non possiamo più dubitare del fatto che Walcott abbia trovato nei suoi strati leggermente posteriori della British Columbia dei prodotti dell'esplosione stessa del Cambriano. La varietà di forme di Burgess è abbastanza sorprendente per un tempo posteriore di soli 30-40 milioni di anni all'inizio del Cambriano. Ma non possiamo neppure prendere in considerazione l'idea che la grande varietà di Burgess si sia accumulata in modo costante durante questo periodo relativamente breve. La fase più intensa dell'esplosione del Cambriano si ebbe nella prima parte del Cambriano Inferiore, e produsse probabilmente l'intera varietà di Burgess, se la fauna cinese si dimostrerà così ricca come suggeriscono le prime relazioni. La fauna documentata dagli argilloscisti di Burgess rappresenta il periodo leggermente posteriore di stabilizzazione dei prodotti dell'esplosione del Cambriano. Ma che cosa causò la successiva decimazione e il conseguente modello della vita moderna, contrassegnato da grandi vuoti fra isole di estesa diversità all'interno di piani anatomici ristretti?

I DUE GRANDI PROBLEMI DELLA FAUNA DI BURGESS

La revisione di Burgess pone due grandi problemi sulla storia della vita. Questi sono disposti simmetricamente rispetto alla fauna di Burgess stessa: uno prima e uno dopo. Innanzitutto: in che modo, specialmente alla luce delle nostre concezioni usuali sull'evoluzione come fenomeno maestoso, che procede con estrema gradualità, tale disparità poté sorgere così rapidamente? In secondo luogo, se la vita moderna è un prodotto della decimazione di Burgess, quali aspetti dell'anatomia, quali attributi di funzione, quali mutamenti ambientali, fissarono il modello che avrebbe vinto e quello che avrebbe perso? In breve, prima l'origine, e poi la sopravvivenza e propagazione differenziali.

Sotto molti aspetti, il primo è un problema di molto maggiore interesse per la teoria dell'evoluzione. Come, in nome del cielo, poté avere origine in primo luogo una tale varietà di forme, quali che siano state le successive fortune dei suoi esemplari? Ma il secondo problema è l'argomento di questo libro, poiché la decimazione della fauna di Burgess solleva la questione fondamentale di cui desidero occuparmi: quella della natura della storia. Il mio esperimento chiave nel far ripartire da principio il film della vita comincia con la fauna di Burgess intatta: la domanda che si pone è se un atto indipendente di decimazione nello stesso istante iniziale porterebbe ancora qualcosa di simile agli stessi gruppi e alla stessa storia che hanno caratterizzato l'esistenza del nostro pianeta a partire dal massimo di varietà organica di Burgess. Perciò non avrò alcun ritegno ad aggirare il primo problema, ma non senza aver prima presentato un breve compendio di una possibile spiegazione, se non altro perché un aspetto della possibile soluzione incide in modo cruciale sul secondo problema della sorte differenziale dei vari gruppi.

L'origine della fauna di Burgess

Tre tipi principali di spiegazione evoluzionistica sono disponibili per l'esplosione che condusse alla varietà di forme di Burgess. La prima è convenzionale ed è stata adottata – in gran parte *faute de mieux* – in quasi tutte le discussioni pubblicate. Le ultime due hanno dei punti in comune e rappresentano tendenze recenti nel pensiero evoluzionistico. Io ho pochi dubbi sul fatto che una spiegazione completa dovrebbe implicare aspetti di tutt'e tre gli atteggiamenti.

1) *Il primo riempimento del barile ecologico.* Nella teoria darwiniana convenzionale, l'organismo propone e l'ambiente dispone. L'organismo fornisce la materia prima nella forma della variazione genetica espressa in differenze morfologiche. All'interno di una popolazione, in qualsiasi tempo dato, le differenze sono piccole e, fatto più importante per la teoria fondamentale, prive di direzione.[22] Il *mutamento* evoluzionistico

[22] Spesso i libri di biologia parlano delle variazioni come "casuali". A rigore queste affermazioni sono sbagliate. Le variazioni non sono casuali nel senso letterale di essere ugualmente probabili in tutte le direzioni; gli elefanti non hanno variazioni genetiche per le ali. Ma è cruciale il significato che si vuole esprimere con la parole "casuale": niente, nella genetica, predispone gli organismi a variare in direzioni adattive. Se l'ambiente cambia nel senso di favorire organismi più piccoli, non per questo la mutazione genetica

(in opposizione alla mera variazione) è prodotto da forze della selezione naturale che sorgono dall'ambiente esterno (sia condizioni fisiche sia interazioni con altri organismi). Poiché gli organismi forniscono solo la materia prima, e poiché questa materia prima è stata giudicata quasi sempre insufficiente per tutti i mutamenti che si verificano ai tipicamente solenni ritmi darwiniani, l'ambiente diventa il motore per regolare la velocità e l'entità dell'alterazione evolutiva. Perciò, secondo la teoria convenzionale, i ritmi molto rapidi dell'esplosione del Cambriano devono indicare che nelle condizioni ambientali di quel tempo dovette verificarsi qualcosa di strano.

Quando ci poniamo domande su quali insoliti mutamenti ambientali possano avere prodotto l'esplosione del Cambriano, ci si presenta subito una risposta ovvia. L'esplosione del Cambriano fu il primo riempimento del barile ecologico per la vita pluricellulare. Quello fu un tempo di opportunità senza precedenti. Poteva verificarsi quasi tutto. La vita stava irradiandosi in uno spazio vuoto e poteva proliferare a ritmi esponenziali, come una cellula batterica da sola su uno strato di agar-agar. Nella confusione e nel fermento di questo periodo unico, la sperimentazione regnò, per l'unica volta, in un modo praticamente libero dalla competizione.

Nella teoria darwiniana, la competizione è il grande regolatore. Darwin concepì il mondo, in metafora, come un tronco con diecimila cunei, rappresentanti le specie, piantati in esso a martellate per tutta la sua lunghezza. Una nuova specie può entrare in questo mondo affollato solo insinuandosi in una fenditura e scalzandone un altro cuneo. La diversità, in questo modo di considerare le cose, è autoregolantesi. L'esplosione del Cambriano procedette fino al suo completamento riempiendo il tronco di cunei. Ogni ulteriore mutamento sarebbe occorso solo attraverso un processo più lento di competizione e di scalzamento.

Questo punto di vista darwiniano affronta anche l'obiezione ovvia che viene rivolta al modello del barile vuoto come causa dell'esplosione del Cambriano: la vita, dopo il Cambriano, ha subito alcune estinzioni in massa sorprendenti – l'estinzione del Permiano potrebbe avere determinato la scomparsa del 95 per cento o più di tutte le specie marine – e nondimeno il fenomeno della disparità esplosiva di Burgess non si è mai ripetuto. La vita tornò a diversificarsi rapidamente dopo l'estinzione del Permiano, ma non sorse alcun nuovo phylum; i ricolonizzatori di una Terra svuotata rimasero all'interno dei confini di piani anatomici precedenti. Eppure il mondo dell'inizio del Cambriano e del post-Permiano furono diversi fra loro in modo cruciale. Il 5 per cento può non essere un tasso di sopravvivenza molto alto, ma nessun

comincia a produrre una variazione distorta verso una minore grandezza. In altri termini, la variazione stessa non fornisce alcuna componente direzionale. Causa del mutamento evolutivo è la selezione naturale; la variazione organica è solo la materia prima.

modo di vita, nessuna ecologia basilare, furono spazzati via per intero dalla catastrofe del Permiano. Il tronco rimase popolato, anche se i cunei erano diventati più larghi o se erano ora più distanziati. Per cambiare metafora, tutte le grandi sfere rimasero nel barile, e solo le palline negli interstizi ebbero bisogno di una completa ricarica. Il barile del Cambriano, d'altra parte, era completamente vuoto; il tronco era intatto, senza alcuna tacca lasciata da un colpo d'ascia di un boscaiolo, né i nomi di innamorati incisi con un temperino (vedi Erwin, Valentine e Sepkoski, 1987, per un interessante sviluppo quantitativo di quest'argomentazione generale).

Questo punto di vista convenzionale è stato essenzialmente adottato in tutta la letteratura di Burgess: non come un argomento attivo sostenuto esplicitamente dalla documentazione fossile bensì come il debito che noi tutti paghiamo alle spiegazioni tradizionali quando facciamo un commento incidentale su un argomento che non ha impegnato la nostra attenzione primaria. Una "competizione meno spietata" è stata la parola d'ordine cui si è ispirata ogni interpretazione. Whittington, per esempio, ha scritto:

> È presumibile che nei vari ambienti marini che furono occupati inizialmente da questi nuovi animali ci fossero cibo e spazio in abbondanza, e che la competizione vi sia stata meno spietata che in periodi successivi. In queste circostanze devono essere state possibili varie combinazioni di caratteri, mentre si sviluppavano nuovi modi di percepire l'ambiente, di procurarsi cibo (per esempio con la differenziazione fra predatori e saprofagi), di spostarsi, di formare parti dure. Così possono avere avuto origine animali bizzarri, di alcuni dei quali vediamo i resti nella fauna di Burgess, e che non rientrano nelle nostre classificazioni. (1981b, p. 82)

Anche Conway Morris ha sostenuto questa concezione tradizionale. Egli mi scrisse, in risposta alla mia difesa di alternative non convenzionali da seguire: "Penso che le condizioni ecologiche possano essere state sufficienti per spiegare la varietà morfologica osservata... Così, forse l'esplosione del Cambriano può essere considerata un grande esempio di 'innesco ecologico'" (lettera del 18 dicembre 1985).

Quest'argomentazione è semplicemente troppo ragionevole per poterla rifiutare. Io non ho il minimo dubbio che il concetto del "barile ecologico vuoto" sia stato un grande contributo alla varietà di Burgess, e che una tale esplosione non si sarebbe mai potuta verificare in un mondo ben popolato. Ma non credo neanche per un istante che l'intero fenomeno possa essere spiegato dall'ecologia esterna. La mia principale difesa di questa sensazione viscerale è connessa alla scala. L'esplosione del Cambriano fu troppo grande, troppo differenziata e troppo esclusiva. Io non posso semplicemente accettare che, se gli organismi hanno sempre un tale potenziale di diversificazione – e se solo l'insolita ecologia del Cambriano Inferiore ne permise una volta la realizzazione – non sia mai sorto neppure un nuovo phylum dal tempo di Burgess. Sì, è vero, il mondo non è mai stato dopo di allora di nuovo così vuoto, ma alcune situazioni locali si sono avvicinate abbastanza a un tale vuoto. Che dire di nuove terre sorte dal mare? E di continenti isolati quando furono invasi per la prima volta da nuovi gruppi? Questi non sono grandi barili, ma sono quanto meno ciotole abbastanza passabili. Io devo credere che nel Cambriano fossero diversi non solo gli ambienti ma anche gli organismi, che l'esplosione e la successiva inattività si debbano a un mutamento nel potenziale organico non meno che a uno status ecologico alterato.

Le idee sui ruoli attivi che gli organismi possono svolgere nell'incanalare le proprie direzioni di mutamento evolutivo (non limitandosi a fornire materia prima al motore della selezione naturale) hanno avuto recentemente una crescita di popolarità, mentre le forme rigorose del darwinismo convenzionale vanno perdendo il loro dominio esclusivo, pur conservando un'influenza estesa e profonda. L'evoluzione è una dialettica di interno e di esterno, non un'ecologia che spinge strutture malleabili a un insieme di posizioni adattive in un mondo ben oleato. Due teorie principali, descritte nelle due sezioni seguenti, concedono un ruolo più attivo alla struttura organica.

2) *Una storia direzionale di sistemi genetici.* Nella concezione darwiniana tradizionale, le morfologie hanno storie che ne costringono il futuro entro limiti determinati, ma il materiale genetico non "invecchia". Le differenze in ritmi e modelli di mutamento sono risposte di un sostrato materiale immutabile (i geni e le loro azioni) a variazioni ambientali che modificano le pressioni della selezione naturale.

Ma forse i sistemi genetici "invecchiano" nel senso di diventare "meno disposti a ristrutturazioni importanti" (per citare un'espressione di J. W. Valentine, il quale ha riflettuto a lungo e profondamente su questo problema). Forse gli organismi moderni non sarebbero in grado di generare rapidamente una serie di piani fondamentalmente nuovi, quali che fossero le opportunità ecologiche.

Io non ho suggerimenti profondi sulla natura potenziale di questo "invecchiamento" genetico, ma chiederei semplicemente di considerare una tale possibilità. L'esplosione delle nostre conoscenze sullo sviluppo e sulla meccanica dell'azione genetica dovrebbe fornire, in capo a un decennio, i fatti e le idee necessari per dare concretezza a questa concezione. Valentine menziona alcune possibilità: i genomi del Cambriano erano più semplici e più flessibili? L'evoluzione di copie multiple di molti geni, copie che poi divergono in una varietà di funzioni connesse, collegò forse genomi in reti di interazione che non si lasciano rompere facilmente? I geni più antichi avevano meno interazioni con altri? Gli organismi antichi si sviluppavano con una traduzione più diretta da gene a prodotto, la quale permetteva loro di intercambiare e modificare le loro parti separatamente? Fatto più importante, un'accresciuta complessità e stereotipia di sviluppo dall'uovo all'adulto mise un freno a mutamenti potenziali di grande entità? Noi non possiamo, per ora, spingerci oltre questi suggerimenti rozzi e preliminari.

Io posso però presentare un buon argomento contro la ragione che si adduce di solito per rifiutare tali idee a favore del controllo convenzionale da parte dell'ambiente esterno. Quando gli evoluzionisti osservano che varie linee genealogiche non connesse fra loro reagiscono nello stesso modo nello stesso tempo, suppongono di solito che la risposta comune sia stata provocata da qualche forza esterna alla genetica degli organismi (poiché i sistemi genetici sono troppo diversi, e una simile spinta dall'esterno sembra essere l'unica causa comune plausibile). Noi abbiamo sempre considerato gli organismi che produssero l'esplosione del Cambriano come indipendenti fra loro proprio in questo modo profondo. Dopo tutto, essi comprendono rappresentanti di quasi tutti i phyla moderni, e quale differenza maggiore potrebbe esserci di quella che distingue uno dall'altro un trilobite, una chiocciola, un brachiopodo e un echinoderma? Questi piani morfologici erano altrettanto distinti nel Cambriano quanto lo sono oggi, cosicché noi supponiamo che i sistemi genetici fossero altrettanto diversi, e che il comune vigore evolutivo di tutti i gruppi debba perciò manifestare la spinta esterna dell'opportunità ecologica.

Questo argomento presuppone però la vecchia concezione di una lunga storia invisibile nel Precambriano per gli organismi che svilupparono scheletri durante l'esplosione del Cambriano. La scoperta della fauna precambriana di Ediacara, con la forte possibilità che questa prima comunità di metazoi possa non essere ancestrale a gruppi moderni (vedi pp. 322-323), suggerisce che tutti gli animali del Cambriano, nonostante la loro diversità di forma, possano aver cominciato a divergere non molto tempo prima a partire da un tardo progenitore comune del Precambriano. In tal caso – se erano separati solo da poco tempo – tutti gli animali del Cambriano potrebbero essere stati portatori di un meccanismo genetico molto simile, proprio in virtù del tempo limitatissimo da cui stavano conducendo una vita separata. Nessun legame unisce così fortemente come le connessioni ereditarie. In altri termini, la risposta simile degli organismi del Cambriano potrebbe riflettere l'*omologia* di un sistema genetico ancora in gran parte condiviso, e ancora molto flessibile, e non solo l'*analogia* della risposta a una sollecitazione esterna comune. Ovviamente la vita aveva bisogno della spinta esterna di un'opportunità ecologica, ma la sua capacità di risposta potrebbe essere stata connessa a un'eredità genetica condivisa oggi dissipata.

3) *Diversificazione iniziale e posteriore stabilizzazione come proprietà dei sistemi.* Il mio amico Stu Kauffman, dell'Università della Pennsylvania, ha sviluppato un modello per dimostrare che lo schema di Burgess di una diversità rapida e grandissima seguita da una posteriore decimazione è una proprietà generale dei sistemi, spiegabile senza

una speciale ipotesi su una competizione all'inizio non molto serrata o su una storia direzionale del materiale genetico.

Consideriamo la metafora seguente. Lo scenario della vita sulla Terra è un paesaggio complesso con migliaia di cime, ognuna di altezza diversa. Quanto più alta è una cima, tanto maggiore è il successo – misurato come valore selettivo, complessità morfologica o qualsiasi altra cosa si voglia scegliere – degli organismi che si trovano su di essa. Spargiamo a caso alcuni organismi iniziali sulle cime di questo paesaggio e permettiamo loro di moltiplicarsi e di cambiare posizione. I cambiamenti possono essere grandi o piccoli, ma qui non ci interessano i piccoli spostamenti, i quali permettono agli organismi solo di salire più in alto sulla loro cima particolare e non producono nuovi piani corporei. L'opportunità di nuovi piani corporei si presenta nel caso dei grandi salti, che sono molto più rari. Definiamo grandi salti quelli che portano un organismo così lontano dal suo habitat precedente che il nuovo paesaggio viene a essere privo di alcun rapporto col paesaggio anteriore. I salti lunghi sono enormemente rischiosi, ma danno grandi ricompense nei rari casi di successo. Se, dopo un salto, ci si ritrova su una cima più alta di quella occupata in precedenza, si prospera e ci si diversifica; se si va a finire su una cima più bassa o in una valle, si è spacciati.

Ora, ci chiediamo quanto spesso un grande salto dia un esito positivo (un nuovo piano corporeo). Kauffman dimostra che la probabilità di successo è dapprima molto alta, ma cala poi precipitosamente sino a trovarsi ben presto al livello zero, che è esattamente quanto accade nella storia della vita. Questo modello corrisponde alle nostre intuizioni. Le prime poche specie sono distribuite nel paesaggio in modo casuale. Ciò significa che, in media, metà delle cime sono più alte e metà più basse delle posizioni occupate inizialmente. Perciò il primo salto lungo ha press'a poco il 50 per cento di probabilità di successo. Ma ora la specie trionfante sta su una cima più alta, e la percentuale delle cime più alte è diminuita. Dopo alcuni salti che hanno avuto esito positivo non rimangono più libere molte cime più alte, e la probabilità di potersi spostare in generale dalla posizione occupata cala precipitosamente. In verità, se i salti lunghi sono abbastanza frequenti, tutte le cime elevate saranno occupate abbastanza presto, e non resteranno più posti in cui andare. I vincitori perciò si trincerano ed evolvono sistemi di sviluppo così connessi alla cima raggiunta da non riuscire più a cambiare, neppure nel caso che successivamente si presentassero delle opportunità. Infine, tutto ciò che saranno in grado di fare sarà di restare legati alla loro cima o morire. È un mondo difficile, e molti organismi potranno andare incontro a questa sorte, non perché l'ecologia sia un tronco darwiniano fittamente occupato da cunei ma perché persino le estinzioni casuali lasciano spazi che ora sono diventati inaccessibili a qualunque animale esistente.

Kauffman riuscì addirittura a quantificare il declino precipitoso della possibilità di salti coronati da successo. Dopo ogni successo il tempo d'attesa per poter accedere alla prossima cima più alta si raddoppia. (Una montagna di dati sull'atletica indica, a quanto mi disse Stu, che, quando un record viene battuto, il tempo medio prima che venga stabilito il nuovo primato si raddoppia.) Se il vostro primo successo ha richiesto in media solo due tentativi, il decimo ne richiederà più di mille. Ben presto non si avranno in pratica più possibilità di miglioramento, poiché il tempo geologico può essere lungo ma non è infinito.

La decimazione della fauna di Burgess

Per apportare un'importante correzione alla nostra concezione tradizionale della vita non ci occorre nulla di più del modello che descrive la disparità di Burgess e la posteriore decimazione. La nuova iconografia (vedi figura 3.72), infatti, non solo modifica ma rovescia radicalmente il cono convenzionale della crescente diversificazione. Anziché avere una base iniziale ristretta per espandersi costantamente con il passare del tempo, la vita pluricellulare raggiunge la sua massima varietà all'inizio, mentre la posteriore decimazione lascia sopravvivere solo alcuni piani anatomici.

Ma l'iconografia rovesciata, per quanto notevole, non ha di per sé un impatto rivoluzionario, non escludendo la possibilità di una ricaduta nella convenzionalità. Ricordiamo qual è la posta in palio! La nostra speranza più preziosa per la storia della vita, una speranza a cui rinunceremmo solo con la massima riluttanza, implica i concetti di progresso e di prevedibilità. Poiché la mente umana sorse molto tardi, e quindi minaccia di chiedere di essere interpretata come un'*arrière-pensée* accidentale in un gioco capriccioso dell'evoluzione, noi siamo stimolati a scavare con tanto maggiore impegno nel passato e a postulare che tutta la vita precedente abbia seguito un ordine ragionevole, implicante la finale origine della coscienza. La massima minaccia risiede in una storia di numerose possibilità, ognuna di per sé ragionevole *a posteriori*, ma estremamente improbabile all'inizio, e con solo una (o pochissime) strade che potessero condurre a qualcosa di simile al nostro celebrato stato.

La disparità di Burgess e la posteriore decimazione rappresentano il peggiore degli incubi per questa speranza di un ordine inevitabile. Se la vita ebbe inizio con un pugno di modelli semplici muovendo poi verso l'alto, ogni ripetizione del nostro film dagli stessi inizi seguirebbe grosso modo lo stesso corso basilare per quanto potessero essere diversi i particolari. Se invece la vita ebbe inizio disponendo già di tutti i suoi modelli presenti, e costruì una storia posteriore prendendo l'avvio da solo pochi sopravvissuti, ci troviamo di fronte a una possibilità preoccupante. Supponiamo che fra le varie forme esistenti solo poche prevalgano, ma che tutte abbiano probabilità eguali. La storia di ogni insieme superstite è ragionevole, ma ogni insieme distinto condurrebbe a un mondo completamente diverso da ogni altro. Se la mente umana è il prodotto di solo uno di tali insiemi, noi potremmo non esserci evoluti in modo casuale, nel senso in cui è casuale il risultato del lancio di una moneta, ma la nostra origine sarebbe il prodotto di una massiccia contingenza storica, e noi non avremmo probabilmente mai più origine se potessimo far ripartire per mille volte dal principio il film della vita.

Ma noi possiamo svegliarci da quest'incubo, con un semplice e ovvio ragionamento convenzionale. Certo, si è verificata una massiccia estinzione e si sono salvati solo alcuni piani anatomici originali. Ma non dobbiamo supporre che l'estinzione sia stata casuale. Supponiamo che i superstiti siano sopravvissuti per una precisa ragione. L'inizio del Cambriano fu un tempo di sperimentazione. Se mettiamo un mucchio di ingegneri a sbizzarrirsi su una quantità di progetti, la maggior parte dei risultati non varrà una cicca: i perdenti di Burgess erano destinati a estinguersi in conseguenza di una costruzione anatomica fasulla. I vincitori erano meglio adattati e preparati alla sopravvivenza grazie all'azione della selezione darwiniana. Che cosa importa se il Cambriano Inferiore rinunciò a cento possibilità, o a mille? Se solo mezza dozzina funzionarono abbastanza bene da prevalere in un mondo difficile, queste sei formeranno la base di tutti gli sviluppi della vita posteriore, per quante volte noi vogliamo far ripartire il film dal tempo di Burgess.

Quest'idea di una sopravvivenza fondata su una destrezza o complessità anatomica – una "superiore capacità competitiva" nel gergo tecnico – è stata la spiegazione preferita, virtualmente incontestata, per la riduzione della varietà di Burgess, e in effetti per tutti gli episodi di estinzione nella storia della vita. Questa interpretazione tradizionale è strettamente connessa alla visione convenzionale dell'origine della diversità di Burgess in relazione a un barile ecologico vuoto da riempire. Un barile vuoto è un posto indulgente. Esso contiene tanto spazio che persino un piano anatomico disastroso può sistemarvisi tranquillamente in un angolino e tener duro senza dover affrontare una competizione degna di nota da parte di organismi anatomicamente meglio dotati. Ma la pacchia dura poco. Il barile si riempie, e alla fine tutti vengono a trovarsi nel maelstrom della competizione darwiniana. In questa "guerra di tutti contro tutti", i sopravvissuti inefficienti di tempi anteriori escono ben presto definitivamente di scena. Soltanto i gladiatori più forti vincono. Pollice alzato per la buona anatomia!

Questa interpretazione si trova in libri di testo, in articoli su riviste scientifiche e persino nella "Yoho National Park Highline", il bollettino ufficiale del parco in cui si trova la cava di Burgess (edizione 1987). Sotto il titolo *Yoho's Fossils Have World Significance*, si legge: "I primi animali entrarono nell'ambiente privo di competizione. In seguito si imposero forme di vita più efficienti, per essere soppiantati a loro volta quando, al mutare delle condizioni, l'evoluzione prese il suo corso." E nel primo opuscolo turistico per pubblicizzare i fossili più famosi della nazione (*Animals of the Burgess Shale*), edito nel 1988 dai parchi del Canada, si legge che tutti gli organismi non compresi nei phyla moderni (quelli che nel mio testo chiamo animali bizzarri) "pare siano stati vicoli ciechi dell'evoluzione, destinati a essere sostituiti da organismi meglio adattati o più efficienti".

Whittington e colleghi non contestarono, fino a poco tempo fa, questa visione confortante. Essa ha troppo senso. Per esempio, nei commenti riepilogativi alla sua monografia sulla *Wiwaxia*, Conway Morris connesse esplicitamente i due scenari tradizionali: il riempimento di un barile vuoto come causa della varietà, seguito da una vigorosa competizione come causa della posteriore estinzione.

> Può darsi che la diversificazione sia semplicemente un riflesso della disponibilità di un ecospazio quasi vuoto, con bassi livelli di competizione, che permise l'evoluzione di una grande varietà di piani corporei, soltanto alcuni dei quali sopravvissero negli ambienti sempre più competitivi nel tempo geologico. (1985, p. 570)

Briggs fece la stessa osservazione per un pubblico popolare francese:

> Forse questa [disparità] è il risultato di un'assenza di competizione prima che tutte le nicchie ecologiche dei mari del Cambriano fossero riempite. La maggior parte di questi artropodi si estinsero rapidamente, senza dubbio perché gli animali meno ben adattati furono sostituiti da altri che erano meglio adattati. (1985, p. 384)[23]

Anche Whittington fece l'equazione quasi automatica fra sopravvivenza e superiorità adattiva:

> Le successive eliminazioni in una tale pletora di metazoi, e le radiazioni delle forme che erano meglio adattate, possono avere avuto come risultato l'emergere di quelli che noi riconosciamo retrospettivamente come phyla. (1980, p. 146)

Conway Morris e Whittington si espressero in termini più diretti in un articolo per "Scientific American", forse la fonte più letta sulla fauna di Burgess:

> Molti animali del Cambriano appaiono come esperimenti pionieristici da parte di vari gruppi di metazoi, destinati a essere soppiantati a tempo opportuno da altri organismi meglio adattati. Dopo questa radiazione

[23] Ritraduco qui, sperando di non ripetere una delle massime assurdità in cui mi sia mai imbattuto: il *Paradiso perduto* di Milton tradotto in tedesco per utilizzarlo nel libretto per la *Creazione* di Haydn, e poi ritradotto in modo zoppicante per una esecuzione in inglese che non poteva usare le vere parole di Milton conservando i valori musicali di Haydn.

evolutiva del Cambriano, la tendenza sembra essere il successo e l'arricchimento nel numero di specie di relativamente pochi gruppi, a spese dell'estinzione di molti altri gruppi. (1979, p. 133; trad. it., pp. 84-85)

Le parole hanno un potere sottile. Espressioni che noi intendiamo come descrizioni tradiscono le nostre nozioni di causa e di significato ultimo. Io sospetto che Simon e Harry pensassero in questo brano di delineare solo un modello, ma consideriamo il peso di espressioni come "destinati a essere soppiantati" e "a spese di". Sì, la maggior parte si estinsero e alcuni proliferarono. La nostra Terra ha sempre funzionato sulla base del vecchio principio che molti sono i chiamati, ma pochi gli eletti. Ma la semplice considerazione di chi sopravvisse e di chi si estinse non offre alcuna prova del fatto che i superstiti abbiano sconfitto direttamente i perdenti. Le origini della vittoria sono altrettanto varie e misteriose dei quattro fenomeni proclamati così misteriosi che noi non li comprendiamo (*Proverbi*, 30:19): la traccia dell'aquila nell'aria, la traccia della serpe sulla roccia, la traccia della nave in mezzo al mare e la traccia dell'uomo in una donna.

Gli argomenti che vedono la base della sopravvivenza in un superiore adattamento rischiano il classico errore del ragionamento circolare. La sopravvivenza è il fenomeno che si deve spiegare, non la prova, *ipso facto*, che chi è sopravvissuto era "meglio adattato" di chi morì. Questo problema viene discusso nel darwinismo da più di un secolo. Esso ha ricevuto addirittura un nome: l'"argomento della tautologia". I critici sostengono che il motto "sopravvivenza del più adatto" è una tautologia priva di senso poiché l'adattamento è definito attraverso la sopravvivenza e la definizione della selezione naturale si riduce a una vuota "sopravvivenza di coloro che sopravvivono".

È noto che i creazionisti hanno addirittura usato questo argomento come una presunta confutazione dell'evoluzione (Bethell, 1976; vedi la mia risposta in Gould, 1977), come se più di un secolo di dati potessero essere distrutti da un errore elementare di logica sillogistica. Di fatto il presunto problema ha una facile soluzione, riconosciuta e presentata dallo stesso Darwin. L'adattamento – in questo contesto il superiore adattamento – non può essere definito dal fatto della sopravvivenza, ma dev'essere definibile prima della competizione per mezzo di un'analisi della forma, della fisiologia o del comportamento. Come sostenne Darwin, il cervo in grado di correre più velocemente e più a lungo (caratteristiche che potrebbero essere predette sulla base di un'analisi delle ossa, delle articolazioni e dei muscoli) potrebbe sopravvivere meglio in un mondo di pericolosi predatori. Una migliore sopravvivenza è una previsione da verificare, non una definizione dell'adattamento.

Questo requisito si applica esattamente nello stesso modo alla fauna di Burgess. Se vogliamo affermare che le estinzioni di Burgess conservarono i piani anatomici migliori ed eliminarono prevedibili perdenti, non possiamo usare la mera sopravvivenza come prova di superiorità. Dobbiamo, in linea di principio, essere in grado di identificare i vincitori riconoscendo la loro eccellenza anatomica, o le loro capacità competitive. Idealmente, dovremmo essere in grado di "visitare" la fauna di Burgess al suo apogeo, mentre prosperavano tutti i suoi elementi, e stabilire quali fossero le specie destinate al successo attraverso qualche vantaggio strutturale ben definibile.

Ma se ci poniamo onestamente davanti alla fauna di Burgess, dobbiamo ammettere che non abbiamo alcuna prova – neppure un brandello di prova – che i perdenti nella grande decimazione siano stati sistematicamente inferiori sul piano dell'adattamento ai superstiti. Chiunque può inventare una storia plausibile a posteriori. Per esempio, l'*Anomalocaris*, pur essendo uno dei massimi predatori del Cambriano, non fu fra i vincitori. Si potrebbe dunque sostenere che la sua mascella unica, un vero schiaccianoci, essendo incapace di chiudersi completamente, e lavorando probabilmente per costrizione, anziché lacerare le prede, non fu in realtà migliore sul piano dell'adattamento rispetto a una mascella più convenzionale formata da due pezzi articolati assieme. Forse. Ma occorre considerare onestamente anche la situazione contraria. Supponiamo che l'*Anomalocaris* fosse vissuta e avesse prosperato. Non sarei stato allora tentato di dire, senza alcuna prova aggiuntiva, che l'*Anomalocaris* era sopravvissuta perché la sua mascella unica funzionava così bene? Non ho dunque alcuna ragione per identificare l'*Anomalocaris* come un animale destinato all'insuccesso. So solo che questo organismo perì, e che questo è ciò che accadrà infine a tutti noi.

Mentre continuavano a uscire le revisioni monografiche dei generi di Burgess, e Harry, Derek e Simon diventavano più bravi a ricostruire tali animali non convenzionali come organismi funzionanti, cresceva il loro rispetto per l'integrità anatomica degli organismi bizzarri di Burgess e per la loro efficienza nel procurarsi il cibo e nel muoversi. Essi parlarono sempre meno di piani corporei "primitivi" e lavorarono sempre più a identificare le specializzazioni funzionali di tali animali: vedi Briggs (1981a) sulla coda dell'*Odaraia*, Conway Morris (1985) sulle spine protettive della *Wiwaxia*, Whittington e Briggs (1985) sul modo inferito di nuotare dell'*Anomalocaris*. Essi scrissero meno su perdenti prevedibili, male adattati, e cominciarono a riconoscere che non sappiamo perché la *Sanctacaris* sia parente di uno dei principali gruppi viventi, mentre l'*Opabinia* è solo un ricordo congelato nella pietra. Gli articoli successivi parlano sempre più di fortuna. Briggs avanzò una riserva sulla sua tesi citata prima, sulla sopravvivenza dovuta al superiore adattamento: "e anche, senza dubbio, perché certe specie furono più fortunate di altre" (1985, p. 348).

Tutt'e tre gli scienziati cominciano anche a sottolineare – come nota positiva di interesse, e non come ammissione di una sconfitta nella lotta per costruire una classifica degli organismi di Burgess in relazione al loro livello di adattamento – che un osservatore contemporaneo non sarebbe stato in grado di scegliere gli organismi destinati al successo. Whittington scrisse a proposito dell'*Aysheaia* come potenziale parente degli insetti, il gruppo che ha avuto il massimo successo fra i metazoi:

> Guardando da Burgess verso il futuro, sarebbe stato difficile predire chi fosse destinato [a sopravvivere]. L'*Aysheaia*, con i suoi lenti movimenti attorno a colonie di spugne, difficilmente avrebbe potuto apparire come il progenitore di quei formidabili conquistatori delle terre emerse che sarebbero stati poi i miriapodi e gli insetti. (1980, p. 145)

Conway Morris scrisse che "un ipotetico osservatore nel Cambriano non avrebbe avuto presumibilmente alcun mezzo per predire quali degli antichi metazoi fossero destinati al successo filogenetico come piani corporei affermati e quali fossero condannati all'estinzione" (1985, p. 572). Egli fece poi un commento esplicito sui pericoli del ragionamento circolare. Supponiamo che la mascella della *Wiwaxia* sia omologa con la radula dei molluschi e che i due gruppi, in quanto parenti stretti, rappresentino possibilità alternative di Burgess. Poiché i wiwaxiidi si sono estinti e i molluschi sono sopravvissuti diversificandosi, si potrebbe essere tentati di sostenere che il ciclo con mute dei wiwaxiidi fosse meno efficiente della crescita continua per accrescimento dei molluschi. Conway Morris riconobbe però che, se i wiwaxiidi fossero sopravvissuti e i molluschi si fossero estinti, avremmo potuto proporre un ragionamento altrettanto persuasivo sui benefici della muta:

> Nondimeno, la muta come modo di crescita è molto usata in numerosi phyla fra cui artropodi e nematodi, e si può sostenere che questi due gruppi siano fra quelli di maggiore successo fra tutti i phyla di metazoi. In conclusione, se si riportasse all'indietro l'orologio cosicché la diversificazione dei metazoi potesse tornare a varcare il confine fra Precambriano e Cambriano, pare che fra i piani corporei di successo emersi da questa fase esplosiva iniziale dell'evoluzione avrebbero potuto esserci benissimo i wiwaxiidi piuttosto che i molluschi. (1985, p. 572)

Così, tutt'e tre gli artefici della revisione di Burgess aderirono in principio alla concezione tradizionale che i sopravvissuti avessero avuto la meglio in virtù del loro superiore adattamento, ma conclusero infine che non abbiamo alcuna prova che ci permetta di collegare il successo con piani corporei migliori. Al contrario, tutt'e tre svilupparono la forte convinzione che eventuali osservatori moderni a Burgess non avrebbero potuto prevedere quali sarebbero stati infine i superstiti. La decimazione di Burgess potrebbe essere stata una vera lotteria e non l'esito prevedibile di una guerra fra gli Stati Uniti e Grenada o di una partita di baseball fra gli Yankees di New York e le vecchie glorie di Hoboken.

Noi possiamo ora apprezzare appieno la forza di un lavoro così paziente nel documentare gli artropodi di Burgess. Whittington e colleghi ricostruirono circa venticinque piani corporei basilari. Quattro condussero a gruppi che ebbero un successo enorme, comprendendo gli animali dominanti nel mondo di oggi; tutti gli altri si estinsero senza lasciare discendenti. Eppure, eccezion fatta per i trilobiti, ogni gruppo sopravvissuto ebbe solo uno o due rappresentanti negli argilloscisti di Burgess. Questi animali non sembravano particolarmente baciati dal successo in alcun modo noto. Non erano più abbondanti, più efficienti o più flessibili di altri. Come avrebbe potuto un ipotetico osservatore di Burgess scegliere la *Sanctacaris*, un animale noto solo da una mezza dozzina di esemplari? In che modo, come sostenne Whittington, il pronosticatore di Burgess avrebbe potuto dare favorita l'*Aysheaia*, un organismo raro e strano che camminava goffamente sulle spugne? Perché non scommettere invece sulla lucida e comune *Marrella*, dalle grandi spine sullo scudo cefalico? Perché non sull'*Odaraia*, con le sue pinne sottili ed efficienti? Perché non sulla *Leanchoilia*, con le sue complesse appendici frontali? Perché non sulla robusta *Sidneyia*, che non aveva nulla di strano ma tutto in perfetto ordine? Se potessimo tornare al tempo di Burgess e far ripartire di là il film della vita, perché non dovremmo avere un diverso insieme di vincitori? Forse, la seconda volta, tutti i vincitori potrebbero avere un piano corporeo con arti biramati, molto adatti per vivere in acqua ma non per invadere con successo le terre emerse. Forse, perciò, questo mondo alternativo potrebbe non avere scarafaggi, zanzare e simulî, ma neppure api e neppure bei fiori.

Estendiamo questo tema al di là degli artropodi agli organismi bizzarri inclassificabili di Burgess. Perché non l'*Opabinia* e la *Wiwaxia*? Perché non un mondo di animali marini erbivori protetti da scleriti anziché da gusci come le chiocciole? Perché non l'*Anomalocaris* e un mondo di predatori marini con arti prensili sulla parte anteriore e una mascella simile a uno schiaccianoci? Perché non un film di Steven Spielberg con un uomo marino incrostato, succhiato nella bocca cilindrica di un mostro marino, e lentamente schiacciato da strati multipli di denti che, oltre a orlare una bocca circolare si estendono ben in profondità nella gola?

Noi non sappiamo con certezza se la decimazione di Burgess sia stata una lotteria. Ma non abbiamo neppure prove del fatto che i vincitori avessero un superiore adattamento, o che un pronosticatore loro contemporaneo sarebbe stato in grado di designare i sopravvissuti. Tutto ciò che abbiamo imparato dalle più belle e dettagliate monografie della paleontologia del ventesimo secolo ci dice che gli sconfitti di Burgess erano adeguatamente specializzati e molto capaci.

L'idea della decimazione come una lotteria converte la nuova iconografia della fauna di Burgess in una visione radicale sui percorsi della vita e sulla natura della storia. Io dedico questo libro a esplorare le conseguenze di questa concezione. La nostra specie, povera e improbabile, trova motivo di gioia nella sua fragilità, di recente accertata, e nella sua buona sorte! Chiunque abbia il minimo senso dell'avventura, o il minimo barlume di rispetto per l'intelletto, non rinuncerebbe volentieri al vecchio conforto cosmico per poter dare un'occhiata a qualcosa di così strano e meraviglioso, e nondimeno così reale, come l'*Opabinia*?

4. La visione di Walcott e la natura della storia

LA BASE DELLA FEDELTÀ DI WALCOTT AL CONO DELLA DIVERSITÀ

Nota biografica

Se Charles Doolittle Walcott fosse stato un uomo comune, la sua ombra non avrebbe continuato a incombere così a lungo sulla fauna di Burgess, e il suo errore fondamentale del calzatoio non meriterebbe più di una nota a piè di pagina. Ma Walcott fu uno fra gli scienziati più straordinari e potenti che l'America abbia mai prodotto. La sua influenza trasse inoltre pieno sostegno dal suo punto di vista profondamente conservatore e tradizionale sulla vita e la moralità. Perciò, se riusciremo a comprendere le complesse ragioni del suo fermo impegno nell'uso del calzatoio di Burgess, potremmo conseguire una qualche comprensione di carattere generale dei condizionamenti sociali e concettuali che si esercitavano sull'innovazione scientifica.

Senza dubbio il nome di Walcott non è oggi popolare, nemmeno a persone che pure conoscono abbastanza bene la storia della scienza americana. Ma la sua eclisse dalla pubblica consapevolezza riflette solo un curioso squilibrio della nostra visione della storia della scienza, un atteggiamento che conduce inevitabilmente a valutazioni erronee sull'importanza di uno scienziato al suo tempo. Noi teniamo in gran conto, come del resto è giusto, l'innovazione e la scoperta. Perciò la nostra genealogia del progresso intellettuale diventa un elenco cronologico di precursori, persone con idee audaci che furono convalidate da giudizi posteriori, anche se questi scienziati non godettero di alcuna influenza al loro tempo e non esercitarono alcun impatto tangibile sulla pratica della loro professione. Per esempio, noi oggi ricordiamo Gregor

Mendel per l'acutezza delle sue percezioni, ma si può sostenere che le sue ricerche abbiano avuto ben poca incidenza sulla storia della genetica, tranne che, infine, come esempio e come simbolo. Le sue conclusioni furono ignorate al suo tempo, e divennero influenti solo dopo essere state riscoperte da altri.

Questo curioso stile di valutazione a posteriori esclude dalla coscienza delle epoche successive quei potenti scienziati che al loro tempo dominarono un campo, e che possono aver plasmato centinaia di carriere o migliaia di concetti al servizio di concezioni convenzionali risultate in seguito erronee. Ma come possiamo concepire la scienza come una dinamica sociale se dimentichiamo queste persone? Come possiamo mettere a fuoco la nostra attenzione su innovatori solitari se ignoriamo il contesto dominante dell'opposizione contro cui dovettero lottare? Charles Doolitte Walcott è un esempio primario di uno di tali uomini oggi ignorati: egli fu un grande geologo, un infaticabile ricercatore, un famoso sintetizzatore, una fonte centrale di potere nella gerarchia sociale della scienza americana, ma non, fondamentalmente, un innovatore intellettuale.

La cancellazione di Walcott dalla nostra memoria ha anche un'altra causa, imperniata su un paradosso. Molti studiosi, fra cui io stesso, aborriscono l'amministrazione (pur non avendo alcuna animosità personale contro gli amministratori). Questo è, ovviamente, un atteggiamento egoistico, ma la vita è breve e non dovrebbe essere sprecata a dibattersi nell'infelicità e nell'incompetenza: le due conseguenze negative sperimentate dalla maggior parte degli studiosi che si cimentano nell'amministrazione. Poiché sono i ricercatori a fare la storia, l'abilità amministrativa riceve scarsi riconoscimenti. Ma dove sarebbe la scienza senza le sue istituzioni? Il genio isolato, contrariamente al mito romantico, di solito realizza ben poco con le sue sole forze.

A peggiorare le cose, i grandi amministratori vengono doppiamente espunti dalla storia: innanzitutto perché ben di rado gli studiosi scelgono di scrivere sul governo della scienza; e in secondo luogo perché l'abilità amministrativa genera invisibilità. Gli amministratori disonesti vengono spesso additati al pubblico ludibrio, mentre un'istituzione ben governata sembra procedere con regolarità, senza sforzo, in modo quasi automatico. (Quanti di noi sanno il nome del presidente della propria banca, a meno che non sia stato accusato di appropriazione indebita?) Gli amministratori sono ovviamente ben noti ai loro subordinati e ai loro beneficiari, poiché noi dobbiamo rivolgerci al capo se abbiamo bisogno con urgenza di una somma di cui la nostra routine quotidiana non ci concede di disporre al momento giusto. Ma il nome di un buon amministratore muore non appena egli lascia la sua carica.

Charles Doolittle Walcott era un buon geologo, ma fu ancora più grande come amministratore. Negli ultimi due decenni della sua vita, compreso l'intero periodo delle sue ricerche nel giacimento di Burgess,

Walcott fu il più potente amministratore scientifico in America. Non solo diresse la Smithsonian Institution dal 1907 alla sua morte, avvenuta nel 1927; ma mise mano, con autorità, nell'amministrazione di ogni fondo scientifico importante a Washington. Conobbe addirittura tutti i Presidenti, da Theodore Roosevelt a Calvin Coolidge, e con alcuni dei quali ebbe addirittura rapporti stretti.[1] Svolse una funzione chiave nel convincere Andrew Carnegie a fondare la Carnegie Institution a Washington, e lavorò con Woodrow Wilson alla creazione del National Research Council. Fu presidente della National Academy of Sciences e dell'American Association for the Advancement of Science. Fu un pioniere, un sostenitore e un promotore nello sviluppo dell'aviazione americana.

Walcott occupò tutti questi ruoli con eleganza e consumata abilità. Fra coloro che conoscono la storia della Smithsonian Institution, io trovo un virtuale consenso nell'identificare in Walcott il segretario migliore nel periodo compreso fra il fondatore Joseph Henry e quel genio dell'amministrazione, andato recentemente in pensione, che fu S. Dillon Ripley. Il conciso riepilogo da parte di Walcott delle sue cariche, alla fine del suo diario del 1920, dà una buona idea dei suoi impegni all'età di settant'anni, quando egli era al culmine del suo potere:

> Oggi sono Segretario della Smithsonian Institution, Presidente della National Academy of Sciences, Vicepresidente del National Research Council, Presidente del Comitato Esecutivo della Carnegie Institution a Washington, Presidente del National Advisory for Aeronautics... Troppo, ma è difficile venirne fuori quando si è immersi profondamente nel funzionamento di ogni organizzazione.

La biografia di Walcott è la storia di un uomo di successo americano. Walcott nacque nel 1850 e crebbe nei pressi di Utica, New York, in una famiglia che aveva appena i mezzi per sopravvivere. Frequentò le scuole pubbliche a Utica, ma non conseguì mai un diploma avanzato (anche se in seguito gli furono conferite numerose lauree *ad honorem*). Mentre lavorava in una fattoria locale, raccolse dei trilobiti, e fece il suo primo passo verso una carriera professionale nella scienza vendendo i suoi esemplari al massimo naturalista americano, Louis Agassiz. (Questo racconto comprende una fine ironia nel confronto con le posteriori ricerche a Burgess. Agassiz elogiò Walcott e ne comprò la collezione perché Walcott aveva trovato per la prima volta appendici di trilobiti. Walcott era riuscito a compiere la sua scoperta avendo riconosciuto la conservazione tridimensionale dei suoi fossili, e avendo notato le zampe sotto il carapace. A Burgess il principale motivo dell'insuccesso di Walcott consistette invece nell'avere trattato i fossili come fogli piani,

[1] Il documento forse più toccante conservato negli archivi di Walcott alla Smithsonian Institution è la nota personalissima di condoglianze scrittagli da Roosevelt per la morte accidentale della sua seconda moglie.

mentre la revisione moderna a opera di Whittington si fondò proprio sulla rivelazione della struttura tridimensionale.

La morte di Agassiz nel 1873 frustrò la speranza di Walcott di poter studiare paleontologia a Harvard. Nel 1876 Walcott cominciò la sua carriera scientifica come assistente del geologo ufficiale dello Stato di New York, James Hall. Nel 1879 entrò a far parte della Geological Survey degli Stati Uniti al livello più basso di geologo sul campo. Nel 1894 era salito al rango di direttore, guidando con mano sicura l'istituzione nel suo periodo peggiore di crisi finanziaria sino a realizzarne una sostanziale ricostruzione. Walcott rimase alla direzione della Geological Survey sino alla sua nomina a capo della Smithsonian Institution nel 1907.

Per tutto questo tempo, Walcott mantenne un programma attivo ed eminente di ricerche sul campo e pubblicazioni sulla geologia e paleontologia degli strati del Cambriano. Era ossessionato dal problema dell'esplosione del Cambriano, e studiò rocce del Precambriano e del Cambriano in tutto il mondo, sperando di conseguire qualche soluzione empirica. Quando trovò la Burgess Shale nel 1909, Walcott non era solo lo scienziato più potente a Washington, ma anche uno dei massimi esperti mondiali sui trilobiti fossili e sulla geologia del Cambriano. Charles Doolittle Walcott non era un uomo comune.

La ragione mondana dell'insuccesso di Walcott

Essendo un amministratore meticoloso e conservatore, Walcott lasciò un dono involontario ma prezioso ai futuri storici. Egli copiò ogni lettera, conservò ogni frammento di corrispondenza, non tralasciò neppure per un giorno di annotare le sue attività nel suo diario e non gettò mai via nulla. Persino nel momento peggiore della sua vita, quando la sua seconda moglie morì in un incidente ferroviario l'11 luglio 1911, Walcott annotò un sintetico appunto fattuale nel suo diario: "Helena morta a Bridgeport, Conn., in un incidente feroviario alle 2,30 di notte. Non lo seppi fino alle 3 del pomeriggio. Partii per Bridgeport alle 5, 35 del pomeriggio..." (Walcott poteva essere una persona meticolosa, ma non si deve pensare che fosse insensibile. Il 12 luglio, sopraffatto dal dolore, scrisse: "Fu uccisa da un colpo alla tempia (destra)... Sono tornato a casa, dove Helena vive in tutto ciò che mi circonda. Il mio amore, mia moglie, la mia compagna per 24 anni. Ringrazio Dio di averla avuta per tutto quel tempo. Non riesco ancora a rendermi conto della sua fine prematura.")

Tutti questi materiali sono attualmente conservati in ottantun grandi casse che occupano, come ci dice la relazione ufficiale (Massa, 1984, p. 1), "11,5 metri lineari di scaffali, più i materiali fuori misura" negli archivi della Smithsonian Institution. Nessun insieme di documenti può conservare l'"essenza" elusiva (e mitica) di una persona, poiché ogni fonte ci racconta un pezzo di una storia in un modo sempre diverso. Ma il materiale di Walcott è ricco e vario – taccuini di osservazioni sul campo, diari, appunti privati, corrispondenza ufficiale, documenti di contabilità, fotografie panoramiche e una biografia "ufficiale" inedita commissionata dalla sua terza moglie, ricevute di tasse, diplomi per lauree *ad honorem*, lettere alla dama di compagnia di sua figlia e ai custodi della tomba di suo figlio morto in guerra in Francia – e tutto questo consente di costruire un ritratto rivelatore di quest'uomo molto riservato che visse nei corridoi del potere pubblico.

Io non mi accostai agli archivi di Walcott con alcun intento biografico generale. Avevo un solo obiettivo, che divenne per me una sorta di ossessione: volevo sapere perché Walcott avesse commesso l'errore fondamentale del calzatoio. Pensavo che la soluzione di questo problema potesse completare la storia maggiore narrata dai fossili di Burgess: se infatti le ragioni di Walcott fossero risultate fondate non in un'idiosincrasia personale, ma nella sua fedeltà ad atteggiamenti e valori tradizionali, avrei potuto mostrare come la revisione di Whittington, col suo tema della decimazione "per estrazione a sorte", avesse scalzato qualcosa di antico e di centrale nella nostra cultura. Cercai negli sterminati materiali di Walcott e trovai numerosi indizi di un insieme complesso di fattori, i quali indicavano tutti chiaramente che Walcott era stato spinto a introdurre e applicare il suo calzatoio dal nucleo più centrale del suo essere e delle sue convinzioni. Walcott impose ai fossili di Burgess la sua visione ben definita della vita; essi non gli parlarono perciò, in risposta, in un modo innovativo o indipendente. Il calzatoio era un dispositivo convenzionale che conservava sia l'iconografia tradizionale del cono della diversità sia l'apparato concettuale sottostante del progresso e dell'evoluzione prevedibile della coscienza.

La mia tesi principale potrebbe colpire molti lettori come strana e scettica, specialmente nella sua applicazione a una teoria scientifica. La maggior parte di noi non sono così ingenui da credere al vecchio mito che gli scienziati sono i custodi di un'obiettività senza pregiudizi, egualmente aperta a tutte le possibilità, e che raggiungono conclusioni solo sulla base di prove e di ragionamenti logici. Noi comprendiamo che inclinazioni, preferenze, valori sociali e atteggiamenti psicologici sono altrettante cose che svolgono un ruolo importante nel processo della scoperta. Non dovremmo però lasciarci trascinare all'estremo opposto di uno scetticismo estremo, all'opinione che le prove obiettive non svolgano alcun ruolo, che le percezioni della verità siano del tutto relative e che le conclusioni scientifiche non siano altro che una forma fra tante di preferenza estetica. La scienza, qual è praticata in realtà, è un dialogo complesso fra dati e preconcetti. Eppure io sostengo che il calzatoio di Walcott operò virtualmente senza alcuna costrizione da parte dei dati di Burgess, e nego quindi che in questo caso sia avvenuto il dialogo usuale. Per di più affermo questa tesi sulla massima scoperta di uno scienziato di primo rango, non su un episodio minore nella vita di un attore periferico. Un tale insolito flusso unidirezionale dai preconcetti alle prove può verificarsi realmente?

Di solito la risposta sarebbe: no. I fossili rispondono alle domande dello scienziato, come è vero che l'*Opabinia* disse a Harry Whittington: "Non ho zampe sotto il carapace," mentre l'*Anomalocaris* esclamò a gran voce: "Quella medusa *Peytoia* è in realtà la mia bocca." Ma gli animali di Burgess dissero ben poco a Walcott, per due ragioni fondamentali, facendo in tal modo del suo calzatoio un esempio vistoso di costrizione ideologica. Innanzitutto i suoi preconcetti erano molto forti, radicati com'erano al cuore dei suoi valori sociali e del suo temperamento. In secondo luogo – una ragione così ridicolmente semplice e ovvia che è facile lasciarsela sfuggire quando si ricercano significati "più profondi" – i fossili non risposero perché Walcott non trovò mai il tempo di conversare con loro. Una vita non può essere dilatata oltre un certo punto. I carichi amministrativi finirono col cancellare Walcott come scienziato attivo. Egli semplicemente non trovò mai il tempo per studiare gli esemplari di Burgess. Walcott pubblicò quattro articoli preliminari nel 1911 e nel 1912. Nel 1931 gli appunti postumi di Walcott furono pubblicati dal suo collaboratore Charles E. Resser. In precedenza, negli ultimi quindici anni della sua vita attiva, Walcott aveva pubblicato monografie su spugne e alghe di Burgess, ma nient'altro sugli animali complessi della fauna fossile più importante del mondo.

La prima ragione (forti preconcetti) fornisce una conferma al messaggio di questo libro; la seconda ragione (carichi amministrativi) è tipica di Walcott. Comincerò però la mia discussione con questo aspetto peculiare dei carichi amministrativi di Walcott, poiché dobbiamo capire, prima di cominciare a esporre il suo lavoro, come mai egli non abbia saputo capire il linguaggio dei fossili.

Poiché gli amministratori vengono reclutati di solito fra i ricercatori di successo nel periodo della loro maturità, la storia di Walcott, una storia in cui si intrecciano domande fortemente conflittuali, e conseguenti tensioni interne, riecheggia un ritornello diffuso e sincero che si sente spesso nelle alte sfere delle istituzioni scientifiche. Gli amministratori vengono scelti perché capiscono la ricerca: il che significa che amano la ricerca e la fanno bene. Questa storia è vecchia quanto le montagne del Cambriano amate da Walcott. Si comincia col promettere a se stessi: "Avrò meno tempo per la ricerca, ma la farò con maggiore efficienza. Altri si sono persi per strada, ma io non sarò come loro; non abbandonerò mai la ricerca; continuerò a lavorare e a pubblicare a tutto spiano." Lentamente, però, l'inevitabile finisce con insinuarsi nella mente anche dei più tenaci. La ricerca svanisce. Non si abbandona mai l'idea, o il primo amore. Si ritornerà ad essa alla scadenza della carica di direttore, o quando si andrà in pensione, o... A volte si riesce a godere davvero di una vecchiaia vivificata da nuove ricerche; più spesso, come nel caso di Walcott, la morte mette fine a tutto.

4.1. *Charles Doolittle Walcott, quando era un bel giovane di ventitré anni. Fotografia fatta nel 1873.*

Walcott mi sorprende. I suoi carichi amministrativi furono straordinariamente pesanti, e nondimeno egli continuò a pubblicare per tutta la sua vita. La sua bibliografia completa (in Taft[2] et al., 1928) elenca fra il 1910, l'anno della sua prima relazione sui fossili di Burgess, e il 1927, l'anno della sua morte, 89 titoli. Cinquantatré di queste pubblicazioni sono articoli tecnici primari, fondati su dati. Essi comprendono lavori importanti di tassonomia e anatomia, alcuni dei quali scritti nei suoi anni di maggiore attività: un centinaio di pagine sui brachiopodi del Cambriano nel 1924, ottanta sui trilobiti del Cambriano nel 1925, un centinaio sull'anatomia del trilobite *Neolenus* nel 1921. Ma il limite imposto dal Signore di ventiquattr'ore al giorno impose gravi restrizioni alle speranze e ai progetti di Walcott. La pentola più vistosamente in ebollizione era quella che conteneva i fossili di Burgess. Il senso di colpa di Walcott per averli sempre dovuti trascurare, e la gioia al pensie-

[2] Sì, questo è proprio William Taft, allora ex presidente e primo presidente *ad interim* della corte suprema degli Stati Uniti, che introdusse questo convegno in memoria di Walcott.

ro che alla fine sarebbe tornato a studiarli, formano un tema persistente nella sua corrispondenza. Io penso che Walcott stesse lasciandosi coscientemente gli esemplari di Burgess come centro di interesse principale per gli anni del pensionamento. Ma morì con gli scarponi ai piedi a settantasette anni.

Questo intero processo familiare, in tutto il suo andamento inevitabile dall'idealismo giovanile alla rassegnazione della vecchiaia, può essere ricostruito con insolita completezza sulla base dei documenti conservati negli archivi di Walcott (figure 4.1 e 4.2). Il 2 giugno 1879 il giovane Walcott, in cerca del suo primo lavoro presso la U. S. Geological Survey, scrisse al grande geologo Clarence King:

> Sono pronto a fare qualsiasi lavoro che sia in grado di fare col massimo di utilità. Il mio desiderio è quello di occuparmi di geologia stratigrafica, compresa la raccolta e la paleontologia degli invertebrati... Vorrei che questo fosse il lavoro della mia vita... Spero sinceramente di poter essere messo alla prova e che poi possa essere il mio lavoro a decidere se dovrò o no restare.

4.2. *Walcott attorno al 1915. Negli archivi della Smithsonian Institution ci sono vari ritratti fotografici di Walcott, ma a me questo piace particolarmente perché mi sembra che riveli a un tempo la forza di Walcott e la sua grande tristezza in questi anni tragici per la sua famiglia.*

La King rispose con gentilezza il 18 luglio:

> Le ho dato un posto sul gradino più basso della scala: starà a lei salire più in alto con le sue forze... Nulla mi farà più piacere che poter giudicare il suo lavoro come buono.

Il lavoro di Walcott fu più che buono, ed egli salì costantemente. Nel 1893, quando era ormai vicino al vertice del personale della Survey e fermamente impegnato in un programma di ricerca su rocce del Paleozoico Inferiore che avrebbe dovuto durare tutta la vita, rifiutò un posto di insegnamento all'Università di Chicago per continuare senza impedimenti le sue ricerche. Espresse il suo rincrescimento all'eminente geologo e amministratore di Chicago T. C. Chamberlin con queste parole: "Come lei sa bene, il mio desiderio e la mia ambizione sono quelli di completare le ricerche sulle formazioni del Paleozoico Inferiore del continente e di dare ai geologi i mezzi per classificarle e per rappresentarle cartograficamente."

Ma l'anno seguente, 1894, fu chiamato a dirigere la Survey, incarico che lo avrebbe sottratto inevitabilmente alle sue ricerche sul campo. Walcott espresse i sentimenti conflittuali che lo avrebbero ossessionato per il resto della sua vita: orgoglio per l'importante riconoscimento e desiderio di servire nel modo migliore, associati a preoccupazione per il tempo sottratto alla ricerca:

> 25 ottobre 1894
>
> Cara madre,
>
> mi sembra quasi strano di avere la direzione di questa grande Survey. È una realtà sempre presente, ma io non ho mai aspirato ad essa e sento ancora il forte desiderio di riprendere il mio vecchio lavoro. Sono lieto che questa designazione sia venuta mentre voi siete ancora con noi e spero che viviate abbastanza per vedere la Survey prosperare sotto la mia direzione.
>
> Con amore,
>
> Charlie

Successivamente il tema del conflitto fra i doveri amministrativi e il desiderio della ricerca venne a dominare i pensieri di Walcott. Nel 1904, mentre stava ancora dirigendo la Geological Survey e prima di scoprire Burgess, Walcott già si lagnava per tutto il tempo sottratto alle sue ricerche. Il 18 giugno 1904 scrisse al geologo R. T. Hill:

> L'unica ambizione personale che ho o che abbia avuto, e che ha sempre esercitato una forte presa su di me, è il desiderio di completare la ricerca sulle rocce e sulle faune del Cambriano, ricerca che iniziai molti anni fa e che ho dovuto praticamente mettere da parte da vari anni. Spero di poterle concedere un po' di tempo quest'estate, e di poter fare di tanto in tanto ciò che posso per completarla. Se le circostanze fossero tali da permettermi di farlo saggiamente, sarei felicissimo di lasciare tutta l'amministrazione a qualcun altro e di riprendere le mie ricerche dove le ho lasciate nel 1892.

Tre anni dopo Walcott assunse il suo incarico definitivo, quello di segretario della Smithsonian Institution. Alla fine di questo decennio trovò la Burgess Shale. Le circostanze cospirarono allora, con un attivo incoraggiamento da parte di Walcott nonostante i suoi lamenti, ad aumentare di continuo le sue responsabilità pubbliche, e a sottrargli tempo per ogni studio serio o prolungato dei fossili di Burgess.

I suoi archivi presentano una grande varietà di accenni ai molteplici doveri quotidiani, in gran parte banali ma sempre estremamente dispendiosi in termini di tempo ed energie, di un alto dirigente. Egli operò a favore di amici, proponendo la nomina di Herbert Hoover a membro dell'American Philosophical Society nel 1917. Incoraggiava colleghi, scrivendo nel 1923 a R. H. Goddard: "Confido che il suo lavoro sui 'razzi' proceda in modo soddisfacente e che a tempo debito lei raggiunga una soluzione pratica di tutti i problemi connessi." Promosse facilitazioni per gli scienziati, scrivendo nel 1926 al presidente della Interstate Commerce Commission che i ricercatori avrebbero dovuto avere biglietti gratuiti sulle ferrovie "nella stessa categoria delle persone impegnate esclusivamente in lavori di assistenza ai bisognosi." Sopportò di buon grado infinite richieste di concedere quantità sempre maggiori del suo tempo, come quando il principale antropologo della Smithsonian Institution, Aleš Hrdlička gli chiese di tornare a concedergli qualche minuto del suo tempo prezioso per poter eseguire su di lui alcune misurazioni:

> Circa un anno fa, quando ebbi il piacere di misurarla per la documentazione della National Academy, non le presi le misure della mano, del piede e di alcune altre parti. Da allora, in conseguenza dei risultati dell'analisi di miei dati su vecchi americani, è apparso che le misure di queste parti sono di interesse considerevolissimo... Le sarei molto grato se, in qualche occasione, lei si fermasse nel mio laboratorio per due o tre minuti, per permettermi di prendere queste misure mancanti.

Io non ho trovato però niente di più simbolico, e nondimeno di così immediatamente pratico, del seguente affidavit, presentato nel 1917 a una banca per verificare un cambiamento nella sua firma: "Accludo l'affidavit che mi viene richiesto. Ero solito firmarmi Chas. D. Walcott. Ora uso solo le iniziali poiché mi costa troppo tempo aggiungere le altre lettere quando c'è un gran numero di documenti o di lettere da firmare."

Se queste pressioni "ordinarie" dell'alta amministrazione non fossero ancora state sufficienti a frustrare la ricerca, il decennio dal 1910 al 1920 fu funestato da gravi lutti familiari per Walcott, che perdette la seconda moglie e due dei suoi tre figli (figura 4.3). Il figlio Charles junior morì di tubercolosi nel 1913, dopo che Walcott ebbe scovato e provato ogni sanatorio e ogni terapia fondata sul riposo, sulla dieta o sulle cure mediche, facendo ricorso a tutto ciò che promettevano la scienza medica e anche la ciarlataneria, pur di non lasciare nulla di intentato. Un altro figlio, Stuart, fu abbattuto nel corso di una battaglia aerea sulla

4.3. *L'intera famiglia di Walcott a Provo, nell'Utah, nel 1907. In piedi, da sinistra a destra: Sidney (15 anni); Charles junior (19 anni); Charles (57 anni); Helena (42 anni); Stuart (11 anni). Seduta: Helen (13 anni).*

Francia nel 1917. Walcott scrisse all'amico Theodore Roosevelt, che aveva perso un fratello in circostanze simili:

> Stuart, che aveva frequentato la Western High School assieme a Suo fratello Quentin, riposa su una collina nelle Ardenne, essendo stato abbattuto in circostanze quasi identiche a quelle di Quentin, in una battaglia aerea con gli unni. Egli e i due uomini che volavano con lui sono sepolti nello stesso posto, e una croce ben costruita piantata sulla tomba di Stuart reca il suo nome e la data. Quando gli unni se ne andarono, bruciarono e distrussero tutte le case di contadini della zona, mostrando così nel primo caso il loro lato sentimentale e nell'altro il lato brutale della loro natura.

Come ho già ricordato, la moglie di Walcott, Helena, morì in un incidente ferroviario nel 1911, e sua figlia Helen fu mandata allora a riprendersi dallo shock in Europa in un grand tour accompagnata da uno chaperon di nome Anna Horsey. Walcott mantenne quasi quotidianamente i contatti con le due donne, intervenendo spesso con decisioni paterne "appropriate" per salvaguardare una figlia bella e ingenua dai pericoli della sconvenienza. I frequenti interventi di Walcott erano molto apprezzati dalla signora Horsey. Per esempio, il 18 giugno 1912 essa gli scrisse: "La sua lettera le ha fatto capire quanto sia sconveniente per una donna fumare. Io gliel'ho detto spesso ma lei pensa che io sia irrimediabilmente all'antica." Ma la signora Horsey continuava a preoccuparsi. Scrivendo da Parigi il 17 luglio 1912, ammoniva: "La sua bellezza è così vistosa... Ma se non si metterà un freno al suo desiderio di essere al centro dell'ammirazione e dell'attenzione degli uomini e al suo modo stravagante di vestirsi, si potrà andare incontro a una grande infelicità." E, in una lettera dall'Italia, dichiarava: "Ci sono davvero dei pericoli. Helen è molto allegra e desiderosa di avventura – tutte le ragazze a 17 anni sono così – ma è innocente e ingenua e potrebbe essere indotta a incontrare [uomini] fuori, solo per divertimento. In Italia sarebbe pericoloso."

In mezzo a queste tragedie personali straordinarie, anche gli affari di routine della vita familiare e del lavoro sottraevano tempo alle ricerche di Walcott. Egli investiva milioni di dollari nella Telluride Power Company, e nel contempo dava consigli a una banca locale sull'importanza di concedere solo crediti limitati a suo figlio:.

> Mio figlio, B. S. Walcott, è matricola a Princeton. Ha un assegno e finora è stato abituato a pagare puntualmente i suoi conti. Io non farei però credito a lui o ad alcun altro ragazzo per più di 30 giorni, e anche allora solo per cifre limitate. L'effetto del credito su un ragazzo è negativo e può condurre a complicazioni.

In che modo i fossili di Burgess avrebbero potuto trovar posto in questo calderone, in questa babilonia di attività imposta e necessaria? Walcott aveva bisogno di trascorrere le sue estati sulle Montagne Rocciose canadesi per recarsi a raccogliere fossili, non foss'altro che come forma di terapia. Ma non avrebbe mai potuto trovare il tempo per eseguire uno studio scientifico degli esemplari a Washington. Walcott divenne sempre più consapevole di questa situazione, come rivela fra l'altro l'insieme di lettere più rivelatrici sui fossili di Burgess stessi: il suo carteggio con l'ex assistente Charles Schuchert, allora professore a Yale, che era fra i principali paleontologi in America. Nel 1912 Walcott era impegnato in lavori di commissione, ma previde solo un piccolo ritardo nello studio di alcuni trilobiti che gli aveva mandato Schuchert:

> Quanto ai trilobiti, non esprimerò alcuna opinione finché non avrò avuto una possibilità di studiare l'intero gruppo la prossima settimana. Gli ultimi 10 giorni sono stato così occupato con Comitati del Congresso e altre questioni che ho avuto ben poche opportunità di ricerca.

Nel 1926 aveva ammesso la sua sconfitta e rimandò a un futuro indefinito qualcosa di molto meno impegnativo in termini di tempo dello studio degli esemplari: la considerazione di un argomento sollevato da Schuchert sull'anatomia dei trilobiti. "Un giorno, quando avrò tempo, guarderò i suoi commenti sulla struttura dei trilobiti. Attualmente sono troppo preso dal lavoro amministrativo."

Varie affermazioni degli ultimi anni di vita di Walcott illustrano bene i suoi conflitti, le sue speranze e la consapevolezza che gli era impossibile eseguire uno studio appropriato dei fossili di Burgess. L'8 gennaio 1925 parlò al paleontologo francese Charles Barrois della sua intenzione di liberarsi gradualmente delle sue funzioni amministrative per studiare i fossili di Burgess:

> Spero di potermi dedicare allo studio di un gruppo considerevole di fossili di Burgess che non sono stati ancora pubblicati nonostante il loro grande interesse. Sono stati preparati più di 100 disegni e fotografie. Sarebbero stati pubblicati prima se non avessi dovuto dedicare molto tempo a compiti e problemi amministrativi connessi alla nostra organizzazione scientifica. Sto ora per liberarmi da questi ultimi avendo tenuto il mio discorso come presidente uscente dell'American Association of Science il 29 dicembre; inoltre sono uscito dal Council of the National Academy. Sto progettando di dimettermi da membro del comitato di tre organizzazioni che stanno compiendo lavori molto interessanti e preziosi, ma penso di avere compiuto il mio dovere verso di loro.

Il 1° aprile 1926, in una lettera a L. S. Rowe, Walcott combinò il suo genuino amore per la ricerca con la tesi canonica, ma penso insincera, che i compiti amministrativi non gli davano gioia né gli sembravano importanti (rispetto alla ricerca), ma che li assolveva solo per senso del dovere. (Io non credo che ci siano persone così votate al sacrificio da dedicare gli anni migliori della propria vita a qualcosa che potrebbero mettere da parte senza alcuna perdita di rispetto, ma solo con una perdita di potere. L'ethos della scienza richiede che l'amministrazione venga identificata pubblicamente come un lavoro fatto solo per dovere, ma senza dubbio la maggior parte delle persone che occupano importanti ruoli amministrativi trae piacere dalla propria responsabilità e influenza.)

> Io deriverei la massima felicità dal poter continuare le mie ricerche sino a registrare tutti i dati che ho raccolto negli ultimi 15 anni sulle montagne del West... I compiti amministrativi non sono stati sgradevoli o deludenti, ma li considero un'attività di passaggio, non un lavoro serio, anche se a volte si è chiamati a profondere le proprie forze migliori nella soluzione dei problemi che si pongono.

Una settimana dopo Walcott scrisse a David Starr Jordan, il grande ittiologo che era stato rettore della Stanford University, e che aveva avuto più successo di lui nel sottrarsi a incombenze amministrative:

> Lei è stato molto saggio a liberarsi da compiti amministrativi. Io spero di poterla imitare a tempo debito e di poter avere la libertà di mettere mano ad

alcune delle cose che sto sognando di fare da 50 anni. È stato un piacere sognarle in passato, e ogni ora che posso recarmi in laboratorio per le mie ricerche è una grande gioia.

Il 27 settembre 1926 Walcott prese qualche iniziativa per realizzare il suo sogno. Egli scrisse a Andrew D. White:

Desidero moltissimo avere un colloquio con lei *in re* Smithsonian Institution e sul mio ritiro da ogni lavoro direttivo e amministrativo il 1° maggio 1927, data alla quale avrò completato vent'anni di servizio attivo come Segretario. Henry, Baird e Langley morirono in carica, ma io penso che non sia saggio per la Smithsonian Institution o per me continuare. Ho opere da scrivere che assorbiranno tutte le mie energie sino al 1949... Non mi spiacerebbe osservare l'evoluzione della democrazia sino al 1950. In questo momento non faccio previsioni oltre il 1930. Mi fu detto che avrei potuto morire a 26 anni, e poi di nuovo a 38 e a 55, ma essendo di temperamento ostinato tirai avanti.

Charles Doolittle Walcott morì in carica il 9 febbraio 1927. I suoi fitti appunti sui fossili di Burgess furono pubblicati nel 1931.

La giustificazione più profonda del calzatoio di Walcott

Non avendo avuto il tempo di esaminare i suoi fossili di Burgess in modo sufficientemente approfondito, Walcott poté interpretarli lungo la via di minima resistenza. Non essendo stato costretto a soffermarsi sull'anatomia veramente strana dei suoi esemplari, Walcott lesse la fauna di Burgess alla luce della sua visione della vita ben stabilita, e perciò i fossili vennero a riflettere i suoi preconcetti. Essendo un conservatore integrale – un arcitradizionalista non per convenzionalismo per convinzioni profonde e ben ponderate – Walcott diventa il simbolo migliore in cui mi sia mai imbattuto per l'incarnazione di convinzioni convenzionali.[3]

Per svelare il mistero del calzatoio, dobbiamo considerare il tradizionalismo di Walcott a tre livelli di specificità crescente: l'impronta generale delle sue convinzioni politiche e sociali, il suo atteggiamento verso gli organismi e la loro storia e il suo approccio ai problemi particolari del Cambriano.

[3] Non mi piace discutere i problemi intellettuali nella forma di generalità astratte. Io credo che le concezioni si possano apprezzare e capire nel modo migliore se le si esemplifica attraverso le idee di una persona o attraverso un oggetto naturale. Così io sono deliziato e affascinato da Walcott. Raramente mi sono "imbattuto" in un uòmo tanto lontano dalla mia concezione della vita, e penso di conoscerlo dopo una frequentazione così assidua attraverso i materiali dei suoi archivi. Eppure ho concepito un enorme rispetto per l'integrità e la demoniaca energia di Walcott nella ricerca e nell'amministrazione. Non ho una simpatia particolare per lui (come se la mia opinione avesse qualche importanza!), ma sono molto lieto che abbia onorato la mia professione.

La personalità di Walcott

Walcott, un "vecchio americano" con radici contadine di puro ceppo anglosassone, divenne un uomo ricco, primariamente attraverso giudiziosi investimenti in centrali elettriche. Egli entrò, almeno negli ultimi trent'anni della sua vita, negli ambienti sociali più elevati di Washington come intimo di vari Presidenti e di alcuni dei massimi magnati industriali d'America, fra cui Andrew Carnegie e John D. Rockefeller. Fu un convinto conservatore, un repubblicano in politica e un devoto presbiteriano, che non mancò quasi mai a una funzione domenicale in chiesa (o non dimenticò quasi mai di annotarlo nel suo diario).

Le lettere citate ci hanno dato un'idea dei suoi atteggiamenti sociali tradizionali, della diversità di trattamento riservato ai figli e alla figlia, delle sue idee sulla frugalità e sulla responsabilità. Gli archivi rivelano molte altre sfaccettature della sua personalità; io presento qui un piccolo campione solo per permettere al lettore di farsi un'idea degli atteggiamenti di un grande pensatore conservatore durante l'ultimo grande periodo di fiducia nella potenza secolare dell'America e nella sua superiorità morale.

Nel 1923 Walcott scrisse a John D. Rockefeller sulla religione:

> Fui allevato a Utica, New York, da mia madre e da mia sorella, che erano cristiane devote, e ho sempre aderito alla Chiesa Presbiteriana, poiché credo nelle verità essenziali della religione cristiana e nella loro realizzazione in cooperazione con persone che credono nell'efficacia della Chiesa come ente per la conservazione e la costruzione della razza umana.

Cito le opinioni di Walcott sull'alcool (a W. P. Eno, in data 6 ottobre 1923) non perché le consideri d'altri tempi o antidiluviane (in realtà io sono d'accordo con la sua posizione, pur dubitando delle conseguenze politiche da lui prospettate nel secondo paragrafo), ma perché ritengo che il tono di questo brano dia una buona idea della personalità e degli atteggiamenti generali di Walcott:

> Quando venni a Washington quarant'anni fa, ero solito incontrarmi nel pomeriggio con un gruppo di giovani per discutere di cose di reciproco interesse, e di solito bevevamo birra e, chi lo desiderava, brandy o cocktails. A me non piaceva bere e conclusi che me la cavavo altrettanto bene senza. Col passare del tempo, le dosi omeopatiche di alcool manifestarono gradualmente il loro effetto su quegli uomini attraverso un certo deterioramento del carattere, della volontà e dell'efficienza; essi morivano inoltre vari anni prima del dovuto principalmente in conseguenza di disturbi di fegato, reni e stomaco. Uno di loro è ancora vivo, dopo avere rinunciato all'abitudine di "farsi un bicchierino" vent'anni fa o più.
>
> Io credo che, se si potesse fare assolutamente a meno di tutte le bevande alcooliche, il miglioramento e il benessere conseguiti dalla razza umana in una generazione o due sarebbero tali che una grande percentuale della

sofferenza, dell'immoralità e della decadenza di individui e popoli sparirebbero.

In politica Walcott oscillò fra i poli conservatori dello sciovinismo e del rispetto libertario della libera iniziativa dell'individuo. In quest'ultima ottica, per esempio, si rifiutò di bollare intere razze o classi sociali come biologicamente inferiori, e sostenne che si doveva permettere un uguale accesso all'istruzione, così che il genio, diffuso nell'intera società, potesse sempre emergere. Il 30 giugno 1913 scrisse alla signora Russell Sage:

> Sono particolarmente interessato al suo lavoro pedagogico, poiché credo che solo attraverso l'educazione le grandi masse del popolo possano essere portate a un livello che permetta loro di vivere una vita sana e pulita.
> Pare che il talento o il genio appaiano press'a poco altrettanto spesso in una classe quanto in un'altra, nei giovani della classe lavoratrice come nei giovani delle famiglie ricche. Il fatto che nel corso dei secoli la maggior parte dei grandi uomini siano usciti dalle classi agiate dimostra solo il potere dell'opportunità.

L'aspetto sciovinistico di Walcott emerse particolarmente nella sua irritazione contro la Germania nella prima guerra mondiale, nel corso della quale perse un figlio in una battaglia aerea sulla Francia. In una lettera del 1918 declinò un invito del rettore della Princeton University a tenere una commemorazione religiosa per gli studenti caduti in battaglia (Walcott usava per designare i tedeschi l'epiteto, comune nella sua generazione, di unni):

> Ho evitato tutti i convegni e le funzioni religiose in commemorazione dei caduti perché l'effetto che esercitano su di me è dannoso al mio equilibrio mentale e morale a causa della profondità dei miei sentimenti contro la "tribù degli unni" e i suoi alleati. Questo sentimento ebbe inizio con l'invasione del Belgio, fu rafforzato dall'affondamento del *Lusitania* e dai molti crimini commessi durante la guerra e non è certo attenuato ora dai molti eventi verificatisi dopo la firma dell'armistizio.

Walcott profuse tutta la sua animosità, come rivelano gli archivi, nella violenta campagna da lui fomentata nel 1920 contro l'eminente antropologo Franz Boas. Boas, di origine ebraica e tedesco di nascita, con idee di sinistra in politica e con simpatie filotedesche, fece scattare una reazione violenta in Walcott attivandone tutti i pregiudizi. Nel numero del 12 dicembre 1919 di "Nation", Boas aveva pubblicato una breve lettera, intitolata *Scientists as Spies*, accusando vari antropologi di avere raccolto dati segreti per l'America durante la guerra facendo leva sul diritto della scienza ad accedere ad aree e informazioni che altrimenti sarebbero state loro vietate. Egli sostenne che, benché la raccolta in segreto di informazioni possa essere accettabile per politici, uomini d'affari o militari, in quanto la loro professione implica la doppiezza come norma, tali raggiri potevano essere considerati solo come scellerati e distruttivi per i princìpi scientifici. La lettera di Boas susciterebbe oggi poca emozione, e sarebbe letta dalla maggior parte delle persone come un'evocazione un po' ingenua di ideali scientifici.

Le reazioni furono però diverse nel clima intensamente sciovinistico dell'America postbellica. Per Walcott la lettera di Boas era l'ultima manifestazione di un atteggiamento sleale e ostile di stranieri che avevano danneggiato lo sforzo bellico americano. Boas, sostenne Walcott, aveva accusato direttamente il Presidente Wilson di menzogna, per avere affermato che "solo le autocrazie mantengono spie; le democrazie non ne hanno bisogno". Walcott interpretò la lettera di Boas anche come un dubbio sollevato sull'integrità della scienza americana *in toto* per il fatto che un pugno di scienziati potevano avere svolto la funzione di "doppi agenti", a favore del sapere e dei servizi segreti.

Walcott si fondò sulla sua interpretazione esasperata della lettera di Boas per scatenare una vigorosa campagna contro il grande antropologo, per censurarlo e forse per espellerlo del tutto dalla scienza americana. Walcott annullò immediatamente e perentoriamente la posizione onoraria che Boas aveva alla Smithsonian. Egli scrisse poi a tutti i suoi colleghi conservatori importanti e in posizioni di grande autorità chiedendo consigli su come punire Boas. In data 3 gennaio 1920 scrisse per esempio a Nicholas Murray Butler, rettore della Columbia University (dove insegnava Boas):

> È stata abolita la posizione che il dottor Boas aveva presso la Smithsonian Institution, e che era stata creata appositamente per lui dal Segretario Langley nel 1901.
> L'articolo pubblicato dal dottor Boas sul numero di "Nation" del 20 dicembre mi ha indotto a ritenere che un uomo che esprime siffatti sentimenti non possa avere un incarico ufficiale presso la Smithsonian. Preferisco avere americani al 100 per cento e non so che farmene, personalmente o ufficialmente, per gli stupidi di tipo bolscevico, siano essi russi o tedeschi, ebrei o gentili. Mi rendo conto che la guerra contro la Germania è finita, ma essa è solo agli inizi con gli elementi che vorrebbero diffondere sfiducia, conflitto interno e in definitiva rovina per tutto ciò per cui gli americani hanno combattuto.

Molti colleghi offrirono a Walcott il saggio parere che, se avesse semplicemente lasciato correre, l'intera faccenda si sarebbe ben presto sgonfiata da sé. Altri si unirono a lui trascinati da una frenesia maccarthysta. Scrivendogli dalla Columbia, Michael Pupin ricordava con nostalgia i bei tempi in cui gli uomini erano uomini veri e potevano essere mobilitati per eliminare tali flagelli:

> Boas attacca gli Stati Uniti per difendere la Germania, eppure gli si permette di insegnare ai nostri giovani e di godere dell'onore di essere membro della National Academy of Sciences. Questo pensiero mi fa rimpiangere i bei

tempi andati dell'assolutismo, quando erano sempre disponibili i mezzi per liberarsi di rompiscatole come Franz Boas (lettera del 12 gennaio 1920).

Walcott si dichiarò calorosamente d'accordo: "Grazie per la sua lettera del 12 gennaio. Essa compendia il caso di Boas in un modo molto vigoroso e per me soddisfacente."

All'Anthropological Society di Washington, Walcott si fece promotore di una risoluzione di censura a Boas, risoluzione che fu approvata con un solo voto contrario il 26 dicembre 1919. Quattro giorni dopo l'American Anthropological Association, riunitasi a Cambridge, nel Massachusetts, condannò Boas con 21 voti contro 10 (i dissenzienti furono etichettati come "il gruppo di Boas"). La risoluzione comprese la seguente interessante prescrizione come presunto antidoto agli attacchi di Boas alla vera democrazia:

> Si chiede inoltre rispettosamente, nel nome dell'americanismo contro il non-americanismo, che il dottor Boas e anche i dieci membri dell'American Anthropological Association che, votando contro l'ultima risoluzione, lo hanno sostenuto nella sua slealtà, siano esclusi dalla partecipazione a ogni servizio in relazione al quale possa sollevarsi qualsiasi questione di lealtà verso il governo degli Stati Uniti.

Era un'epoca sciovinistica, ma del resto tutti i tempi hanno avuto i loro estremisti e le loro persone moderate.

La concezione generale della storia della vita e dell'evoluzione di Walcott

Walcott considerava se stesso un seguace di Darwin. Secondo le interpretazioni più moderne un'adesione alle idee di Darwin implicherebbe la profonda convinzione che le vie dell'evoluzione siano spesso bizzarre e opportunistiche e che la storia della vita comporti un adattamento al mutare degli ambienti locali, e non un "progresso" generale. Ma Darwin era un uomo complesso; e l'etichetta del suo nome è stata appiccicata a varie concezioni della vita, alcune delle quali reciprocamente contraddittorie, e col centro d'interesse del darwinismo soggetto a un forte mutamento dal secolo di Darwin al nostro.

La vita, per Darwin, non era esente da contraddizioni o da ambiguità. Spesso gli studiosi sbagliano supponendo che l'esegesi di un grande pensatore debba fornire un testo assolutamente coerente. I grandi scienziati possono lottare per tutta la vita su certi problemi senza mai raggiungere una soluzione. Essi possono sentire l'attrazione di interpretazioni conflittuali e non riuscire a scegliere decisamente a favore dell'una o dell'altra. La loro lotta non deve dare necessariamente esiti coerenti.

Darwin combatté una tale lunga lotta interiore sull'idea di progresso. Egli si trovò in una situazione senza via d'uscita. Riconobbe che la sua teoria basilare del meccanismo evolutivo – la selezione naturale – non fa alcuna affermazione sul progresso. La selezione naturale spiega solo in che modo gli organismi si modifichino nel corso del tempo reagendo in modo adattivo a mutamenti negli ambienti locali: "*descent with modification*" (trasmissione ereditaria con modificazioni), per usare le parole di Darwin. Darwin vide nella negazione del progresso generale a favore di adattamenti di carattere locale il carattere più radicale della sua teoria. Egli scrisse, il 4 dicembre 1872, al paleontologo americano (ed ex occupante del mio ufficio) Alpheus Hyatt: "Dopo avere riflettuto a lungo, non posso evitare la convinzione che non esista alcuna tendenza innata a sviluppi progressivi."

Ma Darwin era sia un critico sia un beneficiario della Gran Bretagna vittoriana al culmine dell'espansione imperiale e del trionfo industriale. La parola progresso era la parola d'ordine della cultura in cui era immerso, ed egli non poteva abiurare una nozione così centrale ed attraente. Perciò, pur essendo abbastanza convinto della sua concezione radicale del mutamento come adattamento locale, Darwin espresse anche la sua accettazione del progresso come tema nella storia complessiva della vita. Egli scrisse: "Gli abitanti del mondo in ogni successivo periodo della sua storia hanno battuto i loro predecessori nella corsa per la vita e per questo sono più in alto nella scala, e la loro struttura in generale è divenuta più specializzata; e questo fatto può spiegare l'opinione di molti paleontologi secondo cui l'organizzazione nel suo insieme ha progredito" (1859, p. 345 [trad. it., p. 428]).

È possibile stabilire una sorta di coerenza instabile fra queste posizioni in apparenza contraddittorie. Si può sostenere che Darwin considerasse il progresso una conseguenza collaterale cumulativa di un processo causale fondamentale operante in ogni momento in termini diversi. (Il miglioramento anatomico può essere considerato una via verso l'adattamento locale; gli adattamenti locali fondati su progressi nel piano generale possono avere come risultato un potenziale accresciuto di longevità geologica e il progresso può emergere per questa via indiretta.) I critici di Darwin, fra cui io stesso, hanno spesso suggerito che in Darwin ci sia un connubio incerto di concezioni contrastanti. Io penso però che l'approccio più onorevole consista semplicemente nel riconoscere l'autentica contraddizione. L'idea di progresso era troppo grande, troppo confusa, troppo centrale, per permettere qualsiasi soluzione netta. La logica della teoria spingeva in una direzione, i preconcetti sociali nell'altra. Darwin sentiva un dovere di lealtà verso entrambe, e non risolse mai questo dilemma in un modo personalmente coerente.

Darwin è da più di un secolo un santo e un guru del pensiero scientifico, e poiché entrambe le concezioni fanno autenticamente parte del suo pensiero, le varie generazioni che si sono succedute hanno presentato la tendenza ad abbracciare quel lato del suo pensiero che era più in sintonia con le verità o con le riforme che desideravano sostenere. Nella nostra epoca, così vicina al "progresso" di Hiroshima, e così travagliata dai pericoli dell'industria e degli armamenti, noi tendiamo a cercare conforto nella chiara concezione darwiniana del mutamento come adattamento locale e a vedere nel progresso una finzione sociale. Ma nella generazione di Walcott, specialmente per un uomo come lui che godeva di un successo considerevole e che aveva forti inclinazioni tradizionalistiche, la fedeltà di Darwin al progresso come la via seguita dalla vita divenne il nucleo centrale di un credo evoluzionistico. Walcott si considerò un darwiniano che esprimeva, attraverso questa dichiarata fedeltà, la forte convinzione che la selezione naturale assicurasse la sopravvivenza degli organismi superiori e il progressivo miglioramento della vita lungo una via prevedibile che conduceva alla coscienza.

Walcott scrisse molto poco sul suo approccio generale, o "filosofico", alla storia della vita; i suoi scritti editi non forniscono gli indizi espliciti di cui abbiamo bisogno per risolvere l'enigma della sua fedeltà al calzatoio di Burgess. Per fortuna gli archivi ci forniscono anche su questo punto una documentazione essenziale; Walcott preferiva lavorare privatamente e dietro le scene, ma metteva tutto per iscritto, in un mondo ingenuo di pezzetti di carta e di telefonate transatlantiche fatte formandosi direttamente il numero da sé.

In mezzo alla sua enfasi continua sul progresso e sulla presenza di un piano nella storia della vita, ho trovato due documenti particolarmente rivelatori. Il primo è un dattiloscritto massicciamente corretto per una conferenza popolare, intitolato *Searching for the First Forms of Life* (Alla ricerca delle prime forme di vita) e presentato evidentemente fra il 1892 e il 1894.[4] Walcott disse al suo pubblico che Darwin aveva fornito la chiave per rivelare nella storia della vita "un certo ordine di progressione":

> Dal principio della vita sulla Terra ci fu una connessione così stretta e così intima che, se fosse possibile ottenerne una documentazione completa, si stabilirebbe una catena perfetta della vita dall'organismo più basso a quello più alto.

Walcott specificò poi l'ordine rivelato dalla paleontologia, in un passo notevole che incarna i preconcetti chiave del calzatoio:

> Nei primi tempi dominarono i cefalopodi, seguiti dai crostacei, quindi presero probabilmente la guida i pesci, che però furono speditamente sopravanzati dai sauri. Questi rettili di terra e di mare prevalsero poi sino

[4] Walcott è identificato su questo manoscritto come membro "della Geological Survey e come Curatore Onorario dei Fossili Paleozoici nel Museo Nazionale". Egli tenne la carica di curatore onorario dal 1892 sino a quando divenne segretario della Smithsonian Institution nel 1907. Suppongo che non fosse ancora stato designato direttore della Survey, giacché in tal caso sarebbe stata citata anche questa carica. Poiché egli divenne direttore della Survey nel 1894, questa conferenza dev'essere stata tenuta fra il 1892 e il 1894.

all'apparizione sulla scena dei mammiferi, e dalla successiva lotta per la supremazia emerse infine l'uomo. Venne allora l'epoca delle invenzioni; dapprima di utensili di selce e d'osso, di archi e frecce e di ami per la pesca; poi di lance e scudi, spade e armi da fuoco, fiammiferi, ferrovie, telegrafo elettrico.

L'intero credo nel progresso si dispiega in queste poche parole, ma tre aspetti di questo brano spiccano per me su tutto il resto. Innanzitutto, fino all'invocazione della tecnologia delle comunicazioni e dei trasporti nell'ultima riga, la forza motrice del progresso è interamente marziale; gli animali prevalgono grazie alla forza e ai muscoli, gli esseri umani attraverso gli strumenti sempre più potenti della guerra. In secondo luogo, Walcott non riconobbe nel suo continuo uniforme del progresso costante alcuna rottura fra biologico e sociale. Si sale ininterrottamente attraverso le schiere di organismi, e si continua a salire direttamente ancor più col miglioramento lineare della tecnologia umana. In terzo luogo, Walcott era così legato all'idea di un progresso fondato sulla conquista e sul soppiantamento da non cogliere l'imprecisione insita nella propria formulazione. La sua catena non è, come lasciano intendere le sue parole, una sequenza di sostituzioni progressive fondate su un'anatomia superiore (espressa dall'efficacia delle armi) su un eterno campo di battaglia. I rettili non sostituiscono i pesci; essi rappresentano piuttosto un gruppo stranamente modificato di pesci in un nuovo ambiente terrestre. I pesci non sono mai stati sostituiti come vertebrati dominanti nei mari. Walcott è però così impegnato a stabilire un'equazione fra la scala lineare del progresso in battaglia e l'ordine convenzionale della tassonomia dei vertebrati da lasciarsi sfuggire questo errore fondamentale.

Come potrebbe una tale concezione della vita come singola catena progressiva, fondata sulla sostituzione mediante conquista ed estesa in modo continuo dalla sequenza di piani organici alla sequenza delle tecnologie umane, conciliarsi con qualcosa di simile alla nostra moderna interpretazione della fauna di Burgess? Per Walcott la fauna di Burgess, rappresentando un'epoca molto antica, doveva includere una gamma limitata di precursori semplici di posteriori discendenti migliorati. I temi moderni della massima disparità e della decimazione come lotteria non sono solo inaccettabili in tale concezione della vita, ma sono letteralmente incomprensibili. Essi non potrebbero mai essere presi in considerazione. Per Walcott gli organismi di Burgess dovevano essere semplici, dovevano presentare un numero di forme limitato e dovevano essere ancestrali: in altri termini, dovevano essere prodotti del calzatoio concettuale. E perché il lettore non abbia alcun dubbio sul fatto che Walcott fece questa inferenza logica a partire dai suoi preconcetti, un altro passo nella stessa conferenza limita esplicitamente tutta la passata diversità entro i confini di alcune linee genealogiche principali, destinate a progredire: "Quasi tutti gli animali, vivi o estinti, sono classificati sotto alcune divisioni o tipi morfologici primari".[5]

Se questo documento non fosse sufficiente, il secondo aggiunge al bisogno di progresso di Walcott e al calzatoio di Burgess una dimensione morale e religiosa. La semplice descrizione delle vie dell'evoluzione data da Walcott era di per sé sufficiente a garantire il calzatoio e a precludere ogni idea di decimazione col sistema della lotteria. Ma se si crede che la natura racchiuda in sé anche princìpi morali e che un progresso lento ma costante e la prevedibilità formino una base per l'etica, allora la necessità interna del calzatoio cresce incommensurabilmente. La descrizione è abbastanza efficace di per sé; l'esigenza morale può imporsi a tutto. Il 7 gennaio 1926, Walcott scrisse a R. B. Fosdick sul valore morale di un progresso ordinato nell'evoluzione:

> Per vari anni ho pensato che, col progresso ordinato dell'evoluzione umana, ci fosse il pericolo che la scienza potesse prendere la mano provocando una catastrofe, a meno che non ci fosse un qualche metodo per sviluppare a un grado più alto la natura altruistica o, come alcuni direbbero, la natura spirituale dell'uomo.

Il secondo documento, sulla moralità e sul calzatoio, rappresenta la risposta profondamente sentita di Walcott a un episodio chiave nella storia sociale americana del XX secolo: la crociata fondamentalistica contro l'evoluzione culminata nel processo Scopes del 1925. Guidati dall'anziano ma ancora potente William Jennings Bryan – il massimo oratore d'America, tre volte sconfitto nella lotta per la presidenza (vedi

[5] Un'osservazione tangenziale, prima di mettere da parte questo esempio raro di un discorso pubblico tenuto da un uomo così privato e imperioso. Walcott era uno scrittore chiaro ma non ispirato. Molti autori fanno l'errore di supporre che una presentazione popolare della scienza – in particolare quando si scrive sulla natura – debba abbandonare la chiarezza a favore di descrizioni pompose, estatiche. Un Wordsworth o un Thoreau possono anche permetterselo, ma la grande maggioranza dei naturalisti, per quanto possa essere grande la loro emozione, non riescono a reggere tali toni, e neppure dovrebbero tentarci, per evitare di cadere nel ridicolo. Inoltre, il pubblico non ha bisogno di un tale allettamento. Il "profano intelligente" esiste in abbondanza e non ha bisogno di essere coccolato. La natura risplende già di per sé. In ogni caso, e con un po' di imbarazzo, vorrei citare le parole di Charles Doolittle Walcott sul Grand Canyon al tramonto:

"Il cielo a ponente è tutto una fiamma. Gli sparsi banchi di nubi e cirri ondeggianti hanno catturato lo splendore corrusco e brillano di arancio e di cremisi. Larghi raggi obliqui di luce gialla, saettanti fra i varchi gloriosi, cadono su torri e pinnacoli, su creste e dirupi, soffondendo dovunque una radiazione meno fulgida ma simile a quella che fiammeggia nelle nubi a ponente. La banda superiore è di un giallo brillante, quella immediatamente successiva di un rosa pallido. Ma la grande estensione interna è di un rosso intenso, luminoso, splendente. Siamo giunti al culmine: il bagliore della luce del sole riversato su una superficie illimitabile di rosso ardente viene riflesso nel precipizio e, mescolandosi con la nebbia azzurra, si trasforma in un mare di porpora della tonalità più imperiale. Per quanto vaste siano le grandezze, per quanto maestose le forme o sontuosa la decorazione, è in questi regali colori che si rivela la gloria suprema del Grand Canyon."

Gould, 1987c) – i letteralisti biblici avevano convinto varie legislature di stato a bandire l'insegnamento dell'evoluzione dalle scuole pubbliche.

L'atteggiamento canonico degli scienziati allora e oggi – e l'argomento che assicurò infine la loro vittoria legale dinanzi alla Corte Suprema degli Stati Uniti nel 1987 – è che scienza e religione operino in aree egualmente legittime ma separate. Questa tesi "separatista" assegna i meccanismi e i fenomeni della natura agli scienziati e la base per decisioni etiche a teologi e umanisti in generale: "come va il cielo" e "come si va in cielo" per usare una vecchia formula. In cambio della libertà di seguire la natura in tutte le sue vie, gli scienziati rinunciano alla tentazione di fondare inferenze e prese di posizione di carattere morale sullo stato fisico del mondo: un accordo eccellente e appropriato, dal momento che i fatti della natura non racchiudono in alcun caso valori morali.

Per Walcott questa concezione separatista era anatema. Egli aveva un forte desiderio di trovare risposte morali direttamente in natura: il *suo* tipo di risposte, a sostegno della propria concezione conservatrice della vita e della società. Egli desiderava realizzare una conciliazione di scienza e religione, e non separare ambiti di competenza esclusiva. Di fatto egli accusò la tesi separazionista di avere alimentato la fiamma antiintellettuale di Bryan, inducendo la gente al sospetto che gli scienziati volessero in realtà fare del tutto a meno della religione (adattandosi, come espediente temporaneo e pratico, a bandire semplicemente la religione dalle cose naturali). Walcott decise perciò di combattere Bryan e la sua razza pubblicando un'affermazione, firmata da un gruppo di rispettabili tradizionalisti come lui stesso, sulle connessioni fra scienza e religione: in particolare sul manifestarsi dell'opera di Dio nelle vie del mutamento evolutivo. Chiedendo adesioni, Walcott fece circolare una lettera fra i suoi amici:

> Purtroppo, in conseguenza dell'azione di estremisti nella scienza e nella religione, uomini con la mentalità di William Jennnigs Bryan hanno visto la religione gravemente minacciata dall'insegnamento dei fatti dell'evoluzione. A vari uomini di scienza ed ecclesiastici conservatori è stato chiesto di firmare una dichiarazione, alla quale si dovrà dare molta pubblicità, sui rapporti fra scienza e religione.

La dichiarazione, firmata nel 1923, due anni prima del processo Scopes, portava il nome di Walcott come primo firmatario, e comprendeva nomi come quelli di Herbert Hoover e di scienziati famosi come Henry Fairfield Osborn, Edwin Grant Conklin, R. A. Millikan e Michael Pupin. "In controversie recenti," vi si diceva, "c'è stata una tendenza a presentare scienza e religione come ambiti di pensiero inconciliabili e antagonistici... Ma esse si integrano più che scalzarsi o contrapporsi."

Il testo di Walcott continuava dicendo che l'assalto fondamentalistico poteva essere respinto solo mostrando l'unità della scienza con verità religiose che la maggior parte degli americani consideravano fondamentali per la loro serenità personale e per il tessuto sociale. La prova primaria di quest'unità si trovava nel carattere ordinato, prevedibile e progressivo della storia della vita, giacché le vie dell'evoluzione manifestavano la continua benevolenza di Dio e la cura continua che egli prodigava alla sua creazione. L'evoluzione, col suo principio della selezione naturale orientata verso il progresso, rappresentava il modo usato da Dio per rivelarsi attraverso la natura:

> Quella fornita dalla scienza è una concezione sublime di Dio, e una concezione del tutto consona con i massimi ideali della religione; essa ce lo rappresenta nell'atto di rivelarsi attraverso innumerevoli epoche nello sviluppo della Terra come dimora dell'uomo e nell'insufflare la vita nella materia che compone il mondo, vita che culmina infine nell'uomo, con la sua natura spirituale e tutto il suo potere che lo rende simile a Dio.

In questo brano chiave il calzatoio diventa uno strumento di Dio. Se la storia della vita rivela la diretta benevolenza di Dio nella sua marcia ordinata verso la coscienza umana, la decimazione mediante lotteria, con centomila esiti possibili (pochissimi dei quali conducono a specie con un'intelligenza cosciente di sé), non può essere una scelta lecita per l'interpretazione della documentazione fossile. Gli organismi di Burgess devono essere gli antenati primitivi di una serie migliorata di discendenti. Il calzatoio di Burgess fu più che un sostegno a una visione confortevole e conveniente della vita; fu anche un'arma morale e virtualmente un decreto divino.

Il calzatoio di Burgess e la lotta di Walcott con l'esplosione del Cambriano

Se Walcott non avesse mai visto una roccia del Cambriano prima di scoprire gli argilloscisti di Burgess, la sua personalità e il suo atteggiamento generali verso l'evoluzione sarebbero stati sufficienti a generare di per sé il calzatoio. Ma Walcott aveva anche ragioni molto specifiche per la sua concezione, ragioni fondate su una vita di studio del Cambriano, e in particolare sul suo interesse ossessivo per l'esplosione del Cambriano.

Ho dedicato il primo capitolo di questo libro a documentare l'influenza dell'iconografia sui concetti. Ho mostrato come due immagini basilari – la scala del progresso e il cono della diversità crescente – abbiano sostenuto una visione generale della vita fondata su speranze umane e imposto un'interpretazione specifica degli animali di Burgess come precursori primitivi. In questo capitolo le due sezioni precedenti, sul personaggio di Walcott e sul suo atteggiamento verso l'evoluzione, invocano la scala; il suo argomento più specifico sul Cambriano poggia sul cono.

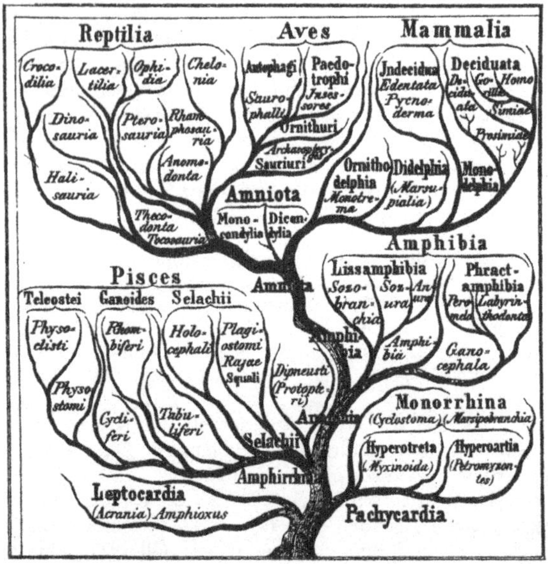

4.4. *L'albero genealogico dell'evoluzione dei vertebrati secondo Haeckel (1866). I pesci (Pisces) abbracciano in realtà una disparità maggiore di tutto il resto dei vertebrati considerati congiuntamente, ma questa iconografia erronea, fondata sul cono della diversità crescente, li limita a un ramo inferiore che diventa più largo man mano che si espande verso l'alto.*

Gli alberi genealogici come iconografia classica per la filogenesi furono introdotti negli anni sessanta dell'Ottocento dal morfologo tedesco Ernst Haeckel. (Altri, fra cui Darwin nel suo singolo disegno per l'*Origine delle specie*, avevano usato metafore botaniche e disegnato diagrammi astratti ramificati come guide generali ai rapporti fra gli organismi. Haeckel sviluppò però quest'iconografia facendone la rappresentazione preferita dell'evoluzione. Egli disegnò numerosi alberi con vera corteccia e rami nodosi. E situò un organismo reale su ogni ramoscello delle sue copiose arborescenze.) A un pubblico di lingua inglese il nome di Haeckel potrebbe riuscire meno noto di quello di Thomas Henry Huxley, ma egli fu senza dubbio il più caparbio e ostinato fra i divulgatori dell'evoluzione. Quegli alberi, che erano il cardine dell'istruzione quando Walcott studiò e insegnò paleontologia, incarnano i temi della scala e del cono nei modi più vistosi e sottilmente ingannevoli.

Per cominciare, tutti gli alberi di Haeckel si ramificano continuamente verso l'alto e verso l'esterno, formando un cono (a volte Haeckel permise ai due rami più periferici in ogni subcono di crescere in alto verso l'interno, per lasciare abbastanza spazio sulla pagina ad altri gruppi, ma si noti con quanta cura, ogni volta che adottò questo stratagemma, si impegnò a conservare l'impressione generale dello sviluppo verso l'alto e verso l'esterno). La disposizione dei vari gruppi da parte di Haeckel rafforza la confusione di basso e primitivo, unendo in tal modo i temi centrali del cono e della scala.

Consideriamo, per esempio, il trattamento a opera di Haeckel della filogenesi dei vertebrati (figura 4.4; tutte le figure sono tratte dalla *Generelle Morphologie der Organismen* di Haeckel del 1866). L'intero albero si ramifica verso l'alto e verso l'esterno, formando due livelli, con una maggiore diversità sulla cima. Il livello inferiore, comprendente pesci e anfibi, denota chiaramente diffusione limitata e primitività; quello superiore, con rettili, uccelli e mammiferi, implica sia una maggiore quantità sia una maggiore perfezione. Eppure pesci e anfibi vivono ancora, in qualunque epoca abbiano avuto origine, e i pesci sono i vertebrati che presentano la varietà di gran lunga maggiore tanto in forme morfologiche quanto in numero di specie. L'albero dei mammiferi di Haeckel (figura 4.5) illustra drammaticamente la confusione di alto con perfezionato e la rappresentazione erronea della diversità relativa che può verificarsi quando un ramoscello è messo sullo stesso piano con un intero livello superiore di progresso. Su quest'albero gli artiodattili molto diversi e morfologicamente specializzati (bovini, ovini, cervi, giraffe e affini) sono compressi assieme nel livello inferiore. Di contro i primati, che formano un gruppo relativamente piccolo, occupano quasi metà del livello superiore del lato destro, culturalmente privilegiato. I più diversificati fra tutti i mammiferi, i roditori, sono compressi in uno spazio minimo, racchiuso fra i due livelli principali; essi non hanno infatti la possibilità di diffondersi sino alla cima, dove tutto lo spazio è occupato dai due gruppi favoriti di Haeckel: i carnivori (per il loro valore generale) e i primati (per la loro intelligenza).

Gli echinodermi forniscono il caso chiave per verificare l'iconografia dell'albero poiché con le loro parti dure, già ben documentate al tempo di Haeckel, narrano la stessa storia dei fossili di Burgess: massima disparità iniziale seguita da decimazione. Si noti come Haeckel riconosca questa massima disparità iniziale con una foresta di tronchi primari all'inizio geologico (figura 4.6). Ma l'iconografia del cono decreta che l'albero debba diffondersi verso l'esterno durante la sua crescita, cosicché tutti questi antichi gruppi sono compressi nello spazio insignificante disponibile all'inizio. L'albero moderno radicalmente decimato concentra quasi tutta la sua diversità in due gruppi di variabilità di piano rigorosamente limitata: le stelle di mare (gli "Asterida" di Haeckel) e i ricci di mare (i suoi "Echinida"). Eppure l'iconografia di Haeckel trasmette l'idea di un continuo aumento della diversità.

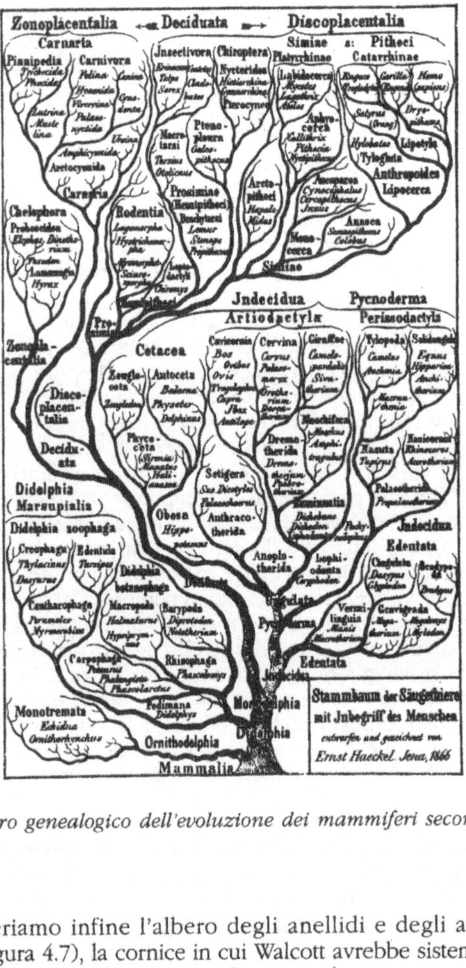

4.5. *L'albero genealogico dell'evoluzione dei mammiferi secondo Haeckel (1866).*

Consideriamo infine l'albero degli anellidi e degli artropodi di Haeckel (figura 4.7), la cornice in cui Walcott avrebbe sistemato tutti gli organismi di Burgess che hanno alimentato la nostra nuova interpretazione. Walcott sistemò tutti gli artropodi di Burgess su due rami adiacenti del livello inferiore: la *Sidneyia* e i suoi affini nei "Poecilopoda" di Haeckel assieme agli xifosuri e agli euripteridi, e quasi tutte le altre forme sul ramo dei branchiopodi e dei trilobiti.

Walcott seguì tutte queste convenzioni iconografiche nei tre abbozzi di alberi che rappresentano i suoi unici tentativi pubblicati di tracciare una filogenesi per gli organismi di Burgess. Essi appaiono tutti nel suo articolo principale sugli artropodi di Burgess (Walcott, 1912). Considerati nel loro ordine originario, essi illustrano molto bene la limitazione dell'ideologia da parte dell'iconografia. Il primo diagramma (figura 4.8) non pretende di essere altro che una semplice descrizione della "distribuzione stratigrafica" in un contesto filogenetico. Eppure anche qui tanto la convenzione del cono quanto quella della scala cospirano a confinare la disparità di Burgess entro i limiti di alcuni gruppi maggiori riconosciuti. La *scala* opera nel senso di comprimere un gruppo di cinque generi "merostomoidi" in una singola linea: trattando *Habelia-Molaria-Emeraldella-Amiella-Sidneyia* come una sequenza strutturale di progenitori degli euripteridi e degli xifosuri, Walcott diede un'impressione di successione temporale per quei generi coevi (e, come oggi sappiamo, privi di alcuna connessione fra loro).

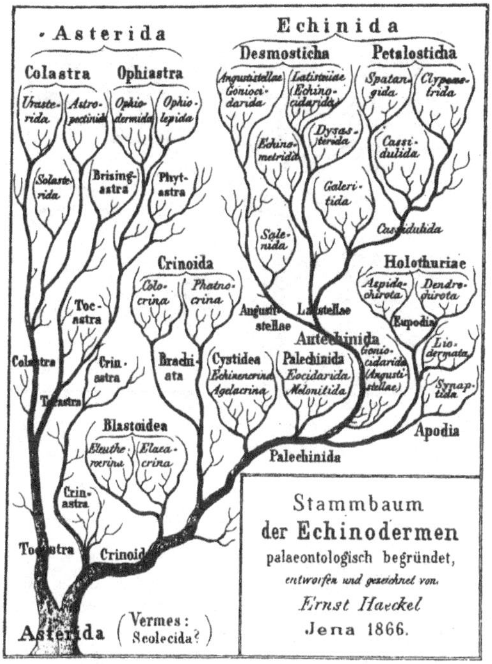

4.6. *L'albero genealogico dell'evoluzione degli echinodermi raffigurato da Haeckel (1866) in accordo col modello del cono della diversità crescente. Questo gruppo manifesta nella realtà il modello di Burgess di una grandissima disparità iniziale seguita dalla decimazione, ma l'iconografia di Haeckel trasmette l'impressione di una diversità continuamente crescente.*

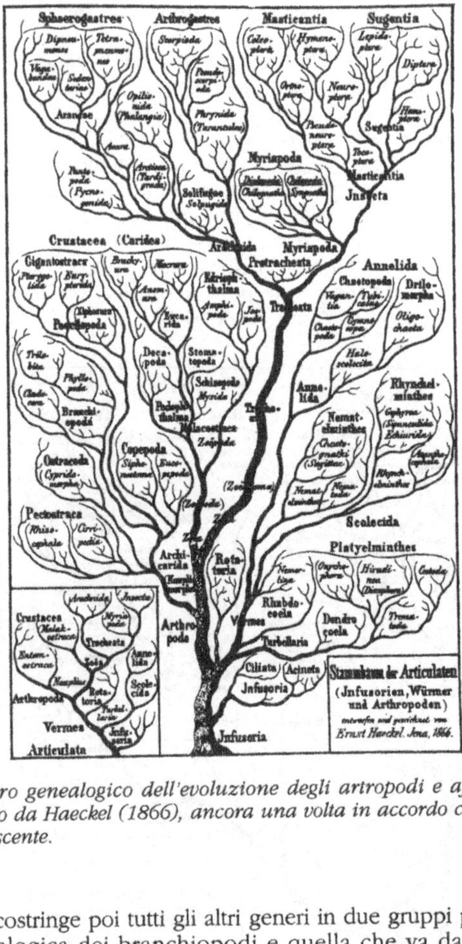

4.7. *L'albero genealogico dell'evoluzione degli artropodi e affini quale è rappresentato da Haeckel (1866), ancora una volta in accordo col cono della diversità crescente.*

Il *cono* costringe poi tutti gli altri generi in due gruppi principali: la linea genealogica dei branchiopodi e quella che va dai trilobiti ai merostomi. Tutti questi generi furono contemporanei, ma Walcott incorniciò l'intero quadro fra due linee verticali, implicanti che altre forme successive continuarono a corrispondere alla disparità documentata di Burgess, anche se non c'è alcuna prova diretta a sostegno di questo assunto. Si noti, specialmente, che la linea di confine a sinistra non corrisponde ad alcun organismo: essa è un semplice espediente iconografico aggiunto per guidare l'occhio aiutandolo a vedere un cono. Senza questa linea, si avrebbe una disparità massima a

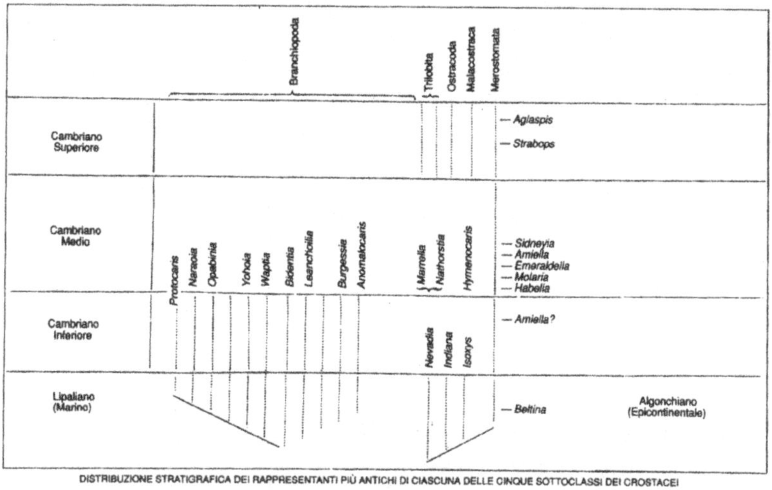

DISTRIBUZIONE STRATIGRAFICA DEI RAPPRESENTANTI PIÙ ANTICHI DI CIASCUNA DELLE CINQUE SOTTOCLASSI DEI CROSTACEI

4.8. *Il primo diagramma di Walcott che illustra la filogenesi degli artropodi di Burgess (1912). Walcott forzò questi dati sino a renderli conformi al cono e alla scala, disegnando linee speculative di convergenza verso progenitori comuni nel suo ipotetico intervallo Lipaliano. Egli minimizzò inoltre l'esplosione della disparità al tempo di Burgess allineando, in una sequenza apparentemente temporale, cinque forme che erano in realtà contemporanee (a destra) e tracciando una linea ipotetica al confine di sinistra per suggerire una continuazione della diversità dopo Burgess, dove non esiste alcuna prova.*

Burgess, e una sua marcata diminuzione in seguito. Non si deve mai dubitare del potere di cose tanto piccole e in apparenza insignificanti. In un certo senso, tutto quel che sto cercando di dire in questo libro riceve un'elegante epitome in questo tratto verticale, aggiunto per rappresentare una filosofia della vita, e non la documentazione empirica di organismi.

Un secondo espediente, non confortato da alcun dato ma aggiunto a sostegno di un'interpretazione tradizionale, consiste nel fatto che Walcott tracciò l'origine dei generi di Burgess a livelli diversi all'interno di un intervallo del Precambriano da lui chiamato Lipaliano. Egli connesse tali livelli con due linee oblique che puntavano verso un lontano progenitore precambriano dell'intero albero. Questo espediente fornisce all'albero una radice, in un antico periodo di disparità ristretta. Ma Walcott non aveva alcuna prova – come non ne abbiamo noi oggi – di un tale ordine evoluzionistico fra gli artropodi di Burgess.

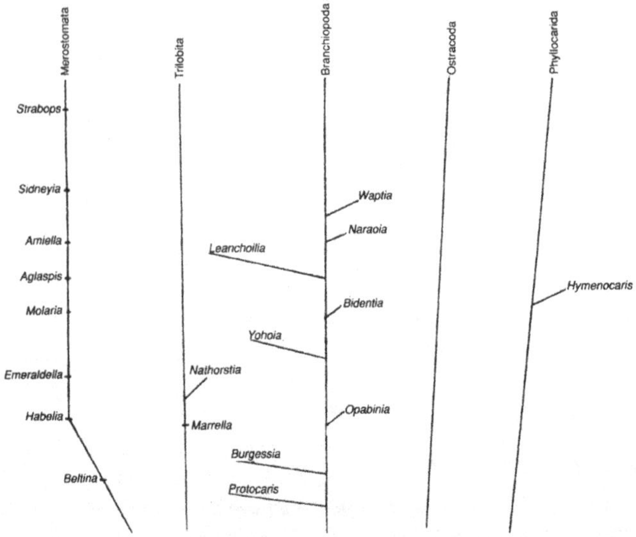

4.9. *Il secondo diagramma di Walcott che illustra la filogenesi degli artropodi di Burgess (1912). Anche qui le linee convergono verso ipotetici progenitori comuni e varie forme contemporanee sono situate in un ordine simile a una scala, sulle linee a sinistra e in centro.*

Il secondo diagramma di Walcott (figura 4.9) illustra in modo ancora più vistoso la tirannia del cono. Walcott sostenne che fra gli artropodi di Burgess si potevano riconoscere cinque linee genealogiche distinte: i trilobiti estinti, e quattro gruppi prominenti di organismi che vivono nei mari moderni. Di nuovo, Walcott si servì di due espedienti per comprimere la complessità di Burgess nella parte ristretta di un cono. Innanzitutto disegnò le cinque linee tutte convergenti verso il basso (in modo sottile per due, forse perché aveva scrupolo a fare tale asserzione senza avere alcun dato a sostegno; più audacemente, con un mutamento di direzione deciso, per la linea dei merostomi, per la quale addusse qualche prova, come vedremo più avanti). In secondo luogo, situò tutti questi fossili coevi in posizioni diverse sui rami verticali, sottintendendo che rappresentassero la diversificazione evolutiva nel corso del tempo. Sul ramo dei merostomi allineò otto generi (cinque dei quali sono noti solo come coevi nella fauna di Burgess) per formare un ipotetico anello di congiunzione fra merostomi e crostacei: "Forme come l'*Habelia*, la *Molaria* e l'*Emeraldella* servono a colmare il vuoto fra i branchiopodi e i merostomi, rappresentati dalla *Sidneyia* e in seguito dagli euripteridi" (1912, p. 163). Infine, la figura 4.10 mostra l'ultima e più astratta filogenesi di Walcott per gli artropodi di Burgess. Gruppi ancora maggiori sono allineati su rami verticali, e l'intero albero genealogico converge in basso verso una radice formata dai branchiopodi.

Queste filogenesi incorporano la connessione cruciale fra l'interpretazione degli artropodi di Burgess data da Walcott e il precedente centro di interesse di una carriera che aveva coperto più di trent'anni intensi: lo studio delle rocce del Cambriano e il problema dell'esplosione del Cambriano. La connessione fra Burgess e la visione di Walcott dell'esplosione del Cambriano fornisce una spiegazione finale, e più specifica, dell'inevitabile adozione del calzatoio da parte di Walcott nell'interpretazione dei fossili di Burgess.

In breve, Walcott considerò gli artropodi di Burgess come membri di cinque linee genealogiche principali, già stabili e ben consolidate agli inizi del Cambriano. Ma se la vita si era già così ben differenziata lungo linee essenzialmente moderne, le cinque linee dovevano esistere già all'inizio dell'esplosione del Cambriano nella forma di dati fossili recuperabili, giacché l'evoluzione è solenne e graduale, e non va soggetta a salti improvvisi e a folli eruzioni di diversità. E se le cinque linee esistettero come gruppi ben differenziati già all'inizio del Cambriano, il lo-

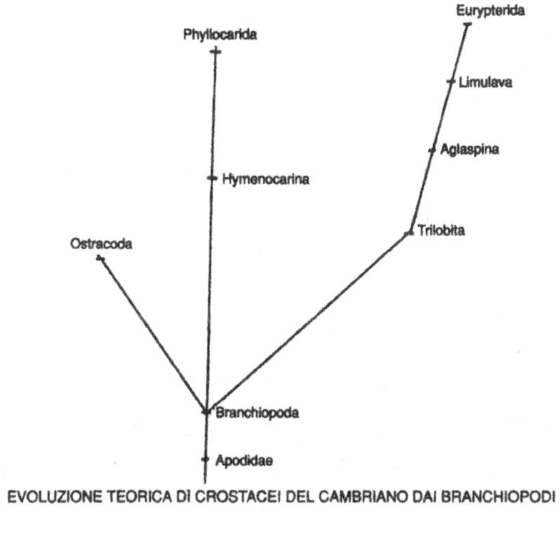

4.10. *Il terzo e ultimo tentativo di Walcott di raffigurare l'evoluzione degli artropodi (1912). Ora le linee convergono verso un punto comune, e i gruppi principali sono allineati, uno sopra l'altro, su uno di tre rami divergenti.*

ro progenitore comune doveva essere cercato *molto indietro* nel Precambriano. L'esplosione del Cambriano doveva essere perciò un prodotto artificioso di una documentazione fossile imperfetta; è presumibile che i mari del tardo Precambriano, per usare le parole di Darwin, "formicolassero di esseri viventi" (1859, p. 307 [trad. it., p. 396]).

Walcott pensava di avere scoperto perché non abbiamo prove di questa necessaria ricchezza del Precambriano. In altri termini, pensava di avere risolto l'enigma dell'esplosione del Cambriano in termini darwiniani ortodossi. L'ordinamento degli artropodi di Burgess in cinque gruppi ben noti e stabili cementò questa soluzione:

> La fauna dei crostacei del Cambriano suggerisce che cinque linee o ceppi principali... esistessero già all'inizio del Cambriano e che fossero iniziati già tutti nel Lipaliano o nel periodo della sedimentazione marina del Precambriano, di cui non si conosce alcuna parte nei continenti esistenti. (1912, pp. 160-161)

Dobbiamo ricordare che l'esplosione del Cambriano non fu un enigma ordinario e che la sua possibile soluzione non era perciò un piccolo colpo di fortuna bensì qualcosa di più affine al Santo Graal. Darwin, come abbiamo già notato, si era preoccupato pubblicamente osservando che: "Il problema è attualmente insolubile; e può essere un valido argomento contro le opinioni qui esposte" (1859, p. 308 [trad. it., pp. 397-398]).

Due tipi diversi di spiegazione per l'assenza di resti di progenitori precambriani sono stati dibattuti per più di un secolo: la teoria della loro mancata conservazione (essi esistettero, ma la documentazione fossile non ce li ha conservati) e la teoria della transizione rapida (in realtà essi non esistettero, almeno come invertebrati complessi facilmente collegabili con i loro discendenti, e l'evoluzione di piani anatomici moderni ebbe luogo con una rapidità che minaccia le nostre idee consuete sul ritmo solenne del mutamento evolutivo).

Darwin, per mezzo della sua combinazione caratteristica (e scorretta) fra un'evoluzione lenta e graduale e il mutamento per selezione naturale, rifiutò la transizione rapida. Egli insistette sulla tesi che ogni organismo complesso del Cambriano doveva essere sorto da una lunga serie di progenitori del Precambriano *aventi la stessa anatomia di base*: "Non si può mettere in dubbio che tutte le trilobiti del Cambriano e del Silurico derivano da qualche crostaceo che deve essere vissuto molto prima del Cambriano" (1859, p. 306 [trad. it., p. 396]).

Darwin cercò perciò una versione credibile della teoria della mancata conservazione, suggerendo infine che nel Precambriano "possono essere esistiti... mari aperti dove oggi si trovano i continenti" (trad. it., p. 399). Tali tratti di mare ininterrotto dovrebbero aver ricevuto ben poco o niente sedimento. Perciò i continenti attuali, contenenti tutte le rocce oggi accessibili all'osservazione, corrispondono ad aree che non avevano accumulato strati durante l'intervallo cruciale delle faune del tardo Precambriano, mentre le regioni di acque poco profonde che ricevettero i sedimenti del Precambriano oggi sono inaccessibili in abissi oceanici.

Walcott era rimasto a lungo fedele alla teoria della mancata conservazione, la quale forniva il coronamento per tutto il suo approccio alla geologia e alla vita del Cambriano. Egli non dubitò mai che la complessità e la diversità del Cambriano richiedessero una lunga serie di antenati precambriani di anatomia simile. In uno dei suoi primi articoli scrisse: "Sul fatto che la vita nei mari pre-*Olenellus* fosse grande e variata possono sussistere ben pochi dubbi... È solo una questione di ricerca, e di condizioni favorevoli per scoprirla" (1891). L'*Olenellus*, qual era definito allora, era il trilobite più antico del Cambriano, cosicché pre-*Olenellus* significa precambriano. E in un articolo molto posteriore Walcott ribadisce: "Quando si considera la forma di sviluppo avanzata di alcune delle forme più antiche che si conoscano, sembra quasi certo che tali forme dovettero esistere anche in epoca molto più remota nel Precambriano" (1916, p. 249).

Walcott aveva difeso per molto tempo un particolare approccio alla teoria della mancata conservazione, la quale sarebbe stata minata da una profusione di nuovi phyla di Burgess. La teoria richiedeva una lunga storia nel Precambriano per molti gruppi moderni; eppure non erano stati trovati fossili. Perciò l'esistenza della vita del Precambriano doveva essere inferita da qualche aspetto della storia posteriore, documentata. Walcott cercò quindi un sostegno alla teoria della mancata conservazione nel concetto di stabilità. Se il numero dei piani anatomici fondamentali non era cambiato nel corso della storia documentata della vita, una tale stabilità doveva guidare senza dubbio il nostro concetto di che cosa era venuto prima. Un sistema così costante per centinaia di milioni di anni avrebbe potuto avere origine in un lampo solo un momento prima? Una stabilità protratta implicava un approccio molto lungo e lento a un progenitore comune avvolto nelle nebbie del Precambriano lontano, non un'esplosione gigantesca di creatività da un punto d'avvio posto subito sotto il confine del Precambriano.

Ora possiamo capire perché Walcott sia stato virtualmente costretto a proporre il calzatoio di Burgess. Egli interpretò la nuova fauna alla luce delle sue ricerche (spesso frustranti) dei precedenti trent'anni, nel corso dei quali si era sforzato di dimostrare la teoria della mancata conservazione, come supremo tributo a Darwin da un geologo del Cambriano. Walcott non poté riconoscere agli organismi di Burgess l'unicità che oggi ci sembra così evidente perché una grande quantità di nuovi phyla avrebbe minacciato la sua convinzione più cara. Se l'evoluzione avesse potuto produrre dieci nuovi phyla nel Cambriano per poi spazzarli via con la stessa rapidità, che cosa si sarebbe potuto dire dei gruppi superstiti del Cambriano? Perché avrebbero dovuto avere un lungo e onorevole pedigree nel Precambriano? Perché non avrebbero dovuto apparire subito prima del Cambriano, come sembra indicare la documentazione fossile, interpretata alla lettera, e come propone la teoria della transizione rapida? Questo argomento, ovviamente, è una campana a morto per la teoria della mancata conservazione dei fossili.

Se, invece, Walcott avesse potuto forzare tutti gli organismi di Burgess, con un calzatoio ideale, in gruppi moderni, avrebbe dato la conferma più forte possibile della teoria della mancata conservazione. Una tale condensazione della disparità aumentava infatti la proporzione dei gruppi moderni già rappresentati all'inizio della storia registrata della vita, e aumentava di molto l'apparente stabilità dei piani anatomici principali nel tempo. Ovviamente Walcott scelse questa possibilità, che applicò con energia e con piacere. Che cosa farebbe chiunque si trovasse di fronte a un'alternativa fra distruzione o affermazione?

Walcott affrontò la teoria della mancata conservazione dalle due direzioni geologiche contrarie – dal Cambriano verso il basso, come mostra l'applicazione del calzatoio a Burgess, e dal Precambriano verso l'alto. Il suo argomento sul Precambriano è diventato, nel modo tipicamente deformato delle storie raccontate dai manuali, la sua eredità più duratura. La maggior parte dei libri di testo contengono una sezione introduttiva tradizionale di due o tre pagine, quasi obbligatoria, sulla storia della loro disciplina. Queste caricature del sapere storico si sbarazzano dei migliori pensatori del passato con due o tre righe su qualche loro errore, di solito interpretato erroneamente, mostrandoci come fossero stupidi, e come invece siamo diventati illuminati noi. Charles Doolittle Walcott fu uno fra gli uomini più potenti nella storia della scienza americana. Eppure se si chiede chi fosse a qualsiasi studente di geologia, il massimo che si riesca a cavarne, se si è fortunati, è: "Ah, sì, è quel tale che inventò l'inesistente intervallo Lipaliano per spiegare l'esplosione del Cambriano." Anch'io sentii parlare per la prima volta di Walcott in questo modo, molto tempo prima di venire a conoscenza del giacimento di Burgess. La storia può essere illuminante o crudele. Avendo però in mente la precedente discussione di Burgess e la teoria della mancata conservazione, penso che possiamo finalmente capire in modo appropriato la storia dell'intervallo Lipaliano, e riconoscere nella proposta di Walcott un'inferenza ragionevole, anche se eminentemente sbagliata, all'interno dei suoi impegni generali.

La teoria della mancata conservazione ebbe una funzione centrale nella prospettiva scientifica di Walcott. Le sue conclusioni sulla fauna di Burgess confermavano questa teoria, ma egli aveva bisogno di un argomento più diretto dal Precambriano. Dov'erano andati a finire tutti gli animali del Precambriano? Fra i vari altri suggerimenti c'erano un universale metamorfismo (trasformazione delle rocce per mezzo di calore e pressione) che avrebbe distrutto tutti i fossili del Precambriano, e l'assenza di parti dure fossilizzabili negli organismi del Precambriano. Walcott rifiutò la teoria del metamorfismo perché aveva trovato molte rocce del Precambriano inalterate, e sostenne che la teoria delle parti dure, pur essendo probabilmente vera, non poteva spiegare l'intero fenomeno.

Walcott fu primariamente un geologo sul campo, specializzato sulle rocce del Cambriano. Seguendo le propensioni di ogni ricercatore sul campo, affrontò il problema dell'esplosione del Cambriano, che veniva assumendo per lui un interesse sempre più pressante, nel modo ovvio, ossia decidendo di cercare gli elusivi progenitori dei fossili del Cambriano nelle rocce più recenti del Precambriano. Lavorò per molti anni nel West degli Stati Uniti, sulle Montagne Rocciose canadesi e in Cina, ma non trovò fossili del Precambriano. Tentò allora di ricostruire la storia geologica e topografica della Terra nel tardo Precambriano in un modo che spiegasse quell'assenza frustrante.

Walcott raggiunse infine una conclusione opposta alla speculazione di Darwin ma nella stessa tradizione: le rocce che potevano contenere abbondanti fossili del Precambriano non sono semplicemente accessibili all'osservazione. Darwin aveva suggerito vasti oceani precambriani senza continenti vicini come fonte di sedimenti. Walcott sostenne che il tardo Precambriano era stato un periodo di sollevamento e formazione di montagne e continenti molto più estesi di quelli attuali. Poiché la vita, secondo Walcott e altri, si era evoluta negli oceani e non aveva ancora colonizzato terre emerse o acque dolci, quei vasti continenti del Precambriano non avevano permesso una sedimentazione marina in aree oggi accessibili a noi. (Walcott scrisse molto tempo prima della teoria della deriva dei continenti e non dubitò mai della loro fissità. Egli sostenne perciò che i luoghi accessibili oggi all'osservazione geologica erano al centro di più estesi continenti del Precambriano e non presentano perciò oggi sedimenti marini del Precambriano tardo. I sedimenti del tardo Precambriano potrebbero trovarsi sotto migliaia di metri di oceano profondo, ma a quel tempo non esisteva alcuna tecnologia che potesse raccogliere neppure un campione di tali potenziali tesori.)

"Intervallo Lipaliano" è il nome famigerato introdotto da Walcott per questo lasso di tempo di mancata deposizione del Precambriano. Walcott suggerì un'interruzione su scala mondiale nella sedimentazione marina accessibile alla nostra osservazione, esattamente durante l'intervallo critico caratterizzato dall'esistenza di molti progenitori precambriani di gruppi moderni. In un famoso discorso pronunciato all'Undicesimo Congresso Internazionale di Geologia, tenutosi a Stoccolma il 18 agosto 1910, egli disse:

> Negli ultimi 18 anni ho osservato i materiali geologici e paleontologici che potessero essere d'aiuto nel risolvere il problema della vita nel Precambriano. La grande serie degli strati del Cambriano e del Precambriano sul versante orientale del Nordamerica, dall'Alabama al Labrador; sul versante occidentale del Nordamerica, dal Nevada e dalla California fino all'Alberta e alla British Columbia, e anche in Cina, sono stati studiati alla ricerca di prove

di vita finché ci si è imposta gradualmente la conclusione che, sul continente nordamericano, non esistono depositi *marini* noti del Precambriano contenenti tracce di resti organici, e che l'improvvisa apparizione della fauna del Cambriano è una conseguenza di condizioni geologiche e non biotioche... In una parola, si pensa che il periodo Algonchiano [tardo Precambriano] ... sia stato un periodo di elevazione continentale e di sedimentazione in gran parte terrigena in corpi d'acqua non marini, e inoltre un periodo di deposizione per mezzo di processi aerei e di correnti su aree considerevoli. (1910, pp. 2-4)

E aggiunse:

Propongo il nome Lipaliano per l'era di sedimentazione marina ignota... L'apparizione apparentemente brusca della fauna del Cambriano Inferiore ... dev'essere spiegata con l'assenza dei sedimenti, e quindi delle faune del periodo Lipaliano, in prossimità delle nostre presenti terre emerse. (1910, p. 6)

La spiegazione di Walcott può sembrare forzata e *ad hoc*. Essa era nata senza dubbio dalla frustrazione più che dal piacere della scoperta. Eppure l'inesistente Lipaliano non era la razionalizzazione di un folle, come viene presentato di solito nei nostri libri di testo, bensì una sintesi credibile di prove geologiche nel quadro di un fastidioso rompicapo. Se Walcott merita delle critiche, queste vanno rivolte al fatto di non aver considerato alcuna alternativa alla teoria della mancata conservazione, e al suo assunto erroneo, imposto dalla vecchia tendenza al gradualismo, che eguagliava l'evoluzione stessa con una lunga sequenza di continuità ancestrale per qualsiasi creatura complessa. Anche se l'ipotesi del Lipaliano aveva senso alla luce dell'informazione geologica esistente, si fondava però, come Walcott sapeva anche troppo bene, sul tipo più infido di argomento che uno scienziato possa mai usare: la prova negativa. Walcott ammise: "Mi rendo pienamente conto che le conclusioni delineate sopra si fondano innanzitutto sull'assenza di una fauna marina nelle rocce algonchiane" (1910, p. 6).

E, come spesso accade quando ci si fonda su prove negative, la Terra rispose infine offrendo ai geologi posteriori abbondanti sedimenti marini del tardo Precambriano, ancora senza fossili di invertebrati complessi. L'intervallo Lipaliano finiva così nel mucchio dei rifiuti della storia.

Gli scienziati hanno un termine prediletto per descrivere un fenomeno come la fedeltà di Walcott al calzatoio di Burgess: la sovradeterminazione. Il concetto moderno di massima disparità e di successiva decimazione (forse col sistema della lotteria) non ebbe mai neppure un minimo di probabilità di essere accettato da Walcott perché un gran numero di elementi della sua vita e della sua anima cospiravano a garantire la concezione opposta del calzatoio. Ciascuno di questi elementi sarebbe stato sufficiente di per sé; insieme, precludevano ogni alternativa e sovradeterminavano l'interpretazione data da Walcott alla sua massima scoperta.

Per cominciare, come abbiamo visto, il personaggio di Walcott come arcitradizionalista nel pensiero e nella pratica non lo condusse a favorire interpretazioni non convenzionali in alcuna area della vita. Il suo atteggiamento generale verso la storia e verso l'evoluzione implicava un lento sviluppo lungo vie prevedibili definite dalla scala del progresso e dal cono della diversità crescente; questo modello conteneva anche un significato morale, come manifestazione dell'intenzione di Dio di infondere nella vita la coscienza dopo un lungo sforzo di tensione verso l'alto. L'approccio specifico di Walcott al problema chiave che era diventato il centro focale della sua intera carriera – l'enigma dell'esplosione del Cambriano – favoriva un piccolo insieme di gruppi stabili e ben separati durante il tempo di Burgess, cosa che permetteva di affermare una lunga storia della vita nel Precambriano e di sostenere che l'esplosione del Cambriano era solo un'apparenza fondata sulla mancata conservazione dei documenti fossili. Infine, quand'anche Walcott fosse stato incline ad abbandonare il suo impegno ideologico verso il calzatoio, alla luce dei dati contraddittori forniti dai fossili di Burgess, i carichi amministrativi non gli avrebbero concesso il tempo richiesto per studiare i fossili di Burgess con la cura e l'attenzione necessarie.

Mi sono impegnato in uno studio minuzioso dei particolari dell'interpretazione di Walcott e delle sue fonti perché non conosco un esempio più bello del messaggio più importante insegnato dalla storia della scienza: il controllo sottile e inevitabile che la teoria esercita sui dati e sull'osservazione. La realtà non ci parla in modo obiettivo, e nessuno scienziato può essere libero da costrizioni esercitate su di lui dalla psiche e dalla società. Il massimo impedimento all'innovazione scientifica è di solito un blocco concettuale, non una mancanza di fatti.

La transizione da Walcott a Whittington è un esempio primario di questo tema. La nuova concezione – un'innovazione così importante quale la paleontologia non aveva mai fornito prima alla nostra comprensione della vita e della sua storia – non era affatto preclusa a Walcott. Nel compiere la loro revisione radicale, Whittington e colleghi studiarono gli esemplari di Walcott, usando tecniche e strumenti pienamente disponibili al tempo di Walcott. Essi non si presentarono inizialmente come rivoluzionari consapevoli, impegnati in una difesa *a priori* di una nuova concezione. Essi presero l'avvio dall'interpretazione di base di Walcott, ma fecero ben presto grandi passi avanti a entrambi i lati della grande dialettica fra teoria e dati, perché si concessero il tempo di conversare adeguatamente con i fossili di Burgess, e perché erano disposti ad ascoltare ciò che i fossili avevano da dire loro.

Il passaggio da Walcott a Whittington segna una pietra miliare di somma importanza. La nuova concezione della fauna di Burgess non è né più né meno che il trionfo della storia stessa come principio favorito nell'interpretazione dell'evoluzione della vita.

Il nostro linguaggio abbonda di frasi che incarnano lo stereotipo peggiore e più restrittivo sulla scienza. Noi esortiamo i nostri amici frustrati a essere "scientifici" – intendendo impassibili e analitici – nell'affrontare un difficile problema. Parliamo di "metodo scientifico", e istruiamo i ragazzi a scuola in questo presunto cammino monolitico e massimamente efficiente verso la conoscenza della natura, come se una singola formula potesse svelare tutti i molteplici segreti della realtà empirica.

Al di là di un appello banale all'apertura mentale, il "metodo scientifico" implica un insieme di concetti e di procedimenti ritagliati sull'immagine di un uomo in camice bianco che lavora in laboratorio, riducendo esperimenti, quantificazione, ripetizione, predizione, e restrizione di complessità a poche variabili che possano essere controllate e manipolate. Questi procedimenti sono potenti, ma non abbracciano tutta la varietà della natura. Come dovrebbero operare gli scienziati quando devono tentare di spiegare i risultati della storia, quegli eventi estremamente complessi che possono presentarsi solo una volta in tutta la loro esplicita evidenza? Molti grandi campi della natura – fra cui la cosmologia, la geologia e l'evoluzione – devono essere studiati con gli strumenti della storia. I metodi appropriati si concentrano sulla narrazione, non sull'esperimento com'è abitualmente concepito.

Lo stereotipo del "metodo scientifico" non ha posto per un soggetto irriducibile come la storia. Le leggi di natura sono definite dalla loro invarianza rispetto allo spazio e rispetto al tempo. Le tecniche dell'esperimento controllato, e della riduzione della complessità naturale a un insieme minimo di cause generali, presuppone che tutti i tempi possano essere trattati in modo simile e simulati adeguatamente in laboratorio. Il quarzo del Cambriano è come il quarzo moderno: tetraedri di silicio e di ossigeno legati assieme a tutti i vertici. Dopo aver determinato le proprietà del quarzo moderno in condizioni controllate in laboratorio, si è in grado di interpretare le sabbie delle spiagge di arenaria cambriana di Potsdam.

Ma supponiamo di voler sapere perché siano morti i dinosauri, o perché siano prosperati i molluschi, mentre invece la *Wiwaxia* si estinse. Il laboratorio non è irrilevante, e può fornire percezioni importanti per analogia. (Potremmo imparare qualcosa di interessante sull'estinzione del Cretacico sottoponendo a verifica, per esempio, le tolleranze fisiologiche di organismi moderni, o persino di "modelli di dinosauri" in presenza dei mutamenti ambientali proposti per questa grande estinzione in varie teorie.) Ma le tecniche ristrette del "metodo scientifico" non possono andare al cuore di quel singolo evento implicante organismi scomparsi da molto tempo, su una Terra con climi e posizioni dei continenti marcatamente diversi rispetto a oggi. La risoluzione della storia deve fondarsi sulla ricostruzione degli eventi passati stessi – nei loro stessi termini – sulla base di prove narrative dei loro fenomeni unici. Nessuna legge poteva assicurare che la *Wiwaxia* si sarebbe estinta, ma alcuni insiemi complessi di eventi cospirarono a produrre questo risultato, e noi possiamo essere in grado di ricostruirne le cause se, per buona sorte, nella nostra documentazione geologica irregolare ci accade di trovare una quantità sufficiente di dati. (Fino a dieci anni fa non si sapeva, per esempio, che l'estinzione del Cretacico corrispose nel tempo al probabile impatto con la Terra di un corpo extraterrestre, anche se le prove chimiche erano sempre esistite nelle rocce dell'età giusta.)

Le spiegazioni storiche si distinguono sotto molti aspetti dai risultati sperimentali convenzionali. Il problema della verifica per mezzo della ripetizione non si pone perché noi cerchiamo di spiegare l'unicità di particolari che non possono ripresentarsi, sia per le leggi della probabilità sia per l'irreversibilità della freccia del tempo. Non tentiamo di interpretare gli eventi complessi della narrazione storica riducendoli a semplici conseguenze della legge naturale; gli eventi storici non violano, ovviamente, alcun principio generale della materia e del moto, ma il loro occorrere si situa in un ambito di dettagli contingenti. (La legge della gravità ci dice in che modo cada una mela, ma non perché quella mela cadde in quel momento, e perché Newton se ne stesse seduto proprio là, maturo per la sua ispirazione.) E il problema della predizione, un ingrediente centrale nello stereotipo, non entra in una narrazione storica. Noi possiamo spiegare un evento dopo che si è verificato, ma la contingenza ne preclude la ripetizione, persino qualora si riparta dallo stesso punto iniziale. (Custer fu condannato alla sconfitta di Little Big Horn dopo che un migliaio di eventi ebbero cospirato a isolare le sue truppe, ma se si dovesse ripartire dal 1850, egli potrebbe non recarsi mai nel Montana, e tanto meno scontrarsi con i sioux di Toro Seduto e Cavallo Pazzo.)

Queste differenze situano le spiegazioni storiche, o narrative, in una luce sfavorevole quando le si giudica con gli stereotipi restrittivi del "metodo scientifico". Le scienze della complessità storica sono state perciò relegate in uno status non molto elevato e occupano in generale una posizione di bassa stima fra gli scienziati. Di fatto l'ordinamento delle scienze per status è diventato un tema così familiare che la gerarchia che prevede la fisica, dalla durezza adamantina, sul pinnacolo più alto e discipline così mollicce e soggettive come la psicologia e la sociologia al livello più basso è diventata uno stereotipo. Queste distinzioni sono entrate nel nostro linguaggio e nelle nostre metafore: le scienze "dure" (*hard*) in contrapposizione alle scienze "soffici" (*soft*), il "rigorosamente sperimentale" in contrapposizione al "meramente descrittivo". Vari anni fa la Harvard University, in un atto insolito di rinnovamento pedagogico, affondò coraggiosamente il badile dell'innovazione nel terreno concettuale, ordinando le scienze nel curriculum fondamentale secondo lo stile procedurale piuttosto che per discipline convenzionali. Si rinunciò alla contrapposizione fra fisico e biologico, ma si riconobbero i due stili di cui abbiamo appena parlato: lo sperimentale-predittivo e lo storico. Si designò ciascuna categoria con una lettera anziché con un nome. Il lettore indovina quale divisione divenne la Scienza A e quale la Scienza B? Il mio corso sulla storia della Terra e della vita si chiama Scienza B-16.

L'aspetto forse più increscioso di questo ordinamento lineare risiede nell'accettazione della loro inferiorità da parte di coloro che si trovano ai livelli più bassi e nei loro tentativi persistenti di scimmiottare metodi non appropriati che possono funzionare solo a livelli più alti sulla scala. Quand'anche l'ordine stesso dovesse essere scosso vigorosamente, e si dovessero affermare orgogliosamente la pluralità e l'eguaglianza delle varie discipline, troppi scienziati storici si comporterebbero come i detenuti modello che, sempre memori dei loro modesti vantaggi, supererebbero in zelo le stesse guardie carcerarie nel conservare lo status quo del potere e della subordinazione.

Così, spesso accade che gli scienziati storici introducano una caricatura ipersemplificata della scienza "dura", o semplicemente che si inchinino ai decreti di professioni di status maggiore. Molti geologi accettarono le date ultime e più restrittive indicate da Lord Kelvin per una Terra giovane, anche se i dati forniti dai fossili e dagli strati indicavano chiaramente un'età maggiore. (La datazione di Kelvin poteva contare sul prestigio delle formule matematiche e sul peso della fisica, anche se la scoperta della radioattività invalidò ben presto la premessa di Kelvin che il calore proveniente dall'interno della Terra fosse un residuo del grande calore di quel globo incandescente, allo stato fuso, che era stato il nostro pianeta in un passato non molto lontano.) Un numero ancora maggiore di geologi rifiutarono la deriva dei continenti – nonostante un catalogo impressionante di dati su connessioni anteriori fra i continenti – poiché i fisici avevano proclamato che il movimento laterale dei continenti era impossibile. Charles Spearman usò erroneamente la tecnica statistica dell'analisi fattoriale per designare l'intelligenza come una cosa fisica singola, misurabile, nella testa, e poi si rallegrò per la psicologia perché "questa Cenerentola fra le scienze ha fatto un audace tentativo di sollevarsi al livello della fisica trionfante stessa" (cit. in Gould, 1981, p. 263).

Ma la scienza storica non è peggiore, più limitata o meno capace di conseguire conclusioni solide per il fatto che l'esperimento, la predizione e la sussunzione sotto leggi di natura invarianti non rappresentano i suoi metodi di lavoro soliti. Le scienze storiche usano un modo di spiegazione diverso, radicato nella ricchezza comparativa ed empirica dei nostri dati. Noi non possiamo vedere direttamente un evento del passato, ma la scienza si fonda di solito sull'inferenza, non su un'osservazione nuda e cruda (non si possono vedere gli elettroni, la gravità e neppure i buchi neri).

In nessun altro modo tranne che attraverso questo errore di valutazione dello status che spetta alla storia naturale fra le altre scienze riesco a comprendere il curioso fenomeno che mi diede prima di ogni altro l'idea di scrivere questo libro: ossia il fatto che la revisione di Burgess fosse stata così poco notata dal pubblico in generale e anche da scienziati di altre discipline. Mi rendo conto però che giornalisti scientifici e divulgatori non consultano le "Philosophical Transactions of the Royal Society" di Londra e che le monografie anatomiche di un centinaio di pagine possono spaventare coloro che non hanno familiarità con la terminologia tecnica. Ma non possiamo accusare Whittington e i suoi colleghi di avere nascosto le buone notizie. Essi hanno pubblicato i loro risultati anche nei periodici non specializzati da cui attingono giornalisti scientifici e divulgatori: principalmente "Science" e "Nature". Hanno scritto una mezza dozzina di importanti articoli di sintesi per i loro colleghi scienziati. Hanno scritto molto anche per il pubblico generico, compresi articoli per "Scientific American" e "Natural History" e una guida popolare per Parks Canada. Essi conoscono bene le implicazioni del loro lavoro e hanno cercato di diffonderne il messaggio, anche con l'aiuto di altri (io stesso ho scritto quattro saggi sulla fauna di Burgess per "Natural History"). Perché questa storia non ha fatto presa, o non è stata considerata importante?

Un contrasto interessante, che ci fornisce un indizio per una soluzione, è quello fra le accoglienze modeste riservate alla revisione di Burgess e il successo tributato alla teoria di Álvarez che collega l'estinzione del Cretacico con la caduta sulla Terra di un oggetto extraterrestre. Io considero queste due scoperte paleontologiche le due più importanti degli ultimi vent'anni. Penso che abbiano eguale importanza e che raccontino la stessa storia fondamentale (come esempi dell'estrema casualità e contingenza della storia della vita: se decimiamo in modo diverso la fauna di Burgess non ci evolveremo mai; se mandiamo quelle comete in orbite innocue, i dinosauri continueranno a dominare la Terra, impedendo l'origine dei grandi mammiferi, compreso l'uomo). Io ritengo che entrambe le cose siano oggi ben documentate, la revisione di Burgess forse meglio della tesi di Álvarez. Eppure la asimmetria dell'attenzione pubblica è stata sorprendente. La teoria dell'impatto di Álvarez è stata presentata sulla copertina di "Time" e in vari documentari televisivi, ed è stata oggetto di commenti e controversie in qualunque sede si discuta seriamente di scienza. Ben pochi profani hanno invece mai sentito parlare della fauna di Burgess: perciò questo libro era necessario.

Mi rendo conto che questa differenza nell'attenzione riflette in parte semplicemente l'attrazione che noi proviamo per animali grandi e feroci. I dinosauri richiamano inevitabilmente più attenzione di "vermi" lunghi cinque centimetri. Io credo però che il fattore più importante – in particolare nella decisione dei divulgatori di evitare di occuparsi dei fossili di Burgess – vada visto nello stereotipo del metodo scientifico e nell'ordinamento sbagliato delle scienze per status. Luis Álvarez, che morì mentre stavo scrivendo questo libro, era un premio Nobel e uno dei fisici più brillanti del nostro secolo; egli fu, in breve, un principe della scienza al massimo livello nella concezione tradizionale. Le prove a sostegno della sua teoria si trovano nell'uso delle normali tecniche di laboratorio: misurazioni precise eseguite con macchine costose su quantità minime di iridio. La teoria dell'impatto ha tutto ciò che occorre per piacere al pubblico: camici bianchi, numeri, la fama del Nobel e la collocazione ai vertici della gerarchia delle scienze. Le ridescrizioni di Burgess, d'altra parte, colpiscono molti osservatori come una sequela di cose buffe una dopo l'altra: esse non sembrano essere altro che descrizioni di alcuni strani animali, in precedenza non valutati nel loro giusto valore, dei primordi della storia della vita.

Io ho molto apprezzato Luis Álvarez per avere elettrizzato il mio campo di ricerca. Il nostro rapporto personale è stato caldo, poiché io ero uno dei pochi paleontologi che apprezzarono in principio ciò che aveva da dire (anche se non sempre, retrospettivamente, per buone ragioni). Ma, nonostante il de mortuis nil nisi bonum, *devo riferire che anche Luis potrebbe essere parte del problema. Mi rendo conto della frustrazione che dovette provare per il fatto che un così gran numero di paleontologi, imprigionati in tradizioni di gradualismo e di cause terrestri, non prestarono mai la giusta attenzione alle sue prove. Ma spesso Luis criticò aspramente l'intera professione, e la scienza storica in generale, sostenendo, per esempio, in un'intervista già famosa al "New York Times", che "non mi piace parlar male dei paleontologi, ma in realtà non sono scienziati molto buoni. Essi assomigliano di più a collezionisti di francobolli."*

Riconosco a Luis il merito di aver detto a voce alta ciò che molti scienziati del tipo stereotipo pensano ma non osano dire, nell'interesse dell'armonia con i colleghi. L'ingiuria comune che associa la spiegazione storica col collezionismo di francobolli manifesta la classica arroganza di un campo che non capisce l'attenzione dello storico alla comparazione fra particolari dettagliati, tutti diversi. Quest'attività tassonomica non è equivalente a leccare linguelle e a sistemare rettangolini di carta colorata in posti preassegnati in un album. Lo scienziato che si occupa di discipline storiche si concentra su particolari precisi – una cosa divertente dopo l'altra – perché il loro coordinamento e la loro comparazione permettono, attraverso la concordanza dell'induzione, di spiegare il passato con tanta fiducia (se le prove sono buone) quanta Luis Álvarez non potrebbe mai averne per il suo asteroide sulla base di misurazioni chimiche.

Noi non saremo mai in grado di apprezzare la piena portata e il significato della scienza fino a quando non spezzeremo lo stereotipo dell'ordinamento delle varie scienze per status e fino a quando non comprenderemo le diverse forme di spiegazione storica come attività di egual merito con qualsiasi cosa si faccia in fisica o in chimica. Quando avremo conseguito questa nuova disposizione tassonomica pluralistica nei rapporti fra le scienze, allora, e solo allora, l'importanza della fauna di Burgess risulterà evidente. Si comprenderà allora finalmente che la risposta a domande come "Perché gli esseri umani sono in grado di ragionare?" risiede nelle vie capricciose della storia contingente non meno (e non meno profondamente) che nella fisiologia dei neuroni.

La richiesta inderogabile per ogni scienza – sia essa stereotipa o storica – risiede nella sua verificabilità, non nell'osservazione diretta. Noi dobbiamo essere in grado di stabilire se le nostre ipotesi siano sicuramente sbagliate o probabilmente corrette (le affermazioni di certezza le lasciamo ai predicatori e ai politici). La ricchezza della storia ci induce a metodi di verifica diversi, ma la verificabilità è anche il nostro criterio. Noi lavoriamo con la nostra forza, che è costituita dalla ricchezza e dalla diversità dei dati che registrano le conseguenze di eventi del passato, e non ci lagnamo della nostra incapacità di vedere direttamente il passato. Noi ricerchiamo modelli ripetuti, illustrati da prove così abbondanti e svariate da non lasciar sussistere alcun'altra interpretazione che li coordini in modo diverso, quand'anche ogni elemento, considerato separatamente, non fornisse alcuna prova conclusiva.

Il grande filosofo della scienza dell'Ottocento William Whewell introdusse il termine *consilience* (concordanza), che significa "saltare insieme", per designare la fiducia che si consegue quando molte fonti indipendenti "cospirano" per indicare un particolare modello storico. Egli chiamò *consilience of induction* la strategia consistente nel coordinare risultati disparati da molteplici fonti.

Io considero Charles Darwin il massimo fra tutti gli scienziati storici. Egli non solo sviluppò prove convincenti dell'evoluzione come principio coordinante della storia della vita, ma ebbe anche il merito di scegliere come tema cosciente e centrale per tutti i suoi scritti – i trattati sui vermi, sulle scogliere coralline e sulle orchidee, oltre che i grandi volumi sull'evoluzione – lo sviluppo di una metodologia diversa ma egualmente rigorosa per la scienza storica (Gould, 1986). Darwin esplorò una varietà di modi per la spiegazione storica, ognuno appropriato per densità diverse di informazione conservata (Gould, 1986, pp. 60-64), ma il suo argomento centrale si fondava sulla concordanza di Whewell. Noi sappiamo che l'evoluzione dev'essere alla base dell'ordine della vita perché nessun'altra spiegazione può coordinare i dati disparati dell'embriologia, della biogeografia, della documentazione fossile, degli organi vestigiali, dei rapporti tassonomici e via dicendo. Darwin rifiutò esplicitamente la nozione ingenua ma molto diffusa che una causa debba essere visibile direttamente per potersi qualificare come spiegazione scientifica. Egli scrisse sulla verifica appropriata della selezione naturale, invocando l'idea della concordanza per la spiegazione storica:

> Ora, quest'ipotesi può essere verificata – e questo mi sembra l'unico modo giusto e legittimo per considerare l'intera questione – tentando di vedere se essa spieghi varie classi di fatti grandi e indipendenti; come la successione geologica di esseri organici, la loro distribuzione in tempi passati e presenti, e le loro reciproche affinità e omologie. Se il principio della selezione naturale spiega questi e altri grandi corpi di fatti, dovrebbe essere accettato. (1868, vol. I, p. 657)

Ma gli scienziati storici non devono limitarsi a far vedere che le loro spiegazioni possono essere sottoposte a verifica con procedimenti altrettanto rigorosi, per quanto diversi dallo stereotipo del "metodo scientifico"; essi devono anche convincere gli altri scienziati che le spiegazioni di questo tipo storico sono sia interessanti sia ricche di informazione vitale. Quando saremo riusciti a fare accettare la tesi che "solo la storia" è l'unica spiegazione completa e accettabile di fenomeni che tutti giudicano importanti – l'evoluzione dell'intelligenza umana e di qualsiasi forma di vita cosciente di sé sulla Terra, per esempio – allora avremo vinto la nostra battaglia.

Le spiegazioni storiche assumono la forma del racconto: E, il fenomeno che dev'essere spiegato, si verificò perché prima venne D, preceduto a sua volta da C, B e A. Se una qualsiasi di queste fasi anteriori non si fosse verificata, o fosse occorsa in un modo diverso, E non esisterebbe (o esisterebbe in una forma sostanzialmente diversa, E', che richiederebbe una spiegazione diversa). Così, E ha un senso e può essere spiegato rigorosamente come il risultato dello sviluppo da A a D; ma nessuna legge di natura avrebbe potuto imporre il verificarsi di E; una qualsiasi variante E' derivante da un insieme modificato di antecedenti sarebbe stata spiegabile altrettanto bene, anche se considerevolmente diversa come forma e come effetto.

Non sto parlando del caso (E doveva infatti verificarsi, come conseguenza dello sviluppo da A a D), ma del principio centrale di tutta la storia, ossia la *contingenza*. Una spiegazione storica non si fonda su deduzioni dirette da leggi di natura, bensì da una sequenza imprevedibile di stati antecedenti, in cui ogni mutamento importante in qualsiasi passo della sequenza avrebbe modificato il risultato finale. Questo perciò è dipendente, o contingente, da tutto ciò che è venuto prima: la firma incancellabile e determinante della storia.

Molti scienziati e profani interessati, condizionati dallo stereotipo del "metodo scientifico", trovano tali spiegazioni contingenti meno interessanti o meno "scientifiche", persino quando devono riconoscere che sono appropriate ed essenzialmente corrette. Il Sud perse la guerra di Secessione con una sorta di inesorabile inevitabilità una volta che centinaia di eventi particolari si verificarono come si verificarono: il fallimento della carica del generale Pickett a Dinwiddie, la vittoria di Lincoln nelle elezioni del 1864 ecc. ecc. ecc. Ma se riportiamo indietro il film della storia americana sino all'acquisto della Louisiana, alla sentenza sul caso dello schiavo negro Dred Scott o anche solo a Fort Sumter, e lo facciamo ripartire con solo pochi ragionevoli cambiamenti (più la loro cascata di conseguenze), oltre un certo punto si sarebbe potuta avere con un'altrettanto inesorabile inevitabilità la risoluzione opposta. (Io ero solito credere che la superiorità del Nord sul piano demografico e su quello industriale avesse reso virtualmente inevitabile l'esito finale sin dal principio. Taluni studi recenti mi hanno però convinto che spesso una guerra condotta avendo come obiettivo non la conquista bensì il riconoscimento può anche essere vinta da minoranze decise. Il Sud non cercava di invadere il Nord ma semplicemente di difendere i suoi confini e di farsi riconoscere come Stato indipendente. Una forza maggioritaria, anche nel corso di un'occupazione, può essere resa abbastanza stanca della guerra e disposta a ritirarsi da insorti che non mollino, specialmente facendo ricorso al metodo della guerriglia.)

Supponiamo, quindi, di avere un insieme di spiegazioni storiche così ben documentate quanto può esserlo qualsiasi cosa nella scienza convenzionale. Gli eventi storici non si verificano come conseguenze deducibili da una qualsiasi legge di natura; essi non sono prevedibili neppure sulla base di una qualsiasi proprietà generale o astratta dei sistemi maggiori (come una superiorità nella popolazione o nell'industria). Come possiamo negare a tali spiegazioni un ruolo altrettanto interessante e importante quanto quello di conclusioni scientifiche più convenzionali? Io credo che dobbiamo concedere loro uno status eguale per tre ragioni di fondo.

1) *Una questione di attendibilità.* La documentazione empirica, e la probabilità di essere nel vero attraverso la confutazione di possibilità alternative, possono essere altrettanto conclusive quanto ogni spiegazione nella scienza tradizionale.

2) *Una questione di importanza.* È difficile negare l'impatto eguale di spiegazioni storicamente contingenti. La guerra di Secessione è il punto focale e la svolta decisiva della storia americana. Questioni centrali come la razza, il regionalismo e il potere economico devono la loro forma presente a questo grande evento, che non doveva affatto accadere necessariamente. Se l'ordine tassonomico corrente e la relativa diversità della vita sono più una conseguenza delle contingenze della

"sola storia" che una potenziale conseguenza dei princìpi generali dell'evoluzione, allora è la contingenza a fissare il modello fondamentale della natura.

3) *Una questione psicologica.* Finora mi sono preoccupato troppo di trovare giustificazioni. Sono scivolato addirittura nella retorica dell'inferiorità, prendendo l'avvio dalla premessa che le spiegazioni storiche possano essere meno interessanti e che possano poi combattere con ardore per l'eguaglianza. Non occorre alcuna giustificazione di tal genere. Le spiegazioni storiche sono infinitamente affascinanti di per se stesse e sotto molti aspetti più interessanti per la psiche umana di quanto non siano le conseguenze inesorabili delle leggi della natura. Noi siamo particolarmente colpiti da eventi che non erano inevitabili, ma che si verificarono per ragioni identificabili connesse a un concorso di circostanze. Di contro, entrambi gli estremi della dicotomia usuale – l'inevitabile e il veramente casuale – hanno di solito un impatto minore sulle nostre emozioni perché non possono essere controllati da agenti e oggetti della storia, e perciò sono o incanalati o urtati, senza molta speranza di poterli respingere. Ma, nell'ottica della contingenza, veniamo coinvolti e condividiamo lo sforzo del trionfo o il dolore della tragedia. Quando ci rendiamo conto che l'esito finale non era necessariamente determinato, che ogni mutamento in ogni passo lungo la strada avrebbe potuto indirizzare gli eventi in una diversa direzione, ci rendiamo conto del potere causale dei singoli eventi. Possiamo discutere, lamentarci o esultare su ogni particolare, poiché ciascuno di essi può avere il potere di determinare una trasformazione. La contingenza è l'affermazione del controllo di eventi immediati sul destino, il regno perduto per colpa di un chiodo di un ferro di cavallo. La guerra di Secessione è una tragedia particolarmente acuta perché una sua ripetizione avrebbe potuto salvare mezzo milione di vite umane per un migliaio di ragioni diverse, e noi non troveremmo oggi una statua di un soldato, con i nomi dei morti incisi sul piedistallo sottostante, in ogni prato pubblico di villaggio e dinanzi a ogni tribunale di contea nella vecchia America. La nostra evoluzione è una gioia e un miracolo perché una così curiosa concatenazione di eventi non si verificherebbe probabilmente mai più, ma, essendo occorsa, ha oggi molto senso. La contingenza è una licenza a partecipare alla storia, e la nostra psiche ne sente il fascino.

Il tema della contingenza, così poco compreso ed esplorato dalla scienza, è stato per molto tempo un cardine della letteratura. Notiamo qui una situazione che potrebbe aiutarci a infrangere i falsi confini fra arte e natura, e potrebbe permettere addirittura alla natura di illuminare la scienza. La contingenza è il tema centrale di Tolstoj in tutti i suoi grandi romanzi. La contingenza è la fonte della tensione e dell'intrigo in molte belle opere di *suspence*, e in particolare nel recente capolavoro di Ruth Rendell (che scrive con lo pseudonimo di Barbara Vine), *A Fatal Inversion* (1987): un libro agghiacciante in cui è descritta una tragedia che inghiotte la vita e il futuro di una piccola comunità attraverso una serie graduata di minuscoli eventi, ognuno peculiare e improbabile (ma perfettamente plausibile) di per sé, e ognuno dei quali comporta una serie di conseguenze sempre più strane. *A Fatal Inversion* usa questo dispositivo in modo così abile e complesso che io devo considerare la bellissima opera della Rendell un testo cosciente sulla natura della storia.

Due romanzi popolari degli ultimi cinque anni hanno scelto la teoria di Darwin come loro tema principale. Io sono particolarmente interessato e compiaciuto che entrambi accettino ed esplorino la contingenza come la principale conseguenza della teoria per la nostra vita. In questa corretta decisione Stephen King e Kurt Vonnegut superano molti scienziati nella loro comprensione dei significati più profondi dell'evoluzione.

Il romanzo *The Tommyknockers* (1987) di King rompe una tradizione nella fantascienza trattando le "intelligenze superiori" extraterrestri non come esseri superiori in generale, più saggi o più potenti, ma semplicemente come bizzarri sopravvissuti nel grande gioco darwiniano dell'adattamento per mezzo del successo riproduttivo differenziale in certi ambienti. (King definisce la loro persistenza come "stupida evoluzione"; io la chiamo solo darwinismo.)[6] Un tale equivoco successo per mezzo di infiniti e immediati adattamenti genera contingenza, che diventa poi il tema di controllo dei *Tommyknockers*, poiché gli alieni falliscono poi nei loro piani per impadronirsi della Terra, grazie in gran parte all'azione evasiva di un professore di inglese di solito inefficiente, scettico e alcoolizzato. King riflette sulla natura degli eventi di controllo in sequenze contingenti, e sul loro livello di importanza percepita a varie scale:

> Non vorrei essere quello che ti dice che non c'è alcuna plaga dell'universo in cui non ci siano grandi ammassi di ceneri morte che si librano nello spazio perché una guerra su chi stava o non stava appropriandosi di troppi essiccatori nella locale lavanderia a gettoni finì col trasformarsi gradualmente nella Città della Fine del Mondo. Nessuno sa mai dove andrà a concludersi una vicenda, o se si concluderà... Ovviamente un giorno potremmo far saltare in aria il nostro mondo senza alcun aiuto esterno, per ragioni che sembrano altrettanto banali se le si guarda da vari anni-luce di distanza; da dove stiamo rotando noi, su un braccio della Via Lattea nella Piccola Nube di Magellano, se i russi invadano o no i giacimenti petroliferi iraniani o se la Nato decida di installare missili da crociera di produzione americana nella Germania Occidentale può sembrare altrettanto poco importante quanto a chi tocchi prendere il conto per pagare cinque caffè e altrettante brioche.

[6] Il nostro accordo sul tema, se non sulla terminologia, ci induce a sperare che persino le differenze più implacabili di stile e moralità possano trovare un comune terreno d'incontro su questo che è il più importante dei campi di gioco intellettuali, poiché Steve è il tifoso più fanatico dei Red Sox nel New England, mentre il mio cuore rimane legato agli Yankees.

Il romanzo di Kurt Vonnegut *Galápagos* (1985) è un commento ancor più cosciente e diretto al significato dell'evoluzione dal punto di vista di uno scrittore. Io mi sento particolarmente gratificato all'idea che un viaggio alle Galápagos, che ebbe una parte importante nella decisione di Vonnegut di scrivere il libro, abbia suggerito la contingenza come il tema principale insegnato dal santuario geografico di Darwin. Nel romanzo di Vonnegut le vie della storia possono essere limitate a grandi linee da princìpi come la selezione naturale, ma la contingenza ha all'interno di tali confini uno spazio di manovra tanto vasto che ogni esito particolare deve di più a una serie capricciosa di eventi antecedenti che ai canali fissati dalle leggi della natura. *Galápagos* è, in effetti, un romanzo sulla natura della storia nel mondo di Darwin. Io lo assegnerei (e lo assegno) a studenti di corsi di scienze come guida alla comprensione del significato della contingenza.

In *Galápagos* l'olocausto dello spopolamento utilizza la via poco appariscente di un batterio che distrugge le cellule uovo umane. Questo flagello si manifesta per la prima volta colpendo delle donne alla fiera internazionale annuale del libro a Francoforte, e si diffonde poi rapidamente in tutto il mondo, sterilizzando tutti gli esseri umani tranne un gruppetto isolato di membri della specie *Homo sapiens*. Gli unici sopravvissuti della specie umana sono un gruppo piccolo e vario di persone che vengono trasportate in barca fuori del raggio d'azione del batterio nel mondo isolato delle Galápagos: sono gli ultimi superstiti degli indiani Kanka-bono più uno o due turisti e avventurieri. La loro sopravvivenza e la loro curiosa propagazione procedono attraverso una serie stravagante di contingenze, e nondimeno tutta la storia futura dell'uomo dipende ora da questo minuscolo residuo di umanità:

> In capo a meno di un secolo il sangue di ogni essere umano vivente sulla Terra sarebbe stato prevalentemente Kanka-bono, con una piccola infusione di von Kleist e di Hiroguchi. E questa svolta sorprendente di eventi sarebbe stata determinata in gran parte da una delle due assolute nullità sull'elenco originario dei passeggeri per la "crociera naturale del secolo". Quella nullità era Mary Hepburn. L'altra nullità era suo marito, che svolse personalmente una parte cruciale nel plasmare il destino del genere umano prenotando, alla vigilia della propria estinzione, quella piccola cabina economica sotto la linea di galleggiamento.

La contingenza è stata un tema importante anche in film, sia recenti sia classici. In *Ritorno al futuro* (1985), Marty McFly (Michael J. Fox), un ragazzo trasportato nel passato, alla scuola superiore frequentata dai suoi genitori, deve lottare per ricostituire il passato com'è accaduto realmente, dopo che la sua intrusione accidentale ha minacciato di modificare lo svolgersi iniziale degli eventi (quando sua madre, in un'interessante variazione sul tema di Edipo, si prende una cotta per lui). Gli eventi che McFly deve correggere sembrano cose di scarsa importanza, ma egli sa che nulla potrebbe essere più importante, poiché il suo insuccesso avrebbe conseguenze estreme, fra cui la sua cancellazione, poiché in tal caso i suoi genitori non si sarebbero mai conosciuti.

La massima espressione della contingenza – quella che io considero l'olotipo[7] del genere – si trova verso la fine del capolavoro di Frank Capra, *La vita è meravigliosa* (1946). George Bailey (James Stewart) ha condotto un vita di privazioni perché il suo senso del dovere gli ha fatto rimandare la realizzazione dei suoi sogni personali per offrire sostegno alla famiglia e alla città. La sua precaria impresa di costruzioni e prestiti è stata spinta al fallimento con l'accusa di frode in conseguenza delle manovre del taccagno signorotto della città, il signor Potter (Lionel Barrymore). George, disperato, decide di affogarsi, ma Clarence Odbody, il suo angelo custode, interviene gettandosi in acqua prima di lui, ben sapendo che il senso del dovere di George gli imporrà di salvare una persona in pericolo prima di togliersi la vita. Clarence cerca poi di rincuorare George nel modo più diretto: "Lei non sa quante cose ha fatto"; ma George risponde: "Se non fosse stato per me, ora starebbero tutti molto meglio... Sarebbe stato meglio se non fossi mai nato."

Clarence, in un lampo di ispirazione, realizza il desiderio di George e gli mostra una versione alternativa della vita nella sua cittadina di Bedford Falls, la quale si svolge come se lui non fosse mai esistito. Questa splendida scena di dieci minuti è sia un classico della storia del cinema sia l'illustrazione più bella in cui mi sia mai imbattuto del principio basilare della contingenza: una ripetizione del film con un esito del tutto diverso ma altrettanto ragionevole; mutamenti piccoli e apparentemente insignificanti, fra cui l'assenza di George, conducono a sequele di differenze che si ingrandiscono accumulandosi.

Ogni cosa, nella ripetizione senza George, funziona perfettamente sia sul piano personale sia su quello economico, ma questo mondo alternativo ci appare squallido e cinico, e persino crudele, mentre George, pur con la sua vita apparentemente insignificante, aveva impregnato tutto quanto lo circondava di gentilezza, creando inoltre condizioni di vita migliori per le persone che lo circondavano e che avevano potuto beneficiare della sua attività. L'idilliaca cittadina americana di Bedford Falls si è riempita di bar, di sale da biliardo e di bische per il gioco d'azzardo; è stata ribattezzata Pottersville, perché in assenza di George la Bailey Building and Loan è fallita e il suo rivale senza scrupoli si è impadronito di tutto fino a cambiare il nome della città. Un cimitero occupa l'area della comunità di piccole case che

[7] "Olotipo" è un termine del gergo tassonomico per l'esemplare designato a portare il nome di una specie. Si scelgono degli olotipi perché i concetti di specie sono soggetti a mutare e i biologi devono avere un criterio per l'attribuzione del nome originale. (Se, per esempio, qualche tassonomista dovesse giungere alla conclusione che nella prima descrizione furono erroneamente confuse insieme due specie, il nome originale resterà acquisito al gruppo comprendente l'esemplare olotipo.)

George aveva finanziato a basso interesse e concedendo infinite dilazioni. Lo zio di George, disperato per il fallimento, è ricoverato in un manicomio; sua madre, dura e fredda, gestisce una misera pensione; sua moglie è una vecchia zitella che lavora nella biblioteca della città; cento uomini sono morti nell'affondamento di una nave che, nella versione con George, era stata salvata da suo fratello; ma poiché, vari anni prima dell'incidente della nave, il fratello di George era stato da lui salvato mentre stava per affogare, nella versione senza George, essendo affogato, non aveva poi potuto intervenire nell'incidente della nave, guadagnandosi in tale occasione una medaglia al valor militare.

Lo scaltro angelo, ribadendo il suo ragionamento, esprime allora la dottrina della contingenza: "Strano, non è vero? La vita di ogni uomo tocca la vita di tanti altri uomini, e quando lui non c'è lascia un buco terribile, no?... Vedi George, in realtà hai avuto una vita meravigliosa."

Contingenza è sia la parola d'ordine sia la lezione della nuova interpretazione della fauna di Burgess. Il fascino e il potere di trasformazione del messaggio di Burgess – un'esplosione fantastica di disparità iniziale seguita dalla decimazione, forse in gran parte casuale – risiedono nella sua affermazione della storia come principale determinante delle direzioni della vita.

La concezione anteriore e diametralmente opposta di Walcott aveva localizzato decisamente il modello della storia della vita nell'altro stile, più convenzionale, della spiegazione scientifica: la prevedibilità diretta e la sussunzione sotto leggi invarianti della natura. Inoltre, oggi tenderemmo a rifiutare la concezione di Walcott di leggi invarianti vedendo in essa più un'espressione di una tradizione culturale e di una preferenza personale che non un'espressione accurata di modelli naturali. Come infatti abbiamo visto, Walcott lesse la storia della vita come il compimento di un fine divino garantito per fornire la coscienza umana dopo una lunga storia di progresso graduale e costante. Gli organismi di Burgess dovevano essere versioni primitive di animali destinati a continui miglioramenti e la vita doveva muovere in avanti da questo inizio limitato e semplice.

La nuova concezione si fonda invece sulla contingenza. Dato il gran numero di possibilità di Burgess press'a poco equivalenti sul piano delle promesse anatomiche – più di venti piani anatomici di artropodi in seguito decimati per dare quattro sopravvissuti, forse quindici o più anatomie uniche disponibili per essere utilizzate come rami maggiori, o phyla, dell'albero della vita – il nostro modello moderno di disparità anatomica viene gettato in grembo alla contingenza. L'ordine moderno non fu garantito da leggi fondamentali (selezione naturale, superiorità meccanica nei piani anatomici) e neppure da generalità di livello inferiore dell'ecologia o della teoria dell'evoluzione. L'ordine moderno è in gran parte un prodotto della contingenza. Come Bedford Falls nella versione con George Bailey, la vita ha una storia sensata e risolvibile, che in generale ci piace perché siamo riusciti a emergere in essa, esattamente un istante geologico fa. Ma, come Pottersville nella versione senza George Bailey, qualsiasi ripetizione, modificata da un qualsiasi particolare iniziale insignificante, avrebbe fornito un risultato diverso ugualmente ragionevole e risolvibile, ma estremamente sgradevole alla nostra vanità in assenza di forme di vita dotate di coscienza di sé. (È inutile dire che la nostra vanità inesistente non sarebbe senza dubbio un problema in un tale mondo alternativo.) Fornendo un insieme massimo di possibilità anatomicamente efficienti fin dall'inizio, la fauna di Burgess diventa il nostro esempio centrale per il potere di controllo della contingenza nel fissare il modello della storia della vita e la sua composizione attuale.

Infine, se si accetta il mio argomento che la contingenza non è solo risolvibile e importante ma anche – in un certo modo speciale – affascinante, allora Burgess non solo rovescia le nostre idee generali sull'origine del modello, ma ci colma di una nuova sorta di meraviglia (e anche di un *brivido* in considerazione dell'improbabilità dell'evento) per il fatto che l'evoluzione sia arrivata in generale sino all'uomo. Noi siamo stati migliaia e migliaia di volte *così vicini* (metti il pollice a un millimetro circa di distanza dall'indice) a essere cancellati in conseguenza dell'avviarsi della storia lungo una direzione diversa non meno ragionevole di quella che ha scelto. Se ripetiamo un milione di volte il film della vita a cominciare da Burgess, dubito che tornerà mai a svilupparsi qualcosa di simile all'*Homo sapiens*. È davvero una vita meravigliosa.

Vorrei fare un'osservazione finale sulla contrapposizione fra prevedibilità e contingenza. Io sto davvero sostenendo che nulla della storia della vita potrebbe essere predetto, o potrebbe seguire direttamente da leggi generali della natura? Ovviamente no; il problema che ci si pone è un problema di scala, o di livello di messa a fuoco. La vita presenta una struttura che obbedisce a princìpi fisici. Noi non viviamo in un caos di circostanze storiche le quali non risentano di nulla che sia accessibile al "metodo scientifico" qual è concepito tradizionalmente. Io sospetto che l'origine della vita sulla Terra sia stata virtualmente inevitabile, data la composizione chimica degli oceani e dell'atmosfera primordiali e i princìpi fisici di sistemi auto-organizzatori. Molto di ciò che forma la base degli organismi pluricellulari dev'essere imposto da regole di costruzione e di sana progettazione. Le leggi che governano superfici e volumi, riconosciute per la prima volta da Galileo, richiedono che grandi organismi sviluppino forme diverse rispetto a forme affini più piccole per conservare la stessa area relativa della superficie. Similmente, in organismi mobili costruiti per mezzo della divisione cellulare ci si può attendere l'esistenza di una simmetria bilaterale. (Gli organismi bizzarri di Burgess presentano questa forma di simmetria.)

Ma questi fenomeni, per quanto ricchi ed estesi, sono troppo lontani dai particolari che ci interessano sulla storia della vita. Le leggi naturali invarianti hanno un'incidenza sulle forme e sulle funzioni generali degli organismi; esse fissano i canali entro cui i piani organici devono evolversi. Ma i canali sono così ampi rispetto ai particolari che ci affascinano! I canali fisici non specificano artropodi, anellidi, molluschi e vertebrati, ma, al massimo, organismi a simmetria bilaterale fondati su metameri, ossia su segmenti ripetuti. I confini dei canali si dilatano ancor più quando ci poniamo gli interrogativi essenziali sulla nostra origine: perché si evolsero i mammiferi fra i vertebrati? Perché i primati si diedero alla vita arboricola? Perché il ramoscello che produsse l'*Homo sapiens* sorse e sopravvisse in Africa? Quando mettiamo a fuoco il livello dei particolari che regolano le questioni più comuni sulla storia della vita, la contingenza domina e la prevedibilità della forma generale recede in uno sfondo irrilevante.

Charles Darwin riconobbe questa distinzione centrale fra *leggi sullo sfondo* e *contingenza nei particolari* in un famoso scambio di lettere col devoto evoluzionista cristiano Asa Gray. Gray, botanico a Harvard, era incline a sostenere non solo la dimostrazione di Darwin dell'evoluzione, ma anche il principio della selezione naturale come suo meccanismo. Gray era però preoccupato per le implicazioni dell'evoluzionismo per la fede cristiana e per il significato della vita. Egli temeva, in particolare, che la concezione di Darwin non lasciasse spazio al governo della legge e che presentasse la natura come plasmata per intero dal cieco caso.

Darwin, nella sua profonda risposta, riconobbe l'esistenza di leggi generali che regolano la vita in un senso ampio. Queste leggi, sostenne con riferimento alla principale preoccupazione di Gray, potrebbero addirittura (a quanto sappiamo) riflettere qualche fine superiore nell'universo. Ma il mondo naturale è pieno di particolari, e sono questi a formare l'argomento primario della biologia. Molti di questi particolari sono "crudeli" quando vengano misurati, in modo inappropriato, con criteri morali umani. Darwin scrisse a Gray: "Non posso persuadermi che un Dio benigno e onnipotente avrebbe creato intenzionalmente gli icneumonidi con la precisa intenzione che si nutrissero del corpo vivente di bruchi, o che avrebbe deciso che un gatto dovesse giocherellare con i topi." Come si poteva quindi conciliare l'amoralità dei particolari con un universo le cui leggi generali potessero riflettere un qualche fine superiore? Darwin rispose che i particolari si situano in un ambito della contingenza non diretto dalle leggi che stabiliscono i canali. L'universo, rispose Darwin a Gray, è governato da leggi, mentre "i particolari, buoni o cattivi, [sono lasciati] all'azione di quello che possiamo chiamare caso" [lettera del 22 maggio 1860].

Così, in definitiva, l'interrogativo supremo si riduce a dove situare il confine fra la prevedibilità sotto la legge invariante e le molteplici possibilità della contingenza storica. I tradizionalisti come Walcott collocavano il confine così in basso che tutti i modelli principali della storia della vita venivano a trovarsi al di sopra di tale linea nel regno della prevedibilità (e, per lui, erano una manifestazione diretta di intendimenti divini). Io ritengo invece che il confine vada posto così in alto che quasi tutti gli eventi interessanti della storia della vita rientrano nel regno della contingenza. La nuova interpretazione della fauna di Burgess è secondo me l'argomento migliore per fissare il confine così in alto.

Ciò significa – e noi dobbiamo affrontare lealmente questa implicazione – che l'origine dell'*Homo sapiens*, come minuscolo ramoscello su un ramo improbabile di un albero la cui forma dipende in gran parte dalla contingenza, si trova molto al di sotto di tale confine. Nello schema di Darwin, noi non siamo un fine o l'incarnazione del tutto, ma rientriamo nei "particolari, buoni o cattivi, [lasciati] all'azione di quello che possiamo chiamare caso". Se l'origine evolutiva di una qualsiasi forma di intelligenza cosciente di sé si trovi sopra o sotto questo confine, io semplicemente non lo so. Tutto ciò che possiamo dire è che il nostro pianeta non si è mai avvicinato una seconda volta a sviluppare una forma di autocoscienza.

Per chiunque si senta cosmicamente scoraggiato dalla prospettiva di essere un semplice dettaglio nell'ambito della contingenza, cito per consolazione una meravigliosa poesia di Robert Frost, *Design*, dedicata esplicitamente a questa preoccupazione. Durante una passeggiata mattutina, Frost trova una strana combinazione di tre oggetti bianchi con geometrie diverse. Questa combinazione peculiare ma appropriata, sostiene Frost, deve contenere una qualche forma di intento; essa non può essere accidentale. Ma poiché la scena cui assistiamo ci appare biasimevole in relazione a qualsiasi criterio di moralità umana, se l'intento fosse veramente manifesto, come dovremmo considerare il nostro universo? Noi dobbiamo accettare serenamente l'appropriata soluzione darwiniana. Quelli che osserviamo sono particolari contingenti, e nondimeno possiamo sperare di trovare l'intenzione, o almeno la neutralità, nell'universo in generale.

I found a dimpled spider, fat and white,
On a white heal-all, holding up a moth
Like a white piece of rigid satin cloth–
Assorted characters of death and blight
Mixed ready to begin the morning right,
Like the ingredients of a witches' broth–
A snow-drop spider, a flower like a froth,
And dead wings carried like a paper kite.

What had that flower to do with being white,
The wayside blue and innocent heal-all?
What brought the kindred spider to that height,
Then steered the white moth thither in the night?
What but design of darkness to appall?
If design govern in a thing so small.

Trovai un ragno con fossette, grasso e bianco,
Su una bianca morella, che stringeva fra le zampe una falena
Come un pezzo di rigido tessuto di raso bianco:
Personaggi assortiti di morte e di distruzione
Uniti per cominciare subito bene la mattina,
Come gli ingredienti di un intruglio di streghe:
Un ragno bucaneve, un fiore come schiuma,
E ali morte trasportate come un aquilone.

Perché quel fiore doveva essere proprio bianco,
La morella di solito violacea e innocente?
Che cosa portò il ragno suo simile fino a quell'altezza,
E poi guidò la falena bianca laggiù nella notte?
Che cosa se non un disegno spaventoso del male?
Se il disegno governa in una cosa tanto piccola.

Io temo che l'*Homo sapiens* sia una "cosa tanto piccola" in un vasto universo, un evento evolutivo estremamente improbabile nell'ambito della contingenza. Il lettore può prendere questa conclusione come gli pare. Alcuni troveranno questa prospettiva deprimente; io l'ho sempre considerata esaltante: una fonte insieme di libertà e di conseguente responsabilità morale.

5. Mondi possibili: il potere della "sola storia"

UNA STORIA DI ALTERNATIVE

Nel capitolo scorso ho fornito una breve trattazione generale astratta della contingenza. Ma l'argomentazione a favore della "sola storia" non può fondarsi sulla mera plausibilità o sulla forza del ragionamento. Devo riuscire a convincere il lettore – con un esempio concreto – che alternative onorevoli, ragionevoli e affascinantemente diverse avrebbero potuto produrre una storia della vita assai divergente non arricchita dall'intelligenza umana.

La principale difficoltà nella descrizione di alternative è ovviamente che non si sono verificate, e noi non possiamo conoscere i particolari della loro plausibile occorrenza. Io sono sicuro, per esempio, che nessun paleontologo, se gli fosse stato concesso lo specialissimo privilegio di passare in rassegna (ovviamente senza il senno di poi) le venticinque possibilità di piani anatomici degli artropodi di Burgess, avrebbe potuto scartare la comunissima (e anatomicamente prosperosa) *Marrella*, mettere da parte la complessa *Leanchoilia* o la robusta, ordinaria *Sidneyia*, e accogliere nel gruppo degli eletti l'ecologicamente specializzata *Aisheaia* e la rara *Sanctacaris*. Ma quand'anche fossimo in grado di considerare un mondo di artropodi moderni derivati da discendenti della *Marrella*, della *Leanchoilia* e della *Sidneyia*, come potremmo divinare le forme che avrebbero assunto i loro discendenti? Dopo tutto, non siamo in grado di fare previsioni neppure quando conosciamo la linea di discendenza: non riusciamo a prevedere l'effimera nell'*Aisheaia* o la vedova nera nella *Sanctacaris*. Come potremmo specificare il mondo prodotto da diverse decimazioni?

Io credo che la risposta migliore a questo dilemma sia quella di adottare un approccio più modesto. Anziché cercare di prevedere mondi fondati su discendenti inconoscibili di gruppi che di fatto non sopravvissero, consideriamo un mondo alternativo plausibile, differente solo nella diversità di due gruppi presenti a Burgess che sopravvivono ancor oggi, giacché in questo caso ci basta fare congetture sulla loro abbondanza relativa. Consideriamo due gruppi di organismi che vivono in oceani moderni: uno ricchissimo di forme e l'altro quasi esaurito. Avremmo potuto sapere, considerandoli entrambi ai loro inizi a Burgess, quale fosse destinato al dominio e quale a uno status periferico in tutti gli angoli di un mondo spietato? Possiamo presentare un'argomentazione plausibile a sostegno di una ripetizione con un esito opposto? (Di nuovo, come per tanta parte di questo libro, devo questo esempio al suggerimento e al precedente esame di Simon Conway Morris.)

Consideriamo la distribuzione attuale dei due phyla che condividono il piano corporeo più comune fra gli invertebrati: la flessibile, allungata simmetria bilaterale dei "vermi". I policheti, i principali componenti marini del phylum degli anellidi (comprendente sulla terraferma i lombrichi), rappresentano una delle massime storie di successo della vita. Il migliore compendio moderno, la *McGraw-Hill Synopsis and Classification of Living Organisms* (1982) di Sybil P. Parker, dedica quaranta pagine a un sommario fittissimo delle loro ottantasette famiglie, mille generi e circa ottomila specie. I policheti variano per dimensioni da meno di un millimetro a più di tre metri; vivono quasi dappertutto, per lo più sul fondo del mare, ma alcuni anche in acque salmastre o in acque dolci, e altri nella terra umida. I loro stili di vita coprono l'intera gamma dell'immaginabile: i più conducono vita indipendente come carnivori o saprofagi, mentre altri vivono commensalmente con spugne, molluschi o echinodermi, e altri ancora sono parassiti.

Per contrasto si considerino i priapulidi, vermi scavatori il cui corpo è diviso grosso modo in tre parti: una parte posteriore con una o due appendici, un tronco intermedio e un'estremità frontale ritraibile, o proboscide. Tanto la forma della proboscide quanto il suo potere di erezione dal tronco ricordarono evidentemente ai primi zoologi maschi qualcos'altro, a cui erano fermamente e affettuosamente attaccati: affezione di cui rimane traccia nel nome scientifico assegnato a queste creature di *Priapulus*, o "piccolo pene".

L'"armamento" della proboscide dei priapulidi potrebbe fornire qualche motivo di allarme qualora si portasse troppo avanti un'analogia ingiustificata. Nella maggior parte delle specie la parte inferiore della proboscide sfoggia venticinque file di piccoli denti o aculei, sormontati da un collare o anello boccale. L'estremo superiore dello stesso organo contiene vari pentagoni inscritti di denti che circondano la bocca. La maggior parte dei priapulidi sono carnivori attivi, che catturano e inghiottono intera la loro preda, anche se una loro specie può nutrirsi di detriti.

Ma quando consideriamo il compendio degli organismi viventi della

Parker, troviamo solo tre pagine dedicate ai priapulidi, con una descrizione ben dettagliata di ciascuna famiglia. I priapulidi non danno un grande contributo alla diversità organica; gli zoologi ne hanno trovato solo una quindicina di specie. Per qualche ragione, i priapulidi non si possono annoverare fra le storie di successo della biologia moderna.

Un esame della distribuzione dei priapulidi fornisce un indizio circa il loro relativo insuccesso. Tutti i priapulidi vivono in ambienti insoliti, aspri o marginali, come se essi non potessero competere negli ambienti di acque poco profonde frequentati dagli organismi marini più "normali", e potessero sopravvivere solo dove non interessa vivere agli organismi ordinari. Due famiglie di priapulidi comprendono organismi così piccoli da vivere fra granelli di sabbia nel mondo ricco e affascinante (ma decisamente poco "normale") della cosiddetta fauna interstiziale. La maggior parte dei priapulidi appartengono alla famiglia Priapulidae, vermi più grossi (lunghi fino a venti centimetri) che vivono sul fondo del mare. Ma questi priapulidi non si trovano negli ambienti più ricchi delle acque basse dei tropici. Essi vivono negli ambienti più freddi, a profondità maggiori nelle regioni tropicali e in acque poco profonde nei climi rigidi delle latitudini superiori. Sono anche in grado di tollerare una varietà di condizioni insolite: bassi livelli di ossigeno, acido solfidrico, una salinità scarsa o con forti oscillazioni, e ambienti improduttivi che impongono lunghi periodi di scarsità estrema di cibo. Non è un'inferenza ingiustificata sostenere che i priapulidi sono riusciti a sopravvivere in un mondo difficile optando per luoghi difficili in cui non c'è una forte concorrenza.

Potremmo supporre che queste differenze sorprendenti fra i due gruppi moderni dei policheti e dei priapulidi indichino qualcosa di così intrinseco sul "carattere" relativo di questi due gruppi che la loro storia geologica dovrebbe essere un racconto ininterrotto di prosperità dei policheti e di dure lotte dei priapulidi. Su questo punto dobbiamo però attenderci ancora un'altra sorpresa da parte della terribile fauna di Burgess. Questa prima apparizione documentata di organismi dal corpo molle ci presenta sei generi di policheti e sei o sette generi di priapulidi. (Vedi le monografie di Conway Morris sui priapulidi, 1977d, e sui policheti, 1979.)

Inoltre, i priapulidi di Burgess sono numericamente una componente importante di questa fauna primordiale e, assieme agli anomalocaridi e ad alcuni artropodi, sono i primi importanti carnivori dal corpo molle del nostro pianeta. La *Ottoia prolifica* (figura 5.1), il più comune fra i priapulidi di Burgess, inghiottiva intere le sue prede. Gli iolitidi (organismi dalla conchiglia conica di affinità incerta) erano fra i loro cibi preferiti. Trentun esemplari di iolitidi sono stati trovati nell'intestino di esemplari di *Ottoia*, per lo più inghiottiti nello stesso orientamento (e perciò, quasi certamente, cacciati e divorati in un modo ben definito). Un esemplare di *Ottoia* aveva sei iolitidi nel proprio canale digerente.

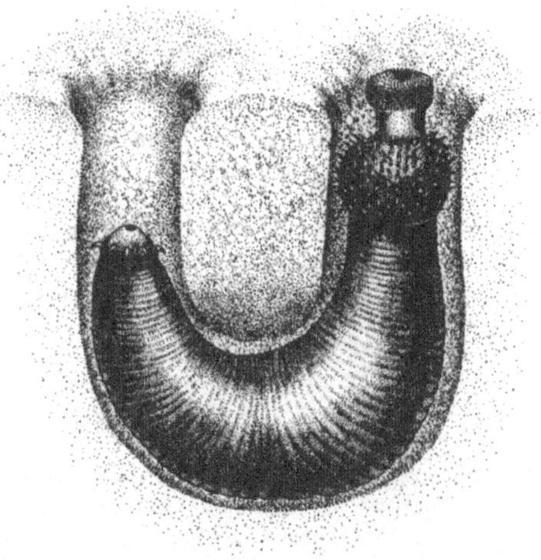

5.1. *Il priapulide di Burgess* Ottoia *nella sua tana, con la proboscide distesa per metà. Disegno di Marianne Collins.*

Un altro individuo aveva mangiato esemplari più piccoli della sua stessa specie: l'esempio più antico di cannibalismo registrato nella documentazione fossile.

Per contrasto i policheti (figura 5.2), pur essendo pari ai priapulidi per diversità tassonomica, sono molto più rari numericamente. Conway Morris osserva: "Rispetto alla situazione che si riscontra in molti ambienti marini moderni, i policheti della fauna di Burgess avevano un ruolo relativamente minore."

5.2. *Il polichete di Burgess* Canadia. *Disegno di Marianne Collins.*

È chiaro che qualcosa di drammatico (e di catastrofico) è accaduto ai priapulidi dopo Burgess. Un tempo non avevano rivali per abbondanza fra le forme dal corpo molle, superando persino gli orgogliosi policheti attualmente dominanti. Oggi sono pochi e dimenticati, cittadini delle periferie spaziali e ambientali degli oceani. L'intero mondo moderno non contiene più generi di priapulidi di quanti ne contenga la singola fauna di Burgess, estratta da una piccola cava nella British Columbia; i priapulidi di Burgess occupavano inoltre il centro della scena, e non le province più povere. Che cos'è accaduto?

Non lo sappiamo. È forte la tentazione di sostenere che i policheti abbiano avuto qualche punto forte biologico sin dal principio e che fossero destinati a dominare, per quanto modesti possano essere stati i loro inizi. Ma non abbiamo alcuna idea di quale possa essere stato tale vantaggio. Conway Morris fa l'ipotesi interessante che i policheti di Burgess non avessero mascelle e che questi organi, che segnarono il successo dei policheti predatori, non si siano evoluti sino al successivo periodo Ordoviciano. Forse l'origine delle mascelle diede ai policheti il vantaggio rispetto ai priapulidi, in precedenza più abbondanti?

Questa supposizione è plausibile e potrebbe essere corretta, ma non lo sappiamo con sicurezza; e una correlazione (quella dell'apparizione delle mascelle con l'inizio della dominanza) non implica necessariamente un rapporto causale. In ogni caso, il nostro ipotetico geologo di Burgess non avrebbe potuto sapere che i modesti policheti avrebbero sviluppato le mascelle cinquanta milioni di anni dopo.

La distribuzione e la scarsità dei priapulidi moderni, relativamente all'abbondanza di Burgess, indica un insuccesso di fondo, ma chi può ricostruire i perché e i percome? E chi può dire che la ripetizione del film della vita non avrebbe dato un mondo moderno dominato da priapulidi, con pochi policheti senza mascelle condannati a lottare strenuamente per la sopravvivenza in aree marginali? Ciò che è accaduto ha un senso; il nostro mondo non è capriccioso. Ma molti altri scenari plausibili avrebbero soddisfatto qualsiasi fanatico moderno del progresso e del buon senso, e il dominio dei priapulidi è senza dubbio fra le cose che avrebbero potuto essere e non sono state.

Queste bizzarrie di Burgess sono comuni all'intera storia della vita o sono solo una stranezza tipica di inizi incerti, soppiantata da una posteriore inesorabilità? Consideriamo un'altra possibilità che non si è realizzata: quando i dinosauri si estinsero, nel Cretacico, lasciarono un vuoto nel mondo dei carnivori di grande mole corporea. L'attuale dominio dei felidi e dei canidi fu la conseguenza di una necessità prevedibile o fu determinato solo da una fortuna contingente? Un paleontologo dell'Eocene, esaminando il mondo dei vertebrati cinquanta milioni di anni fa, avrebbe potuto designare come destinati a un futuro successo i progenitori del leone, il re degli animali?

Io ne dubito. Il mondo dell'Eocene aveva molte linee di carnivori mammiferi, di cui solo una ancestrale a forme moderne, la quale a quel tempo non si distingueva per virtù specifiche. Ma l'Eocene rappresentò un momento speciale nella storia dei carnivori, un punto in equilibrio fra due possibilità, una delle quali si realizzò, e l'altra è oggi dimenticata. I mammiferi non erano gli unici candidati al successo. Nel 1917 i paleontologi americani W. D. Matthew e W. Granger descrissero lo scheletro, "splendido e del tutto inatteso", di un gigantesco uccello predatore eocenico trovato nel Wyoming, la *Diatryma gigantea*:

> La *Diatryma* era un uccello gigantesco che viveva sul terreno e aveva ali vestigiali. Nella mole del corpo e degli arti era superata solo dai moa più grandi e non aveva pari fra gli uccelli viventi... Lo scheletro ricostruito è alto più di due metri. Il collo e la testa erano del tutto diversi da quelli di qualsiasi uccello vivente: il collo era corto e possente, la testa di dimensioni enormi con un becco grosso e stretto (1917).

La testa gigantesca e il collo corto e possente identificano la *Diatryma* come un feroce carnivoro, in netto contrasto con la testa piccola e il collo lungo e snello dei più pacifici struzioniformi (struzzi, rea e affini). Come il tirannosauro, dai piccoli arti anteriori ma dalla testa massiccia e dai possenti arti posteriori, è presumibile che la *Diatryma* colpisse violentemente la preda con le zampe, la artigliasse e la mordesse sino a ridurla all'impotenza.

I diatrimidi, forse lontani parenti delle gru ma non degli struzzi, furono diffusi in Europa e in Nordamerica per vari milioni di anni. Lo scettro di carnivoro dominante avrebbe potuto andare agli uccelli, ma infine furono i mammiferi a prevalere, non sappiamo perché. Possiamo escogitare storie sulle due gambe, sul cervello degli uccelli e sulla mancanza di denti come caratteri necessariamente inferiori alle quattro gambe e ai canini dei mammiferi, ma siamo intimamente convinti che, se avessero vinto gli uccelli, avremmo potuto trovare ragioni altrettanto valide per spiegare l'inevitabilità del loro successo. A. S. Romer, il più autorevole paleontologo dei vertebrati della scorsa generazione, scrisse nel suo trattato, che è la bibbia in questo campo:

> La presenza di questo grande uccello in un'epoca in cui i mammiferi avevano, per lo più, dimensioni molto piccole (il cavallo aveva a quell'epoca la mole di un fox-terrier), suggerisce qualche possibilità interessante, che non si realizzò mai. I grandi rettili si erano estinti, e la superficie della Terra era aperta alla conquista. Come possibili successori c'erano i mammiferi e gli uccelli. I primi riuscirono nella conquista, ma l'apparizione di una forma come la *Diatryma* mostra che, all'inizio, gli uccelli rivaleggiarono con i mammiferi. (1966, p. 171)

In tutte queste congetture sulle possibili ripetizioni del film della vita, dobbiamo dolerci della mancanza di qualsiasi esperimento controllato. Non possiamo produrre una ripetizione reale e il nostro pianeta ci ha fornito solo una versione. Ma la cruciale situazione di equilibrio nell'Eocene fra uccelli e mammiferi ci fornisce anche un dato diverso.

Per una volta, il nostro pianeta recalcitrante e complesso eseguì in realtà un esperimento di grande interesse per noi. Il film della vita ebbe una sorta di ripetizione limitata in Sudamerica, e questa volta vinsero gli uccelli, o almeno costrinsero i mammiferi a un onorevole pareggio!

Il Sudamerica fu un continente-isola, una sorta di super-Australia, fino a quando, solo qualche milione di anni fa si formò l'Istmo di Panama. La maggior parte degli animali considerati tipicamente sudamericani – come giaguari, lama e tapiri – vi migrarono dal Nordamerica dopo la formazione dell'istmo. La grande fauna nativa del Sudamerica si è in gran parte estinta (con pochi superstiti, per quanto affascinanti, come armadilli, bradipi e opossum virginiani). Nessun carnivoro placentato era stato accolto in quest'arca gigantesca. La maggior parte dei libri di divulgazione ci dicono che i carnivori nativi del Sudamerica erano tutti marsupiali, i cosiddetti borienidi. Spesso trascurano di dirci che un altro gruppo importante era altrettanto prospero, se non più: quello dei giganteschi uccelli corridori fororacidi. Anche i fororacidi avevano testa grossa e collo corto e robusto, ma non erano parenti stretti della *Diatryma*. In Sudamerica gli uccelli ebbero una seconda possibilità di competere come carnivori dominanti, e questa volta ebbero successo, come suggerisce la famosa ricostruzione eseguita da Charles R. Knight di un fororacide in posizione di trionfo su una vittima mammaliana (figura 5.3).

5.3. *Un uccello fororacide del Sudamerica in trionfo sulla sua preda, un mammifero, in una ricostruzione di Charles R. Knight (1901).*

Nel nostro compiaciuto campanilismo fondato sui placentati, possiamo dire che gli uccelli poterono trionfare in Sudamerica solo perché i marsupiali sono inferiori ai placentati, e non furono quindi in grado di opporre una competizione così efficace come quella che in Europa e in Nordamerica condusse invece alla vittoria dei mammiferi. Ma possiamo esserne così sicuri? Anche i borienidi potevano essere grossi e feroci, con una mole simile a quella degli orsi, e compresero animali temibili come il *Thylacosmilus*, la tigre marsupiale dalle zanne a sciabola. Noi potremmo comunque restare scettici in proposito, sottolineando che i fororacidi (assieme ai borienidi) si estinsero non appena il Sudamerica fu invaso attraverso l'istmo dai superiori mammiferi placentati. Ma neppure questa saga comune del progresso regge. G. G. Simpson, il massimo esperto sull'evoluzione dei mammiferi del Sudamerica, scrisse in uno dei suoi ultimi libri:

> È stato detto talvolta che questi e altri uccelli inetti al vòlo del Sudamerica... sopravvissero perché su quel continente non ci furono per molto tempo carnivori placentati. Questa congettura è tutt'altro che convincente... La maggior parte dei fororacidi si estinsero prima, e solo qualche piccolo gruppo isolato scomparve dopo l'arrivo dei carnivori placentati in Sudamerica. Molti fra i borienidi che convissero con tali uccelli per molti milioni di anni erano temibili predatori... Era più probabile che i fororacidi uccidessero mammiferi piuttosto che esserne uccisi. (Simpson, 1980, pp. 145-150)

Dobbiamo concludere, penso, che il Sudamerica rappresenti una ripetizione legittima, il secondo round, a favore degli uccelli.

MODELLI GENERALI CHE ILLUSTRANO LA CONTINGENZA

Questa storia di vermi e di uccelli – la prima parte caratterizzata dall'avanzata impetuosa della storia da Burgess a oggi e la seconda arricchita dalla ripetizione di un esperimento naturale – sposta la contingenza dallo status di affermazione generale sulla storia al regno delle cose tangibili. Una singola storia può stabilire la plausibilità per mezzo dell'esempio, ma non può fornire un'argomentazione incontrovertibile. Il ragionamento di fondo di questo libro ha bisogno di due sostegni finali: innanzitutto, una formulazione sulle proprietà generali della storia della vita che rafforzi i titoli della contingenza; e, in secondo luogo, una cronologia di esempi che illustrino il potere della contingenza non solo per casi scelti e specifici bensì per le vie e probabilità più generali della vita sul nostro pianeta. Questa sezione e la prossima presentano questi sostegni finali alla mia argomentazione: un epilogo su un fatto singolare completa poi il libro.

Se il tempo geologico avesse operato esattamente nel modo considerato da Darwin, la contingenza regnerebbe ancora, anche se forse sarebbe una parte un po' maggiore del modello generale della vita compresa nell'ambito del prevedibile sulla base di princìpi generali. Ricordiamo che Darwin considerò la storia della vita attraverso le sue metafore di controllo della competizione e del cuneo (vedi p. 233): il mondo è pieno di specie, cunei fittamente piantati su un tronco, e nuove forme possono entrare in comunità ecologiche solo scalzandone altre (facendone saltar fuori i cunei corrispondenti). La sostituzione di una forma da parte di un'altra procede per mezzo della competizione sotto l'arbitrato della selezione naturale, e le specie meglio adattate si affermano. Darwin ritenne che questo processo, operante nel micromomento del qui e ora, potesse essere estrapolato alle innumeri estensioni del tempo geologico, fornendo così il modello generale della storia della vita. Per esempio, nel capitolo 10 dell'*Origine delle specie*, Darwin si diede un gran da fare (anche se erroneamente, dal nostro punto di vista attuale) per mostrare che le estinzioni non sono rapide e simultanee per grandi varietà di forme e di ambienti, ma che ogni gruppo importante si esaurisce lentamente, e il suo declino è connesso all'avvento di un competitore superiore.[1] Ma con l'espressione "meglio adattato" Darwin intendeva solo "più adatto ad ambienti locali mutevoli", e non superiore in un qualsiasi senso anatomico generale. Le vie all'adattamento locale possono tanto limitare quanto migliorare le prospettive di successo a lungo termine (semplificazione nei parassiti, eccessiva elaborazione dei pavoni). Inoltre, non c'è nulla di così capriccioso e imprevedibile – sia nelle nostre metafore sia nel nostro pianeta – come le tendenze nel clima e nella geografia. I continenti si frammentano e si allontanano fra loro; la circolazione oceanica muta; i fiumi cambiano il loro corso; si formano montagne; si prosciugano estuari. Se la vita è più impegnata ad adattarsi a variazioni ambientali che a salire su per una scala di progresso, dovrebbe regnare la contingenza.

Io affermo il grande ruolo della contingenza nel sistema di Darwin non come un logico corollario della sua teoria, ma come un tema esplicito centrale alla sua vita e al suo lavoro. Darwin invocò la contingenza in un modo affascinante come suo sostegno primario al fatto dell'evoluzione stessa. Egli racchiuse la difesa della propria teoria in un paradosso. Si potrebbe pensare che la prova migliore a sostegno dell'evoluzione risiedesse in quegli esempi esattissimi di adattamento ottimale sviluppati presumibilmente dalla selezione naturale: la perfezione aerodinamica di una piuma o il mimetismo impeccabile di insetti che assomigliano a foglie o a stecchi. Tali fenomeni forniscono gli esem-

[1] Le estinzioni di massa non negano il principio della selezione naturale, poiché gli ambienti possono cambiare troppo rapidamente e troppo profondamente per consentire una risposta organica, ma le estinzioni coordinate contrastano con la tendenza di Darwin a vedere il grande nel piccolo, e a vedere nella competizione organica, gruppo contro gruppo, la fonte primaria del modello complessivo della vita.

pi classici dei nostri libri di testo a dimostrazione dell'efficacia delle modificazioni evolutive: i mulini della selezione naturale possono operare lentamente, ma macinano molto fine. Eppure Darwin riconobbe che la perfezione non può fornire una prova a sostegno dell'evoluzione, poiché l'ottimalità nasconde il percorso seguito dalla storia.

Se le piume sono perfette, potrebbero non solo essere state sviluppate a partire da una precedente anatomia per opera di un processo naturale ma anche essere state progettate dal nulla da un Dio onnipotente. Darwin riconobbe che la prova primaria a sostegno dell'evoluzione doveva essere ricercata quindi in bizzarrie, stranezze e imperfezioni che cospargono il percorso della storia. I cetacei, con le loro ossa pelviche vestigiali, devono essere discesi da progenitori terrestri con arti funzionali. I panda, che mangiano bambù, hanno dovuto costruirsi un "pollice" imperfetto da un pezzetto di osso del polso, perché i loro progenitori carnivori avevano perso la mobilità richiesta del primo dito. Molti animali delle Galápagos differiscono solo leggermente da specie affini dell'Ecuador, nonostante che il clima di queste isole vulcaniche relativamente fredde sia molto diverso dalle condizioni vigenti sull'adiacente continente sudamericano. Se i cetacei non conservassero traccia della loro eredità terrestre, se i panda avessero un pollice perfetto, se la vita sulle Galápagos fosse perfettamente adattata ai curiosi ambienti locali, la storia non avrebbe alcun rapporto con le produzioni della natura. Ma le contingenze della storia plasmano il nostro mondo e l'evoluzione si manifesta proprio nella varietà di strutture che non hanno altra spiegazione che l'ombra del loro passato.

La contingenza governa quindi persino nel mondo darwiniano dell'estrapolazione dalla competizione organica all'interno di comunità locali zeppe di specie. Un interessante movimento intellettuale dell'ultimo quarto di questo secolo ci ha però condotti a riconoscere che la natura non ha un ordine così uniforme e continuo; il grande non emerge dal piccolo semplicemente attraverso l'aggiunta di tempo. Vari modelli su grande scala – fondati sulla natura della macroevoluzione e sulla storia degli ambienti – impongono la loro impronta caratteristica sulle vie della natura, e inoltre sconvolgono, risistemano e riorientano qualsiasi cosa possa essersi accumulata nel tempo nello scorrere di processi nell'immediato qui e ora. La maggior parte di questi modelli rafforzano fortemente il tema della contingenza (vedi Gould, 1985a). Consideriamone solo due.

Il modello di Burgess della massima proliferazione iniziale

Il principale argomento di questo libro è che la contingenza sia stata confermata in misura incalcolabile dalla percezione primaria fornitaci dalla fauna di Burgess. Gli organismi viventi non si formarono in conseguenza di una lenta evoluzione per proliferazione e progresso continui bensì furono fissati in conseguenza di una decimazione molto pronunciata (dopo una rapida diversificazione iniziale di piani anatomici), decimazione realizzata probabilmente con una componente forte, forse dominante, di lotteria.

Quel che ci preme sapere è se Burgess rappresenti un caso anomalo o un tema generale nella storia della vita: se infatti la maggior parte degli alberi filogenetici hanno la forma di alberi di Natale, con la larghezza massima alla base, la contingenza acquisterà la sua massima promozione possibile come forza predominante nella storia della disparità organica. La convinzione dell'importanza di questo problema mi ha condotto a dedicare gran parte della mia ricerca tecnica negli ultimi quindici anni alla prevalenza del "centro di gravità in basso" negli alberi filogenetici (Raup et al., 1973; Raup e Gould, 1974; Gould et al., 1977; Gould, Gilinsky e German, 1987).

I paleontologi hanno riconosciuto da molto tempo il modello di Burgess della massima disparità iniziale in gruppi convenzionali di fossili con parti dure. Il primo esempio ci viene fornito dagli echinodermi. Tutti i rappresentanti moderni di questo phylum esclusivamente marino rientrano in cinque gruppi principali: le stelle di mare (Asteroidea), le stelle serpentine (Ophiuroidea), i ricci di mare (Echinoidea), i gigli di mare (Crinoidea) e i cetrioli di mare (Holothuroidea). Tutti questi organismi condividono il modello fondamentale della simmetria radiale pentagonale. Eppure le rocce del Paleozoico Inferiore, all'inizio del phylum, presentano da venti a trenta gruppi basilari di echinodermi, fra cui talune anatomie che esorbitano di molto dai confini moderni del gruppo. Gli edrioasteroidi costruivano il loro scheletro globulare secondo una simmetria in tre parti. La simmetria bilaterale di alcuni "carpoidi" è così pronunciata che alcuni paleontologi li considerano possibili progenitori dei pesci, e perciò anche dell'uomo (Jefferies, 1986). I bizzarri elicoplacoidi svilupparono un solo solco del cibo (non cinque), avvolto attorno allo scheletro in una linea elicoidale. Nessuno di questi gruppi sopravvisse oltre i confini del Paleozoico, e tutti gli echinodermi moderni occupano l'ambito ristretto della simmetria pentagonale. Eppure nessuno di questi antichi gruppi mostra alcun segno di insufficienza anatomica, o alcun indizio di essere stato eliminato mediante competizione da parte di piani anatomici sopravvissuti. Modelli simili si possono trovare nella storia dei molluschi e dei vertebrati (dove gli antichi agnati e i "pesci" dotati di mascelle primitive presentano più variazione nel numero e nell'ordine delle ossa di tutti i posteriori uccelli, rettili e mammiferi; la varietà esterna fondata sulla stereotipia dei piani anatomici è diventata il contrassegno esterno dei vertebrati).[2]

[2] La ripetizione del modello di Burgess in gruppi convenzionali con parti dure è una grande fortuna e consente di sottoporre a verifica il problema presentato dal fenomeno

In miei studi recenti ho concluso che il modello della massima latitudine iniziale è un carattere generale, non solo di gruppi importanti nell'esplosione del Cambriano, bensì di linee genealogiche in varie scale e in vari tempi. Di fatto, abbiamo proposto che quest'asimmetria "con centro di gravità in basso" possa essere considerata uno fra i pochi fenomeni naturali che impartiscono una direzione al tempo, fornendo così un raro esempio di "freccia del tempo" (Gould, Gilinsky e German, 1987; Morris, 1984). Nel nostro studio abbiamo rappresentato linee genealogiche e gruppi tassonomici nella forma dei tradizionali "diagrammi a fuso" della paleontologia, letti intuitivamente col tempo come dimensione verticale, e con la larghezza proporzionale in ogni tempo al numero di rappresentanti del gruppo allora viventi (figura 5.4). Questi diagrammi possono avere il centro di gravità in basso o in alto, o possono essere simmetrici (col massimo numero di rappresentanti nella parte centrale dell'ambito geologico). Se la storia della vita è caratterizzata da linee genealogiche col centro di gravità in basso, il modello di Burgess possiede generalità a prescindere dalla scala (poiché la maggior parte dei nostri diagrammi a fuso rappresentano gruppi di basso rango tassonomico, di solito generi all'interno di famiglie). Se predominano linee genealogiche simmetriche, allora la forma di diversificazione non dà una direzione al tempo.

Noi misuriamo il grado di asimmetria sulla base della posizione relativa del centro di gravità del diagramma. Quest'affermazione può sembrare un modo per riempirsi la bocca, ma in realtà si tratta di una misura intuitiva e facile da comprendere. Le linee genealogiche con centri di gravità inferiori a 0,5 (col centro di gravità in basso nella nostra terminologia) raggiungono la loro massima diversità prima del punto centrale, ossia seguono il modello di Burgess. Le linee genealogiche con centro di gravità superiore a 0,5 conseguono la loro massima rappre-

della decimazione: gli sconfitti scompaiono in conseguenza di un'inferiorità nella competizione, o per una lotteria? Purtroppo possiamo apprendere ben poco su questo problema chiave dalla fauna di Burgess stessa, poiché questa fauna dal corpo molle è solo un punto nel tempo, e noi non abbiamo virtualmente alcuna prova sul modello della posteriore decimazione. (Un artropode del Devoniano, il *Mimetaster* dello Hunsrückschiefer, è probabilmente un parente superstite della *Marrella*; la maggior parte delle altre anatomie di Burgess scompaiono senza lasciare discendenti, e non abbiamo alcun elemento per stabilire come o quando siano scomparse.) Ma è possibile ricostruire i modelli di estinzione in gruppi con parti dure. Paradossalmente, perciò, il modo migliore e più efficace per verificare quali siano state le cause di decimazione a Burgess sarebbe quello di studiare la situazione parallela ma accessibile negli echinodermi. La prima domanda è: gli echinodermi "inefficienti" tendono a sparire in grande quantità durante le estinzioni di massa, o a esaurirsi gradualmente in vari tempi non coordinati fra loro? La prima situazione sarebbe una forte prova per una robusta componente della lotteria nella decimazione. Noi non conosciamo la risposta a questa domanda, ma essa è in linea di principio accessibile.

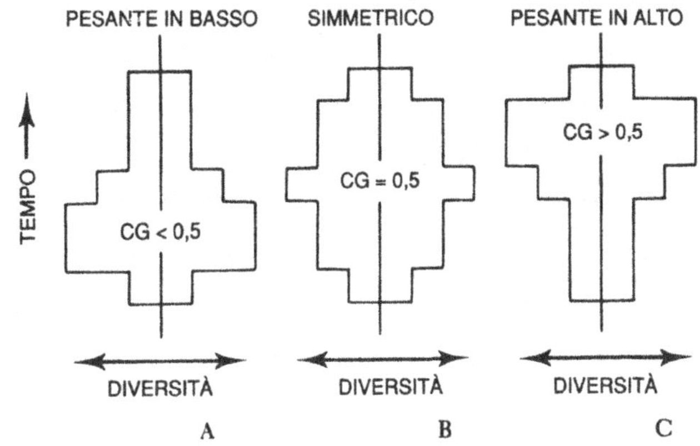

5.4. *Centri di gravità in diagramma paleontologici a fusi. A) Diagramma con la parte più pesante in basso, centro di gravità inferiore a 0,5. B) Diagramma simmetrico, centro di gravità a 0,5. C) Diagramma con la parte più pesante in alto, centro di gravità superiore a 0,5.*

sentazione oltre il punto di mezzo della loro durata di vita geologica (vedi figura 5.4).

In questo modo abbiamo passato in rassegna l'intera storia della vita degli invertebrati marini, costruendo 708 diagrammi a fuso distinti al livello di generi all'interno di famiglie. Abbiamo trovato soltanto un modello di discostamento statisticamente significativo dalla simmetria. Le linee genealogiche sorte molto presto nella storia della vita pluricellulare, definite come durante il Cambriano o l'Ordoviciano, hanno centri di gravità medi inferiori a 0,5. Linee sorte successivamente hanno un valore medio indistinguibile dallo 0,5. Il modello di Burgess è perciò confermato in tutti i gruppi della documentazione fossile convenzionale per invertebrati marini con parti dure. La storia iniziale della vita pluricellulare è contrassegnata da centri di gravità inferiori a 0,5 per singole linee genealogiche, mentre tempi posteriori sono caratterizzati da linee genealogiche simmetriche.

Abbiamo trovato inoltre lo stesso modello come una caratteristica generale per gruppi in fasi di espansione iniziali. Il carattere del centro di gravità in basso non è una bizzarria della vita degli invertebrati del Cambriano, bensì un'asserzione generale sulla natura della diversificazione evolutiva. Per esempio, le linee genealogiche mammaliane sorte durante il Paleocene, il periodo iniziale di diversificazione esplosiva seguito alla scomparsa dei dinosauri, tendono ad avere il centro di gravità in basso, mentre le linee genealogiche sorte successivamente sono simmetriche.

Noi possiamo interpretare questo modello col centro di gravità in basso in vari modi. Io amo pensarlo come una "sperimentazione precoce seguita da una posteriore standardizzazione". Le principali linee genealogiche sembrano in grado di generare all'inizio della loro storia una notevole disparità di piani anatomici: la sperimentazione precoce. Pochi di questi piani iniziali sopravvivono a una decimazione iniziale, e la posteriore diversificazione si verifica solo all'interno dei confini anatomici ristretti di questi sopravvissuti: la posteriore standardizzazione. Il numero di specie può anche continuare ad aumentare e può raggiungere valori massimi in una fase posteriore nella storia delle linee genealogiche, ma queste profonde diversificazioni si verificano all'interno di anatomie ristrette: oggi esistono quasi un milione di specie descritte di insetti moderni, ma solo tre piani anatomici fondamentali di artropodi, di contro ai più di venti presenti nella fauna di Burgess.

Comunque interpretiamo questo modello col centro di gravità in basso, esso rafforza notevolmente l'argomento della contingenza, e convalida il tema principale di questo libro. Innanzitutto, il modello fondamentale confuta la nostra confortevole iconografia tradizionale: il cono della diversità crescente. L'asservimento a questa iconografia e alla sua base concettuale impedì a Walcott di comprendere la vera misura della disparità di Burgess, e continuò a imporre un modello di controllo dell'evoluzione in una direzione opposta alla sua forma reale. In secondo luogo, la massima disparità iniziale e la posteriore decimazione lasciano il maggiore spazio possibile alla contingenza; se, infatti, la struttura tassonomica attuale della vita registra pochi fortunati sopravvissuti in una lotteria di decimazione, piuttosto che il risultato finale di una progressiva diversificazione per miglioramento adattivo, una ripetizione del film della vita fornirebbe un insieme sostanzialmente diverso di anatomie superstiti e una storia posteriore che avrebbe perfettamente senso pur essendo considerevolmente diversa da quella che conosciamo.

Estinzione di massa

Se potessimo passare continuamente dal grande al piccolo nell'inferire le cause dell'evoluzione, i processi darwiniani del qui e ora potrebbero costruire per estensione le topologie degli alberi filogenetici. Poiché lo stesso Darwin lesse in questo tema di estrapolazione dal piccolo al grande, anche se in modo discontinuo e ambiguo, un messaggio di progresso, ogni discostamento da questo modello cumulativo fondato sulla geologia eliminerebbe il miglior argomento possibile a favore di un prevedibile progresso nella storia della vita.

Le estinzioni di massa sono fenomeni documentati sin dagli albori della paleontologia. Questi episodi segnano i principali confini nella scala del tempo geologica. Eppure due aspetti della tradizione darwiniana hanno indotto i paleontologi, fino all'ultimo decennio, a incorporare le estinzioni di massa nel modello cumulativo. Innanzitutto si potrebbe tentare di rappresentare le estinzioni di massa, come fece lo stesso Darwin, come conseguenze artificiose di una documentazione fossile imperfetta. I tassi di mortalità potrebbero essere stati a quei tempi autenticamente elevati, ma le estinzioni furono probabilmente diffuse in modo piuttosto uniforme su vari milioni di anni, e hanno l'apparenza della simultaneità geologica solo perché la maggior parte dei tempi non sono rappresentati da alcun sedimento, e il periodo esteso di estinzione potrebbe essere compresso in un singolo piano di stratificazione. In secondo luogo, si potrebbe ammettere che tali episodi siano stati particolarmente rapidi, ma sostenere al tempo stesso che la sollecitazione più severa non faccia altro che accelerare i meccanismi darwiniani programmati per fornire il progresso; se la competizione in tempi ordinari porta gradualmente in luce i migliori, si può immaginare che cosa potrebbero produrre le battaglie incomparabilmente più dure in un mondo incommensurabilmente più aspro. Le estinzioni di massa dovrebbero quindi solo accelerare il processo del progresso prevedibile.

L'argomento dell'estinzione di massa ha ricevuto negli ultimi dieci anni un nuovo interesse, alimentato da nuove idee e nuovi dati empirici. La stimolazione iniziale fu fornita, ovviamente, dalla teoria di Álvarez dell'estinzione provocata dall'impatto con un corpo extraterrestre, ma la discussione è andata ben oltre asteroidi erranti, sino a considerare sciami di comete, cicli presunti di 26 milioni di anni e modelli matematici per autentiche catastrofi. Un'esposizione adeguata di queste ricerche richiederebbe un libro a sé, ma io riesco a discernere un tema generale che può essere compendiato in un'affermazione con implicazioni di vasta portata: le estinzioni di massa sono *più frequenti, rapide, devastanti in grandezza* e *distintamente diverse nei loro effetti* di quanto non immaginassimo in precedenza. Le estinzioni di massa, in altri termini, sembrano essere autentiche interruzioni nel flusso geologico e non semplicemente punti culminanti in una sostanziale continuità. Esse possono risultare dal mutamento ambientale a un ritmo tale, e con un risultato così drastico, che gli organismi non riescono ad adattarsi facendo leva sulle forze usuali della selezione naturale. Così l'estinzione di massa può deragliare, distruggere e riorientare tutto ciò che potrebbe essersi accumulato nei tempi "normali" interposti.

Il problema principale sollevato dall'estinzione di massa è sempre stato il seguente: c'è un qualche modello, una qualche regolarità, in chi sopravvive e in chi non sopravvive, e, in tal caso, quale ne è la causa? La prospettiva più interessante sollevata dalle nuove concezioni sull'estinzione di massa dice che le ragioni della sopravvivenza differenziale in tali episodi sono qualitativamente diverse dalle cause di successo in tempi normali, cosa che impartisce un'impronta distintiva, e forse di controllo, alla diversità e alla disparità nella storia della vita. Un tale agente di estinzione, distintamente geologico, su vasta scala confuterebbe il vecchio modello cumulativo che offriva alla dottrina del progresso la sua migliore speranza residua. I paleontologi stanno appena cominciando a studiare la struttura causale della sopravvivenza differenziale, e per qualche tempo non sarà possibile avere giudizi attendibili. Abbiamo però già forti indicazioni del fatto che due modelli di regolarità connessi all'estinzione di massa – li chiamerò il modello casuale e il modello delle regole diverse – non solo sostengono il carattere distintivo delle estinzioni di massa rispetto alle estinzioni di specie in condizioni "normali" ma rafforzano grandemente il tema della contingenza.

1) *Il modello casuale.* Non ho certo bisogno di dire che se un'estinzione di massa opera come una vera lotteria, con ogni gruppo che ha un biglietto privo di alcun rapporto con le sue virtù anatomiche, allora la contingenza, e la gamma massima di possibilità nella ripetizione del film della vita, è un fatto dimostrato. Abbiamo qualche indicazione che il vero caso possa svolgere un ruolo. Alcuni eventi sono così profondi, e il numero dei sopravvissuti così ristretto, che possono entrare in gioco fluttuazioni casuali in piccoli campioni. David M. Raup, per esempio, ha stimato che la perdita di specie nell'estinzione del Permiano-Triassico, la massima di tutte, fu del 96 per cento. Quando la diversità precipita al 4 per cento del suo valore anteriore, dobbiamo necessariamente pensare che qualche gruppo si estingua per qualcosa di molto simile alla sfortuna.

In uno studio più diretto, Jablonski (1986) ha ricostruito il ruolo avuto in estinzioni di massa da caratteri noti o per promuovere la sopravvivenza o per intensificare la speciazione di molluschi marini in tempi normali. Jablonski trovò che nessuno di questi fattori svolgeva un ruolo benefico o dannoso nelle diverse condizioni di un'estinzione di massa. Con riferimento, almeno, a questi importanti fattori causali in tempi normali, le estinzioni di massa conservano o annientano specie a caso. La distribuzione geografica fu quasi l'unico fattore che Jablonski poté correlare con la probabilità di sopravvivenza: quanto maggiore è l'area abitata da un gruppo, tanto maggiore è la sua probabilità di farcela. Forse in tali momenti la situazione è così difficile che, quanto più spazio normalmente si occupa, tanto migliori sono le probabilità di trovare un qualche posto in cui nascondersi.[3]

2) *Il modello delle regole diverse.* Io stesso non credo che nelle estinzioni di massa predomini il caso puro (anche se probabilmente esso svolge un qualche ruolo, in particolare nelle più profonde delle grandi estinzioni). Penso invece che la maggior parte dei sopravvissuti

[3] La distribuzione geografica è una proprietà di popolazioni, non di singoli bivalvi o di singole chiocciole. Perciò, anche se la sopravvivenza è correlata alla distribuzione geografica, la sorte di una specie può essere decisa dal caso, indipendentemente dalle virtù anatomiche dei suoi individui.

se la cavino per ragioni specifiche, spesso per un insieme complesso di cause. Ma sospetto anche fortemente che, nella grande maggioranza dei casi, i caratteri che migliorano le possibilità di sopravvivenza di determinati organismi in un'estinzione di massa lo facciano in modi che sono incidentali e non connessi direttamente alle cause della loro evoluzione.

Questa tesi è al centro del modello delle regole diverse. Gli animali evolvono in tempi normali la loro mole, forma e fisiologia sotto il controllo della selezione naturale, e per ragioni specificabili (che di solito implicano un vantaggio adattivo). Sopravviene poi un'estinzione di massa, con le sue "regole diverse" di sopravvivenza. Sotto le nuove regole, i migliori fra i caratteri di un organismo, quelli che ne avevano favorito la precedente prosperità, possono ora avere il lugubre suono della campana a morto. Un carattere privo di alcun significato anteriore, che era stato semplicemente conservato come conseguenza collaterale di un altro adattamento, può ora contenere la chiave della sua sopravvivenza. In linea di principio potrebbe non esserci alcuna correlazione causale fra le ragioni per evolvere un carattere e il suo ruolo nella sopravvivenza sotto le nuove regole. (Il problema chiave per verificare questo modello risiede perciò nello stabilire che prevalgono, di fatto, nuove regole.) Una specie, dopo tutto, non può evolvere strutture in vista della loro potenziale utilità con milioni di anni di anticipo, a meno che le nostre idee generali sulla causalità non siano decisamente sbagliate e il futuro possa controllare il presente.

Noi dobbiamo probabilmente la nostra esistenza a una tale buona sorte. Gli animali di piccole dimensioni, per ragioni che non comprendiamo perfettamente, pare abbiano avuto dei vantaggi nella maggior parte delle estinzioni di massa, in particolare nell'evento del Cretacico che spazzò via i restanti dinosauri. I mammiferi potrebbero perciò essere sopravvissuti alla grande estinzione primariamente grazie al fatto di essere piccoli, e non perché avessero virtù anatomiche intrinseche relativamente ai dinosauri, ora condannati dalle loro dimensioni. E i mammiferi non erano rimasti certamente piccoli per il fatto di avere percepito nella loro piccolezza qualche vantaggio, ma erano probabilmente rimasti piccoli per una ragione che in tempi normali sarebbe giudicata negativa: ossia perché i dinosauri dominavano gli ambienti per grandi vertebrati terrestri, e chi ha maggior peso ha vantaggi in natura come in politica.

Kitchell, Clark e Gombos (1986) hanno sviluppato un esempio interessante fondato sulle diatomee, piante unicellulari che fanno parte del plancton marino. I paleontologi si sono chiesti per molto tempo perché le diatomee abbiano superato relativamente senza danno l'estinzione del Cretacico, mentre molti altri elementi del plancton sono stati cancellati. Per la crescita e la riproduzione, le diatomee si fondano sulla disponibilità stagionale di sostanze nutritizie che salgono in superficie da acque più profonde in zone di risalita. (Questi fenomeni di risalita danno origine alle cosiddette "fioriture di diatomee".) Quando queste sostanze nutritizie sono esaurite, le diatomee possono modificare la loro forma in quella di "spore quiescenti", bloccare essenzialmente il loro metabolismo e scendere in acque più profonde. Un ritorno di sostanze nutritizie metterà fine a questo periodo di quiescenza. La Kitchell e i suoi colleghi attribuiscono il successo delle diatomee nell'estinzione del Cretacico a una conseguenza collaterale incidentale della quiescenza. Le spore quiescenti erano state sviluppate come strategia per far fronte a fluttuazioni prevedibii e stagionali nelle sostanze nutritizie, anche se chiaramente non in previsione di catastrofi ambientali di estinzione di massa. Ma la capacità di rimanere in uno stato di quiescenza può aver salvato le diatomee sotto le regole diverse dell'estinzione di massa, specialmente se dovesse rivelarsi valido per l'evento del Cretacico il modello dell'"inverno nucleare": poiché il buio renderebbe impossibile la fotosintesi e propagherebbe le estinzioni in alto e in basso lungo una catena alimentare dipendente in ultima analisi dalla produzione primaria, mentre le diatomee potrebbero superare il periodo di buio sotto forma di spore quiescenti sotto la zona fotica.

Il modello delle regole diverse interrompe perciò la continuità causale considerata da Darwin fra le ragioni di successo all'interno di popolazioni locali e le cause di sopravvivenza e proliferazione in lunghe estensioni di tempo geologico. Questo modello promuove perciò fortemente il ruolo della contingenza – considerata primariamente come imprevedibilità – nell'evoluzione. Se il successo a lungo termine può dipendere da aspetti incidentali di caratteri evolutisi per ragioni diverse, come potremmo sapere, se facessimo ripartire il film della vita dopo averlo riavvolto fino a un lontano passato, quali gruppi sarebbero destinati al successo? La loro efficienza e la loro evoluzione durante il nostro periodo d'osservazione sarebbero irrilevanti. Noi potremmo fondare qualche congettura su caratteri incidentali che di solito implicano la sopravvivenza in un'estinzione di massa, ma con quale fiducia potremmo fare previsioni? In un senso importante, questi caratteri cruciali non esistono neppure finché le regole diverse dell'estinzione di massa non rendono importanti i loro effetti incidentali, giacché può richiedersi una sollecitazione estrema per attivare questi caratteri, e gli animali possono non avere mai sperimentato tali condizioni durante la loro vita normale. E come possiamo sapere, nel nostro mondo ricco e vario, che cosa richiederà il prossimo episodio di estinzione di massa, quando si verificherà? Se la longevità geologica dipende da fortunate conseguenze collaterali di caratteri sviluppati per altre ragioni, deve regnare l'imprevedibilità.

Io vedo particolarmente di buon occhio questa dimostrazione del fatto che vari princìpi generali dell'evoluzione su vasta scala promuovono l'importanza della contingenza. Le generalizzazioni – sul centro di gravità spostato verso il basso di certe linee genealogiche e sulle proprietà dell'estinzione di massa – sono l'oggetto di scienze tradizionali non storiche, lo stile che di solito si oppone a un principio storico come la contingenza, o almeno lo sminuisce. Questo rinforzo è una situazione propizia per il pluralismo scientifico. A me non piace l'idea di difendere una scienza storica costruendo un bunker e combattendo per il rispetto e l'autodeterminazione. È meglio procedere in avanti con spirito di cooperazione; i modelli generali di evoluzione implicano l'imprevedibilità di esiti specifici.

SETTE MONDI POSSIBILI

Il crollo delle iconografie del cono e della scala apre le porte a mondi alternativi che non si realizzarono ma che avrebbero potuto avere origine in concomitanza con mutamenti lievi e ragionevoli in alcuni eventi lontani. Questi universi non realizzati sarebbero stati altrettanto ordinati e spiegabili quanto il mondo che conosciamo, ma diversi l'uno dall'altro in modi che non possiamo specificare nei particolari. L'enumerazione di mondi che non si sono realizzati è un gioco di società senza fine, giacché chi potrebbe contarne le possibilità? L'universo non è così strettamente interconnesso che la caduta di un petalo possa sconvolgere una stella lontana, qualsiasi cosa cantino i nostri poeti. Ma la maggior parte dei mutamenti capricciosi della topografia o dell'ambiente, la maggior parte delle apparizioni e sparizioni di gruppi (se non di singole specie) possono modificare irrevocabilmente in modi sostanziali i percorsi evolutivi della vita. Il terreno di gioco della contingenza è immisurabile. Consideriamo solo sette scenari alternativi, disposti in ordine cronologico e orientati verso l'oggetto biologico che più di tutti eccita la nostra fantasia campanilistica: l'*Homo sapiens*.

L'evoluzione della cellula eucariotica

La vita sorse almeno 3,5 miliardi di anni fa, press'a poco quando la Terra divenne abbastanza fredda per permettere la stabilità dei suoi principali componenti chimici. (Io non considero, ovviamente l'origine della vita stessa un evento casuale o imprevedibile. Sospetto invece che, data la composizione dell'atmosfera e degli oceani primordiali, l'origine della vita sia stata una necessità chimica. La contingenza emerge in seguito, quando nel quadro dell'evoluzione entra la complessità storica.)

Relativamente alla vecchia credenza in un progresso costante, nulla potrebbe essere più strano della prima fase dell'evoluzione della vita, giacché non molto accadde per un periodo di tempo estremamente lungo. I fossili più antichi sono cellule procariotiche risalenti a 3,5 miliardi di anni fa (vedi pp. 54-55). La documentazione fossile di quel tempo remoto comprende anche la forma più alta di complessità macroscopica evoluta da questi procarioti: gli stromatoliti. Questi sono strati di sedimento intrappolati e legati da celle procariotiche. Gli strati possono accumularsi uno sopra l'altro, mentre le maree seppelliscono e riformano i tappeti, e l'intera struttura può pervenire ad assomigliare in sezione (e anche in grandezza) a un cavolo.

Gli stromatoliti e i loro costruttori procarioti dominarono la documentazione fossile del mondo intero per più di 2 miliardi di anni. Le prime cellule eucariotiche (il tipo complesso di cellule che troviamo nei libri di testo, complete di nucleo e numerose strutture del citoplasma) apparvero circa 1,4 miliardi di anni fa. Secondo l'argomentazione convenzionale, le cellule eucariotiche sarebbero una condizione preliminare per la complessità pluricellulare, se non altro perché la riproduzione sessuale richiedeva cromosomi appaiati e solo il sesso può fornire la variazione di cui la selezione naturale ha bisogno come materia prima per realizzare una maggiore complessità.

Ma gli animali pluricellulari – i metazoi – non sorsero subito dopo l'origine delle cellule eucariotiche; essi apparvero per la prima volta immediatamente prima dell'esplosione del Cambriano, circa 570 milioni di anni fa. Perciò molto più di metà della storia della vita è una storia di sole cellule procariotiche, e soltanto l'ultimo sesto della storia della vita sulla Terra ha compreso animali pluricellulari.

Tempi così lunghi suggeriscono la contingenza e un vasto ambito di possibilità non realizzate. Se i procarioti dovevano avanzare verso la complessità eucariotica, certamente si presero tutto il tempo che ci voleva. Inoltre, quando consideriamo l'ipotesi favorita per l'origine della cellula eucariotica, entriamo nell'ambito delle conseguenze collaterali bizzarre e incidentali come fonti imprevedibili di mutamento. La nostra teoria migliore identifica almeno alcuni organelli principali – quasi sicuramente i mitocondri e i cloroplasti, e con meno sicurezza anche altri – come discendenti di intere cellule procariotiche evolutesi in modo da vivere simbioticamente con altre cellule (Margulis, 1981). In quest'ottica ogni cellula eucariotica è, per origine, una colonia che conseguì in seguito una più stretta integrazione. Senza dubbio il mitocondrio che entrò per la prima volta in un'altra cellula non pensava ai futuri benefici della cooperazione e dell'integrazione, ma stava semplicemente tentando di sopravvivere in un difficile mondo darwiniano. Questo passo avanti fondamentale nell'evoluzione della vita pluricellulare fu perciò conseguenza di una ragione immediata che non aveva alcuna attinenza col suo effetto finale sulla complessità organica. Questo scenario sembra ritrarre una contingenza fortunata piuttosto che un rapporto prevedibile di causa ed effetto. E se, ciò nondimeno, si vuol considerare l'origine degli organelli e la transizione dalla simbiosi all'integrazione come prevedibile in un qualche modo ordinato, allora mi si dovrebbe dire come mai, prima che questo processo prendesse l'avvio, trascorse più di metà della storia della vita.

C'è un'ultima osservazione che trovo deprimente in relazione alla possibilità di qualcosa di simile all'evoluzione umana in un mondo alternativo: benché l'emergere della cellula eucariotica abbia richiesto più di metà della storia nota della vita, io potrei essere preparato ad accettare la probabilità dell'avvento finale di un'intelligenza superiore se la Terra fosse destinata a durare per centinaia di miliardi di anni, così che il tempo richiesto dal passo iniziale fosse solo una piccola frazione del tempo potenziale. Ma i cosmologi ci dicono che il Sole è oggi press'a poco alla metà della sua vita, e che fra cinque miliardi di anni circa esploderà, espandendosi in diametro oltre l'orbita di Giove e inghiottendo la Terra. La vita finirà, a meno che nel frattempo non abbia conseguito la capacità di trasferirsi altrove; e la vita sulla Terra finirà in ogni caso.

Poiché l'intelligenza umana sorse solo un secondo geologico fa, noi ci troviamo di fronte al fatto sorprendente che l'evoluzione della coscienza richiese circa metà della durata potenziale della Terra. Dati gli errori e le incertezze, le variazioni di ritmo e di percorso nelle altre ripetizioni del film, quale fiducia possiamo avere che alla fine sarebbero comunque emerse le nostre capacità mentali distintive? Se ripetiamo il film, quand'anche ne emergessero gli stessi percorsi generali, questa volta potrebbero occorrere venti miliardi di anni per giungere alla coscienza, sempre che la Terra non sia finita in cenere miliardi di anni prima. Ripetiamo di nuovo il film, e il primo passo dalla cellula procariotica alla cellula eucariotica potrebbe richiedere dodici miliardi di anni invece di due: e gli stromatoliti, non essendoci stato il tempo di procedere oltre, potrebbero essere i testimoni muti più alti ad Armageddon.

La prima fauna di animali pluricellulari

Il lettore potrebbe accettare quest'ultimo sobrio scenario, affermando però poi: "Va bene, ammetto che non si possa prevedere se la vita supererà o no il livello delle cellule procariotiche, ma, una volta che sia stato raggiunto il livello dei metazoi, i percorsi principali sono senza dubbio fissati e deve aver luogo un ulteriore progresso verso la coscienza." Ma diamo un'occhiata un po' più precisa.

I primi animali pluricellulari, di cui ci siamo occupati nel capitolo 2, sono membri di una fauna diffusa a livello mondiale, la quale prende il nome dall'affioramento roccioso più famoso a Ediacara, in Australia. Martin Glaessner, il paleontologo cui va il merito principale della descrizione degli animali di Ediacara, li ha sempre interpretati, nella concezione tradizionale del cono, come rappresentanti primitivi di gruppi moderni: per lo più come membri del phylum dei celenterati (coralli molli o alcionari e medusoidi), ma comprendenti anche vermi anellidi e artropodi (Glaessner, 1984). L'interpretazione tradizionale di Glaessner suscitò ben poca opposizione (ma vedi Pflug, 1972 e 1974), e gli organismi di Ediacara trovarono posto confortevolmente nei libri di testo come progenitori di gruppi moderni, poiché la loro combinazione di massima antichità e minima complessità corrispondeva perfettamente alle attese.

La fauna di Ediacara ha una speciale importanza, essendo l'unica prova della vita pluricellulare prima della grande divisione che separa Precambriano e Cambriano, un confine segnato dalla famosa esplosione cambriana di gruppi moderni con parti dure. È vero che gli organismi di Ediacara appartengono a stento al Precambriano; essi si trovano in strati di pochissimo anteriori al Cambriano e probabilmente non si estendono per più di 100 milioni di anni nella parte superiore del Precambriano. In accordo con la loro posizione immediatamente al di sotto del confine, gli animali di Ediacara sono per intero animali dal corpo molle. Se si potesse mantenere l'identità tassonomica attraverso questa grandissima transizione geologica e senza che alcuna importante modificazione del piano anatomico si accompagnasse all'evoluzione delle parti dure, la continuità uniforme del cono sarebbe confermata. Questa versione di Ediacara comincia però a sembrare un po' troppo simile al calzatoio di Walcott per non suscitare qualche sospetto.

All'inizio degli anni ottanta il mio amico Dolf Seilacher, professore di paleontologia a Tubinga, in Germania, che a mio giudizio è il migliore osservatore paleontologico oggi in attività, propose un'interpretazione della fauna di Ediacara radicalmente diversa (Seilacher, 1984). La difesa della sua interpretazione, articolata su due piani, si fonda su un argomento negativo e su uno positivo. Per la parte negativa egli sostiene, sulla base di ragioni funzionali, che gli organismi di Ediacara non avrebbero potuto operare come le loro controparti moderne, e non possono quindi essere affini ad alcun gruppo moderno, nonostante talune somiglianze superficiali nella morfologia esterna. Per esempio, la maggior parte degli animali di Ediacara sono stati assimilati ai coralli molli, un gruppo che comprende i moderni gorgonari. Gli scheletri dei coralli rappresentano colonie che ospitano migliaia di minuscoli individui. Nei coralli molli, i singoli polipi rivestono i rami di un albero o di una struttura a rete, e i rami devono essere separati, così che l'acqua possa portare particelle di cibo ai polipi e trasportare via i prodotti di rifiuto. Ma i rami apparenti delle forme di Ediacara sono uniti assieme, formando un tappeto appiattito simile a una trapunta, senza alcuno spazio fra una sezione e l'altra.

Per la parte positiva, Seilacher sostiene che la maggior parte degli animali di Ediacara possono essere tassonomicamente uniti fra loro come variazioni su un unico piano anatomico: una forma appiattita divisa in sezioni che sono intessute o cucite assieme, costituendo forse uno scheletro idraulico molto simile a un materassino pneumatico (figura 5.5). Poiché questo disegno non corrisponde ad alcun piano moderno, Seilacher conclude che gli organismi di Ediacara rappresenta-

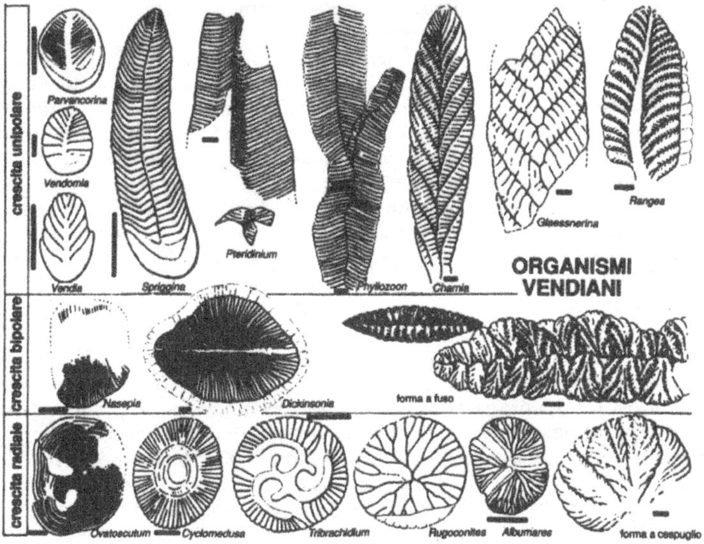

5.5. *La classificazione di Seilacher degli organismi di Ediacara secondo le loro variazioni su un singolo piano anatomico appiattito. Questi organismi sono situati convenzionalmente in vari phyla moderni.*

no un esperimento del tutto distinto di vita pluricellulare: un esperimento che si concluse infine in un'estinzione del tardo Precambriano non riconosciuta in precedenza, poiché nessuno degli elementi di Ediacara sopravvisse nel Cambriano.

Per quanto concerne la fauna di Burgess, credo che le argomentazioni contro il calzatoio di Walcott siano state dimostrate con tutta la sicurezza possibile nella scienza. Quanto alla fauna di Ediacara, l'ipotesi di Seilacher è un'alternativa plausibile e di grande interesse, ma ancora indimostrata, all'interpretazione tradizionale, che un giorno sarà chiamata il calzatoio di Glaessner o l'intuizione di Glaessner, a seconda di come andranno le cose.

Ma consideriamo quali sarebbero le implicazioni per l'imprevedibilità nel caso che prevalesse, anche solo in parte, l'opinione di Seilacher. Secondo l'organizzazione dei fossili di Ediacara in gruppi moderni a opera di Glaessner, gli animali anteriori condividono i piani anatomici di organismi posteriori, ma in forma più semplice, e l'evoluzione dev'essere incanalata verso l'alto e verso l'esterno nel cono tradizionale della diversità crescente. Se ripetiamo cento volte il film prendendo l'avvio da semplici celenterati, vermi e artropodi, penso che si finiranno con l'avere quasi sempre le stesse cose.

Se però ha ragione Seilacher, furono un tempo disponibili altre possibilità e altre direzioni. Seilacher non crede che tutti gli animali del tardo Precambriano rientrino nei confini tassonomici di questo esperimento alternativo e indipendente nella vita pluricellulare. Studiando le svariate e abbondanti tracce fossili (tracce, piste e tane) negli stessi strati, egli si è convinto che si siano divisi a quell'epoca la Terra con la fauna di Ediacara animali metazoi dal piano anatomico moderno, probabilmente vermi genuini di una qualche forma. Così, come nel caso di Burgess, già agli inizi dovettero essere presenti varie possibilità anatomiche diverse. La vita avrebbe potuto prendere la via di Ediacara o la via moderna, ma la via di Ediacara ne uscì totalmente sconfitta, e non sappiamo perché.

Supponiamo di poter ripetere il film della vita a cominciare dalla fase finale del Precambriano, e che al secondo tentativo siano risultati vittoriosi i tappeti appiattiti di Ediacara, mentre i metazoi sono stati eliminati. La vita avrebbe mai potuto evolversi sino alla coscienza lungo questa via alternativa dell'anatomia di Ediacara? Probabilmente no. Il piano di Ediacara sembra una soluzione alternativa al problema di guadagnare abbastanza superficie al crescere del volume. Poiché la superficie (lunghezza al quadrato) aumenta molto più lentamente del volume (lunghezza al cubo), e poiché gli animali eseguono la maggior parte delle funzioni attraverso superfici, si dovette trovare qualche modo di sviluppare la superficie in animali di grande mole. La vita moderna seguì la via di evolvere organi interni (polmoni, villi dell'intestino tenue) per fornire le superfici richieste. In una seconda soluzione – proposta da Seilacher come la chiave per la comprensione del piano corporeo di Ediacara – gli organismi non furono in grado di evolvere una complessità interna e dovettero affidarsi invece a mutamenti nella forma esterna, assumendo la forma di fili, nastri, fogli o frittelle, così che nessuno spazio interno venisse a trovarsi molto lontano dalla superficie esterna. (Le complesse suture degli organismi di Ediacara potrebbero essere considerate un dispositivo per rafforzare una tale forma precaria. Un foglio lungo una trentina di centimetri e dello spessore di due centimetri e mezzo ha bisogno di qualche sostegno extra in un mondo di avversità, di correnti e di tempeste.)

Se Ediacara rappresenta questa seconda soluzione, e se Ediacara avesse avuto successo nella ripetizione, io dubito che la vita animale sarebbe mai riuscita a conseguire una grande complessità, o che sarebbe mai arrivata vicina alla coscienza. Il programma di sviluppo degli organismi di Ediacara avrebbe potuto precludere l'evoluzione di organi interni, e la vita animale sarebbe stata in permanenza sulla via di fogli e frittelle: una forma assai poco propizia alla complessità autocosciente a noi nota. Se invece i superstiti di Ediacara fossero stati in grado di evolvere in seguito una complessità interna, allora le vie in partenza da questa situazione completamente diversa avrebbero prodotto un mondo degno della migliore fantascienza.

La prima fauna dell'esplosione del Cambriano

Il nostro ipotetico difensore del cono e della scala potrebbe essere disposto a ritirarsi dinanzi a questi primi due episodi, avvolti dalle tenebre più fitte della notte dei tempi, per trincerarsi però con accresciuta decisione sul confine del Cambriano. Senza dubbio, una volta verificatasi la grande esplosione, con l'ingresso nella documentazione geologica dei fossili tradizionali si devono fissare le grandi linee dell'evoluzione e la vita deve muovere verso l'alto e verso l'esterno in canali prevedibili.

Ma non è così. Come abbiamo osservato nel capitolo 2, la fauna iniziale con parti dure, chiamata Tommotiano in onore di un famoso sito russo, contiene molti più misteri che precursori. Alcuni gruppi moderni fanno senza dubbio la loro prima apparizione nel Tommotiano, ma un maggior numero di questi fossili possono rappresentare anatomie che esorbitano dall'ambito delle forme moderne. La storia sta diventando familiare: un massimo di vie potenziali all'inizio, seguito dalla decimazione per fissare il modello moderno.

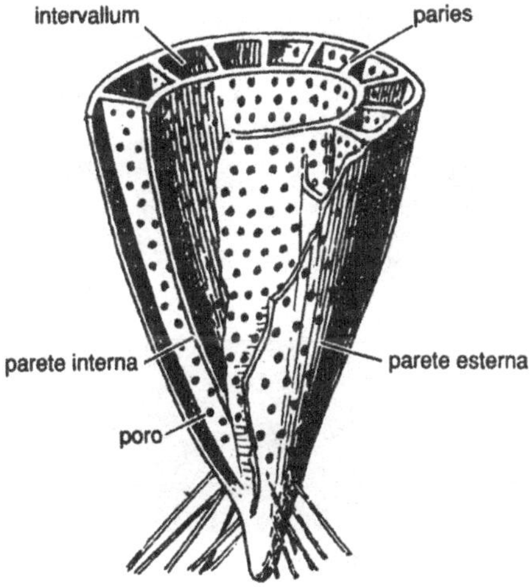

5.6. *Un archeociatide: si osserva l'organizzazione fondamentale di coppa entro coppa.*

I più caratteristici e abbondanti di tutti gli organismi tommotiani, gli archeociatidi (figura 5.6), rappresentano un problema di lunga data nella classificazione. È sempre la stessa litania. Questi primi organismi costruttori di scogliere rivelatici dalla documentazione fossile hanno forma semplice, di solito conica, con una doppia parete: una coppa all'interno di un'altra coppa. Nello spirito tradizionale del calzatoio, essi sono stati palleggiati da un gruppo moderno a un altro durante più di un secolo di speculazione paleontologica. Coralli e spugne sono stati di solito le loro abitazioni presunte. Ma quanto più apprendiamo sugli archeociatidi, tanto più strani essi ci appaiono, e la maggior parte dei paleontologi li situano oggi in un phylum a sé destinato a sparire prima che il Cambriano abbia terminato il suo corso.

Ancora più impressionante è la grande disparità che si comincia a riconoscere oggi fra gli organismi della "piccola fauna con parti dure". Le rocce del Tommotiano contengono una grandissima varietà di minuscoli fossili (di solito lunghi da uno a cinque millimetri) che non possono essere affini ad alcun gruppo moderno (Bengtson, 1977; Bengtson e Fletcher, 1983). Noi possiamo classificare questi fossili sulla base del loro aspetto esterno, come tubi, spine, coni e placche (la figura 5.7 ce ne presenta un campione rappresentativo), ma non ne conosciamo le affinità zoologiche. Forse non sono altro che frammenti di organismi maggiori, tipici di un'epoca di scheletrizzazione ancora imperfetta; forse queste forme coprirono organismi a noi familiari che solo in seguito svilupparono le conchiglie più complesse delle loro caratterizzazioni fossili convenzionali. Ma forse – e questa interpretazione è

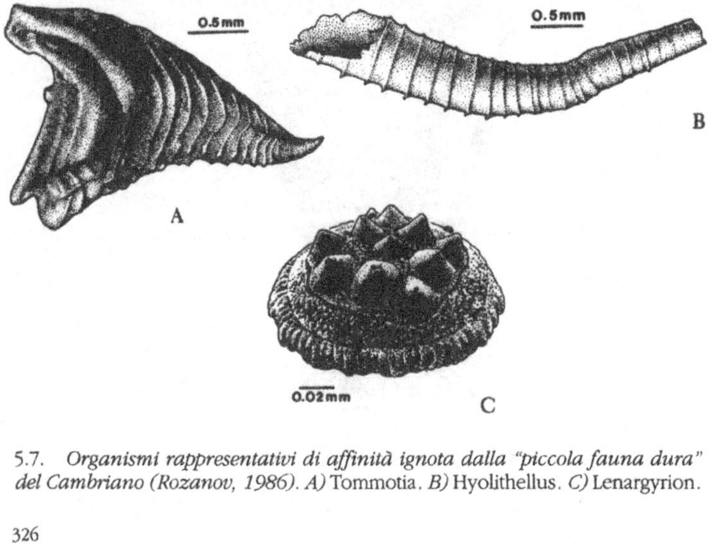

5.7. *Organismi rappresentativi di affinità ignota dalla "piccola fauna dura" del Cambriano (Rozanov, 1986). A)* Tommotia. *B)* Hyolithellus. *C)* Lenargyrion.

venuta recentemente guadagnando favore fra gli *aficionados* della piccola fauna con parti dure – la maggior parte degli organismi bizzarri del Tommotiano rappresentano anatomie uniche che sorsero molto presto e scomparvero rapidamente. Per esempio, Rozanov, il principale esperto russo di questa fauna, conclude la sua rassegna recente scrivendo:

> Le rocce del Cambriano antico contengono numerosi resti di organismi molto peculiari, tanto animali quanto piante, la maggior parte dei quali sono ignoti dopo il Cambriano. Io tendo a pensare che numerose unità tassonomiche di alto livello si svilupparono all'inizio del Cambriano e si estinsero rapidamente. (1986, p. 95)

Ancora una volta, ci troviamo dinanzi a un albero di Natale anziché a un cono. Ancora una volta l'imprevedibilità del cammino dell'evoluzione si afferma contro la nostra speranza dell'inevitabilità della coscienza. Il Tommotiano contenne molti gruppi moderni, ma anche una grande varietà di possibilità alternative. Se riavvolgiamo il film della vita sino all'inizio del Cambriano e lo facciamo ripartire, forse questa volta le nostre scogliere moderne potrebbero essere costruite da archeociatidi, e non da coralli. Forse non ci sarebbe Bikini e neppure Waikiki; forse nessuno berrebbe cocktail al rum e nuoterebbe con autorespiratore in mezzo a grandi giardini sottomarini.

La successiva origine cambriana della fauna moderna

Ora il nostro tradizionalista sta cominciando a preoccuparsi, ma concederà quest'ultimo punto *pour mieux sauter.* OK, la primissima fauna del Cambriano comprendeva una grande quantità di possibilità alternative, tutte egualmente ragionevoli, nessuna delle quali è arrivata sino a noi. Senza dubbio, però, una volta sorta la fauna moderna nella fase successiva del Cambriano, chiamata Atdabaniano da un altro sito in Russia, confini e direzioni furono fissati definitivamente. L'arrivo dei trilobiti, questi simboli familiari del Cambriano, segna la fine della bizzarria e l'inizio della prevedibilità. Hanno inizio tempi propizi per l'evoluzione delle forme moderne.

Questo libro è già abbastanza lungo, e non vorrei continuare a ripetere le stesse cose. Mi limito perciò a sottolineare che la fauna di Burgess rappresenta semplicemente l'estensione iniziale e massima della radiazione dell'Atdabaniano. La storia della fauna di Burgess è il racconto della vita stessa, non un episodio unico e peculiare di possibilità degenerate.

L'origine dei vertebrati terrestri

Ora il nostro tradizionalista vacilla; egli è pronto ad abbandonare virtualmente ogni organismo vivente alla contingenza, ma opporrà la sua ultima resistenza nel caso dei vertebrati. Il gioco, dopo tutto, è incentrato sulla coscienza umana, intesa come prodotto imprevedibile di un ramoscello incidentale o come culminazione di una tendenza ineluttabile o almeno probabile. Al diavolo tutti gli altri viventi; in ogni caso non si trovano sulla linea genealogica che conduce alla coscienza. Senza dubbio, una volta sorti i vertebrati, per quanto improbabile possa essere stata la loro origine, noi potemmo uscire fiduciosamente dagli stagni sulla terra asciutta, sollevarci sugli arti posteriori e sviluppare un grande cervello.

Io potrei ammettere la probabilità della transizione ambientale più cruciale – quella dall'acqua alla terra – se l'anatomia caratteristica dei pesci avesse implicato, persino per ragioni incidentali, la facilità della trasformazione delle pinne in arti robusti, necessari per sostenersi nella gravità degli ambienti terrestri. Ma le pinne della maggior parte dei pesci sono del tutto inadatte a una tale transizione. Una robusta struttura basale segue la linea dell'asse del corpo, e numerosi raggi decorrono paralleli fra loro e perpendicolari alla struttura scheletrica. Questi raggi sottili, non connessi fra loro, non potrebbero sostenere il peso del corpo sulla terraferma. I pochi pesci moderni che si muovono attraverso distese piane fangose, fra cui il perioftalmo, il "pesce che cammina", si muovono sul corpo senza sollevarsi sulle pinne.

I vertebrati terrestri poterono avere origine perché un gruppo relativamente piccolo di pesci, piuttosto lontani dal "tipo standard", svilupparono per ragioni loro proprie un tipo radicalmente diverso di scheletro degli arti, con un forte asse centrale perpendicolare al corpo e numerosi rami laterali irradiantisi da questo centro comune. Una pinna di questo tipo poté evolversi in un arto terrestre capace di sostenere un peso, e il suo asse centrale si evolse infine nelle ossa principali delle nostre braccia e delle nostre gambe, mentre i rami laterali formarono le dita. Una tale pinna non si evolse in vista della sua futura flessibilità, da cui sarebbe dipesa infine la vita dei mammiferi (questo tipo di pinna potrebbe avere fornito vantaggi, in rotazione superiore, a pesci abitatori del fondo che usavano il sostrato come aiuto nella propulsione). Ma quali che fossero i suoi vantaggi ignoti, questa struttura che si sarebbe rivelata indispensabile alla vita terrestre si evolse in un gruppo ristretto di pesci lontani dalla linea principale: il complesso dei dipnoi-celacanti-ripidisti. Facciamo ripartire il film della vita dal Devoniano, il cosiddetto periodo dei pesci. Un qualche osservatore avrebbe potuto individuare in questi pesci insoliti e anomali i precursori di un successo tanto grande in un ambiente tanto diverso? Facciamo ripartire il film, eliminiamo i ripidisti per mezzo di un'estinzione, e le nostre terre diventeranno il dominio incontrastato di insetti e fiori.

Il passaggio della fiaccola ai mammiferi

Non possiamo concedere un po' di sollievo ai tradizionalisti? Lasciamo dominare la contingenza sino all'origine dei mammiferi. Se avessimo potuto osservare il mondo quando i mammiferi emersero nel regno dei dinosauri, non ci saremmo resi conto senza alcun dubbio che i mansueti e pelosi stavano per ereditare la Terra? Quale difesa avrebbero potuto opporre quei bestioni giganteschi, goffi, stupidi, a sangue freddo, contro animali intelligenti, lucidi, vivipari e dalla temperatura corporea costante? Non sappiamo forse che i mammiferi sorsero verso la fine del regno dei dinosauri e che ne affrettarono la transizione inevitabile mangiandone le uova?

Questo scenario comune non è altro che fantascienza fondata sulle speranze tradizionali di progresso e di prevedibilità. I mammiferi si evolsero alla fine del Triassico, nello stesso tempo dei dinosauri, o solo un tantino dopo. Nel loro primo centinaio di milioni di anni – due terzi della loro storia totale – i mammiferi furono piccoli organismi che vivevano negli angolini più nascosti di un mondo dominato dai dinosauri. I loro sessanta milioni di anni di successi seguiti alla scomparsa dei dinosauri sono stati una sorta di ripensamento della natura.

Non abbiamo alcuna indicazione di una tendenza verso l'egemonia dei mammiferi durante questi cento milioni di anni iniziali. All'opposto: i dinosauri mantennero un dominio incontrastato di tutti gli ambienti per organismi terrestri di grande mole. I mammiferi non fecero alcun passo avanti sostanziale verso il dominio, verso un cervello più grande o verso dimensioni corporee maggiori.

Se i mammiferi avessero avuto origine più tardi e avessero spinto i dinosauri alla loro estinzione, potremmo proporre legittimamente uno scenario di progresso prevedibile. Ma i dinosauri rimasero dominanti e la loro estinzione fu probabilmente la bizzarra conseguenza del più imprevedibile fra tutti gli eventi: una strage di massa innescata dall'impatto con un corpo extraterrestre. Se i dinosauri non si fossero estinti in tale circostanza, probabilmente dominerebbero ancora gli spazi ecologici riservati a vertebrati di grande mole corporea, come avevano fatto così a lungo e con tanto successo, e i mammiferi sarebbero ancora animaletti costretti a vivere negli interstizi del loro mondo. Questa situazione durò per un centinaio di milioni di anni; perché non avrebbe dovuto continuare per altri sessanta milioni di anni? Poiché i dinosauri non stavano evolvendo cervelli sensibilmente maggiori e poiché una tale prospettiva potrebbe non rientrare nelle potenzialità del piano anatomico rettiliano (Jerison, 1973; Hopson, 1977), dobbiamo supporre che, se una catastrofe cosmica non avesse distrutto i dinosauri, sul nostro pianeta non si sarebbe evoluta la coscienza. In un senso letterale, noi dobbiamo la nostra esistenza, come mammiferi di una certa mole dotati del ragionamento, alla nostra buona stella.

Non voglio portare questo ragionamento a estremi ridicoli. Io stesso ammetterò che, a un certo punto nella storia dell'evoluzione umana, le circostanze cospirarono a favorire l'evoluzione dell'intelligenza al nostro livello moderno. Nello scenario consueto si sostiene che il conseguimento della stazione eretta abbia liberato le mani da compiti di sostegno e di locomozione rendendole disponibili per l'uso di strumenti e di armi e che la retroazione dalle possibilità di comportamento così fornite abbia stimolato l'evoluzione di un cervello più grande.

Io credo però che la maggior parte di noi sia sviata da una falsa impressione sul modello dell'evoluzione umana. Noi consideriamo il nostro avvento una sorta di processo globale che abbraccia tutti i membri della linea genealogica dell'uomo, dovunque possano aver vissuto. Riconosciamo che l'*Homo erectus*, il nostro progenitore immediato, fu la prima specie a emigrare dall'Africa e a stabilirsi in Europa e in Asia (l'"Uomo di Giava" e l'"Uomo di Pechino" dei testi del passato). Ma poi torniamo all'ipotesi dello sviluppo impetuoso su scala mondiale e immaginiamo che tutte le popolazioni di *Homo erectus* sui tre continenti siano salite insieme su per la strada dell'intelligenza su un'onda di progresso prevedibile e necessaria, dato il valore adattivo dell'intelligenza. Io chiamo questo scenario la "teoria della tendenza" dell'evoluzione umana. L'*Homo sapiens* diviene il risultato previsto di una tendenza evolutiva che pervade tutte le popolazioni umane.

In una visione alternativa – che ha ricevuto di recente un forte sostegno da ricostruzioni del nostro albero evolutivo fondate su differenze genetiche fra gruppi moderni (Cann, Stoneking e Wilson, 1987; Gould 1987b) – l'*Homo sapiens* sorse come un'entità evolutiva ben definita, una popolazione piccola e coerente che si staccò da una linea progenitrice in Africa. Io chiamo questa concezione la "teoria dell'entità" dell'evoluzione umana. Essa reca in sé una cascata di implicazioni di grande interesse: l'*Homo erectus* asiatico si estinse senza lasciare discendenza e non fa parte dei nostri progenitori immediati (poiché noi ci evolvemmo da popolazioni africane). I neanderthaliani furono cugini collaterali, che forse vivevano già in Europa quando noi emergemmo in Africa, e non diedero alcun contributo immediato alla nostra eredità genetica. In altri termini, noi siamo un'entità improbabile e fragile, e il nostro successo fu dovuto a una serie di circostanze fortunate dopo inizi precari come piccola popolazione in Africa, e non è il risultato finale prevedibile di una tendenza globale. Noi siamo una cosa, un'entità della storia, e non un'incarnazione di princìpi generali.

Questa tesi non comporterebbe implicazioni sensazionali se noi fossimo una cosa ripetibile, ovvero se, nel caso che l'*Homo sapiens* non avesse avuto successo e fosse stato vittima di un'antica estinzione, avesse potuto formarsi un'altra popolazione di intelligenza superiore nella stessa forma. Se noi fossimo caduti, non avrebbe raccolto la fiaccola l'Uomo di Neanderthal o non avrebbe avuto origine, a non grande intervallo di tempo, una qualche altra forma di intelligenza al nostro livello? Io non vedo perché. I nostri progenitori e cugini più stretti, l'*Homo erectus*, i neanderthaliani e altri, possedevano abilità mentali di alto ordine, come indica la varietà dei loro utensili e altri artefatti. Solo l'*Homo sapiens* ha manifestato però prove dirette del tipo di ragionamento astratto, della capacità di fare calcoli numerici e di formulare giudizi estetici, che noi identifichiamo come distintamente umane. Tutte le indicazioni di computo nell'epoca glaciale – i bastoncini calendariali e la lame per il conteggio – appartengono all'*Homo sapiens*. E ogni forma d'arte dell'epoca glaciale – i dipinti parietali, le figure di Veneri, le incisioni di teste di cavallo, i bassorilievi raffiguranti renne – fu opera della nostra specie. Dalle prove oggi disponibili non risulta che i neanderthaliani avessero una qualche idea di arte figurativa.

Ripetiamo ancora una volta il film della vita, questa volta facendo estinguere l'*Homo sapiens* in Africa. Altri ominidi potrebbero essere stati sulla soglia di quelle che noi conosciamo oggi come possibilità umane, ma molti scenari ragionevoli non avrebbero mai generato il nostro livello di intelligenza. Ripetiamo ancora una volta il film, questa volta con l'Uomo di Neanderthal che si estingue in Europa e l'*Homo erectus* in Asia (come avvenne nel nostro mondo). L'unico ceppo umano superstite, l'*Homo erectus* in Africa, cammina per un po' con passo incerto, arriva addirittura a prosperare, ma non produce nuove specie e perciò rimane stabile. Un virus mutato cancella poi l'*Homo erectus*, oppure un cambiamento di clima riconverte l'Africa in una foresta inospitale. Un ramoscello su un ramo dei mammiferi, una linea genealogica con possibilità interessanti che non furono mai realizzate, si unisce alla grande maggioranza delle specie in estinzione. E allora? La maggior parte delle possibilità non si realizzano mai. Chi si accorgerà della differenza?

Ragionamenti di questa forma mi condussero alla conclusione che l'intuizione più profonda della biologia sulla natura dell'uomo, sul suo status e sul suo potenziale risiede nella semplice frase, che include l'essenza della contingenza: l'*Homo sapiens* è un'entità, non una tendenza.

Portando questa forma di argomentazione attraverso tutte le scale del tempo e dello spazio, fino al cuore della nostra evoluzione, spero di aver convinto il lettore che la contigenza ha importanza proprio dove conta di più. In caso contrario potremmo vedere in queste ripetizioni del film della vita semplicemente un gioco su creature aliene. Ci si potrebbe chiedere se tutte queste mie fantasticherie fanno realmente qualche differenza. A chi importa, nel vecchio spirito dell'America al culmine del suo pragmatismo? È divertente immaginarsi nelle vesti di una sorta di disc jockey divino, seduto davanti alla macchina da proiezione del tempo, con uno scaffale traboccante di film intitolati "Priapulidi", "Policheti" e "Primati". Ma avrebbe davvero importanza se tutte le ripetizioni della fauna di Burgess producessero i loro opposti irrealizzati, e se noi vivessimo in un mondo di wiwaxiidi, su un fondo marino costellato di priapulidi, o in foreste piene di fororacidi? Potremmo staccare scleriti invece di aprire conchiglie per i nostri picnic sulla spiaggia. Nelle nostre stanze dei trofei potrebbe far bella mostra di sé un becco smisurato di *Diatryma* anziché una ricca criniera di leone. Ma che cosa ci sarebbe di fondamentalmente diverso?

Tutto, secondo me. Il divino disc jockey può scegliere fra un milione di film, ognuno perfettamente ragionevole. Piccoli eventi bizzarri iniziali, occorrenti senza alcuna ragione particolare, mettono in moto serie di conseguenze che fanno sembrare retrospettivamente inevitabile un particolare futuro. Ma basta una lievissima differenza all'inizio per avviare la storia verso un'altra direzione plausibile, la quale diverge di continuo rispetto alla sua via originaria. I risultati finali sono molto diversi, anche se la perturbazione iniziale può apparirci banale. Se i priapulidi avessero regnato in mare, non penso che l'australopiteco avrebbe mai camminato eretto nelle savane africane. E quindi, per noi stessi, io penso che possiamo solo ammirare con stupore questo improbabile *brave new world* che ha in sé un così gran numero di persone interessanti!

EPILOGO SULLA *PIKAIA*

Devo concludere questo libro con una confessione. Ho usato con voi un piccolo, e spero innocuo, trucco pedagogico. Nella mia lunga discussione della fauna di Burgess, ho lasciato fuori deliberatamente un piccolo organismo. Posso addurre la debole scusa che Conway Morris non aveva ancora pubblicato la sua monografia su questo genere, poiché si era lasciato il meglio per ultimo. Quest'affermazione sarebbe però un po' insincera. Anch'io ho evitato di trattarne per lasciarmi il meglio alla fine.

Nel suo articolo del 1911 sui presunti anellidi di Burgess, Walcott aveva descritto una specie attraente, un organismo nastriforme compresso lateralmente, lungo circa 5 cm (figura 5.8). Lo aveva chiamato *Pikaia gracilens*, per onorare il vicino monte Pika e per sottolinearne una certa eleganza della forma. Walcott aveva classificato fiduciosamente la *Pikaia* fra i vermi policheti, fondandosi sulla chiara e regolare segmentazione del corpo.

Simon Conway Morris ricevette perciò la *Pikaia* come oggetto di studio nel quadro generale della tesi di dottorato a lui assegnata sui "vermi" di Burgess. Studiando la trentina di esemplari di *Pikaia* allora noti, egli raggiunse una conclusione che già altri avevano sospettato e che circolava da qualche tempo fra i paleontologi. La *Pikaia* non era un anellide. Era un cordato, un membro del nostro phylum: in realtà il

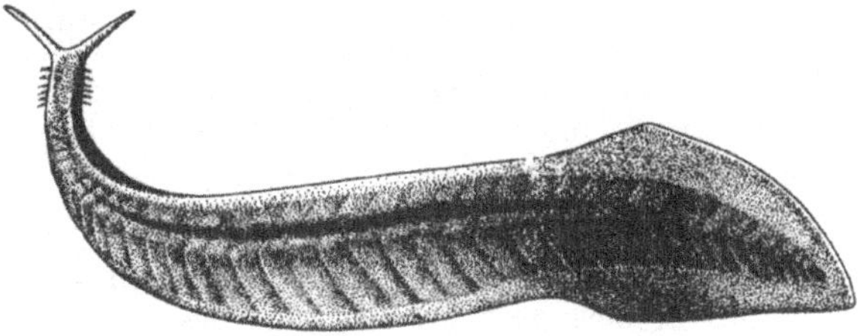

5.8. *La* Pikaia, *il primo cordato noto del mondo, dagli argilloscisti di Burgess. Si notino i caratteri propri del nostro phylum: la notocorda o corda dorsale, la formazione mediana che si evolse nella nostra colonna vertebrale, e le fasce di muscoli a zigzag. Disegno di Marianne Collins.*

primo membro documentato del novero dei nostri progenitori diretti. (Rendendosi conto dell'importanza di questa percezione, Simon si lasciò saggiamente la *Pikaia* come oggetto del suo ultimo studio su Burgess. Quando si ha qualche cosa di raro e di importante, si deve avere la pazienza di attendere finché il proprio pensiero sia maturato e le proprie tecniche si siano affinate il più possibile, per poterne ricavare il massimo risultato.)

Le strutture che Walcott aveva identificato come segmenti di anellidi presentano in realtà la caratteristica piegatura a zigzag dei miotomi, o bande di muscoli, dei cordati. Inoltre la *Pikaia* aveva una notocorda o corda dorsale, la formazione assile rigida che dà il nome al nostro phylum, quello dei cordati. Sotto molti aspetti la *Pikaia* assomiglia, almeno al livello generale di organizzazione, all'organismo marino vivente *anfiosso*, usato da molto tempo in laboratori e in aule come un modello dell'organizzazione "primitiva" dei cordati prevertebrati. Conway Morris e Whittington dichiarano:

> Appare inevitabile la conclusione che essa [la *Pikaia*] non sia un verme bensì un cordato. La superba conservazione di quest'organismo del Cambriano Medio ne fa una pietra miliare nella storia del phylum cui appartengono tutti i vertebrati, compreso l'uomo. (1979, p. 131)

Fossili di veri vertebrati, rappresentati inizialmente da pesci agnati, ossia senza mascelle, cominciano ad apparire nell'Ordoviciano Medio, con materiali frammentari di incerta affinità a partire dall'Ordoviciano Inferiore e persino dal Cambriano Superiore: tutti considerevolmente posteriori alla *Pikaia* di Burgess (vedi Gagnier, Blieck e Rodrigo, 1986).

Io non sostengo, ovviamente, che la *Pikaia* stessa sia il vero progenitore dei vertebrati, né sarei così folle da affermare che tutte le opportunità del futuro dei cordati si trovassero nella *Pikaia* nel

Cambriano Medio; altri cordati, non ancora scoperti, vissero presumibilmente nei mari del Cambriano. Sospetto però, dalla rarità della *Pikaia* a Burgess e dall'assenza di cordati in altre *Lagerstätten* del Paleozoico Inferiore, che il nostro phylum non fosse fra quelli di maggior successo nel Cambriano, e che al tempo della fauna di Burgess i cordati avessero scarse prospettive di sviluppi futuri.

La *Pikaia* è l'anello mancante e l'ultimo anello nella nostra storia della contingenza: la connessione diretta fra la decimazione di Burgess e la finale evoluzione umana. Non abbiamo più bisogno di parlare di argomenti periferici ai nostri interessi particolaristici: di mondi alternativi popolati da piccoli vermi in forma di pene, i priapulidi, da artropodi marrelliformi e da terribili anomalocaridi divoratori di pesci, e privi di zanzare. Riavvolgiamo ancora una volta il film della vita e facciamolo ripartire dal tempo di Burgess. Se la *Pikaia* non sopravvive noi saremo cancellati dalla storia futura: tutti noi, dallo squalo al pettirosso all'orangutan. E io non penso che un qualsiasi allibratore, data la situazione di Burgess quale ci è nota oggi, avrebbe dato molte probabilità di sopravvivenza alla *Pikaia*.

Se vogliamo quindi porci la domanda di sempre – perché esistiamo? – una maggior parte della risposta, relativa a quegli aspetti del problema che la scienza in generale può trattare, dev'essere: perché la *Pikaia* sopravvisse alla decimazione di Burgess. Questa risposta non cita una singola legge della natura; non include alcuna affermazione su vie evolutive prevedibili, alcun calcolo di probabilità fondato su regole generali di anatomia o di ecologia. La sopravvivenza della *Pikaia* fu una contingenza di "sola storia". Io non penso che si possa dare una qualche risposta "superiore", e non riesco a immaginare che una qualche soluzione possa essere più affascinante di questa. Noi siamo figli della storia, e dobbiamo seguire il nostro cammino in questo, che è il più diverso e interessante degli universi concepibili: un universo che è indifferente alla nostra sofferenza, e che ci offre quindi la massima libertà di avere successo, o di fallire, nella via che abbiamo scelto.

Bibliografia

AITKEN, J. D., e I. A. MCILREATH (1984), *The Cathedral Reef escarpment, a Cambrian great wall with humble origins*, "Geos: Energy Mines and Resources, Canada", 13 (1), pp. 17-19.

ALLISON, P. A. (1988), *The role of anoxia in the decay and mineralization of proteinaceous macro-fossils*, "Paleobiology", 14, pp. 139-154.

ANONIMO (1987), *Yoho's fossils have world significance*, "Yoho National Park Highline".

BENGTSON, S. (1977), *Early Cambrian button-shaped phosphatic microfossils from the Siberian platform*, "Palaeontology," 20, pp. 751-762.

— e T. P. FLETCHER (1983), *The oldest sequence of skeletal fossils in the Lower Cambrian of southwestern Newfoundland*, "Canadian Journal of Earth Sciences", 20, pp. 526-536.

BETHELL, T. (1976), *Darwin's mistake*, "Harper's" (febbraio).

BRIGGS, D. E. G. (1976), *The Arthropod* Branchiocaris *n. gen., Middle Cambrian, Burgess Shale, British Columbia*, "Geological Survey of Canada Bulletin", 261, pp. 1-29.

— (1977), *Bivalved arthropods from the Cambrian Burgess Shale of British Columbia*, "Palaeontology", 20, pp. 595-621.

— (1978), *The morphology, mode of life, and affinities of* Canadaspis perfecta *(Crustacea: Phyllocarida), Middle Cambrian, Burgess Shale, British Columbia*, "Philosophical Transactions of the Royal Society, London", B 281, pp. 439-487.

— (1979), Anomalocaris, *the largest known Cambrian arthropod*, "Palaeontology", 22, pp. 631-664.

— (1981a), *The arthropod* Odaraia alata *Walcott, Middle Cambrian, Burgess Shale, British Columbia*, "Philosophical Transactions of the Royal Society, London", B 291, pp. 541-585.

— (1981b), *Relationships of arthropods from the Burgess Shale and other Cambrian sequences*, Open File Report 81-743, U.S. Geological Survey, pp. 38-41.

— (1983), *Affinities and early evolution of the Crustacea. The evidence of the Cambrian fossils*, in F. R. Schram (ed.), *Crustacean Phylogeny*, pp. 1-22, A. A. Balkema, Rotterdam.

— (1985), *Les premiers arthropodes*, "La Recherche", 16, pp. 340-349.
— E. N. K. Clarkson e R. J. Aldridge (1983), *The conodont animal*, "Lethaia", 16, pp. 1-14.
— e D. Collins (1988), *A Middle Cambrian chelicerate from Mount Stephen, British Columbia*, "Palaeontology", 31, pp. 779-798.
— e S. Conway Morris (1986), *Problematica from the Middle Cambrian Burgess Shale of British Columbia*, in A. Hoffman e M. H. Nitecki (a cura di), *Problematic Fossil Taxa*, Oxford University Press, New York, pp. 167-183.
— e R. A. Robison (1984), *Exceptionally preserved nontrilobite arthropods and* Anomalocaris *from the Middle Cambrian of Utah*, "University of Kansans Paleontological Contributions", Monografia 111.
— e H. B. Whittington (1985), *Modes of Life of Arthropods from the Burgess Shale, British Columbia*, "Transactions of the Royal Society of Edinburgh", 76, pp. 149-160.
Bruton, D. L. (1981), *The arthropod* Sidneyia inexpectans, *Middle Cambrian, Burgess Shale, British Columbia*, "Philosophical Transactions of the Royal Society, London", B 295, pp. 619-656.
— e H. B. Whittington (1983), Emeraldella *and* Leanchoilia, *two arthropods from the Burgess Shale, British Columbia*, "Philosophical Transactions of the Royal Society, London", B 300, pp. 553-585.
Cann, R., M. Stoneking e A. C. Wilson (1987), *Mitochondrial DNA and human evolution*, "Nature", 325, pp. 31-36.
Collins, H. D. (1985), *A new Burgess Shale type fauna in the Middle Cambrian Stephen Formation on Mount Stephen, British Columbia*, in "Annual Meeting, Geological Society of America", p. 550.
— D. E. G. Briggs e S. Conway Morris (1983), *New Burgess Shale fossil sites reveal Middle Cambrian faunal complex*, "Science", 222, pp. 163-167.
Conway Morris, S. (1976a), Nectocaris pteryx, *a new organism from the Middle Cambrian Burgess Shale of British Columbia*, "Neues Jahrbuch für Geologie und Paläontologie", 12, pp. 705-713.
— (1976b), *A new Cambrian lophophorate from the Burgess Shale of British Columbia*, "Palaeontology", 19, pp. 199-222.
— (1977a), *A new entoproct-like organism from the Burgess Shale of British Columbia*, "Palaeontology", 20, pp. 833-845.
— (1977b), *A redescription of the Middle Cambrian worm* Amiskwia sagittiformis *Walcott from the Burgess Shale of British Columbia*, "Paläeontologische Zeitschrift", 51, pp. 271-287.
— (1977c), *A new metazoan from the Cambrian Burgess Shale, British Columbia*, "Palaeontology", 20, pp. 623-640.
— (1977d), *Fossil priapulid worms*, in "Special Papers in Palaeontology", vol. 20, Palaeontological Association, London.
— (1978), Laggania cambria *Walcott: A composite fossil*, "Journal of Paleontology", 52, pp. 126-131.
— (1979), *Middle Cambrian polychaetes from the Burgess Shale of British Columbia*, "Philosophical Transactions of the Royal Society, London", B 285, pp. 227-274.
— (1985), *The Middle Cambrian metazoan* Wiwaxia corrugata *(Matthew) from the Burgess Shale and* Ogygopsis *Shale of British Columbia, Canada*, "Philosophical Transactions of the Royal Society, London", B 307, pp. 507-582.

— (1986), *The community structure of the Middle Cambrian phyllopod bed (Burgess Shale)*, "Palaeontology", 29, pp. 423-467.
— J. S. Peel, A. K. Higgins, N. J. Soper e N. C. Davis (1987), *A Burgess Shale-like fauna from the Lower Cambrian of north Greenland*, "Nature", 326, pp. 181-183.
— e R. A. Robison (1982), *The enigmatic medusoid* Peytoia *and a comparison of some Cambrian biotas*, "Journal of Paleontology", 56, pp. 116-122.
— e R. A. Robison (1986), *Middle Cambrian priapulids and other soft-bodied fossils from Utah and Spain*, "University of Kansas Paleontological Contributions," Monografia 117.
— e H. B. Whittington (1979), *The animals of the Burgess Shale*, "Scientific American", 240 (gennaio), pp. 122-133 (trad. it. di G. Casnedi, *La fauna degli argilloscisti di Burgess*, "Le Scienze", 133 [settembre 1979], pp. 72-85).
— e H. B. Whittington (1985), *Fossils of the Burgess Shale. A national treasure in Yoho National Park, British Columbia*, "Geological Survey of Canada, Miscellaneous Reports", 43, pp. 1-31.
Darwin, C. (1859), *On the Origin of Species*, John Murray, London (trad. it. di L. Fratini, dall'ed. del 1871, *L'origine delle specie*, Boringhieri, Torino 1967).
— (1868), *The Variation of Animals and Plants Under Domestication*, 2 voll., John Murray, London.
Durham, J. W. (1974), *Systematic Position of* Eldonia ludwigi *Walcott*, "Journal of Paleontology", 48, pp. 750-755.
Dzik, J., e K. Lendzion (1988), *The oldest arthropod of the East European platform*, "Lethaia", 21, pp. 29-38.
Erwin, D. H., J. W. Valentine e J. Sepkoski (1987), *A Comparative study of diversification events: The early Paleozoic versus the Mesozoic*, "Evolution", 141, pp. 1177-1186.
Gagnier, P.-Y., A. R. M. Blieck e G. Rodrigo (1986), *First Ordovician vertebrate from South America*, "Geobios", 19, pp. 629-634.
Glaessner, M. F. (1984), *The Dawn of Animal Life*, Cambridge University Press, Cambridge.
Gould, S. J. (1977), *Ever Since Darwin*, W. W. Norton, New York (trad. it. *Questa idea della vita*, Editori Riuniti, Roma 1984).
— (1981), *The Mismeasure of Man*, W. W. Norton, New York.
— (1985a), *The paradox of the first tier: An agenda for paleobiology*, "Paleobiology", 11, pp. 2-12.
— (1985b), *Treasures in a taxonomic wastebasket*, "Natural History Magazine", 94 (dicembre), pp. 22-33.
— (1986), *Evolution and the triumph of homology, or why history matters*, "American Scientist" (gennaio-febbraio), pp. 60-69.
— (1987a), *Life's little joke*, "Natural History Magazine", 96 (aprile), pp. 16-25.
— (1987b), *Bushes all the way down*, "Natural History Magazine", 96 (giugno), pp. 12-19.
— (1987c), *William Jennings Bryan's last campaign*, "Natural History Magazine", 96 (novembre), pp. 16-26.
— (1988), *A web of tales*, "Natural History Magazine", 97 (ottobre), pp. 16-23.
— N. L. Gilinsky e R. Z. German (1987), *Asymmetry of lineages and the direction of evolutionary time*, "Science", 236, pp. 1437-1441.
— D. M. Raup, J. J. Sepkoski, T. J. M. Schopf e D. S. Simberloff (1977), *The*

shape of evolution: A comparison of real and random clades, "Paleobiology", 3, pp. 23-40.
HAECKEL, E. (1866), *Generelle Morphologie der Organismen*, 2 voll., Georg Reimer, Berlin.
HANSON, E. D. (1977), *The Origin and early evolution of animals*, Wesleyan University Press, Middletown, Conn.
HOPSON, J. A. (1977), *Relative brain size and behavior in archosaurian reptiles*, "Annual Review of Ecology and Systematics", 8, pp. 429-448.
HOU XIAN-GUANG (1987a), *Due nuovi artropodi del Cambriano Inferiore, Chengijang, Yunnan Orientale* [in cinese], "Acta Palaeontologica Sinica", 26, pp. 236-256.
— (1987b), *Tre nuovi grandi artropodi del Cambriano Inferiore, Chengijang, Yunnan Orientale* [in cinese], "Acta Palaeontologica Sinica", 26, pp. 272-285.
— (1987c), *Grandi artropodi bivalvi del Cambriano antico da Chengijang, Yunnan Orientale* [in cinese], "Acta Palaeontologica Sinica", 26, pp. 286-298.
— e SUN WEI-GUO (1988), *Scoperta della fauna di Chengijang a Meishucun, Jinning, Yunnan* [in cinese], "Acta Palaeontologica Sinica", 27, pp. 1-12.
HUGHES, C. P. (1975), *Redescription of* Burgessia bella *from the Middle Cambrian Burgess Shale, British Columbia*, "Fossils and Strata" (Oslo), 4, pp. 415-435.
HUTCHINSON, G. E. (1931), *Restudy of some Burgess Shale fossils*, "Proceedings of the United States National Museum", 78 (11), pp. 1-24.
JAANUSSON, V. (1981), *Functional thresholds in evolutionary progress*, "Lethaia", 14, pp. 251-260.
JABLONSKI, D. (1986), *Larval ecology and macroevolution in marine invertebrates*, "Bulletin of Marine Science", 39, pp. 565-587.
JEFFERIES, R. P. S. (1986), *The Ancestry of the Vertebrates*, British Museum (Natural History), London.
JERISON, H. J. (1973), *The Evolution of the Brain and Intelligence*, Academic Press, New York.
KING, STEPHEN (1987), *The Tommyknockers*, Putnam, New York.
KITCHELL, J. A., D. L. CLARK e A. M. GOMBOS, JR. (1986), *Biological selectivity of extinction: A link between background and mass extinction*, "Palaios", 1, pp. 504-511.
KNOLL, A. H., e E. S. BARGHOORN (1977), *Archean microfossils showing cell division from the Swaziland System of South Africa*, "Science", 198, pp. 396-398.
LOVEJOY, A. O. (1936), *The Great Chain of Being*, Harvard University Press, Cambridge, Mass. (trad. it. di L. Formigari, *La Grande Catena dell'Essere*, Feltrinelli, Milano 1966).
LUDVIGSEN, R. (1986), *Trilobite biostratigraphic models and the paleoenvironment of the Burgess Shale (Middle Cambrian), Yoho National Park, British Columbia*, "Canadian Paleontology and Biostratigraphic Seminars".
MARGULIS, L. (1981), *Symbiosis in Cell Evolution*, W. H. Freeman, San Francisco.
— e K. V. SCHWARTZ (1982), *Five Kingdoms*, W. H. Freeman, San Francisco.
MASSA, W. R., JR. (1984), *Guide to the Charles D. Walcott Collection, 1851-1940*, Guides to Collections, Archives and Special Collections of the Smithsonian Institution.
MATTHEW, W. D., e W. GRANGER (1917), *The skeleton of* Diatryma, *a gigantic bird*

from the Lower Eocene of Wyoming, "Bulletin of the American Museum of Natural History", 37, pp. 307-326.

MIKULIC, D. G., D. E. G. BRIGGS e J. KLUESSENDORF (1985a), *A Silurian soft-bodied fauna*, "Science", 228, pp. 715-717.

— (1985b), *A new exceptionally preserved biota from the Lower Silurian of Wisconsin, USA*, "Philosophical Transactions of the Royal Society, London", B 311, pp. 75-85.

MORRIS, R. (1984), *Time's Arrows*, Simon and Schuster, New York.

MÜLLER, K. J. (1983), *Crustacea with preserved soft parts from the Upper Cambrian of Sweden*, "Lethaia", 16, pp. 93-109.

— e D. WALOSSEK (1984), *Skaracaridae, a new order of Crustacea from the Upper Cambrian of Västergötland, Sweden*, "Fossils and Strata", Oslo, 17, pp. 1-65.

MURCHISON, R. I. (1854), *Siluria: The History of the Oldest Known Rocks Containing Organic Remains*, John Murray, London.

PARKER, S. P. (a cura di), *McGraw-Hill Synopsis and Classification of Living Organisms*, 2 voll., McGraw-Hill, New York.

PFLUG, H. D. (1972), *Systematik der jung-präkambrischen Petalonamae*, "Paläeontologische Zeitschrift", 46, pp. 56-67.

— (1974), *Feinstruktur und Ontogenie der jungpräkambrischen Petalo-Organismen*, "Paläeontologische Zeitschrift", 48, pp. 77-109.

RAUP, D. M., e S. J. GOULD (1974), *Stochastic simulation and evolution of morphology —Towards a nomothetic paleontology*, "Systematic Zoology", 23(3), pp. 305-322.

— , T. J. SCHOPF e D. S. SIMBERLOFF (1973), *Stochastic models of phylogeny and the evolution of diversity*, "Journal of Geology", 81(5), pp. 524-542.

RIGBY, J. K. (1986), *Sponges of the Burgess Shale (Middle Cambrian), British Columbia*, "Palaeontographica Canada", N. 2.

ROBISON, R. A. (1985), *Affinities of Aysheaia (Onychophora) with description of a new Cambrian species*, "Journal of Paleontology", 59, pp. 226-235.

ROMER, A. S. (1966), *Vertebrate Paleontology*, 3ª ed., University of Chicago Press, Chicago.

ROZANOV, A. YU. (1986), *Problematica of the Early Cambrian*, in A. Hoffman e M. H. Nitecki (a cura di), *Problematic Fossil Taxa*, Oxford University Press, New York, pp. 87-96.

RUNNEGAR, B. (1987), *Rates and modes of evolution in the Mollusca*, in K. S. W. Campbell e M. F. Day, *Rates of Evolution*, Allen and Unwin, London, pp. 39-60.

SCHIDLOWSKI, M. (1988), *A 3,800-million-year isotopic record of life from carbon in sedimentary rocks*, "Nature", 333, pp. 313-318.

SCHOPF, T. J. M. (1978), *Fossilization potential of an intertidal fauna: Friday Harbor, Washington*, "Paleobiology", 4, pp. 261-270.

SCHUCHERT, C. (1928), *Charles Doolittle Walcott (1850-1927)*, "Proceedings of the American Academy of Arts and Sciences", 62, pp. 276-285.

SEILACHER, A. (1984), *Late Precambrian Metazoa: preservational or real extinctions?*, in H. D. Holland e di A. F. Trendall (a cura di), *Patterns of Change in Earth Evolution*, Springer-Verlag, Berlin, pp. 159-168.

SEPKOSKI, J. J., R. K. BAMBACH, D. M. RAUP e J. W. VALENTINE (1981), *Phanerozoic marine diversity and the fossil record*, "Nature", 293, p. 435.

SIMONETTA, A. M. (1970), *Studies of non-trilobite arthropods of the Burgess Shale (Middle Cambrian)*, "Palaeontographica Italica", 66 (N. S. 36), pp. 35-45.

SIMPSON, G. C. (1980), *Splendid Isolation: The Curious History of South American Mammals*, Yale University Press, New Haven.

STØRMER, L. (1959), *Trilobitoidea*, in R. C. Moore (a cura di), *Treatise on Invertebrate Paleontology*, parte O, Arthropoda I, pp. 23-37.

STÜRMER, W., E J. BERGSTRÖM (1976), *The arthropods* Mimetaster *and* Vachonisia *from the Devonian Hunsrück Shale*, "Paläontologische Zeitschrift", 50, pp. 78-111.

— (1978), *The arthropod* Cheloniellon *from the Devonian Hunsrück Shale*, "Paläontologische Zeitschrift", 52, pp. 57-81.

SUN WEI-GUO e HOU XIAN-GUANG (1987a), *Meduse del Cambriano Inferiore da Chengjiang, Yunnan* [in cinese], "Acta Palaeontologica Sinica", 26, pp. 257-270.

— (1987b), *Vermi del Cambriano Inferiore da Chengjiang, Yunnan:* Maotianshania *gen. nov.* [in cinese], "Acta Palaeontologica Sinica", 26, pp. 299-305.

TAFT, W. H., ET AL. (1928), *Charles Doolittle Walcott: Memorial meeting, January 24, 1928*, "Smithsonian Miscellaneous Collections", 80, pp. 1-37.

VALENTINE, JAMES W. (1977), *General patterns in Metazoan evolution*, in A. Hallam (a cura di), *Patterns of Evolution*, Elsevier Science Publishers, New York.

VINE, BARBARA [RUTH RENDELL] (1987), *A Fatal Inversion*, Bantam Books, New York.

VONNEGUT, KURT (1985), *Galápagos*, Delacorte Press, New York.

WALCOTT, C. D. (1891), *The North American continent during Cambrian time*, in "Twelfth Annual Report, U.S. Geological Survey", pp. 523-568.

— (1908), *Mount Stephen rocks and fossils*, "Canadian Alpine Journal", 1(2), pp. 232-248.

— (1910), *Abrupt appearance of the Cambrian fauna on the North American continent. Cambrian Geology and Paleontology*, II, "Smithsonian Miscellaneous Collections", 57, pp. 1-16.

— (1911a), *Middle Cambrian Merostomata. Cambrian Geology and Paleontology*, II, "Smithsonian Miscellaneous Collections", 57, pp. 17-40.

— (1911b), *Middle Cambrian holothurians and medusae. Cambrian Geology and Paleontology*, II, "Smithsonian Miscellaneous Collections", 57, pp. 41-68.

— (1911c), *Middle Cambrian annelids. Cambrian Geology and Paleontology*, II, "Smithsonian Miscellaneous Collections", 57, pp. 109-144.

— (1912), *Middle Cambrian Branchiopoda, Malacostraca, Trilobita and Merostomata. Cambrian Geology and Paleontology*, II, "Smithsonian Miscellaneous Collections", 57, pp. 145-228.

— (1916), *Evidence of primitive life*, "Annual Report of the Smithsonian Institution for 1915" [edito nel 1916], pp. 235-255.

— (1918), *Appendages of trilobites. Cambrian Geology and Paleontology*, IV, "Smithsonian Miscellaneous Collections", 67, pp. 115-216.

— (1919), *Middle Cambrian Algae. Cambrian Geology and Paleontology*, IV, "Smithsonian Miscellaneous Collections", 67, pp. 217-260.

— (1920), *Middle Cambrian Spongiae. Cambrian Geology and Paleontology*, IV, "Smithsonian Miscellaneous Collections", 67, pp. 261-364.

— (1931), *Addenda to description to Burgess Shale fossils*, [con note esplicative di Charles E. Resser], "Smithsonian Miscellaneous Collections", 85, pp.1-46.

WALCOTT, S. S. (1971), *How I found my own fossil*, "Smithsonian", 1(12), 28-29.
WALTER, M. R. (1983), *Archean stromatolites: evidence of the earth's earliest benthos*, in J. W. Schopf (a cura di), *Earth's Earliest Biosphere: Its Origin and Evolution*, Princeton University Press, Princeton, pp. 187-213.
WHITE, C. (1799), *An Account of the Regular Gradation in Man, and in Different Animals and Vegetables*, C. Dilly, London.
WHITTINGTON, H. B. (1971), *Redescription of* Marrella splendens *(Trilobitoidea) from the Burgess Shale, Middle Cambrian, British Columbia*, "Geological Survey of Canada Bulletin", 209, pp. 1-24.
— (1972), *What is a trilobitoid?*, in "Palaeontological Association Circular, Abstract for Annual Meeting", Oxford, p. 8.
— (1974), Yohoia *Walcott and* Plenocaris *n. gen., arthropods from the Burgess Shale, Middle Cambrian, British Columbia*, "Geological Survey of Canada Bulletin", 231, pp. 1-21.
— (1975a), *The enigmatic animal* Opabinia regalis, *Burgess Shale, Middle Cambrian, British Columbia*, "Philosophical Transactions of the Royal Society, London", B 271, pp. 1-43.
— (1975b), *Trilobites with appendages from the Middle Cambrian, Burgess Shale, Middle Cambrian, British Columbia*, "Fossils and Strata" (Oslo), 4, pp. 97-136.
— (1977), *The Middle Cambrian trilobite* Naraoia, *Burgess Shale, Middle Cambrian, British Columbia*, "Philosophical Transactions of the Royal Society, London", B 280, pp. 409-443.
— (1978), *The lobopod animal* Aysheaia pedunculata *Walcott, Middle Cambrian, Burgess Shale, British Columbia*, "Philosophical Transactions of the Royal Society, London", B 284, pp. 165-197.
— (1980), *The Significance of the fauna of the Burgess Shale, Middle Cambrian, British Columbia*, "Proceedings of the Geologists' Association", 91, pp. 127-148.
— (1981a), *Rare arhtropods from the Burgess Shale, Middle Cambrian, British Columbia*, "Philosophical Transactions of the Royal Society, London", B 292, pp. 329-357.
— (1981b), *Cambrian animals: Their ancestors and descendants*, "Proceedings of the Linnean Society" (New South Wales), 105, pp. 79-87.
— (1985a), Tegopelte gigas, *a second soft-bodied trilobite from the Burgess Shale, Middle Cambrian, British Columbia*, "Journal of Paleontology", 59, pp. 1251-1274.
— (1985b), *The Burgess Shale*, Yale University Press, New Haven.
— e D. E. G. BRIGGS (1985), *The largest Cambrian animal*, Anomalocaris, *Burgess Shale, Middle Cambrian, British Columbia*, "Philosophical Transactions of the Royal Society, London", B 309, pp. 569-609.
— e S. CONWAY MORRIS (1985), *Extraordinary fossil biotas: Their ecological and evolutionary significance*, Royal Society, London. Pubblicato in origine nelle "Philosophical Transactions of the Royal Society, London", B 311, pp. 1-192.
— e W. R. EVITT II (1953), *Silicified Middle Ordovician trilobites*, Geological Society of America Memoir 59.
ZHANG WEN-TANG e HOU XIAN-GUANG (1985), *Note preliminari sull'apparizione dell'insolito trilobite* Naraoia *in Asia* [in cinese], "Acta Palaeontologica Sinica", 24, pp. 591-595.

Fonti delle illustrazioni

1.1 Copyright © 1940 by Charles R. Knight. Per gentile concessione di Rhoda Knight Kalt.

1.2 Copyright © Janice Lilien. Pubblicata in origine in "Natural History", dicembre 1985.

1.3 Da Charles White, *An Account of the Regular Gradation in Man...*, 1799. Riprodotta da "Natural History".

1.4 Riprodotta col permesso di Charles Scribner's Son, una sigla della Macmillan Publishing Company, da Henry Fairfield Osborn, *Men of the Old Stone Age*, Copyright © 1915 by Charles Scribner's Son, copyright rinnovato 1943 by A. Perry Osborn.

1.7 Riprodotta per gentile concessione del "Boston Globe".

1.8 Riprodotta per gentile concessione del "Boston Globe".

1.9 Riprodotta per gentile concessione di Bill Day, "Detroit Free Press".

1.11 Riprodotta per gentile concessione della Guinness Brewing Worldwide.

1.12 Riprodotta per gentile concessione del Granada Group PLC.

1.15 Da James Valentine, *General Patterns in Metazoan Evolution, in* A. Hallam (a cura di), *Patterns of Evolution*, Elsevier Science Publishers (New York), Copyright © 1977.

1.16 (A) Da David M. Raup e Steven M. Stanley, *Principles of Paleontology*, 2ª ed., Copyright © 1971, 1978, W. H. Freeman and Company, riproduzione autorizzata.

1.16 (B) Figura 4.6 in Harold Levin, *The Earth Through Time*, Copyright © 1978 by Saunders College Publishing, divisione della Holt, Rinehart and Winston, Inc. Riprodotta col permesso dell'editore.

1.16 (C) Da J. Marvin Weller, *The Course of Evolution*, McGraw-Hill Book Co., Inc. Copyright © 1969.

1.16 (E) Da Robert R. Shrock e William H. Twenhofel, *Principles of Invertebrate Paleontology*, McGraw-Hill Book Co., Inc. Copyright © 1953.

1.16 (F) Da Steven M. Stanley, *Earth and Life Through Time*, 2ª ed., Copyright © 1986, 1989 W. H. Freeman and Company. Riprodotta col permesso dell'editore.

2.4, 2.5, 2.6 Smithsonian Institution Archives, Charles D. Walcott Papers, 1851-1940 e senza data. SA-692, 89-6273 e 85-1592.

3.1 Per gentile concessione della Smithsonian Institution Press, da "Smithsonian Miscellaneous Collections" vol. 57, N. 6, Smithsonian Institution, Washington, D.C.

3.3, 3.4, 3.5, 3.6 e 3.7 Da D. L. Bruton (1981), *The arthropod* Sidneyia inexpectans, *Middle Cambrian, Burgess Shale, British Columbia*, "Philosophical Transactions of the Royal Society, London", B 295, pp. 619-656.

3.8 Da H. B. Whittington (1978), *The lobopod animal* Aisheaia pedunculata *Walcott, Middle Cambrian, Burgess Shale, British Columbia*, "Philosophical Transactions of the Royal Society, London", B 284, pp. 165-197.

3.9, 3.10, 3.11 Da D. L. Bruton (1981), *The arthropod* Sidneyia inexpectans, *Middle Cambrian, Burgess Shale, British Columbia*, "Philosophical Transactions of the Royal Society, London", B 295, pp. 619-656.

3.13, 3.14, 3.15, 3.16 Da H. B. Whittington (1971), *Redescription of* Marrella splendens *(Trilobitoidea) from the Burgess Shale, Middle Cambrian, British Columbia*, "Geological Survey of Canada Bulletin", 231, pp. 1-24.

3.17, 3.19 Da H. B. Whittington (1974), Yohoia *Walcott and* Plenocaris *n. gen., artrhopods from the Burgess Shale, Middle Cambrian, British Columbia*, "Geological Survey of Canada Bulletin", 231, pp. 1-21.

3.20 Da H. B. Whittington (1975), *The enigmatic animal* Opabinia regalis, *Burgess Shale, Middle Cambrian, British Columbia*, "Philosophical Transactions of the Royal Society, London", B 271, pp. 1-43.

3.22 Riprodotta col permesso della Cambridge University Press.

3.23 Da Simonetta, A. M. (1970), *Studies of non-trilobite àrthropods of the Burgess Shale (Middle Cambrian)*, "Palaeontographica Italica", 66 (N. S. 36), pp. 35-45.

3.24, 3.25, 3.26 Da H. B. Whittington (1975), *The enigmatic animal* Opabinia regalis, *Burgess Shale, Middle Cambrian, British Columbia*, "Philosophical Transactions of the Royal Society, London", B 271, pp. 1-43.

3.27 Da Hughes, C. P. (1975), *Redescription of* Burgessia bella *from the Middle Cambrian Burgess Sale, British Columbia*, "Fossils and Strata" (Oslo), 4, pp. 415-435. Riprodotta per gentile autorizzazione.

3.30 Da S. Conway Morris (1977), *A new entoproct-like organism from the Burgess Shale of British Columbia*, "Palaeontology", 20, pp. 833-845.

3.33 Da S. Conway Morris (1977), *A redescription of the Middle Cambrian worm* Amiskwia sagittiformis *Walcott from the Burgess Shale of British Columbia*, "Paläeontologische Zeitschrift", 51, pp. 271-287.

3.35 Da S. Conway Morris (1977), *A new metazoan from the Cambrian Burgess Shale, British Columbia*, "Palaeontology", 20, pp. 623-640.

3.36 Da D. E. G. Briggs (1976), *The Arthropod* Branchiocaris *n. gen., Middle Cambrian, Burgess Shale, British Columbia*, "Geological Survey of Canada Bulletin", 261, pp. 1-29.

3.37 Da D. E. G. Briggs (1978), *The morphology, mode of life, and affinities of Canadaspis perfecta (Crustacea: Phyllocarida), Middle Cambrian, Burgess Shale, British Columbia*, "Philosophical Transactions of the Royal Society, London", B 281, pp. 439-487.

3.39, 3.40 (A-C) Da H. B. Whittington (1977), *The Middle Cambrian trilobite Naraoia, Burgess Shale, Middle Cambrian, British Columbia*, "Philosophical Transactions of the Royal Society, London", B 280, pp. 409-443.

3.42, 3.43 Da H. B. Whittington (1978), *The lobopod animal* Aysheaia pedunculata *Walcott, Middle Cambrian, Burgess Shale, Middle Cambrian, British Columbia*, "Philosophical Transactions of the Royal Society, London", B 284, pp. 165-197.

3.44 Da D. E. Briggs (1981), *The arthropod* Odaraia alata *Walcott, Middle Cambrian, Burgess Shale, British Columbia*, "Philosophical Transactions of the Royal Society, London", B 291, pp. 541-585.

3,.47, 3.50 Da H. B. Whittington (1981), *Rare arhtropods from the Burgess Shale, Middle Cambrian, British Columbia*, "Philosophical Transactions of the Royal Society, London", B 292, pp. 329-357.

3.51, 3.52, 3.53 Da D. L. Bruton e H. B. Whittington (1983), Emeraldella *and* Leanchoilia, *two arthropods from the Burgess Shale, British Columbia*, "Philosophical Transactions of the Royal Society, London", B 300, pp. 553-585.

3.55 Da D. E. G. Briggs e D. Collins (1988), *A Middle Cambrian chelicerate from Mount Stephen, British Columbia*, "Palaeontology", 31, pp. 779-798.

3.56, 3.57, 3.59 Da S. Conway Morris (1985), *The Middle Cambrian metazoan* Wiwaxia corrugata *(Matthew) from the Burgess Shale and* Ogygopsis *Shale of British Columbia, Canada*, "Philosophical Transactions of the Royal Society, London", B 307, pp. 507-582.

3.60, 3.61 Da D. E. G. Briggs (1979), Anomalocaris, *the largest known Cambrian arthropod*, "Palaeontology", 22, pp. 631-664.

3.63, 3.64 Da H. B. Whittington e D. E. G. Briggs (1985), *The largest Cambrian animal*, Anomalocaris, *Burgess Shale, Middle Cambrian, British Columbia*, "Philosophical Transactions of the Royal Society, London", B 309, pp. 569-609.

3.65 Da S. Conway Morris e H. B. Whittington (1985), *Fossils of the Burgess Shale. A National treasure in Yoho National Park, British Columbia*, "Geological Survey of Canada, Miscellaneous Reports", 43, pp. 1-31.

3.67, 3.68, 3.69(A-B), 3.70 Da H. B. Whittington e D. E. G. Briggs (1985), *The largest Cambrian animal*, Anomalocaris, *Burgess Shale, Middle Cambrian, British Columbia*, "Philosophical Transactions of the Royal Society, London", B 309, pp. 569-609.

3.73, 3.74 Da D. E. G. Briggs e H. B. Whittington (1985), *Modes of life of Arthropods from the Burgess Shale, British Columbia*, "Transactions of the Royal Society of Edinburgh", 76, pp. 149-160.

4.1, 4.2, 4.3 Smithsonian Institution Archives, Charles D. Walcott Papers, 1851-1940 e senza data. 82-3144, 82-3140 e 83-14157.

5.3 Disegno di Charles R. Knight, neg. N. 39443, per gentile concessione dei Department of Library Services, American Museum of Natural History.

5.5 Per gentile concessione di A. Seilacher.

5.6 Da R. C. Moore, C. G. Lalicker e A. G. Fischer, *Invertebrate Fossils*, McGraw-Hill Book Co., Inc. Copyright © 1952.

5.7 Da A. Yu. Rozanov, *Problematica of the Early Cambrian*, in A. Hoffman e M. H. Nitecki (a cura di), *Problematic Fossil Taxa*. Copyright © 1986 by Oxford University Press. Riprodotta col permesso dell'editore.

Elenco di sigle usate nelle figure

Per facilitare al lettore interessato la lettura delle figure anatomiche, riprodotte in parte dagli articoli e monografie originali di cui conservano le sigle, elenco qui di seguito alcune fra le abbreviazioni di uso più abituale, con la parola inglese corrispondente e la traduzione italiana. (*N.d.T.*)

a *anus*, ano
ab *abdomen*, addome, segmento dell'addome
al *alimentary canal,* canale digerente, intestino
an1 *antenna 1*, antennula
an2 *antenna 2*, antenna
An. = *anus*, ano
ap *appendage*, appendice
Br. *bracts*, brattee
Ca. = *calyx*, calice
cap *cephalic appendage*, appendice cefalica
Ce.Ga. *cerebral ganglia*, gangli cerebrali
cox *coxa*, coxa
cs *cephalic shield*, scudo cefalico
Cu. Fn. *caudal fin*, pinna caudale
dcl *distal claw*, artiglio distale
fg *food groove*, solco del cibo
g *gill*, branchia
gn *gnathobases*, gnatobasi
Hd. *head*, testa
Hd. Fs. *holdfast*, piede bulboso
Int. *intestine,* intestino (3.53)
l *lobe*, lobo
La, lan = *left antenna*, antenna sinistra
L. d. sl. 1... *left dorsale sclerite*, sclerite dorsale sinistro 1...
Le *left eye*, occhio sinistro
L. Fn. *left fin*, pinna sinistra
lga *left great appendage*, grande appendice sinistra
Ll. *left lobe*, lobo sinistro
lpa *left principal appendage*, antenna principale sinistra
Lr. St. *lower stem*, parte inferiore dello stelo
L. sp. 1... *left spine*, spina sinistra 1...
Lt1... *left trunk*, (appendice) sinistra del tronco 1...
lv *left valve*, valva sinistra
m *middle (eye)*, occhio di mezzo
m *mouth*, bocca
ma *mandible*, mandibola
Mo. *mouth*, bocca
mx1 *maxilla*, mascella
mx2 *maxillula*, massillula
Ra, ran *right antenna*, antenna destra

Rc1... *right cephalon*, (appendice) cefalica destra 1...
R. d. sl. 1... *right dorsale sclerite*, sclerite dorsale destro 1...
Re *right eye*, occhio destro
Rf. *tail fin*, pinna caudale
R. Fn. *right fin*, pinna destra
rga *right great appendage*, grande appendice destra
Rl *right limb*, arto destro
Rl *right lobe*, lobo destro
rpa *right principal appendage*, appendice principale destra
Rt1... *right trunk*, (appendice) destra del tronco 1...
rv *right valve*, valva destra
S. *spine*, spina
St. Tt. *short tentacles*, tentacoli corti
Sus. Fb. *suspensory fibers*, fibre sospensorie
t *telson*, telson
t *thorax*, torace, segmento del torace
te *telson*, telson
Tr. *trunk*, tronco
tsp *tail spine*, spina caudale
Tt. *tentacles*, tentacoli
Up. St. *upper stem*, parte superiore dello stelo
w *walking leg*, arto ambulacrale, zampa

Indice analitico

Indice

Made in the USA
Monee, IL
27 January 2026

42443144R00215